气凝胶型木材的形成与分析

李坚 邱坚 等著

科学出版社
北京

内 容 简 介

本书针对气凝胶的某些制约其商业应用的缺点,以气凝胶型木材形成机理的科学问题为核心,基于树木天然生物结构,阐述制备具有多种功能的气凝胶型木材的方法;采用现代测试分析方法全面分析木材的天然生物结构和物理特性,并与气凝胶进行比较,筛选具有气凝胶基本结构属性的木材,运用超临界流体技术等先进手段,对选定木材进行结构参数调控,将其制成兼备气凝胶材料和天然木材双重优良特性的气凝胶型木材。并通过对气凝胶型木材重要基础理论和关键技术原理的多视角研究和分析,获得了针对科学问题的规律性认识,所提出的气凝胶型木材新理论、新方法体现了"师法自然"的科学思想。

本书可供木材科学与技术、木材功能性改良等领域的研究人员、工程技术人员和高等院校有关师生学习和参考。

图书在版编目(CIP)数据

气凝胶型木材的形成与分析/李坚 邱坚等著. —北京:科学出版社,2010

ISBN 978-7-03-029188-2

Ⅰ.①气… Ⅱ.①李… ②邱… Ⅲ.①气凝胶-木材-形成 ②气凝胶-木材-分析 Ⅳ.①S781

中国版本图书馆 CIP 数据核字(2010)第 197091 号

责任编辑:周巧龙 刘 冉/责任校对:邹慧卿
责任印制:钱玉芬/封面设计:王 浩

科学出版社 出版
北京东黄城根北街 16 号
邮政编码:100717
http://www.sciencep.com

双青印刷厂 印刷
科学出版社发行 各地新华书店经销

*

2010 年 10 月第 一 版 开本:B5(720×1000)
2010 年 10 月第一次印刷 印张:22
印数:1—1 500 字数:428 000

定价:**78.00 元**
(如有印装质量问题,我社负责调换)

前　言

　　气凝胶是迄今所知的世界上密度最小的凝聚态固体材料,具有纳米结构独特、介电常数低、声阻率高和隔热功能异常强大等许多特殊的性质,可以应用于许多特殊的场合。由于气凝胶自身存在着高度的松脆性、易碎性和吸湿性等缺点,其应用受到限制。一些轻质木材的某些性质与气凝胶比较接近,因此,可"师法自然"地以木材为基质,采取先进的加工方法,制备形成一种新型木质基复合材料——气凝胶型木材。这种材料兼有木材和气凝胶的双重优良特性:①保留有木材优雅的天然生物结构;②具有木材色、香、质、纹等优良的生态学属性和环境学特性;③克服了原本气凝胶松脆、易碎的缺点,从而扩大了气凝胶的应用范围,可在某些场合代替人工合成的气凝胶材料。

　　木材是一种天然的有机高分子聚合物,其细胞壁中含有纳米结构单元,与加入的无机/有机微纳米元素形成的复合物将赋予木材新的功能,从而可以根据需要制备多种木材纳米复合材料,以顺应21世纪"纳米科技"的发展态势。

　　鉴于学术创新的理念,积多年来耕读之实践,编撰此书,期盼与全国同仁共勉。

　　全书共10章,由李坚、邱坚等合著。具体分工如下:第1章,李坚、邱坚;第2章,高景然、邱坚;第3章,高景然;第4章,王成毓、高景然;第5章,高景然;第6章,高景然、王成毓;第7章,邱坚、李坚;第8章,李君;第9章,赵晓虹;第10章,李秀荣。

　　本研究及本书的出版得到国家自然科学基金重点项目(30630052)的资助,诚致谢忱。

　　由于作者水平有限,书中难免存在疏漏和不妥之处,敬请广大读者批评指正。

作　者
2010年10月

目 录

前言

第1章 木质材料的研究及其在低碳经济中的作用 ······ 1
  1.1 木质材料的研究和发展趋势 ······ 1
  1.2 木质材料在低碳经济中的作用 ······ 3
  1.3 林木生物量的固碳与低碳加工的必然性 ······ 10
  1.4 木质材料和制品的科学保护与利用 ······ 18
  1.5 木材保护研究的问题与思考 ······ 29
  参考文献 ······ 31

第2章 气凝胶的性质与气凝胶型木材的制备构想 ······ 33
  2.1 气凝胶的性质及应用 ······ 33
  2.2 木材细胞壁的结构与气凝胶型木材 ······ 37
  2.3 木质材料的新生长点和有待深入研究开拓的问题 ······ 41
  2.4 气凝胶型木材的国内外研究现状和应用前景 ······ 43
  2.5 气凝胶 A 型木材的制备构想 ······ 44
  2.6 木材/无机气凝胶复合材料的工艺学原理 ······ 46
  2.7 木材/有机气凝胶的制备构想 ······ 58
  参考文献 ······ 59

第3章 轻质木材的相关特性 ······ 62
  3.1 基材的基本解剖构造 ······ 62
  3.2 基材的基本物理性质 ······ 71
  3.3 气凝胶的性质和构造及其与轻质木材对比分析 ······ 73
  参考文献 ······ 76

第4章 木材细胞壁的润胀及气凝胶 A 型木材的制备 ······ 78
  4.1 木材细胞壁的润胀 ······ 78

4.2 气凝胶A型木材的制备 ··· 92
参考文献 ·· 100

第5章 气凝胶型木材的超临界干燥 ·· 101

5.1 超临界流体技术的原理 ··· 101
5.2 超临界流体技术的应用 ··· 102
5.3 超临界流体技术在木材工业中的应用 ··· 104
5.4 木材干燥的常用方法 ··· 107
5.5 超临界流体干燥特性与干燥原理 ·· 111
5.6 山黄麻素材的超临界干燥实验 ··· 113
5.7 轻木处理材的超临界干燥实验 ··· 120
参考文献 ·· 123

第6章 气凝胶A型木材 ·· 125

6.1 气凝胶A型木材的微观构造 ··· 125
6.2 气凝胶A型木材的形成机理 ··· 127
6.3 气凝胶A型木材的力学性能 ··· 128
6.4 热学性能检测 ··· 133
6.5 声学性能检测 ··· 134
6.6 傅里叶变换红外光谱（FTIR）分析 ··· 137
6.7 X射线衍射分析 ·· 138
6.8 结论 ·· 138

第7章 木材/无机气凝胶复合材 ·· 141

7.1 木材/SiO_2气凝胶复合材的制备工艺 ··· 141
7.2 木材/SiO_2气凝胶复合材的微观构造 ··· 164
7.3 木材/SiO_2气凝胶复合材的性能评价 ··· 182
7.4 木材/SiO_2气凝胶复合材的复合机理研究 ·· 197
7.5 总结与展望 ··· 216
参考文献 ·· 220

第8章 木材/有机气凝胶复合材 ·· 223

8.1 有机气凝胶和木材/有机气凝胶复合材概述 ·· 223
8.2 间苯二酚-甲醛气凝胶/木材复合材的制备及其性能 ······························ 228

8.3 轻木/三聚氰胺-甲醛气凝胶复合材的制备和性能测定与分析 …… 236
8.4 超临界 CO_2 处理对轻木和木棉浸注性的影响 …… 241
参考文献 …… 245

第9章 基于木材化学结构制备纤维素气凝胶 …… 248
9.1 纤维素的超分子结构与性质 …… 248
9.2 纤维素的解结晶化 …… 255
9.3 纤维素化学研究的新焦点 …… 260
9.4 纤维素气凝胶的基础理论与制备方法 …… 268
参考文献 …… 287

第10章 气凝胶型木材环境学特性分析 …… 291
10.1 气凝胶型木材环境学特性的研究内容及指导思想 …… 291
10.2 气凝胶型木材表面的视觉环境学特性 …… 294
10.3 气凝胶型木材的触觉环境学特性 …… 308
10.4 气凝胶型木材地板的步行感特性 …… 318
10.5 气凝胶型木材的空间声学特性 …… 325
10.6 气凝胶型木材表面超疏水性 TiO_2 涂层的制备与分析 …… 332
参考文献 …… 340

第1章 木质材料的研究及其在低碳经济中的作用

亘古以来，人类的生活就与木材息息相关。现代建筑的室内装饰，都表明人与木材的紧密联系。随着生活质量的逐步提高和对回归自然的不断追求，人们越来越希望在生活空间中更多地使用木材和木质复合材料。这是因为木材具有其他材料无法比拟的生态学属性和环境学特性。木材具有天然的生物结构和良好的视觉特性、触觉特性、听觉特性及调节特性，由木材构成的空间可以调节室内小气候，可进行生物生存和心理感觉的调节，给人以舒适感。

木材制品和木质材料构成的人类生活环境，除了给人们一种自然感觉和美的享受外，还有益于人们的健康及更好的休憩和娱乐。住宅是修养和"充电"的场所；工作单位是劳动和"放电"的场所。居室内导入何物会对人们的身心健康有利呢？可以肯定地说，首选物件就是木材，木材有益于健康。木材依树种不同，具有不同的香气与色调。例如，花柏的香味很浓，用花柏建造的居室，因其散发出来的松烯类化合物，可在几年内不见蚊子靠近；松木有消炎、镇静、止咳等作用；杉木会刺激大脑而使脑力活动更活跃；银杏对治疗高血压有益；白桦具有抗流行性感冒之功效；冷杉和杜鹃能杀灭黄色葡萄球菌等。总之，木材的视觉和嗅觉特性使人感到舒服，木材中含有的挥发成分或抽提物质具有抗菌和杀菌作用，有利于人体健康。因此，在木材和木质材料构成的居室中生活，可得到"人＋木＝休"的效果。

1.1 木质材料的研究和发展趋势

天然生物质资源在蓄积量和生产量上是一切物质资源中最巨大、最恒久的，千万年来一直是维持人类生存和发展的主要物质基础之一。木材、农业剩余物（秸秆）、竹材是我国分布广、蓄积量大的天然资源。我国的木材蓄积量约130亿m^3，天然的大径级木材资源已比较紧张，而低质木材及加工剩余物的利用率却不足20%；农作物秸秆的产量达到7亿t/a，工业利用率仅为1%左右，大量的秸秆在农田里焚烧，火光和浓烟严重污染了空气环境，甚至对民用航空安全造成影响；我国是世界上主要的产竹国，每年可砍伐毛竹约5亿根，各类杂竹300多万吨（相当于1000万m^3以上的木材资源量）。可见，农业剩余物和竹材是我国极为丰富的重要天然生物质资源，亟待进行科学经营和高效利用。

天然生物质资源符合资源利用的"3R 特性",即可再生(regeneration)、可再利用(reuse)、可循环利用(recycle),是可持续发展的绿色资源,这一点是石油、煤炭等终将枯竭的资源无法与之相比的。天然生物质资源的另一突出优点就是它独有的生物体亲和性与环境友好性,符合人类日益增长的健康和环境文明的需求。对天然生物质资源的生物学与环境学特性的追求已成为后工业化时代的一个显著标志。

目前,天然优质林木资源已被过度开发,剩余资源用于保护水土流失和维持生态平衡的意义远重于利用,今后加工利用的重点是对低质木材、人工速生丰产林和加工剩余物的深度开发;竹材、农作物秸秆产量巨大,可作为木材的替代原料,但还无法直接应用到人们的生活环境中,需要研究其有效利用的途径。可以预见,间伐材、速生材等劣质材和竹材、农作物秸秆将是今后相当时期内生物质资源供应的主要来源,这决定了以它们为基础的新型材料的出现依然是复合与功能性改良,而原料的形态与特性又决定了复合是主要的利用方法。因此,采用生物质资源与非生物质资源的复合,创造出新的、能满足人们需求的高性能生物质复合材料是一个主要研究发展方向。

开发新的生物质复合材料将注重追求以下特征:①材料来源具有天然生产性和可持续性;②复合后能够提高产品的附加值,有高性能、多功能的特点,适应低碳产业的要求;③具有木质材料优良的生态学属性和环境学特性;④复合后的材料应用前景好,对天然的、不可再生的资源(如化石类材料)具有补充、替代作用。从生物质复合材料的应用性来看,由于其同时具备可再生、可持续利用、多功能化、高附加值,生物体亲和、环境友好的特点,完全满足 21 世纪对材料的功能性、环保性及可持续利用的要求,必将获得广泛应用,产生深远的社会影响和巨大的经济效益。

21 世纪,全球木材供给量仍少于需求量,因此更有必要创生一些高性能、多功能、高附加值的新型材料,来满足人类生活和社会发展的需要。其中,木质复合材料既可弥补各自的缺点,又可实现木质资源的高效利用,将备受青睐。按木质材料自身复合或与其他材料复合的形态,一般分为三种类型:层积复合、混合复合和渗透复合。有关复合方法、产品性能及应用价值等内容详见科学出版社 2008 年出版的《生物质复合材料学》一书。

经过各类复合形式制得的各种木质复合材料比原本木材具有更多的优良性能,并可按照人们的意愿和它的用途,改良天然木材固有的缺点或赋予木材新的功能,提高木材的使用价值,实现低质材的优化利用。因此在人类面临资源和环境挑战的 21 世纪,研制开发多种新型的木质复合材料,对实现木质资源的低碳加工和高效利用、保护生态环境和促进社会持续发展均有重要意义。木质复合材料的开发无疑是 21 世纪人类普遍关注的、不断创新和发展的主题之一。

1.2 木质材料在低碳经济中的作用

森林是与人和谐、保护地球生态系统的最重要的自然资源。树木在生态效益中发挥着固定 CO_2、供给氧气、保持水土、益于健康等多种重要功能。构成木材的元素主要有 50% 的 C，43% 的 O 和 6% 的 H，可见木材是一个巨大的碳素储存库，是一种无公害、节能源、可再生、可循环利用的生态型材料。

木材取于自然，用于人类。作为家具、纸张、住宅之用，与人类活动、居住环境息息相关。木材基复合材料越来越受到关注，以这种方式加工、利用木材也是固定和储存碳素、提高生态效益的有效途径。

1.2.1 碳素的形成

树木是一种生命体，在生长过程中形成木质部（木材），这是生物质的主体。二氧化碳由光合作用转化成糖类，而糖类聚合成高分子化合物——纤维素和半纤维素，即形成木材的主要高分子物质，为人类提供了可再生的永续利用的生物质原料和生物质能。

树木的光合作用反应式如下：

$$6CO_2 + 6H_2O \xrightarrow{\text{光能}} C_6H_{12}O_6（\text{葡萄糖}）+ 6O_2 \uparrow$$

正是光合作用使树木吸收的 CO_2 以有机物的形式储存起来，固定在树木的各个部分，木材是树木全部生物量中碳素储存最多的寄存体（碳汇）。据文献 [1] 记载，通过光合作用，树木每生产 1t 生物质（纤维素等）就要吸收 1.6t CO_2，释放出 1.1t O_2，可固定约 0.5t C，见示意图 1-1。

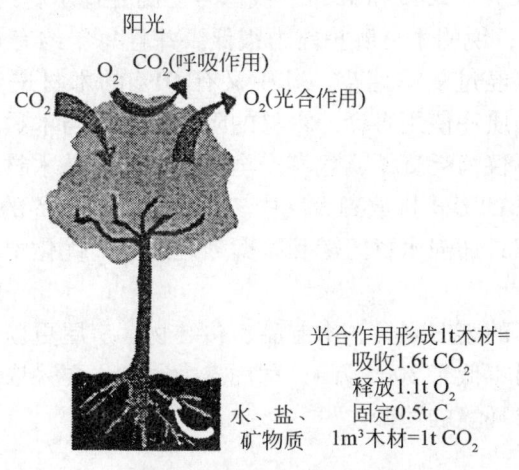

图 1-1　树木碳吸收示意图

1.2.2 木材利用及其生态意义

相对于疆土而言，我国的森林资源比较贫乏，森林覆盖率仅相当于世界平均水平的 61.52%，居世界第 130 位。由此林木的碳素储备总量不足，从维护生态平衡角度出发，须特别注意碳素的"储存库"——木材的科学保护与科学利用，以减少温室效应，维护生态安全。温室效应是由温室气体产生的，而二氧化碳是所有温室气体中数量最大、影响最直接的因素。树木生长中吸收的 CO_2 以木材的形式予以固定和储存，木材是林木生物量中储存碳素量最大的生物质。保护和利用木材，减少 CO_2 排放具有十分重要的生态意义。

1. 木质材料与制品的防护

由于木材具有独特的自然美感和环境学特性，所以常常用来制作室内家具和日常生活用品，装饰人居空间和建筑房屋；以木材为原料的各种加工形式制得的人造板、纸张广泛地应用于人类生活的各个部门。木材制品及各种林产品则是将林木生长吸存的碳继续固定和储存，对这些产品须予以科学管护，以延长木材及林产品的使用年限并使其循环利用，减少或避免因这些材料所储存的碳以各种形式回归大气而导致的 CO_2 浓度增加和温室效应。

当木材、木质材料和制品燃烧或腐朽时，原本被封存在其中的以有机物形式储存的 CO_2 又会被释放出来，所以木材的阻燃处理和防腐处理是十分必要的。世界上科技发达的国家非常重视木材防护技术的研究与开发。美国每年的木材防腐处理量为 1800 万~2000 万 m^3，相当于每年减伐林木 4000 多万 m^3；新西兰每年处理量约为 270 万 m^3；英国约为 230 万 m^3；美国、英国和新西兰年处理量分别占木材消耗量的 15.6%、20% 和 43%。我国年防腐处理木材约为 60 万 m^3，约占木材消耗量的 0.3%，说明木材防护能力很低。并且每年约有 60% 的商品木材未被立即加工利用，要经过夏季储存，其中又有 40% 的木材遭受真菌的腐蚀和虫蛀，严重影响木材品质和使用寿命。木材的阻燃处理量与木材消耗量相比更是微乎其微。木材燃烧不仅消耗资源，危害安全，更重要的是木材燃烧时，将储存的碳素又以 CO_2 等气体的形式排放到大气中，加剧破坏自然界的生态平衡。因此必须提高木材防护意识，加强木材阻燃和防腐处理能力，优化木材防腐、阻燃等防护处理技术。

此外，我国每年的废旧家具、木制品、包装物、房屋更新、城市园林和经济林木修枝等废旧木材不低于 3000 万 t，利用潜力很大，要采取科学方法，有效地循环利用，以减少对环境的污染。

2. 发展生物质复合材料

除木材外，我国每年收获的农作物秸秆约在 7 亿 t 左右，也是陆地植物体中储存碳素最多的物质之一。因此，应将木材的科学防护与利用扩展到农作物废弃物等全部生物质。以前对这类生物质的工业利用率很低，绝大部分弃掉或焚烧，燃烧时所释放的烟雾严重危害环境，甚至妨碍航空安全；燃烧过程是将生长时储存的碳素又转换成 CO_2 气体排放的过程。这样导致本来是碳汇的生物质转变为碳源，使我国的碳汇能力越发不足。

对废旧的木材、加工剩余物和农作物秸秆等生物质的利用，国内外开展了大量的研究工作，重点着眼于新型生物质能和生物质复合材料。

生物质能是由植物的光合作用固定于地球上的太阳能，最有可能成为 21 世纪主要的新能源之一。据统计，植物每年储存的能量约相当于世界主要燃料消耗的 10 倍，而作为能源的利用量还不到总量的 1%。这些未加工利用的生物质，一部分可以通过生物能转换技术发展成为新的能源，以代替石油、天然气和煤炭等传统燃料，一部分可以与相应的材料复合研制新型生物质复合材料等。

有关以木材为主体基质研制创生的复合材料已在国内外取得诸多进展，如木材与芦苇（野生植物）复合、木材与聚合物复合、木材与金属复合、木材与无机物复合，以不同形态、不同组合方式和加工工艺制成具有不同功能的木质复合材料。如木材/塑料复合材可提高原本木材的尺寸稳定性，木材/金属复合材可赋予木材电磁屏蔽功能，木材/无机物复合材可提高木材的阻燃性和抗生物危害性等。木材或生物质复合材不但可以使低质木材、小径材、废旧木材及农业剩余物得以高效利用，而且具有鲜为人知的生态效应。木材、木质材料和生物质资源经复合加工后，能使碳素进行再次固定和封存，并且在整个加工过程中减少 CO_2 的排放，从而减轻"温室效应"，这是对人类生存环境的贡献。

3. 木结构住宅与人居环境

木材是公认的人类永续利用的生态材料，同时在加工时也比其他某些建筑材料所需能源小，碳素排放量少。例如，人工干燥制材（密度 $0.50g/cm^3$）、钢材和混凝土制造时，其能源消耗分别为 $3210MJ/m^3$、$266\ 000MJ/m^3$ 和 $4800MJ/m^3$，制造时碳素排放量顺次为 $100kg/m^3$、$5320kg/m^3$ 和 $120kg/m^3$。

根据资料记载，比较木结构（木造）、钢筋混凝土结构（RC 造）和铁骨预铸结构（S 造）住宅，楼板面积均为 $136m^2$，通过计算得出，不同结构材料建成的住宅在制造时碳素排放量为：木造住宅5140.0kg，RC造住宅21 814.7kg，S造住宅14 743.0kg，详见表1-1（参见王松永编著的《木质环境科学》一书）。对比分析表明，无论何种结构的住宅，木材和木质材料（人造板）的碳素排放量最低，在三种结构形式的住宅建筑中，木结构住宅在各种建筑材料中综合碳素排放量最低，说明木结构住宅与环境友好，更适宜居住、学习和工作。世界上一些发达国家和木材资源丰厚的地区，很注重采用木结构形式建造住宅、别墅和公共、公益性场所，增加人居空间的木材拥有量。木材和木质材料具有独特的环境学属性，除长久固定碳素、净化空气外，还具有对室内建筑物理环境的调节功能：调节室内温度和湿度。实验结果表明，夏季木质板墙体住宅的最高室温比对照住宅要低2.4℃左右，冬季室温日变化比隔热墙住宅缓和，且高出3~4℃，夜间室温较高。木材具有吸湿与解吸特性，具有对室内微环境的湿度调节作用，因而有利于营造舒适的居住环境。室内环境湿度是影响住宅舒适性的主要因素所在。

表1-1　不同结构建筑的住宅主要用材在制造时的碳素排放量（地板面积136m²）

（单位：kg）

材料		木造	RC造	S造
木材制品	制材品	1 282.0（24.9）	234.6（1.1）	293.6（2.0）
	胶合板	260.3（5.1）	425.3（2.0）	199.6（1.4）
	合　计	1 542.3（30.0）	659.9（3.1）	493.2（3.4）
钢　材		792.6（15.4）	7 067.8（32.4）	8 817.1（59.8）
混凝土		2 805.1（54.6）	14 087.0（64.6）	5 432.7（36.8）
总　计		5 140.0［1.00］	21 814.7［4.24］	14 743［2.87］

注：（　）内为各种构造、各种材料的碳素排放量对全碳素排放量的比例（％）；
　　［　］内为以木造（传统轴组构法）的碳素排放量为1，各种构造碳素排放量与其之比。

木结构建筑及用木质材料装饰的人居环境与其他建筑结构相比，由于建筑材料所产生的氡元素辐射明显减少，有利于人体健康。氡对人体的危害表现在：氡裂变时放射出α射线，对生物体组织有电离作用，可使人的支气管上皮组织染色体突变而引起肺癌。因此应该降低和控制微环境中氡的浓度。据文献报道，不同材料结构的住宅，氡浓度大小顺序为：砖混结构＞钢混结构＞砖木结构＞木结构，如表1-2所示。可见砖混结构和钢混结构住宅中，氡元素辐射浓度平均值最高，而木结构的最低，其值为（6.8±3.2）Bq/m³。

表1-2 不同结构形式的住宅中氡的辐射浓度

住宅结构	样品数	范围/(Bq/m³)	平均值/(Bq/m³)
木结构	4	3.7~20.1	6.8±3.2
砖木结构	16	5.5~21.2	12.7±4.2
砖混结构	20	11.9~48.5	18.3±9.4
钢混结构	20	7.3~41.2	16.0±7.8
地下室	16	22.4~167.2	74.3±29.5

在砖混结构和钢混结构的住宅内，为减少氡元素辐射对人体的损害，在房屋装修时，要多用木材薄板、人造板等木质材料进行贴面处理。在墙壁、屋顶和地面的装饰设计时，要尽量采用一定厚度的木质材料。

1.2.3 提升和发挥碳汇功能的途径

树木生长的主要产物是木材，碳素储存有相应的生命周期。从林地上植树造林开始到树木砍伐（轮伐期因树种和用途不同而异）是树木的生长阶段。树木在生长期内，将吸收的 CO_2 借其生命力在体内以碳素加以固定，随着树龄的增加，其储存量增加，树木生长到一定年限后要进行采伐、制材、加工和利用。假定制材后的锯材被用来制作木结构住宅用材，此时，树木中所储存的碳素会保持在该状态下继续储存于住宅用材之中，使用数十年后，这些住宅解体，废旧木材和木质材料可加工成碎料，由这些碎料再加工制成碎料板，这些板材又可作为家具材制作成家具而使用。此间，碳素又被家具材料储存起来。家具使用若干年后，废旧解体而被弃掉。期间，树木在生长过程中所储存的碳素又全部回归自然。在木材加工和使用过程中，会产生碳素损失，特别是采伐和加工剩余物，未再利用的部分（废弃物）会将储存的碳素释放。

综上所述，在木材生产和加工利用过程中，碳素储存在发生着变化，碳汇在不同阶段有相应的生命周期。详见王松永报道的研究结果，如图1-2所示。

该研究设定，柳杉造林后50年采伐，作为木材，加工成建材用于建筑住宅（制材利用率60%），供住宅使用33年后，住宅被废弃，其中60%的废旧木材被再次加工成人造板（利用率80%），而被用来制造家具再次使用，家具使用17年后废弃。只有了解和掌握碳素储存在各个阶段的生命周期及其从植树造林到木材使用完结全过程的变化，才能有力、有节、有效地保证碳素储存数量，提升和发挥树木的碳汇功能。其影响环境复杂，制约因素交错，综合起来，应通过合理经营、合理采伐和合理利用等途径来增加树木的碳汇容量。

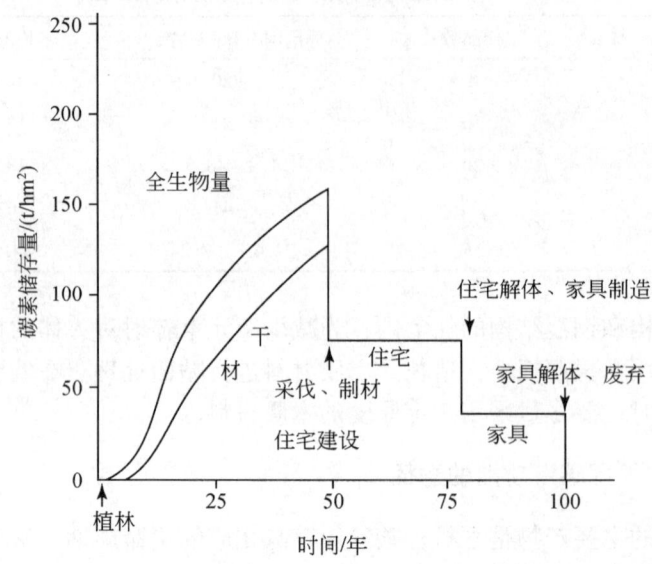

图1-2 1hm² 柳杉树木生长期间和加工利用过程中碳素储存变化示意图

现有森林资源的经营管理目标应该是高产、优质、高效和可持续发展。森林作为陆地最大的生态系统，在陆地生物量的碳素储存库中占有重要地位。处于良好经营状态下的森林能够良好地提高林木的碳吸收速度和固碳能力。因此要根据树木生长规律，采用先进的科技手段，实行集约经营，高质量地增加森林蓄积量，这就等于增加森林碳汇容量，使林木更有效地吸收 CO_2，从而降低大气中 CO_2 浓度。

天然林是我国森林资源的主体，是森林生态系统的主要组成部分。全国天然林面积1.16亿 hm²，蓄积量为105.93亿 m³，占森林蓄积的87.56%，要科学地实施保护，防止森林火灾和人为毁坏，以保护好现有天然林的碳素储量。

我国人工林面积为0.53亿 hm²，居世界首位。应在人工林生长到可采伐树龄期间，加速其生长，实现高产优质，增加其碳素储存能力。我国每年造林面积均在600万 hm² 左右，实行科学经营，将有力地增加碳汇容量的潜力。

树木从幼龄到成熟，要历经十几年、数十年的时间，因树种、生长条件和培育措施而异，其生命周期也是树木吸收 CO_2、将其转换成有机碳并固定在生命体内的过程。通常将这一过程称为碳沉降。

据资料记载[1]，从造林起，当树木生长达到最旺盛时期，单位时间内森林形成的碳沉降增量达到最大。当树木生长达到成熟期，立木蓄积量达到最大，而碳沉降已减至最低点，此时碳素储存量却达到最高值；进入成熟期时，碳沉降的增量为零,而此时森林碳汇作用在一段时间内保持最大,但随着时间的推移,林木健康状况可能慢慢变坏,碳汇作用将会逐渐消失,碳源(释放 CO_2)作用将会逐渐表现出来。据此,要准确、科学地按树木生长过程中碳沉降规律来确定轮伐期,这样以保证最大限度地增加碳汇容量。依据上述观点,最合理的轮伐期应该是,树木达到成熟期即可采伐,到了过熟期不采伐反而不利于碳素储存。在采伐作业中严禁过度采伐,注意采育结合和最大限度地发挥森林生态效益和综合效应。

树木采伐后,木材要以各种形式被加工和利用,用得最多的场合是作为建筑材、家具材和用于制造各种复合材料,从而由树木生长时所吸收、固定的碳素转换成在材料和制品中积蓄储存的碳素。但是碳素的储存是有一定生命周期的,因用途而有差别。一般说来,建筑用材储存碳素的周期为 30~50 年,或者更长;家具用材为十几年或更长时间,人造板等木质复合材料为 10~25 年,木材纤维和造纸用的材料储碳时间最短,数月到数年。国外研究者认为,木材产品的储碳周期总体上可认为是 10~30 年。因此在木材利用时,要根据储碳时间的长短,科学地进行加工,并注意循环利用,将其废旧材料作为能源进行加工利用,这样可以替代石油化工原料生产热量和电力,以此带来的 CO_2 减排效果是"一石三鸟"。当然切记,在生物质能源的开发利用上重点要着眼于我国储量十分丰富而工业利用率极低的那些生物质,即农作物秸秆和野生植物。需要说明的是,农作物和草本植物也有固碳作用,但固碳的生命周期很短,约 1 年左右。可见农作物等固定的碳素基本上处于自我循环状态。

据联合国政府间气候变化问题研究小组(IPCC)的气候报告指出:"即使采取措施减少 CO_2 的排放量,仍不能阻止气温继续上升的步伐,未来的气候前景非常暗淡。"科学家们首次将全球变暖由人类活动造成的可能性从 66% 提升到 90%。足以说明,保护生物质资源,将其科学地加工和利用,减排 CO_2,是对世界和人类的贡献。

综上所述,木材作为碳素固定和储存的载体,对减排 CO_2 和减弱"温室效应",保障使用环境的气体净化和生态文明具有十分重要的意义,其潜力巨大,须引起木材科学与技术工作者的瞩目。在进行木材加工和利用的过程中,须进行科学设计和规划,实施科学防护和综合循环利用,体现木材应有的生态价值和多种效益;在现有森林的营护中,要保障树木在其生长最旺盛时期达到最大的碳汇容量,精心注意扩大和培育好人工林木,提升木材质量,以持续增加碳汇能力,让大自然赋予人类的宝贵财富——木材及林产品——发挥多功能、高性能,保障人们高质量的生活、学习和工作环境。

1.3 林木生物量的固碳与低碳加工的必然性

全球气候的极端变化与温室气体的排放有直接关联。森林作为地球上的四大碳源之一，加强其经营管护，提升林木生物量的固碳容量，对抑制"温室效应"具有至关重要的作用。木材是森林生物量的主要产品，是林木碳素储存的延伸，是保障人类生存环境和人体健康的绿色材料。它的后续加工、利用必须以"低碳经济"的视角，审视以往的加工行为，走固碳减排、节能低耗的低碳加工和高效利用之路。本节将就加强森林经营、重在生态建设、实施木材和木质材料的科学防护及采用各种利于碳素封存的低碳加工方法进行论述，旨在使人们更新传统观念，推动木材工业的低碳化进程，为我国低碳经济的发展做出新的贡献。

1.3.1 二氧化碳排放与低碳经济

随着人类经济社会的飞跃发展，现代工业生产和生活方式造成了二氧化碳的大量排放，超量的二氧化碳是温室气体的主要成分，由此引发"温室效应"，导致全球气候变暖。统计资料记载，在20世纪的100年中，人类共消耗2650亿t煤炭、1420亿t石油，同时排放出大量的温室气体，使大气中二氧化碳浓度由20世纪初的不到$0.3g/m^3$，上升到目前的接近$0.4g/m^3$[2]。

若不采取有效的应对措施，如此发展下去，预计在未来20年中，气温约将以10年0.2℃的速度升高。气温的不断升高，严重破坏自然生态系统，威胁地球上赖以生存的人类和生物体的安全。由此，在人类生产、生活及所从事的一切生命活动中，必须采取有效措施，坚持不懈地减少向大气碳库中排放二氧化碳等温室气体。今天，我国正处于工业化高速发展时期，能源消费处于"高碳消耗"状态。在人们重新审视以往的生产和生活方式的时候，当人们经历着气候的极端变化的时候，越来越多的企业和国民开始接受"低碳经济"的理念——转变经济发展方式的"低碳产业"的变革以及减少自然灾害，保障环境友好、人体健康的"低碳生活"。

所谓低碳经济，就是以低消耗、低排放、低污染为基础的绿色经济，以应对碳基能源对于气候变暖影响为基本要求，以实现经济社会的可持续发展为基本目的。低碳经济的实质在于提升和应用能效技术、节能技术、可再生能源技术、温室气体减排和储存技术，以促进产品的低碳开发和维持全球的生态平衡。这是从高碳能源时代向低碳能源时代演化的一种经济发展模式[3]。我国政府十分重视中国经济社会发展方式由高碳经济向低碳经济的转变。2007年9月8日，胡锦涛总书记在APEC会议上，向与会各国提出"发展低碳经济，努力建设资源节约型、环境友好型社会"的建议，得到了各国政要的认同和响应。低碳经济之所以受到世界各国的普遍关注，与全球环境问题的日益突出有着密切的关系。

木材是树木在天然环境中生长形成的一种绿色材料，是森林生态系统中储量巨大的一种生物质。

树木在生长过程中，作为"生产者"（有生命部分）和环境（无生命部分）共处于一个生态系统之中，它们之间有着天然的密不可分的关联。树木被采伐后，其木质部就是木材。木材仍可视为是树木生命的延伸，因为木材保留着生长时形成的生物结构以及色、香、质、纹等天然形成的品质。与其他材料相比，木材拥有与环境和谐、永续利用和实现节能减排、保障低碳加工、发展低碳经济的生态学和环境学属性。

木材中含有50%的碳元素。树木生长时由于光合作用，吸收了大气中的二氧化碳，经过生物化学作用，形成了有机高分子聚合物，这就是木材的主体。因此木材的碳储量丰富，是树木碳汇的延伸。据文献［1］记载，森林每增长$1m^3$立木蓄积净吸收二氧化碳量为1t，同时释放730kg氧气，储存270kg碳。而当木材进行加工、利用时，须采取科学的加工和保护方法，使碳素的储存继续稳固，以减少CO_2的排放量。目前，世界各国十分重视发展低碳经济，走"低碳"发展之路。低碳经济的关键是"低碳科技"和"低碳产业"，木材加工工业是其中的重要组成部分。如何在全行业实施木材的低碳加工和科学保护，具有十分重要的意义。木材作为工业和生活用材，比同种用途的其他材料更为彰显固碳减排、低碳节能的优越性。在经济社会和工业化生产高速发展的今天，须用"低碳经济"的理念，低碳科学理论与技术，规划、设计和创新我国的木材工业。顺应"低碳经济"之路发展木材工业是时代进步的必然。

1.3.2 森林资源增长与林木的碳素储存[1,4]

根据近年来第七次全国森林清查结果：全国森林面积1.95亿hm^2，森林覆盖率20.36%，提前两年实现了森林覆盖率20%这一目标；个体经营面积的比例明显上升，作为经营主体的农户已经成为我国林业建设的骨干力量。

与第六次全国森林资源清查（1999—2003）结果相比，中国森林资源呈现六个重要变化：一是森林面积、蓄积持续增长；二是天然林面积、蓄积明显增加；三是人工林资源快速增长；四是森林质量有所提高；五是森林采伐逐步向人工林转移；六是个体经营面积的比例明显上升。

清查结果显示，5年内，森林面积净增2054.30万hm^2，森林覆盖率上升了2.15个百分点，森林蓄积年均净增2.25亿m^3，呈现长大于消的良好态势。其中，天然林面积净增393.05万hm^2，天然林蓄积净增6.76亿m^3，呈明显增加态势。同时，人工林资源快速增长，人工林面积继续保持世界首位。

此外，我国森林质量逐步提高，森林龄组结构、树种结构和林种结构发生可喜变化。据中国林业科学研究院依据本次清查结果和森林生态定位监测结果评估，我国森林植被总碳储量达到78.11亿t。比较前六次的资源清查和林木生物量的储碳量，其资源和碳汇明显增加（表1-3）。

表1-3 我国森林资源历次清查结果和林木碳素储存量情况

资源清查	清查时间	森林覆盖率/%	森林面积/亿 hm²	森林蓄积量/亿 m³	林木生物量碳储量/t	森林碳储量/t
1	1973~1976年	12.70	1.22	86.56	4.11×10^9	10.03×10^9
2	1977~1981年	12.00	1.15	90.28	4.29×10^9	10.46×10^9
3	1984~1988年	12.98	1.25	91.41	4.34×10^9	10.59×10^9
4	1989~1993年	13.92	1.34	101.37	4.82×10^9	11.74×10^9
5	1994~1998年	16.55	1.59	112.67	5.35×10^9	13.06×10^9
6	1999~2003年	18.21	1.75	124.56	5.92×10^9	14.43×10^9

由表1-3中显示的碳汇储存情况可见，我国的森林碳汇总量与辽阔的疆土和众多的人口相比尚有不足。这是因为：①森林资源总量不足，我国人均森林蓄积仅为9.421m³，不足世界人均水平的1/6，居世界122位。②林地流失严重，第六次森林资源清查间隔期内有1010.68万hm²林地被改变用途或征占改变为非林业用地，全国有林地转变为非林地面积达369.69万hm²，年均达73.94万hm²。研究表明，改变林地用途会造成大量的碳排放，减少碳汇总量。对此，国家和林业部门已采取了积极措施，大力倡导植树造林，并加强了现有林的经营管理。

进入21世纪，我国政府的林业建设方针突出了以生态建设为主的发展战略，并全面启动和实施了天然林保护工程、退耕还林工程、京津风沙源治理工程、三北及长江流域等重点防护林体系工程、野生动植物保护及自然保护区建设工程和重点地区速生丰产林用材林基地建设工程。"六大林业重点工程"已经为中国林业巨大的历史性转变起到了划时代的作用。

国家林业局将采取以下措施保障木材安全：

一是通过改革，要使林业的经营战略方针从根本上有一个转变。国家林业局提出，把森林的经营和抚育、改造现有的低产林作为永恒的主题或经营发展的一个总方针来实施。

二是在调整战略布局上，充分利用南方水热资源的优势，将南方集体林区作为我国商品林发展和木材生产的重点区域，实现我国木材生产从过去的北方国有林区，向南方集体林区的战略转移。由过去主要靠天然林采伐来供应商品材，转移到主要靠人工林采伐供应解决商品林的问题，实现我国木材生产由采伐天然林为主，向采伐人工林为主的战略转移。

三是要抓住两个重点：一方面重视平原林网的建设和改造；另一方面对东北、内蒙古等重点国有林区采取天然林保护，使它能够休养生息，将来成为我国商品林的储备基地。

我国政府和林业部门采取的关于发展林业的方针、战略及保障木材安全的措施，为林木碳汇的增长提供了可靠的保障。第七次森林资源清查结果显示，我国森林固碳能力潜力巨大，因为我国现有林的绝大部分属于中幼龄林，正处于比较旺盛的生长期，森林固碳能力也正在提升。可以预见，我国森林的增长速度和单位面积蓄积还会提高，那么森林碳汇容量增长能力也必将会不断增强。

1.3.3 林木合理经营与生态采运

1. 林木合理经营管理[1,5]

在世界范围内，由于人口的增加和战争的发生等因素，森林资源在大幅度下降，因此使人们认识到，人类社会离不开森林，应该提高经营管理水平。全球生态与环境的恶化，已引起了生态学家和林学家们的高度关注，指出森林对人类越来越重要，经营管理好森林，不断提高经营森林的集约水平，关系到人类命运和地球前途。从森林经营与人类社会关系角度，可将森林经营划分为三个阶段：原始林业、粗放经营、集约经营。世界各国林业发展水平有很大差异，森林经营所处的阶段亦有不同。总体说来，发达国家不论森林多少，都处于集约经营阶段，发展中国家有的已进入集约经营阶段，有的尚处于粗放经营阶段，也有一些国家仍停留在原始林业的薪材利用阶段。

我国政府十分重视吸取发达国家的先进经验，不断增加林业投入，加大科技含量，提高森林经营强度，大力营造人工林，抛弃单纯取材的经济观点，重视森林的生态效益和社会效益，建立国家森林公园和森林自然保护区。其森林经营水平明显提高，大规模营造人工林成功，森林生长量逐渐等于或大于消耗量，出现森林面积和资源增长，合理利用森林的多种资源，森林生态效益得到提高。我国林业经历了长期的努力和改革，为适应新的形势，确立了新世纪林业发展的方针和对策，这必将使我国林业的发展产生历史性转变。

为了延伸和加强我国森林资源的固碳减排能力，今后应该注重采取以下措施：

1）遵循新世纪我国林业发展指导方针，卓越完成"六大林业重点工程"

针对我国经济的迅速发展以及国家生态建设的需要，我国政府届时确立了新的林业发展方针："严格保护、积极发展，科学经营、持续利用"。在这一方针指导下,竭力推进以"天然林资源保护工程"为代表的"六大林业重点工程"建设,实现以生态建设为主的中国林业可持续发展,林业发展由以木材生产为主向以生态建设为主的转变将对减缓气候变化产生重要影响。在森林培育上,大规模的造林绿化对减缓气候变化将产生重要影响。在森林保护上,重大林业生态工程的实施对减缓气候变化将发挥重要作用。六大林业重点工程的实施,标志着中国林业正经历由以木材生产为主向以生态建设为主、由以采伐天然林为主向以采伐人工林为主、由毁林开荒向退耕还林、由无偿使用森林生态效益向有偿使用森林生态效益、由部门办林业向全社会办林业的历史性转变(通常称为林业的五大转变),林业"五大历史性转变"将改变林业在国民经济发展和社会发展中的地位和作用、改变林业的经营方针、改变全社会对林业的认识、改变林业自身的发展道路,使中国林业走上一条以生态建设为主的全新的生态发展之路。林业的五大历史性转变将极大地推动森林碳汇工作的开展。

2)针对现有人工林的弊端,建立相应的经营理论,改革森林经营技术

东北林业大学周晓峰、陈大珂、丁宝永等生态学和森林培育学专家长期从事东北地区人工林经营理论和培育技术的研究,取得了许多具有指导性和实践性的研究成果。我国人工林面积居世界第一位,因此这些成果必将对提高我国人工林的经营水平和林木质量产生重要影响。专家认为:虽然,人工林生长量比天然林快,产量高,但从长远分析,仍存在着很多弊端,限制着生产力的提高和林木生长进入良性循环。对这些问题,要引起重视,应本着模拟自然、运用演替规律、不断调控种群结构、建立高效生态系统的原则,以解决这些弊端,促进人工林的迅速发展。

人工林的主要弊端是:结构单一,多属纯林,因而生产力偏低,抗逆性差,易发生森林病虫害;人工针叶纯林由于针叶养分含量少及分解速度慢等原因而有地力下降的趋势等。专家们认为其解决办法是适地适树,营造针阔叶混交林,并建立完善针阔叶混交林的经营理论和培育技术。具体措施如下:

(1)栽针引阔,保持地力递增。针叶人工纯林结构单一,循环缓慢,地力下降,必须在其中有序地引进天然阔叶树,增加阔叶树比例,形成人工天然的针阔混交林,使林分处于稳定状态。

(2)建立多层群落结构,发挥多种功能效益。针叶纯林属于单层结构,不仅不能充分利用光能,而且制约循环更新,因此,要在人工针叶纯林中,开拓效应区,创造适宜的生态位,建立多层结构的系统,这是实现人工天然混交林的行之有效的技术措施。

(3)培育乡土树种,建立稳定群落。乡土树种是经过长期历史自然选择的结果,具有对本区气候条件适应的能力和抵抗力,培育这些树种是建立稳定群落

的重要保证。

(4) 运用演替规律加速演替进程。人工林的经营要按照生态演替规律进行，充分运用自然演替过程中的自然生产潜力和顶极群落的结构优势，达到高效、稳产的目的。

3) 植树造林，强化森林经营与科学管护

我国森林资源短缺，导致森林碳汇总量不足。而提高我国森林碳汇总量的最直接、最有前瞻性的途径就是全民动手，大力开展植树造林活动。而通过植树造林，提高森林覆被率可以弥补长期以来森林资源过度消耗造成的碳库缺口，并达到在保持国民经济快速增长、人民生活初步实现小康的同时，恢复和提高我国的森林固碳能力的目的。我国森林覆盖率较低，森林面积仅占世界森林总面积的4.6%，这也是提高我国森林碳汇容量的潜力所在。《中共中央、国务院关于加快林业发展的决定》为开展好造林工作提供了强大的政策保障。

要针对现有森林资源的特点，实施强化经营管理。我国森林生物生产力不高，森林资源的固碳能力增长空间仍然很大。目前天然幼、中龄林面积占天然林林分面积的67.23%，占天然林面积的62.89%。人工林幼、中龄林占人工林林分面积的84.48%，占人工林面积的52.76%。森林资源质量低下，单位面积蓄积量较少，有林地单位面积蓄积量平均为83.86m^3/hm^2，用材林平均只有79.2m^3/hm^2，都低于世界平均100m^3/hm^2的水平。中国森林年均生长量只有2.9m^3/hm^2，也低于世界水平。人工用材林面积2415万hm^2，每公顷平均蓄积仅为34.76m^3，平均年生长量也不足4.16m^3，远低于林业发达国家的水平。全国人工林蓄积101 299.47m^3，仅占森林蓄积量的10.04%。我国森林资源单位面积蓄积量低，既说明了我国森林质量较差，但也从另一方面说明我国森林碳汇容量的巨大潜力。提高森林碳汇容量的很重要的方法就是要加强森林经营管理力度和水平，提高森林单位面积蓄积，实现森林碳汇容量"内涵"的提高。

现有森林是维持我国自然生态环境的重要组成部分。然而森林在生长发育过程中时刻遭受到病虫害、水灾及其他灾害，给林业生产带来巨大的经济损失。尤其是人工林更为严重，由于现有人工林多为同龄同种连片栽植的单纯林，所以一旦发生病虫害，则极易流行成灾，造成巨大损失。而且危害面积逐年扩大，病虫种类也在逐年增多，成为无烟火灾，严重威胁了林业事业的发展。由于菌和虫对林木的侵蚀，木材腐朽分解，固碳能力下降，或增加CO_2的排放量，也对抑制"温室效应"产生不利影响。因此要基于森林生态学原理，运用生态学理论对现有林进行科学培育、科学保健，以提高单位森林面积的蓄积量，提高林木质量，达到提高森林碳汇容量的目的。

2. 森林的生态采运[1,5]

在《中华人民共和国森林法》规范要求和中国林业发展指导方针的指导下，中国林业正在发生着由木材生产为主向生态建设为主的转变以及由采伐天然林为主向采伐人工林为主的转变，现有林的经营管理正在向着以生态学理论和技术为指导的科学化管理转变。

林业以生态建设为主体，并不是一味强调搞好营林生产，割裂资源建设与资源利用的关系。林业是国民经济主要的物质生产部门，其主要特性就是"生产性"。林业要提高森林碳汇能力，实现可持续发展，必须正确处理采育关系，提高森林健康状态。从某种意义上说，森林碳汇作用的大小主要取决于森林的生长状态、合理的周期性采伐和木材的产出量。只有充分发挥森林资源的可再生性并使之得到最大限度的发挥，才能更好地发挥森林的木材生产功能、生态功能（包括碳汇功能），才能使森林处于旺盛的生长状态并提高森林碳汇容量。"生产性"体现在森林物质产品和生态产品生产的最大化和最优化结合上[3]。林业生产首先体现于森林采运作业。现在实行的是运用"生态采运技术"来采运森林资源，这是我国木材生产、森林采运作业技术的重大改革。

该项技术与传统的森林采运作业技术有本质区别。它是以森林生态理论为指导，最大限度地发挥森林的综合效益，把森林采运作业系统纳入林业系统工程中，搞好森林资源开发利用，迅速恢复森林资源，促进资源更快增长，保护森林环境，实现林区资源的综合利用及多种经营事业发展相结合，做到以营林为基础，发展林业生产与建设，使林业企业实现"青山常在、永续利用"的经营规划目的[3]。

1) 基本原则

在采用与实施该项新技术时，是以如下基本原则和实践经验为依据的：

(1) 森林资源的开发利用必须建立在保护森林资源、维护森林生态环境的前提下。

(2) 森林采运作业与森林生态既是两个不同的事物，又是相互关联、不可分割的事物，二者既有相互对立、相互制约的一面，又有统一、相辅相成的一面。

(3) 应用和实施正确的森林采运技术，能够做到合理利用森林资源、采育结合，加强资源的动态管理，尽快地促进森林资源的恢复与增长，保护好森林环境，最大限度地发挥森林的综合效益，并能实现资源的科学利用、恢复、培育、增长，环境保护的有机结合和森林生态系统的良性循环。

2) 基本内容

(1) 森林采运作业与营林作业相结合。在森林资源开发利用作业中必须要为营林、森林更新作业服务,如在作业中保护幼苗幼树,提高幼苗幼树的成活率,采用与推广采运作业与人工更新作业的"采育双包"制度等,其目的是促进森林资源的尽快恢复,有利于森林环境的保护。

(2) 在低质林改造、次生林及人工林抚育中如何选择与设计采伐、集材作业方式的问题是头等重要的问题。其目的是对低质林、天然次生林、人工林进行科学的动态管理,促进森林资源更快的增长,提高森林资源的质量和管理水平。

(3) 不同立地条件和森林类型应选择不同的采伐方式和集材方式。其意义在于实现采集作业工艺设计的优化,合理地利用资源与保护森林资源、保护森林环境等。

(4) 森林采运作业应时刻贯彻森林资源消耗少、产出多的原则。

(5) 森林采运作业必须时刻注意保护森林环境。在森林采运作业中应避免水土冲刷,控制水土流失;保护水源涵养林、风景林,保护珍稀树种及动植物资源;防止污染作业环境等。

(6) 注意采伐、造材及加工剩余物的收集与利用,充分利用森林资源,减少资源的损失。

(7) 林道网规划设计与利用,为木材生产、培育森林、森林防火、森林经营、多种经营、立体开发服务。

3) 基本措施

(1) 在观念上、思想认识上,要彻底改变传统作业中的"大木头挂帅"、"完成生产任务第一"、"单纯取材"、"生产效率第一"、"经济效益第一"等片面认识;要树立"以营林为基础",采育结合,采运作业促进森林资源的恢复与增长,采运作业符合森林生态与森林环境保护原则的正确观念;要定期对干部、工程技术人员、作业工人进行各类培训与学习,提高他们的认识水平、素质和能力。

(2) 在采运作业中,严格贯彻不损伤幼苗幼树,降低伐根,不遗弃木材,不用木材垫道,不使木材变质降解等原则;努力降低资源消耗,合理利用资源,保护珍稀动植物。

(3) 严格执行我国颁布的《中华人民共和国森林法》、《中华人民共和国森林法实施细则》等法规与文件,限制采伐量,年采伐量要小于资源生产量,要合理确定采伐方式,严格控制采伐作业的面积,在采伐作业后必须及时更新造林。严格禁止在水源涵养林、高山陡坡等地区进行采伐作业,认真搞好伐区的检查验收与技术监督工作。

(4) 应用推广"采育结合"、"采育双包"及"采育用一条龙作业法"、"三挂钩"等作业技术,在采伐作业中注意保护幼苗幼树。要因地制宜地选择和确定合理的集材方式，保护森林资源与森林环境。

（5）重视和大力加强低质林改造，搞好次生林、人工林的抚育采伐作业，优化采运工艺设计，搞好设备选型和新机械、新工艺、新技术、新方法的推广应用。

（6）应用保护、利用、改造和重建森林资源的动态管理等理论，实行林业企业的采运作业工艺与总体规划的优化设计；优化产品结构。

（7）合理利用森林资源，搞好"三剩"物的收集、加工和利用。

（8）科学地统计、计算、分析木材生产中的产量、生产成本、生产效率、经济效益等指标；重视资源利用、资源培育、环境保护的综合效益、整体效益和国土环境保护的社会效益。把传统的、粗放的采运作业技术改造提高成为运用森林生态和保护国土环境理论指导下的新型生态采运与集约经营的作业技术。

（9）林道网规划设计要充分考虑和兼顾营林作业、多种经营、森林防火等工作，提高林区道路的利用程度。

（10）为营林工作积累更多资金，提取更多营林费用，把营林基金真正落实到营林工作中[5]。

1.4 木质材料和制品的科学保护与利用

木材作为生物质材料或制品的使用寿命越长，其固碳的生命周期就越长，就越发延长了"大气二氧化碳（吸收）→森林碳汇→木材（木制品）固碳→大气二氧化碳（排放）"的循环链。抑制 CO_2 的排放，就是减少排入大气中的"温室气体"。可见，木材的碳素储存功能与保护生态安全密切关联。为了有效地延伸固碳周期和实现高附加值利用，须采取低碳工艺进行木材加工。

木材可以替代水泥、钢材等其他材料作为建材，从而可以减少在生产过程中排放的二氧化碳的数量。在木材生产和加工中所需要的能量也比较少，据测算，生产同等重量的材料，水泥所需要的能源是木材所需能源的 3~4 倍，塑料所需要的能源是木材的 35~45 倍，钢铁所需要的能源是木材的 50~60 倍，铝所需要的能源是木材的 100~130 倍。木材是一种强重比极高的材料（质轻、强度大），是其他建筑材料所无法比拟的，因此在运输中所耗能源远远小于钢材、水泥。

木材作为生物质能代替化石类能源也能明显地减少二氧化碳的排放量。薪炭材、家具及其他木制品、木质建材等，在结束生命周期时，可以作为能源来产生热量或电力，木材能源是一种可再生的绿色能源，与化石能源相比较，具有许多优势。据测算，1t 木材所释放的热量相当于 500kg 石油，而所释放的二氧化碳却很少，从而减少了二氧化碳的排放。

由于木材具有独特的自然美感和环境学特性，所以常常用来制作室内家具和日常生活用品，装饰人居空间和建筑房屋，以木材为原料的各种加工形式制得的人造板、纸张广泛地应用在人们生活的各个方面。木材制品及各种林产品则是将林木生长吸存的碳继续固定和储存，须对其予以科学管护，延长木材及林产品的使用年限，并使其循环利用，减少或避免使这些材料所储存的碳又以各种形式回归大气，增加 CO_2 浓度，造成温室效应。当木材、木质材料和制品燃烧或腐朽时，原本被封存在其中的以有机物形式储存的 CO_2 又会被释放出来，所以实施木材的阻燃处理和防腐处理是十分必要的[6]。

1.4.1 木材防腐[7]

随着我国经济的发展和人民生活水平的提高，社会对木材的需求量日益增加。特别是在我国天然林资源保护工程实施后，人工林木材日益成为满足国内木材需求的重要支撑。目前全国人工林保存面积居世界第一位，其木材在建筑用材、家具用材等领域具有广泛的应用前景。人工林木材一般因材质疏松、密度较低而易腐朽、蓝变、虫蛀，木材防腐处理可提高木材的抗菌抗虫等性能，延长木材的使用寿命，是节约木材资源、提高木材利用效率的重要途径。根据国内外大量试验资料的统计结果，防腐处理后的木材的使用寿命是未经处理的 5~6 倍。例如，美国曾经对道路旁的 1 亿根木质电杆做了统计，不经防腐处理的只可使用 5 年，经过木杂酚油（wood creosote）加压浸渍处理的可使用 30 年。木材防腐技术可以克服木材的部分缺陷，可以扩大木材的应用范围，如在建材、农用材领域，木材防腐的推广应用，其经济效益、环境效益十分显著。以广东省为例，广东省目前 100 万 hm^2 湿地松按 20 年轮伐，产量可达 900 万 m^3，10% 的木材经防虫防腐处理，使用年限按延长 5 倍或 6 倍计，相当于每年多生产 500 万 m^3 木材。防腐处理后的木材可作为农用材等，广东省有香蕉 10 万 hm^2，需用支撑木 1.5 亿~2 亿根，以平均寿命 3 年估算，每年需 5000 万根，如果经防腐处理，可使用 10~15 年，每年只需 1000 万根，可节省 80% 的木材。目前，我国在木材防腐方面的研究取得了可喜的成果。木材防腐技术的关键是改良传统的木材防腐剂，研制低（无）污染、高效率的新型防腐剂。就木材防腐剂的研究有以下几点思考：

(1) 现在使用的传统的木材防腐剂，一般毒性较大，对人、牲畜和环境有不利影响，须注意在使用中进行防腐剂和处理工艺的改进，以将对生态安全的危害减少到最低程度。

(2) 新出现的在生产中正在应用的一些防腐剂（如 ACQ 等），要进一步提高其综合性能，如抗沥水性、耐候性和防霉、防蚁等，逐步实现一剂多效。

（3）研制开发来源于植物性原料的防腐剂。木材及其他植物中含有的活性成分有的具有抗菌、抗蚁和抗霉作用，可经科学处理，师法自然地应用于木材防护。

1.4.2 木材阻燃[7]

近年来，随着人民生活的逐步改善，建筑装修用木材的消耗量呈逐年上升趋势，但增加了火灾的安全隐患。据火灾统计资料分析，在世界各国火灾事故中，建筑物火灾占首位，且建筑物火灾中21%与木材、织物等纤维有关；而且，火灾起因虽然各异，但火势扩大、人员伤亡等都与建筑物内装修中大量使用的木质材料等可燃易燃材料有直接的关系。因而，对火灾的安全防范研究需要进一步加强。木材虽然是一种易燃的材料，但利用阻燃技术，可使其应用领域更加广泛，使得建筑装修用木材的防火安全性大为提高。因此，对木质材料的阻燃机理展开深入的研究具有极其重要的意义。

国内外的阻燃研究者在木质材料阻燃剂的研制和开发、木质材料阻燃处理技术、阻燃性能测试及木质材料阻燃机理等方面进行了大量细致的研究工作，并取得了一系列令人满意的成果。中南林业科技大学、华南农业大学和广州市木易木制品有限公司联合研究的阻燃胶黏剂生产阻燃复合材，可以使木质材料在1500℃下，5h内不着火，不冒烟，而且不含甲醛，生产成本比利用脲醛树脂胶黏剂生产的人造板还要低，是人们能消费得起的阻燃木质复合材。

木材阻燃剂是一类与人们的生命财产安全息息相关的重要化学物质，它的应用也涉及人类健康与环境等重大问题。纵观木材阻燃学的演进历程，社会需求是木材阻燃剂发展的根本推动力，它的未来发展也必然要与整个人类社会的发展和科技进步相适应。预期木材阻燃剂的发展将呈现如下特征：

（1）鉴于目前科学技术的发展状况，在较长时期内，磷-氮-硼系水基阻燃体系仍将是木材阻燃剂的主流，今后的工作主要是进一步提高抗流失性、耐迁移性和降低成本。

（2）随着社会的进步，人们对材料的性能要求不仅越来越高，而且越来越全面，具有阻燃、防腐、抗流失和尺寸稳定等多方面效能的木材保护药剂将成为木材阻燃剂的主要发展方向。

（3）当火灾发生时，因浓烟尤其是有毒浓烟造成的直接人员伤亡和因妨碍扑救而造成的间接财产损失往往不亚于火烧的损失，因此抑烟性研究将成为木材阻燃剂的重要课题。

（4）随着人们对阻燃机理认识的逐步深入，新阻燃体系的研究将引起学者们的重视。预期目前已经在合成高分子材料领域得到飞速发展的膨胀型阻燃体系，将在木质复合材料领域发挥作用。

（5）许多人认为热塑性合成高分子材料的生产规模已经大到对木材工业构成了威胁，由于塑料的不可生物降解性，未来若干年内回收塑料的量将急剧增大，这就为研究制造新型热塑性塑料/木材复合材料提供了原料基础，该类材料将从根本上避免了甲醛树脂胶黏剂释放游离甲醛和在使用过程中因缓慢分解而释放甲醛的问题。热塑性塑料/木材复合材料的阻燃将成为木质材料阻燃的新课题。

（6）木材阻燃剂应用广泛而需求巨大，在使用过程中常常与人体接触，加之与阻燃塑料相比，多孔性的阻燃木材更易释放阻燃剂，因而木材阻燃剂在生产和使用过程中对人身安全和环境的影响将成为制约木材阻燃剂发展的重要因素。木材阻燃处理对人类健康和生存环境的影响，是木材阻燃研究的重要课题。

木材防腐与木材阻燃是我国木材保护事业中最重要的科学研究和技术开发任务，特别是有关木材保护的基础研究和应用基础研究水平，与当今的科技进步和国民经济发展的需要尚有一定的差距。今后应针对存在的问题，采取有力的对策，将我国的木材保护研究与科技成果的转化推向一个新的发展阶段。

1.4.3 木材和秸秆的合理利用

1. 人工林速生材

我国森林资源结构发生了很大变化，即人工林木材蓄积量增加，而成熟林、过熟林蓄积减少。我国人工林面积居世界首位。人工林速生材将是我国木材加工和利用的主要材料。

根据第六次全国森林资源清查结果，全国人工林面积5325.73万hm^2，占有林地面积的31.51%；人工林蓄积150 452.56万m^3，占森林蓄积的12.44%。在人工林面积中，林分3229.35万hm^2，占60.64%；经济林1931.25万hm^2，占36.26%；竹林165.13万hm^2，占3.10%。

在人工林分中，用材林面积2317.89万hm^2，蓄积114 505.40万m^3，防护林面积811.67万hm^2，蓄积32 435.12万m^3，薪炭林面积48.33万hm^2，蓄积400.23万m^3；特用林面积51.46万hm^2，蓄积3111.81万m^3。人工林分中用材林占优势，其面积和蓄积比重均在70%以上。

人工林分按龄组划分，幼龄林面积1299.46万hm^2，蓄积29 379.87万m^3；中龄林面积1200.01万hm^2，蓄积67 150.37万m^3；近熟林面积433.36万hm^2，蓄积31 301.40万m^3；成熟林面积240.96万hm^2，蓄积19 471.07万m^3；过熟林面积45.56万hm^2，蓄积3149.85万m^3。人工林分以幼、中龄林为主，其合计面积占77.40%，蓄积占64.16%。

人工林资源主要分布在南方集体林区，人工林面积前5位的省、自治区分别是广西、广东、湖南、福建、四川,五省、自治区人工林面积占全国的37.20%,蓄积占41.76%。人工林面积较大的优势树种有杉木、马尾松、杨树,3个优势树种(组)面积合计占全国人工林面积的59.41%。

我国的灌木林分布范围广阔,在乔木树种难以适应的高山、湿地、干旱、荒漠地区常能形成稳定的群落,灌木林的生态防护效益非常显著,尤其在我国目前生态脆弱的西部地区,保护和发展灌木林资源对改善生态环境具有极其重要的意义。

与天然林木材相比,人工林木材性能与品质较差。其突出特点是:木材密度低、强度差;木材结构疏松、易于腐朽、虫蛀和变色;易于变形、开裂和尺寸不稳定;由此,降低了木材的使用价值。面对着进行加工和利用的木材原料的转变,必须依据用途对人工林速生材进行一系列的功能性改良,以增强木材的某些优良特性,实现低质材料的合理利用和高附加值利用。在进行木材加工时,要特别注重采用减排低碳工艺,以保障生态文明。

2. 农作物秸秆[8]

我国农作物秸秆年产量约为7亿t,列世界第一位。除去用于制浆造纸、饲料或饲料原料、造肥还田及收集损失外,可作为能源加以利用的秸秆总量为3.761亿t/a。其中,粮食作物秸秆,如水稻、小麦、玉米等占总量的90%左右(麦秸和稻秸占40%~60%),而50%以上的秸秆资源集中在四川、河南、山东、河北、江苏、湖南、湖北、浙江等省份。稻草主要集中在长江以南诸省区,小麦和玉米秸秆主要分布在黄河和长江流域之间及黑龙江和吉林等省份。

我国对农作物秸秆资源的利用率很低。东北林业大学、南京林业大学科技人员的大量研究试验证明,用秸秆为原料制造人造板是可行的。

根据陆仁书教授几十年的科学研究与实验,秸秆等农业剩余物可用来制造非木材人造板。其产品有以下几种:

1) 亚麻屑板

亚麻是北方的重要经济作物,亚麻茎秆表面的纤维质量很好,亚麻原料厂将亚麻秆浸泡后,使表皮和木质的芯部分离,表层就是亚麻纤维,芯部亚麻秆被碾压成细小的秆状碎料,这些碎料在工厂称为亚麻屑,其实就是碾碎了的亚麻秆。北方秸秆利用最成熟的是亚麻屑板。很多单位进行了亚麻原料特性、制板工艺开发研究及胶黏剂的研究,加上机械制造厂提供的成套生产设备,使亚麻屑板形成了生产能力。亚麻屑板的质量甚至优于木材刨花板。从黑龙江到新疆,有10多家亚麻屑板厂。

2) 蔗渣板

我国很早就利用蔗渣制板,这是南方最早工业化生产农作物剩余物的人造板,最初是由轻工部门研制开发的,在20世纪70年代前,用蔗渣生产湿法纤维板。后来由轻工业部甘蔗糖业研究所牵头,在1985年建成了我国第一家干法生产的蔗渣碎板厂,1985~1990年建成10家工厂。到1992年有蔗渣碎料板厂24家,生产能力15万 m^3/a。

20世纪90年代,中密度纤维板生产迅猛发展,广东引进了很多条蔗渣中密度纤维板生产线,扩大了蔗渣利用途径。

3) 玉米秸板

对玉米秸碎料板,从玉米秸特性到制板工艺都做了深入探讨。重点在备料工段,除穗、去叶、除髓都需要特别的工艺设备。玉米秸经揉搓后还可以作为饲料,此外,还可以将玉米棒截成一定长度,作为空心板的填芯材料,可以做成门。还有天津建材所全秆利用制成轻型板材,也用来制造室内门。

在吉林省的榆树、松原、黑龙江省的安达等地都建立过玉米秸碎料板厂,但这些厂都没能坚持下来,其原因主要是生产设备不适宜、原料保管不善、产品容易霉变以及原料价格高等。

4) 稻壳板

稻壳是制米厂的下脚料,数量大、容易收集,它的利用问题自然会引起注意。上海木材工业研究所、东北林业大学都对稻壳板进行过研究,还研究了专用的胶黏剂。在江西、湖北、新疆建了一批工厂,生产的稻壳板曾在家具、建材等生产部门用过。因为当时用的都是脲醛胶,效果不好,此外,还存在板面及边部的稻壳碎料容易脱落、握钉力差、板的密度过大等问题。坚持生产最久的是江西横峰稻壳板厂。

重庆建筑大学研制了一种稻壳水泥预制木砖,可以代替木砖使用。

5) 葵花秆板

葵花是在碱土上生长的一种油料作物。东北林业大学和内蒙古林学院都对它进行过研究,试验并制定了葵花秆碎料板的生产工艺。最早的葵花秆碎料板生产企业在吉林省白城市。

葵花子壳是葵花子油厂的工业下脚料,便于原料收集。曾有"葵花子壳碎料板制造工艺"和"葵花子壳与杨木混合碎料板制造工艺"等研究报告发表。

6) 豆秸碎料板

中国林业科学院木材工业研究所、东北林业大学、南京林业大学都对豆秸利用进行了研究,分别发表了名为"豆秸胶合木"及"轻质豆秸板工艺"的研究报告。中国林业科学院较全面地研究了豆秸利用,并发表了"豆秸成分和性能,以及各种工艺因素对豆秸碎料板性能的影响"的学术论文。

由于豆秸是一种较好的饲料和燃料，收购比较困难，所以豆秸碎料板产业化的难度也就加大了。

7）稻草、麦草板

稻草和麦草是整个农作物秸秆中数量最大的，每年约能产出 2 亿 t 以上。因此，利用秸秆时自然首先注意的是稻草和麦草制造人造板。

首先要提到的是麦草稻草墙板，这是 1930 年瑞典人发明的，前苏联引进 5 条生产线，1945 年英国引入专利。50 多年来，有 30 多个国家生产稻草墙板。我国于 1982 年从英国 Stramit International 公司引进 2 条生产线，建在辽宁省大洼县和营口市，1985 年建成投产。每条生产线的生产能力是 50 万 m^2。这种稻草墙板的生产过程是将长的稻草秆在高温高压下自身黏合成板，在两面贴牛皮纸制成密度为 340~440kg/m^3 的轻质墙体材料。当时常州丽宝弟集团机械厂和杭州新型建材设计研究院合作，设计、制造了墙体板的全套设备。

第二类麦草稻草板是碎料板。近 10 年来，国内能够购到或通过使用渠道获得异氰酸酯胶，因此，对麦草稻草碎料板的研究多起来了。东北林业大学得到国家科学技术委员会（现已更名为科学技术部）支持，完成了"农作物秸秆——稻草、麦秆人造板制造技术开发"课题，并于 1999 年通过了正式鉴定。随后曲周赛博板业集团生产线上制出了第一张麦草刨花板，由于他们用的是外脱模剂，所以他们同时申报了隔离层铺装装置专利。中国林业科学院木材工业研究所和北京鑫源宏业公司合作建成麦秸板开发中心，研制出以麦草为原料的一种均质刨花板。这一技术已获得国家实用新型专利，并推出了全套生产技术和生产设备。现在还有用无机胶黏剂生产的秸秆碎料板，防火、防水性能较好，不含甲醛。这种板材受到建筑市场的欢迎。用异氰酸酯做胶黏剂的秸秆碎料板，性能优良，尤其引人注目的是这类板材胶黏剂内不含甲醛。而且国内已有异氰酸酯供应，在不久的将来，供应量还会增大。现在推广中遇到的最大问题是胶黏剂价格高，但无毒板的价格也高得多，市场已提出对这类板的需求。

第三类是麦草稻草纤维板。这是一类全新的麦草稻草板，是将原料制成纤维后，用醛类胶黏合而成。生产成本大幅度下降。此项技术已获得国家发明专利。麦草稻草用来制造人造板是近年来的热点，预计以后还会有更新的产品出现。此外，中国林业科学院对油菜秆制造刨花板、东北林业大学对木薯秆制造刨花板进行了工艺技术等多方面的研究。

由于全社会提高了保护环境的意识，不懈努力地研究如何利用农业秸秆制造人造板，这样可以取得多种效益。以前，我国农作物秸秆的工业利用率极低，大多数废弃和焚烧，如此处理秸秆会产生大量的二氧化碳等温室气体而危害生态安全。因此，科学合理地利用农作物秸秆及其他剩余物已成为全社会关注的大事，具有十分重要的意义。

3. 废旧木材和木制品[9]

我国废旧木材和废旧木制品利用的潜力巨大。根据有关部门预测，我国现有城市危房约 3300 万户，按照每户建筑面积 $50m^2$，每户拆下废旧木材 $0.5m^3$ 测算，也有 1600 万 m^3 左右的废旧木材可以回收利用。2003 年，我国人造板产量达到 4553.36 万 m^3（2009 年，全国人造板产量已达 9409.95 万 m^3，居世界首位），强化木地板的产量达 1.55 亿 m^2，家具产量达到 16 546 万件。2003 年，仅家具业就消费了 1000 万 m^2 左右的中密度纤维板。今后 10 年，我国建筑面积还将以每年 10 亿 m^2 的速度递增。随着人民生活水平的不断提高，旧式家具、地板等木制品的淘汰速度越来越快。据专家估计，如果实现垃圾分类，建立相对固定的废旧木材和废旧木制品回收系统，把包括建筑废旧木材、旧家具、旧地板、旧包装、旧枕木、旧电杆、一次性木筷及农民自用材在内的所有废旧木材和废旧木制品回收利用起来，至少每年将节约木材 3000 万 m^3，超过 2004 年我国商品木材产量的一半。这将对缓解我国木材供需矛盾，保护人居环境，建立节约型社会发挥重要作用。

在欧美一些国家，政府要求对回收木材实行二次加工处理，作为高质量的二次原材料加以利用。作为成熟技术，多年来，废旧木材已用于人造板生产原料，有的刨花板厂甚至 100% 用废旧木材生产。我国在废旧木材回收利用领域还处在起步阶段。我国的木材综合利用率较低，约为 60%，而科技发达国家已高达 90% 左右，因此急需采取各种新方法、新技术、新途径，对这些宝贵的资源予以合理加工和高效利用。

废旧木材与废旧木制品的循环利用不仅可以缓解木材供需矛盾，而且更重要的意义在于，将这些资源巨大的废弃物通过科学的加工，形成新的产品或材料，有利于原本储存的碳素进一步重新固定、封存，以保持减排低碳，减少温室效应，保护人们赖以生存的居住环境。

废弃木质材料被国外称为"第四种森林"，是倒在地上的森林。对它的利用符合循环经济的发展趋势，即组成"资源—产品—再生资源"的物质反复和循环流动。各国政府已经开始采取行动，美国有 27 个州用减免税收的做法鼓励和促进对回收物品的使用。特别是财政税收措施以及放宽许可和分区的限制，激励了许多公司对回收物资加以利用。德国政府规定，各木材加工企业都要做到生产的产品在使用期满后能回收，作为原料循环利用。我国政府也开始重视材料的循环利用问题，从政策上对资源综合利用企业和废旧物资回收企业给予减免所得税、增值税和增值税先征后返的优惠。

针对废旧木材及废旧木制品的形态、尺寸、性质,其开发利用的途径主要有以下几个方面:

1) 制造刨花板和纤维板

人造板中的刨花板和纤维板的工业化生产已经有60年以上的历史,其工艺技术是相当成熟的。它的作用之一在于弥补了实体木材体积与性能上的局限性,并使尽可能多的人享受到有限的木材资源。$1m^3$ 人造板可代替 $3m^3$ 原木生产的板材,而生产 $1m^3$ 人造板只需 $1.5m^3$ 左右的木材原料。大力发展人造板工业是解决木材短缺的重要措施之一,而人造板行业同样面临原料短缺的问题。

人造板制造是将大体积木材分解成碎料或纤维状小单元,然后再使其重新结合形成大幅面板材或特殊形状制品。废弃木质材料虽然形态多变、材质不均,但经适当处理后都可以分解到最小单元,非常适合于制造刨花板或纤维板等人造板材。

随着技术水平的不断提高,针对原料特性开发的新型人造板将不断涌现,对废弃木质材料的利用率会更高,某些工艺有可能更为简化,如高温、高湿和高压条件下大块木料的再结合,省去原料分解工序;而另一些工艺则更复杂,如融入纳米技术制造功能型人造板产品等。

2) 制造各类复合材料

将两种或两种以上性质不同的材料复合在一起,能够获得具有新的优异性能的复合材料。根据复合材料理论,在能够形成良好界面层的前提下,两种材料性质的差别越大,其复合所产生的效果越好,亦即复合效应越大。利用废弃木材和金属、塑料等性质差异很大的非木质材料能够制备木材/金属复合材料、木材/塑料复合材料等新型复合材料。木材/金属复合材料不仅基本保留了木质材料的优异性能,而且根据需要可以被赋予防静电、防电磁辐射等新的功能,在计算机房装饰等应用领域有重要用途。木材/塑料复合材料不仅可以利用废旧木材,而且也是废旧塑料制品或包装材料(俗称"白色污染"物)能够高效再利用的新途径。与实体木材或木质人造板相比,木塑复合材料的突出优点是不吸湿变形、不易开裂起毛以及不易腐朽和遭虫蛀等,发展前景广阔。此外,还可以将废旧木质材料与废旧轮胎(橡胶)复合,试制木材/橡胶复合材料或模压成型为其他产品。

3) 木质系炭素新材料[10]

木质炭化物的高效开发利用,对解决废弃物资源化、环保、生态环境等问题将起到十分积极的作用。福建农林大学黄彪、高尚愚开展了木质系炭素新材料的系统研究,取得了可喜的进展。

下文着重介绍一些木质系炭素新材料:木质吸油材料、高电导性材料、保鲜材料、保健材料、土壤改良材料、二氧化钛/炭复合材料、烧结炭、木陶瓷等。同时也叙述了副产物木醋液的应用领域，如在食品添加剂、消臭剂、医药、农业等方面的应用。

木质炭化物具有吸着性、研磨性、吸光性、隔热性和较强的反应性等优良特性。随着科技发展，近年来其新用途、新材料的研究开发十分广泛，具有较为广阔的发展前景。因为这一系列材料具有环境保护功能[11]。

(1) 木质吸油材料。

油船、油罐泄漏事故和工厂含油污废水的排放等，对海水及河水造成严重的污染，不仅浪费资源，还危及海洋生物，严重破坏了生态环境。为此，人们对开发油的回收处理技术的需求越来越迫切，尤其是海湾战争后，研究步伐明显加快。随着环保要求的提高，对工业排放废油的限制更加严格，因而吸油材料在环保方面的应用将越来越广泛。

以日本北海道林产试验场为代表的研究人员利用间伐材和旧纸板，研究开发出可有效改善海洋环境污染的木质吸油材料。首先将间伐材加工成木片状，再进行解纤，即分离单化纤维，旧纸板也被处理成纤维状，然后在一定温度下炭化，该炭化物可吸附重油 13.4～25.0kg/kg。该木质吸油材料的特点是制法简单易行，无需使用水和任何有机溶液，不存在废液的污水处理问题。且使用后的吸油材料用普通烧结炉烧掉或再利用均可。炭化物可采用无纺布装成袋或与纸浆一起抄成纸板状，或与热融性纤维混合后，干燥、热压成片状。

(2) 高电导性材料。

日本研究人员以木质炭化物为原料研制出导电性炭素新材料及防电磁波材料，该材料采用粒径为 0.01～1.0μm 的竹、木炭粉末与热固性树脂混熔调制成自硬化性颗粒体，以该颗粒体为母粒，辅以其他材料，进一步加工成各种形状的板材等复合材料。这些材料均具有优异的电磁波屏蔽效果，可减少电磁波对人体的影响及对电子仪器产生误动作的危害，同时具质轻、耐热、阻燃、物理强度好等性能。

(3) 保鲜材料。

日本研究人员以竹、木炭为原料，经特殊处理后制成具很好保鲜作用的"菜鲜炭"并将其加工成各种形式，如与植物纤维一起抄成"菜鲜炭"纸、与瓦楞纸复合成"菜鲜炭"包装纸箱、造粒均匀后以无纺布包装成"菜鲜炭"包等，该制品特别对蔬菜花卉长距离运输的保鲜有很好效果。目前"菜鲜炭"系列产品已在日本市场出售。

(4) 保健材料。

木质炭化物具有吸附能力，能辐射远红外线，刺激身体各经络的穴道，改善身体器官机能。把导电性的竹炭粉和助剂混合后装入衣物、织物、枕头、垫子和宠物用具等物品中缝合或黏合,具有消臭、按摩、辐射红外线、调温调湿、抗菌和抑制毒性等作用。

(5) 土壤改良材料。

木质炭化物对 CO_2 的吸附性能高,不腐烂,透气、保肥性好,能调整土壤酸碱度,并可补充一些微量元素用来改良土壤,从而促进作物根系的良好生长。同时竹、木炭能吸附一定湿气且含矿物质,故一些有助于植物生长的微生物、细菌易滋养于炭中,从而大大促进植物生长。研究人员还发现,施用木炭能使高尔夫球场之类绿地草坪生长良好,且管理容易。

(6) 二氧化钛/炭复合材料。

光催化和纳米技术是近 20 年发展起来的新研究领域,玉川甲泰等采用木粉与二氧化钛混合均匀,压制成型,然后将成型物在炭化炉中于 500~1000℃下炭化制成二氧化钛/炭复合材料,吸附污染物及中间产物而使污染物完全净化。

(7) 烧结炭。

日本新明和工业株式会社的山根健司将炭化温度 700℃下获得的杉木炭进行预处理后,放入通电烧结装置中高温高压处理制得新型炭材料——烧结炭,同时研究了其电、热特性及其结构和化学、机械等性能。烧结炭质轻、坚硬、导热、导电性好,不燃,并呈化学惰性,可与金属复合,制取有特殊用途的金属复合烧结炭。研究表明,它有很好的应用前景,可应用于电极材料、导电性材料、电磁屏蔽材料等领域。

(8) 木陶瓷[11]。

木质陶瓷是基于"利用废弃材料,创生高性能新材料"的思想而开发出的一种新材料,由木质材料浸渍热固性树脂后,在隔绝空气的条件下,经高温烧结而成的一类木质基多孔炭材料。它原料来源广泛,木材、竹材、中密度板等人造板,以及甘蔗渣、米糠等其他木质纤维材料均可作为木质陶瓷的原料。

①木质陶瓷是一种功能材料 木质陶瓷中包含着由木材炭化得来的软质无定形炭和由树脂炭化得来的硬质玻璃炭,具有多种优异的性能。耐高温、耐摩擦、耐酸碱腐蚀、强重比高,经加工后可替代传统陶瓷,可用做电极、发热体、电机炭刷、刹车衬里、耐腐蚀材料、绝热材料、过滤材料等。木质陶瓷具有温湿感应特性,其电学性能与温、湿之间存在极好的相关性,可用于温、湿度感应元件的制造。在一定的工艺制造条件下,木质陶瓷还可以具有很好的绝缘性,可用做新型绝缘材料。木质陶瓷能透过波长大约 900nm 的红外线,可用做红外线滤光器。木质陶瓷远红外放射率恒为 80%,可以用做房屋取暖材料和保暖材料。木质陶瓷具有电磁屏蔽作用,在电磁波应用广泛而干扰严重的今天,可用做电磁屏蔽

材料。

②木质陶瓷是一种环保材料　高温炭化过程产生的副产物可生产木煤气、木醋液及木焦油，其生产过程不污染环境，制造成本不高。

木质陶瓷的制造是高效利用废弃木质资源的新途径，利用可再生资源创生新材料，减少不可再生资源消耗，对于环境保护意义重大。

（9）其他。

木质炭化物还在融雪剂，水产、畜牧业，美容美肤材料，建筑材料等领域得到了很好应用。同时其副产物木醋液也广泛应用于许多领域：①食品添加剂。澄清木醋液后可用做薰液，以液态法熏制火腿和香肠，不易生虫，味道更鲜美，其效果和安全性优于烟熏。②消臭剂。将竹、木醋液喷洒在卫生间等有恶臭处，能消除臭味，保持空气清新。夏天还可作为除臭水消除身上汗臭，并使人感到凉爽。③医药方面。木醋液具抗菌、消毒作用，且渗透性大，应用在胃肠、皮肤药及缓解筋肉酸痛等方面。此外木醋液对脚气有特效医治作用，对过敏性皮炎和糖尿病等疾病也具一定疗效。④农业方面。木醋液具有抗菌、消毒及促进植物生根等作用，可用做植物发根促进剂、农药添加剂及抗菌剂。用木醋液处理 2 年生苗的移植床，苗木生长量高于对照区。木醋液还可用在家畜粪便消臭、有机农业的害虫驱除及美容、沐浴剂等方面。

综上所述，人们采取各种方法开发和利用木质废弃物资源，一是有利于实现生物质资源的永续利用和社会经济的可持续发展；二是要给人们一个生态安全的环境。

1.5　木材保护研究的问题与思考[12]

1.5.1　国际木材保护研究的重点和趋势

由于人们对人身安全和环境安全的需求持续增长，认识不断提高，反映在木材保护的思路上，表现为不仅仅重视木材的防腐、防虫、防霉、阻燃以及耐候性等主要技术指标的提高，而且更加关注其对于健康和环境的影响、木材的耐久性以及木质复合材料的保护理论和技术。

近年来，国际木材保护研究的焦点问题和未来的重要发展方向将突出反映在以下方面：

1）生物防腐技术的研究

木材的生物防腐技术为解决化学防腐剂的环境污染问题提供了新的思路，该类技术主要包括以下三个方面：

（1）植物提取物及其分子修饰产物用于木材的微生物和虫害防治。

（2）微生物用于木材的防霉。

（3）生物酶用于木材的微生物防治。

2）改善木材保护剂抗流失性的研究

代表性的研究工作有：利用蛋白质提高硼化合物的抗流失性，目的在于开发环境友好的木材保护剂；ACQ等防腐剂的固着机理研究，主要目的在于在充分认识现有的优秀木材保护剂与木材相互作用本质的基础上，改善性能，降低其对环境的不利影响。

3）保护处理对木材力学及耐老化性能的影响

保护处理木材的设计使用年限通常达数十年，在气候因子的长期作用下，木材的力学性能和耐老化性能将发生一定程度的变化，尤其是在长期高温条件下，某些阻燃木材的力学性能可能会严重降低。经阻燃防腐处理后，木材老化性能的评价、机理研究近年来受到重视。

4）木塑复合材料的保护研究

经过多年的实际应用和近年来的研究发现，木塑复合材料并非像一些生产厂家宣传的是不腐朽、不虫蛀的材料，在一些应用场合，木塑复合材料还是会发生腐朽或者受到害虫的蛀蚀，此外还发现，木塑复合材料光褪色比较严重，因此木塑复合材料的防腐、防虫和耐候性研究受到重视。

由于具有突出的环保特性和优异的综合性能，木塑复合材料已开始应用于室内。多数塑料的燃烧释热远高于木材，因而木塑复合材料的火灾危害性高于木质材料，对于采用聚氯乙烯为原料生产的木塑复合材料，其燃烧时发烟严重，因而木塑复合材料的阻燃已受到注意，但少有研究成果发表，目前东北林业大学已启动了木塑复合材料的阻燃抑烟研究。

5）计算机技术在木材阻燃研究中的应用

燃烧现象十分复杂，木材阻燃研究中的大型实验往往成本很高并且取得的数据有限。近年来，计算机模拟技术应用于木质材料火灾的模拟，结合锥形量热仪（CONE）实验数据，建立实际火灾模型。计算机技术应用于木材阻燃研究，将成为木材阻燃研究的重要发展方向之一。

1.5.2 中国木材保护基础研究存在的主要问题

我国木材保护生产与科学研究近年来取得了较大发展，但总体上与国际先进水平存在差距，究其原因有许多方面，主要有以下几点：

（1）基础研究的智力与精力投入不足，专业研究机构的作用有待加强。突出表现在基础数据的积累严重不足，长线的基础研究出现滑坡。

（2）从事基础研究的队伍建设相对较弱，人才培养尚未引起足够重视，缺乏机制保障。

(3) 研究经费严重不足，经费的使用效益总体不高。

(4) 基础研究科技资源的配置不够合理，影响国际竞争力。

1.5.3 促进木材保护基础研究的思考

(1) 整合基础研究优势科技资源，围绕木材保护重大问题，开展综合性基础研究和原始创新研究。具体建议：国家投资，由木材保护协会牵头，组织国内主要研究机构，针对木材保护的共性、关键问题（如主要木材的渗透性及其改善方法、浸注处理的规范性技术条件、保护处理木材的耐久性及其对环境的影响），开展系统的研究，为制定标准和国家政策法规提供有说服力的科学依据。

(2) 适当拓展木材保护的研究范畴（生物质材料和生物质复合材料），同时注意多学科的交叉和凝练出具有更深层次、更广泛和更深刻影响的科学问题，这样便于获得国家自然科学基金等各类基础研究科技计划的支持。

(3) 在职业培训和各类学历教育等不同层面，加强木材保护专业人才的培养，为行业的发展提供必要的人才支撑和保障。

(4) 木材是可循环利用和可再生的环保性材料，总量很大，对于国家的经济建设和生态环境的可持续发展具有长远的战略意义。相对于其他材料，木材等一些生物质材料的生长周期相对较长，结构和性质极其复杂，这就决定了其科学研究周期长，并且发展速度相对缓慢，这一特点应引起国家有关部门的高度重视。木材保护协会在国家制定木材保护有关政策，尤其是科学研究相关政策方面要发挥更大的作用。

(5) 有关科研机构将木材保护基础研究作为长线的重点领域开展系统的基础研究，尤其是突出具有原始创新特点的前瞻性研究；产业部门对于木材保护基础研究和人才培养给予必要的支持。

综上所述，根据我国森林资源结构的变化，人工林速生材产量大、质量差的特点，农作物秸秆、废旧木材及木质废弃物储量丰裕而工业利用率低的具体情况，采取各种加工方法，形成新的产品予以利用。在加工和利用的过程中，融入了"低碳经济"的理念，尽力实现劣质材料和废弃物（剩余物）的综合利用、固碳减排、清洁环境和生态安全。随着科技进步，实现木材和木质材料的低碳加工和利用是顺应时代发展的必然趋势。

参 考 文 献

[1] 李顺龙. 森林碳汇问题研究. 哈尔滨：东北林业大学出版社，2006

[2] 刘焕彬. 低碳经济视角下的造纸工业节能减排. 中华纸业，2009，30 (12)：10-12

[3] 冯之浚，金涌，牛文元，等. 关于推行低碳经济促进科学发展的若干思考. 光明日报，

2009-04-21

[4] 木佳. 国家林业局: 三大举措确保木材安全. 中华工商时报, 2009-11-18

[5] 李坚, 周晓峰, 董希斌, 等. 现有林经营管理导论. 哈尔滨: 东北林业大学出版社, 1994: 52-88, 186-199

[6] 李坚, 王清文, 等. 生物质复合材料学. 北京: 科学出版社, 2008: 34-38

[7] 吴义强, 彭万喜. 人工林木材功能性改良技术进展. 中国木材保护技术与管理研究. 北京: 中国物质出版社, 2007: 60-62

[8] 陆仁书. 人造板科学与技术. 哈尔滨: 东北林业大学出版社, 2002: 13-18

[9] 刘一星, 等. 木质废弃物再生循环利用技术. 北京: 化学工业出版社, 2005: 5-11

[10] 黄彪, 高尚愚. 功能性木质炭素新材料的研究与开发. 新型炭材料, 2004, 19 (2): 151-154

[11] 李坚, 李淑君. 新型多孔炭材料——木陶瓷. 哈尔滨: 东北林业大学出版社, 2002, 28-94

[12] 李坚, 王清文. 中国木材保护基础研究存在的问题及其对策//刘能文, 木材节约发展中心. 中国木材保护技术与管理研究. 北京: 中国物质出版社, 2007: 21-22

第2章 气凝胶的性质与气凝胶型木材的制备构想

为了使木质材料能够持续发展，必须确定若干新的生长点并加以研究推动，使之逐步成为木质复合材料发展中的生力军。此外，也要针对木质复合材料发展中存在的问题和暴露的矛盾进行深入研究，使之不断完善，才能使木质材料和木质复合材料在与其他复合材料的竞争中具有优势。

气凝胶型木材是木质材料的新生长点和有待深入研究开拓的问题。针对气凝胶的某些缺点制约其商业前途这个实际问题，根据某些天然木材具备气凝胶基本结构和属性的特点，可研究制备基于树木天然生物结构，具有多种功能和智能效应的气凝胶型木材。按照气凝胶材料的制备原理，可以将一些轻质、多孔、满足气凝胶材料基本条件的天然木材，通过超临界单元操作或冷冻干燥的方法，制备出具有天然木材属性的气凝胶材料。

2.1 气凝胶的性质及应用

2.1.1 气凝胶的概念

气凝胶最早是由美国的 S. S. Kistler 于 1932 年首先提出并制备成功的。S. S. Kistler 指出，几乎任何可以用来制造胶体物质的东西，均可转变成气凝胶，但这种转变需要超临界流体干燥的特殊单元操作来完成[1]。气凝胶的前体是水凝胶或醇凝胶，内部含有大量的液体成分，如果在空气中干燥，会剧烈收缩和开裂，必须将内部的液体替换为超临界流体，超临界流体里的分子基本上是自由运动的，没有液-气相界面，所以在干燥时没有了通常会破坏固体结构的张力，可以得到保留着高度多孔隙性和原来形状的胶，即气凝胶。

目前已经制备出的气凝胶含空气量可达90%，几乎可以和云雾做比较，密度极低，所以又被称为"固体烟雾"或"固体空气"。

气凝胶是由胶体粒子或高聚物分子相互聚结构成纳米多孔网络结构，并在孔隙中充满气态分散介质的一种高分散固态材料。气凝胶材料的比表面积可达 $600\sim1000m^2/g$，孔洞尺寸一般为 $10\sim100nm$。气凝胶是最轻的凝聚态固体材料，源于其独特的纳米结构，气凝胶具有很多特殊的性质。

研究表明，气凝胶是目前世界上密度最小的固体材料，而密度变化范围在 $3 \sim 600 \text{kg/m}^3$，其介电常数 ε 为 1.008，是目前介电常数最低的块状固体材料，热导率在 $0.012 \sim 0.018 \text{W/(m·K)}$ 范围内，是世界上热导率最低的固体，具有异常强大的隔热功能[2]。在适当的条件下制备得到的 SiO_2 气凝胶具有良好的透光度，并能阻止环境温度下的热辐射，其杨氏模量在 10^6N/m^2 数量级，比相应非孔性玻璃态材料低 4 个数量级，纵向声传播速率低达 $100 \sim 300 \text{m/s}$，声阻抗高达 $10^3 \sim 10^7 \text{kg/(m}^2 \cdot \text{s)}$。一块一寸厚的 SiO_2 气凝胶，相当于 $20 \sim 30$ 块普通玻璃的隔热功能[3]。另外，气凝胶还具有连续可调的密度、低的弹性模量及典型的分形结构等。气凝胶在许多应用领域已显示出广阔的应用前景，如 Cerenkov 航天探测器、高效可充电电池、超级电容器、声阻抗材料、催化剂及载体、气体过滤材料、超级高效隔热材料等。

气凝胶材料可分为有机和无机两大类。近几十年来，各国科学家制备了各类无机气凝胶，如 SiO_2、Al_2O_3、TiO_2、Al_2O_3/SiO_2、TiO_2/SiO_2、$CaO/MgO/SiO_2$ 等单组分和多组分无机气凝胶[4,5]。有机气凝胶有纤维素、琼脂、间苯二酚与甲醛合成的有机气凝胶[6,7]等。

气凝胶的制备通常由溶胶-凝胶和超临界干燥两个过程构成，即首先由溶胶-凝胶过程在溶液中形成气凝胶纳米多孔结构，然后通过超临界干燥工艺获得气凝胶。其孔隙率可达 $80\% \sim 99.8\%$，孔洞尺寸一般为 $1 \sim 100 \text{nm}$，而密度变化范围可达 $3 \sim 600 \text{kg/m}^3$，SiO_2 气凝胶的典型结构如图 2-1(b) 所示[8]，图 2-1(a) 为本实验室自制的 SiO_2 气凝胶的微观结构。

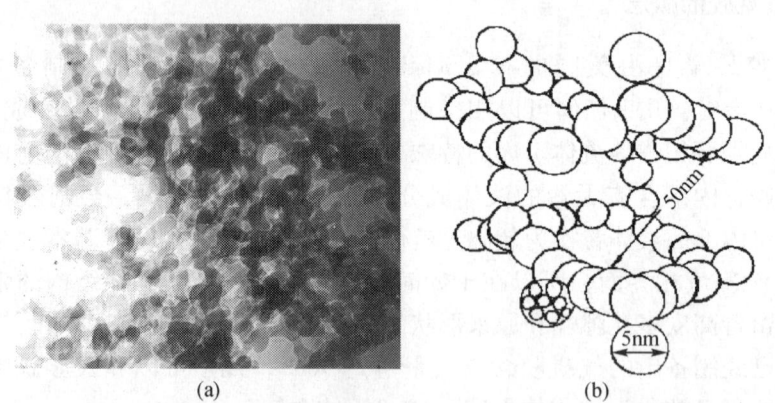

图 2-1 透射电镜下 SiO_2 气凝胶的微观结构（×200 000）(a) 及其结构示意图 (b)

气凝胶存在高度松脆、易碎以及吸湿等问题，抑制了其商业应用。目前，世界各国都在积极探索如何扩大气凝胶的应用，主要采用的方法是将少量有机聚合物均匀地嵌入易碎的无机网络结构中，或者制备性能更为优越的气凝胶。

SiO$_2$ 气凝胶的高度松脆性、有限透明度以及吸湿性等问题阻碍了其实际应用。将易碎 SiO$_2$ 气凝胶的无机网络均匀地嵌入（键合）到多孔的木材细胞结构中（细胞壁空隙及细胞腔），探讨气凝胶与木材结合的途径、方式和机理，可以有效地弥补气凝胶在实际应用方面存在的一些缺陷，同时也赋予木材新的功能，使木材功能性改良体现出木材和纳米材料的双重优点，具有十分诱人的应用前景。图 2-2 为本实验室采用超临界干燥工艺制备的西南桤木木粉/SiO$_2$ 气凝胶微孔复合材料照片，制备前后其体积收缩率很小，具有一定的强度，其性质和应用的领域和途径还有待进一步探索和挖掘。

图 2-2 西南桤木木粉/SiO$_2$ 气凝胶微孔复合材料照片

凝胶是一种特殊的分散体系，其中胶体颗粒或高聚物分子相互连接，搭成架子，形成空间网状结构，液体或气体充满结构空隙。我们平常吃的果冻就是一种湿凝胶。简单来说，气凝胶就是湿凝胶的一种"变脸"，当湿凝胶中的液体被气体所取代，同时凝胶的纳米网络结构基本保留不变，使连续的固相填充在连续的气态之中，外表呈固体状，固体相和孔隙结构均为纳米量级[9]时，即为气凝胶。

2.1.2 气凝胶的热学性质及应用

作为隔热材料，气凝胶纤细的纳米网络结构可有效地限制热传播，其固态热导率在 0.012~0.018W/(m·K) 的范围内，比相应的玻璃态材料低 2~3 个数量级[10]。间苯二酚-甲醛气凝胶（FR 气凝胶）是迄今为止发现的在常温常压下热导率最低的固体材料 [热导率为 0.012W/(m·K)][11]。张贺新以正硅酸乙酯（TEOS）和碳纳米管（CNTs）为原料，采用溶胶-凝胶法制备不同碳纳米管含量的 SiO$_2$ 气凝胶，结果表明：添加 CNTs 不仅能够增强 SiO$_2$ 气凝胶的强度，而且能够在很大程度上提高气凝胶的比表面积，使孔结构分布更加均匀[12]。邓忠生等

在 SiO_2 气凝胶的溶胶-凝胶过程中掺入了钛白粉，结果表明：钛白粉能较均匀地分散在 SiO_2 气凝胶中；掺杂 SiO_2 气凝胶的孔洞大小分布在 5~70nm，峰值在 20nm 附近，热力学测试结果显示钛白粉掺杂量为 20%（质量分数）的 SiO_2 气凝胶在常压、831K 时的热导率 $0.035W/(m·K)$ [13]。2002 年，NASA 创建的阿斯彭气凝胶公司生产出了一种耐受性和柔韧性更强的气凝胶，它现在正被用来制作太空服的隔热保温衬里，以便为 2018 年的人类登陆火星计划做准备，在宇航服上涂上 18mm 气凝胶后便可以让宇航员在 -130℃ 的太空中旅行。气凝胶已成为航天探测中不可替代的材料，俄罗斯"和平"号空间站和美国"火星探路者"探测器都用它来进行热绝缘。目前，气凝胶已经开始进入日常生活。在英国，气凝胶已经被应用在房子保温、登山鞋等地方。由于气凝胶的保温性能好且耐高温，它在冶金方面也有很多用途，可作铸模用于金属合金的固化。

2.1.3 气凝胶的声学性质及应用

由于气凝胶的低声速特性，它还是一种理想的声学延迟或高效隔音材料，其声阻抗的可变范围较大 $[10^3 \sim 10^7 kg/(m^2·s)$，而空气的声阻抗只有 $400kg/(m^2·s)]$，是一种理想的超声探测器的声阻耦合材料。利用气凝胶材料作窗户，不但透明度高，能量效率也与实心墙相仿，而且降噪效果比普通的双层玻璃强两倍。在美国，这种窗户已经作为围墙玻璃被试用。在我国，已经开始生产气凝胶玻璃，这种气凝胶玻璃虽然具有许多优良的物理性能，但由于价格较高，几何尺寸较小，目前仅能达到 60mm×60mm×3mm，限制了它的使用范围。

2.1.4 气凝胶的电学性质及应用

气凝胶具有低介电常数、高比表面积、高介电强度等特点。有机气凝胶和金属氧化物气凝胶是非常优异的介电体，可用做高压绝缘材料、高速或超速集成电路的衬底材料、真空电极的隔离介质以及超级电容器[14]。炭气凝胶是用溶胶-凝胶法和超临界干燥工艺制成的有机气凝胶经炭化得到的。它具有比表面积大（$400 \sim 1000m^2/g$）、电导率高及密度可调范围广（$50 \sim 1000kg/m^3$）等特性，是用做超级电容器和可充电池的理想电极材料[15]。由炭气凝胶制成的双电层电容器——超级电容器具有存储容量大（可达 $40F/cm^3$）、功率密度高（可达 74W/kg）、能量密度可达 $5W·h/kg$（使用液体电解质）、优异的耐低温性能（可耐 30℃ 的低温）以及自释电小等特点，因此可广泛用做坦克、飞机、火箭、导弹等的启动电源以提高其机动反应能力[16]。此外，超级电容器还可作为电能储备装置用于各种航天器、潜艇、汽车等领域。间苯二酚-甲醛气凝胶是一种无序、多孔的纳米非晶固态材料，其炭化产物炭气凝胶（CRF 气凝胶）具有大的比表面积、好的导电性

(电导率为 5~40S/cm) 和电化学稳定性,成为制备超级电化学双层电容器的理想电极材料[17]。

2.2 木材细胞壁的结构与气凝胶型木材

2.2.1 木材细胞壁的化学结构

木材的细胞壁主要是由纤维素、半纤维素和木质素三种成分构成的,如图2-3所示,它们对木材细胞壁的物理作用分工不同。纤维素是分子链聚集成排列有序的微纤丝束状态存在于细胞壁中,赋予木材抗拉强度,起着骨架作用,故被称为细胞壁的骨架物质。相当于钢筋水泥构件中的钢筋;半纤维素以无定形状态渗透在骨架物质中,起着基体黏结作用,故称为基体物质,相当于钢筋水泥构件中的捆绑钢筋的细铁丝;木质素渗透在骨架物质和基体物质中,可使细胞壁坚硬,所以称其为结壳物质,相当于钢筋水泥构件中的水泥。因此,根据木材细胞壁这种成分间的物理作用特征,人们形象地将木材细胞壁称为钢筋混凝土建筑。Wardrop 曾认为半纤维素是一种凝胶性的基质物质,在其形成后立即被纤维素纤丝所增强;而在细胞壁形成的后期阶段木质素形成为结壳物质[18]。

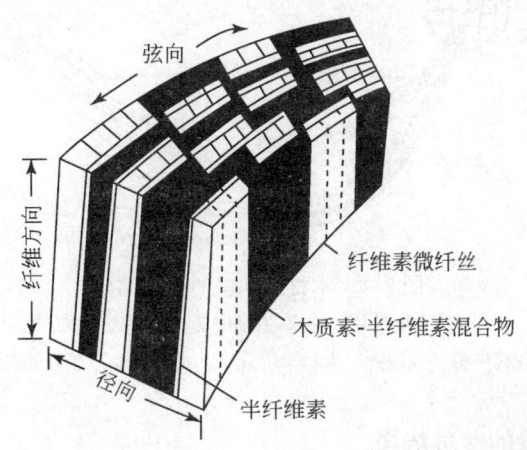

图 2-3 纤维素、半纤维素和木质素结合构成细胞壁模型

2.2.2 基本纤丝、纤丝和微纤丝

木材细胞壁的组织结构是以微纤丝作为骨架的,它的基本组成单位是一些长短不等的链状"纤维素分子",这些纤维素分子链平行排列,有规则地聚集在一起称为"基本纤丝",基本纤丝宽约 3.5~5.0nm,断面包括 40 根左右纤维素分

子链[19]。由基本纤丝组成一种丝状的微团系统称为"微纤丝",微纤丝大约宽10~30nm,微纤丝之间存在着大约10nm的空隙,木质素及半纤维素等物质就聚集在此空隙中。由微纤丝的集合可以组成"纤丝",纤丝再聚集成"粗纤丝",粗纤丝相互结合形成薄层,最后许多薄层聚集形成了细胞壁层。赵广杰按尺度大小将木材细胞中的孔隙结构进行分类,其中单纹孔膜小孔为细管状,直径为50~300nm;细胞壁中孔隙为裂隙状,直径为2~10nm;润胀状态的微纤丝间隙为裂隙状,直径为2~4.5nm,这种结构与气凝胶材料的结构原理是一致的[20]。木材细胞壁的微细结构如图2-4所示。

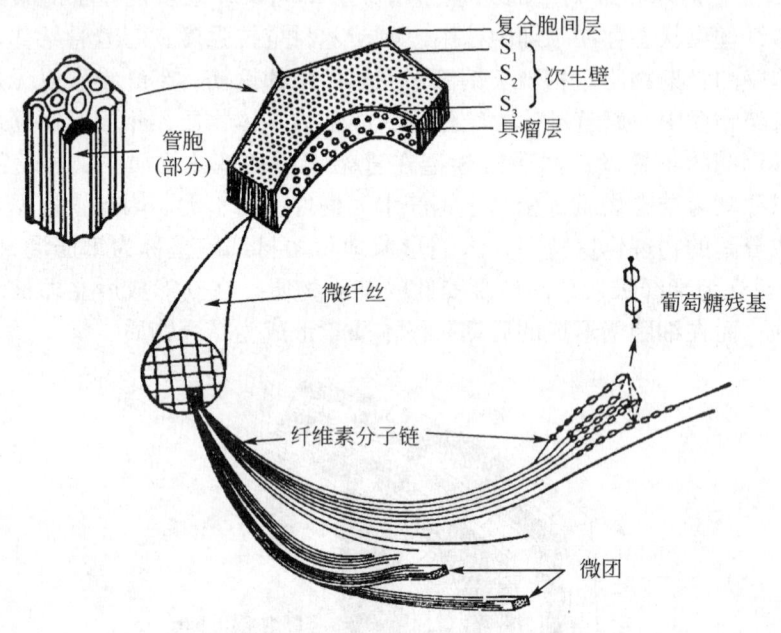

图 2-4 木材细胞壁的微细结构

S_1-次生壁外层;S_2-次生壁中层;S_3-次生壁内层

资料来源:成俊卿.木材学.北京:中国林业出版社,1985

2.2.3 木材细胞壁的壁层结构

木材细胞壁的各部分常常由于化学组成的不同和微纤丝排列方向的不同,在结构上分出层次。在光学显微镜下,通常可将细胞分为初生壁(P)、次生壁(S)和胞间层(ML)。

实际上,通常将胞间层和相邻细胞的初生壁合在一起,称为复合胞间层。复合胞间层主要由木质素和果胶物质组成,纤维素含量很少,在偏光显微镜下显现各向同性。

次生壁占细胞壁厚度的95%或以上，主要成分是纤维素和半纤维素的混合物，木质素浓度比初生壁低，在偏光显微镜下具有高度的各向异性。在次生壁上，由于纤维素分子链组成的微纤丝排列方向不同，从外向内，可将次生壁明显地分为3层，即次生壁外层（S_1）、次生壁中层（S_2）和次生壁内层（S_3）。次生壁各层的微纤丝都呈螺旋取向，但斜度不同。S_1层的微纤丝以"S"形或"Z"形交叉缠绕，与细胞长轴呈50°~70°角，一般为细胞壁厚度的9%~21%；S_2层的微纤丝和细胞长轴呈10°~30°角，S_2层最厚，在管胞、木纤维等主要细胞中可占细胞壁厚度的70%~90%；S_3层的微纤丝与细胞壁呈60°~90°角，微纤丝排列的平行度不甚好，呈不规则的环状排列，S_3层的厚度为细胞壁厚度的0%~8%。通过以上分析可以得出结论：细胞壁的厚薄主要是由S_2层的厚薄决定的，因此，对细胞壁的膨化主要是对S_2层的膨化；由于各层微纤丝排列方向不同，S_2层向内膨胀受到S_3层的禁锢，S_2层向外膨胀受到S_1层的禁锢。木材细胞壁的分层模式结构和壁层结构见图2-5和图2-6。

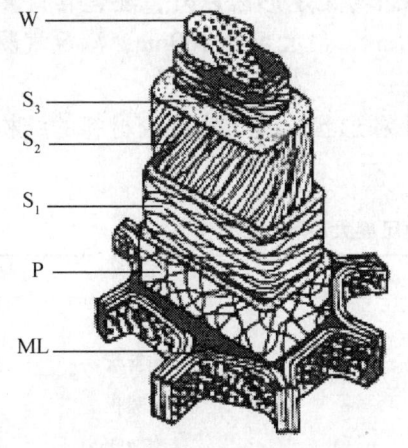

图2-5 在电子显微镜下木材
细胞壁的分层模式结构
ML-胞间层；P-初生壁；S_1-次生壁外层；
S_2-次生壁中层；S_3-次生壁内层；W-瘤状层

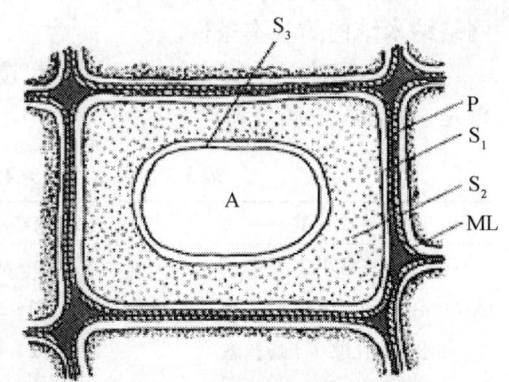

图2-6 木材细胞壁的壁层结构
（A为细胞腔）

2.2.4 木材细胞壁具备凝胶材料的基本条件和特征

如上所述，木材是天然生长形成的多孔性有限膨胀胶体，是一种天然高分子凝胶材料。依细胞壁微观形态学，Wardrop曾认为细胞壁是由以下三类基本构造物质组成的：①基质物质（matrix substances）；②构架物质（framework substances）；③结壳物质（encrusting substances）。细胞壁的个体发育可划分为三个阶段：①基质形成阶段；②凝胶的纤丝增强阶段；③结壳作用阶段。木材的基质可认为是一种亲水的凝胶体，主要包括半纤维素和果胶，在最初阶段，细胞壁呈极端可塑性，像高度黏滞的流体一样，具有高度的膨胀度（swelling capacity）和塑性变形，在基质形成以后，塑性的基质立即被纤维素纤丝增强[21-23]，因而该系统具有弹性。Frey-Wyssling认为幼嫩细胞壁的最初阶段代表着一种各向同性且没有任何双折射的凝胶组成，此种各向同性物质称为细胞壁的基质（matrix）。

基质、纤丝质和覆层有不同的胶态性质。基质是一种干凝胶（xerogel），即一种在干燥时硬化并变成半透明的凝胶。构成基质的碳水化合物（果胶、半纤维素等）的化学提取或酶催消化（enzymatic digestion），将纤丝游离成气凝胶（aerogel）。气凝胶具有易于接近空气的超微结构空间，在光的折射下呈白色[24]，这与相关学科气凝胶和干凝胶的原理是一致的。木材细胞壁具备凝胶材料的基本条件和特征。

从木材组成和结构上看，木材细胞壁中约50%是纤维素，半纤维素、果胶等约占木材质量的25%以上，纤维素除结晶区与无定形区以外，还包含许多孔隙，形成孔隙系统，孔隙的大小一般为1~10nm，最大可达100nm，满足气凝胶网络纳米结构的基本条件。

表2-1归纳了木材中纳米孔隙的尺度大小和形状，这与气凝胶材料的结构原理是一致的。

表2-1 木材中纳米孔隙的尺度大小和形状

孔隙种类	直径/nm	形状
具缘纹孔塞缘小孔（针）	20~8000	网络状
单纹孔膜小孔（针）	50~300	细管状
细胞壁中孔隙（干燥状态）	2~10	裂隙状
细胞壁中孔隙（湿润状态）	1~10	裂隙状
微纤丝间隙（润胀状态）	2~4.5	裂隙状

此外，一些木材的物理特性具备气凝胶材料的性质。例如，西印度轻木的热导率为$0.055W/(m·K)$，密度为$140.0kg/m^3$；栓皮栎的热导率为$0.043W/(m·K)$，密度为$160.0kg/m^3$；柏科木材横向的热导率为$0.097W/(m·K)$，密度为$460.0kg/m^3$；常规人工合成二氧化硅气凝胶（silica aerogel）的热导率为$0.024W/(m·K)$，密度为$140.0kg/m^3$。对比一些典型气凝胶材料，如甘礼华[25]采用溶胶-凝胶法制得的炭气凝胶，其密度为$108.0kg/m^3$，秦仁喜[26]制备的炭气凝胶，其导热率为$0.012W/(m·K)$，一些木材的热导率、密度等指标与气凝胶材料十分接近。

根据干燥的方法不同，所得到的凝胶有不同的表述，由直接干燥制备的凝胶称为干凝胶，通常是一种比较致密的固体；而超临界干燥能够获得高度多孔性低密度的凝胶材料，称为气凝胶[27]。木材在干燥过程中，细胞壁内的束缚水开始蒸发时，木材的结构与性质发生显著的变化，如强度增加、尺寸收缩等，通过液-气相界面的超临界干燥可以得到保留着高度多孔隙性和原有形状的木材，即气凝胶结构木材。Smith 等考察了超临界 CO_2 处理对北美黄松边材抗弯强度和弹性模量的影响，经超临界流体（SCF）处理过的试样与未处理过的试样的弯曲强度（MOR）和弹性模量（MOE）无明显区别[28]。因此，超临界流体处理对木材力学性质无明显的不良影响，采用超临界流体对木材进行干燥，可以得到气凝胶结构的木材。另外，冷冻干燥也可以获得高度多孔的低密度气凝胶材料。

智能高分子凝胶材料是目前发展最快的一类智能材料。根据现代材料科学理论[29]，智能高分子凝胶是一类当外界环境条件（如温度、光照、电场或特定化学物质）发生变化时，其自身性质会发生明显改变的交联聚合物，并且这种变化是可逆的、不连续的。同理，气凝胶结构木材也具备同样的性能。国内外学者普遍认为，木材的自我反应性是非常机敏的，木材具备作为智能材料的基本条件。例如，木材的吸湿解吸特性使之能够自我反应地调节人居室内环境的湿度，随着湿度变化产生湿胀干缩。另外，木材的冷暖感、步行感和音响感等均为木材的智能效应在人居环境中的体现。因此，根据木材的这些感知、反馈和响应，它可以被认为是结构、组成和性能连续变化的智能材料。

2.3　木质材料的新生长点和有待深入研究开拓的问题

我们针对气凝胶存在某些缺点制约其商业前途这个实际问题，以形成具有多种功能和智能效应的气凝胶型木材为目标开展研究工作，使制备出的材料兼备气凝胶材料和天然木材的双重优良特性，具有高附加值。

本研究在国家自然科学基金重点项目（30630052）资助下，以木材结构（微观、超微观和介观）及其物理化学性质为研究的出发点，运用木材解剖学、数学、物理、力学、化学等有关理论，通过实验观测和分析，研究具备气凝胶基本结构和属性的木材分子的组成及结构，分析控制气凝胶结构木材性质的关键因素及其可调控因子，并阐明它们在性状形成中的作用机理，建立凝胶结构木材的品质性状与木材构造和主要化学成分之间关系的模型。

我国有大面积的人工林及天然林轻质木材，由于材质轻软，限制了其使用范围。本项研究根据木材的天然结构，将一些轻质的、多孔的、接近气凝胶材料基本条件的木材，制备成气凝胶型木材。基于树木天然结构的气凝胶型木材，是一种高强度、低密度的新型气凝胶材料，既赋予木材新的功能，又克服了人工制备的气凝胶材料存在的缺陷，在绝热、隔音等领域是一种具有各向异性的气凝胶材料。

气凝胶结构木材在消除木材内应力与表面张力及其热学、电学和声学性质等方面具有区别于普通木材的性质，在木质环境学特性，如视觉特性、触觉特性、听觉特性及调节特性方面具有特殊的性质，即具有智能效应，这也是生物质气凝胶结构木材优越于其他材料的主要特征，有利于实现木材的高附加值利用，成为气凝胶结构木材区别于其他人工合成气凝胶材料的重要特色。

利用天然木材在长期进化演变过程中形成的优化生物结构形式，结合现代材料科学的理论和手段来进行新型木材的设计、制备与处理，体现了"师法自然"的科学思想，是仿生制备技术的延伸。今后，这种手段发展到一定阶段，就会制备出智能木材材料或机敏材料。因此，基于气凝胶结构木材的双重属性，对它的智能性探索是有益的尝试。

科学技术的发展和人类生活水平的提高促使人们对生活环境提出了更高的要求。传统的材料学研究方法已不能满足需求，而生物质材料自身特有的复杂性又使得其他专业的研究人员难以深入评价其环境学特性。因此，当需求产生，现实却无法加以满足之时，就呼唤出了一门新的研究领域——木质环境学研究领域。从内容上，木质环境学主要研究木质材料与人类健康和环境文明之间的关系，其研究结果为评价由生物质复合材料所营造环境空间的人体可居住性和环境的舒适性提供可靠的科学理论依据，进而提高人类的生活和健康水平。从研究方法上，木质环境学研究既独立于木质材料科学，又以其研究为基础，并通过建筑环境学、实验心理学、生理学、医学等多学科的交叉，使这方面的基础问题得到阐释。

国外侧重于木造房屋所营造的环境空间的可居住性（如调温、调湿、改善空气质量、调节光线入射及分布、声环境特性等），国内则侧重于木质装饰材料及环境的感知特性（人体视觉、听觉、触觉等心理感觉特性）及其对动物体生长发育的影响及调节，对生物复合材料的环境学特性还有待研究。国内外关于生物复合材料的环境学特性的研究尚未开展。预计其所具有的不同类属材料间复合的特点，将给研究的开展带来艰巨性和复杂性。

21世纪，应用纳米科技来探索木材内幕、修饰木材、赋予其新的功能，是木材科学工作者面临的一个新课题[30]。本研究将木材制备成一种气凝胶材料，可以有效地解决原本气凝胶在实际应用方面存在的一些缺陷，同时也赋予木材新的功能，使木材功能性改良体现木材和纳米材料的双重优点，形成性能优异的纳米结构，并强化气凝胶结构木材的智能效应和环境学特性，使其具有十分宽广的应用前景。同时，本项研究对木材细胞壁超微结构、木材干燥和木材皱缩理论、木材物理、力学、木质环境学及木质文物保护等研究具有理论和应用价值，对促进传统木材科学与其他相关学科的交叉与外延具有重要科学意义。

2.4 气凝胶型木材的国内外研究现状和应用前景

根据气凝胶型木材不同的制备方式，可将气凝胶型木材分为 A、B、C 三种类型。

基于树木天然生物结构，采用现代测试分析方法全面分析木材的天然生物结构和物理特性，并与气凝胶进行比较，筛选出具有气凝胶基本结构属性的木材，运用超临界技术等先进手段，对选定木材进行结构参数调控，可初步形成气凝胶 A 型木材，使其兼备气凝胶材料和天然木材的双重优良特性，具有高附加值和多功能。

用溶胶-凝胶法制备有木材/无机质复合材目前是国内外研究的热点课题。目前，国内外应用溶胶-凝胶法制备的木材/无机质复合材应属于木材/干凝胶无机质复合材。在溶胶-凝胶法制备木材/干凝胶无机质复合材的研究基础上，引进气凝胶概念，采用超临界流体（SCF）处理 SiO_2 溶胶，制备木材/干凝胶纳米无机质复合材，保持木材的韧性、加工性、介电性等优良的物理、化学特性和独特的环境学特性，而且还要将无机纳米材料的颗粒体积效应、表面效应等性质、尺寸稳定性和热稳定性等糅合在一起，从而得到新型木材/气凝胶纳米复合材，即气凝胶 B 型木材。

有机气凝胶与木材复合材料的研究目前还处于起步阶段，许多规律和应用价值，尤其是网络结构的控制规律，以及木材/有机纳米复合材料（气凝胶 C 型木材）的制备条件、结合机理、材料特性、用途都有待于人们进一步探索和开拓。木材/有机气凝胶复合材的研究具有重要的理论和应用意义，其研究进展将促进木材科学与材料、化学和物理等相关高新技术领域的融合。

目前，气凝胶与木材的结合主要是复合材料的形式。例如，采用溶胶-凝胶法将 SiO_2 气凝胶均匀地嵌入木材的细胞空隙中，引入超临界流体干燥单元操作，制备得到木材/SiO_2 纳米气凝胶复合材，在声学等性质上有很大的改变。也开始探索有机气凝胶与木材的复合[31]。

可以预见，气凝胶型木材可以作为优异的声、热、电、震绝缘材料，其主要应用领域有各类房屋保温，各种装饰条、装饰板、窗帘圈及装饰件、天花板、壁板以及制造木筏、小艇、救生带、悬浮体等，可用于保温板夹心衬垫材料，也可用于保温瓶塞，以及飞机等各种模型的制作。另外，气凝胶型木材具有连续可调的密度、低弹性模量及典型的分形结构等,这对木材分形结构的研究提供了非常好的模型材。

下面将分别叙述3种不同类型气凝胶木材的国内外研究现状和制备构想。

2.5 气凝胶A型木材的制备构想

2.5.1 基本原理

根据木材细胞壁超微结构,气凝胶型木材的制备主要包括3个主要步骤:木材细胞壁S_3层的破坏、木材细胞壁的膨化和木材无应力干燥。

木质素、纤维素、半纤维素是木材细胞壁的三大主要成分,这三种化学成分在木材细胞壁各壁层的含量各不相同。木质素在胞间层的浓度最高,细胞内部浓度则相对减小,次生壁内层又增高。例如,用紫外显微分光法测定北美黄衫的胞间层木质素为60%~90%,细胞腔附近为10%~20%。通过透射电镜可以观察到,有些树种的S_3层基本上不存在木质素。纤维素是构成木材细胞壁的结构物质,贯穿于细胞壁的各个壁层。因此,对木材细胞壁S_3层的破坏,其实就是将能够溶解木质素和纤维素的药剂注入细胞腔内,使其溶解S_3层的木质素和纤维素,从而达到破坏S_3层,使S_2层可以自由向内膨胀的目的。

乙醇、乙酸、二氧六环和苯酚等有机溶剂可以在酸性条件下溶解木质素;氢氧化钠、硫化钠、亚硫酸钠等无机溶剂也可以溶解木质素[32]。以上某些溶剂是造纸制浆的典型药剂,其中二氧六环在制备磨木木质素时被用来溶解并分离木质素。纤维素在酸性水溶液中受热,会引起苷键断裂,聚合度降低,这种反应称为酸性水解;纤维素在热碱溶液中,在150℃会发生碱性水解,在170℃左右,碱性水解反应激烈,引起苷键断裂;纤维素经氧化剂作用后,发生氧化降解,纤维素的机械强度降低[33,34]。

为了不影响气凝胶型木材在使用过程中的胶合,可以考虑采用酸性药剂对木材细胞壁S_3层进行破坏。例如,对S_3层几乎不存在木质素的木材,只需要用适当浓度的硫酸打断其S_3层的纤维素;对S_3层木质素含量较高的木材,则需要同时使用能溶解木质素的硝酸和能溶解纤维素的硫酸。

2.5.2 木材细胞壁的膨化

木材膨化是指采用物理或化学的方法,使木材细胞壁微纤丝间的距离增大,在木材细胞壁内形成纳米孔隙结构。从以上对木材细胞壁层结构的分析可知,细胞次生壁S_2层占木材细胞壁的90%,因此,对木材细胞壁的膨化主要是对S_2层的膨化。S_2层的微纤丝排列走向与细胞长轴接近平行,而S_1层和S_3层的微纤丝排列走向与细胞长轴接近垂直,因此,S_2层的微纤丝向内膨胀会受到S_3层的微纤丝的阻碍,向外膨胀会受到S_1层微纤丝的阻碍。采用化学的方法,首先,向木材细胞腔内注射硝酸、硫酸等试剂,溶解S_3层的木质素,同时打断S_3层的纤维素,这样,S_2层的微纤丝就可以自由向细胞腔内膨胀了。然后,向细胞腔内注射不同浓度的$ZnCl_2$溶液等润胀剂,使S_2层向细胞壁向内膨胀。这样在宏观上,木材的体积并没有发生变化,但木材的细胞壁增厚,细胞壁内微纤丝间的距离增大,细胞腔变小,使木材的孔隙结构更加接近气凝胶,木材的实质密度变小,这样,在热学、电学、声学、光学等方面必然被赋予一些新的性质。

一些学者曾对木材在溶液中的膨胀进行机理分析,并提出了几种假设,但一致认为是由于溶液中的离子或分子进入木材细胞壁,增大了纤维素微纤丝间的距离,使木材在宏观上表现为体积增大。威斯康星大学的Alfred J. Stamm教授[35],曾用不同的有机饱和溶液、有机试剂和无机溶剂对木材进行润胀试验,发现有机试剂对木材的润胀能力一般小于其水溶液,并随着溶液浓度的增大而增大;高浓度的酸溶液和碱溶液对木材有较高的润胀程度;盐溶液对木材的润胀程度随着溶液浓度的增加而增大,饱和盐溶液对木材的润胀程度最大。并且,不同饱和盐溶液对木材的润胀程度随着其在水中溶解度的增大而增大。日本学者坂志朗通过试验证明,就木材试样来说,醇的润胀能力为甲醇 > 乙醇 > 正丙醇[36]。因此,我们可以根据以上试验结果选择木材细胞壁润胀剂。

2.5.3 气凝胶A型木材的干燥

为了保持膨化以后的木材细胞壁不再收缩,需要采用特殊的干燥方法。可供选择的方法有超临界干燥法和有机溶剂干燥法。日本学者中户将木材中的孔隙分为永久孔隙和瞬时孔隙。永久孔隙一般是指在干燥或湿润状态下大小、形状几乎不变化的孔隙,如细胞腔、纹孔室等;瞬时孔隙是由于润胀剂的存在一时形成,干燥时会完全消失掉的孔隙,如细胞壁中的孔隙等[37]。这两种干燥方法的共同特点是可以避免物料在干燥过程中的收缩和碎裂,从而保持物料原有的结构与状态,这对于各种纳米材料的制备极具意义。

气凝胶的制备通常是先利用溶胶-凝胶工艺制备出凝胶,再采用不改变其纳米多孔结构的超临界干燥技术,除去凝胶孔洞内的液体溶剂。在常规的蒸发干燥过程中,引起凝胶多孔网络结构坍塌、破坏的主要因素是毛细管压力(即表面张力)[38]。实验表明,当流体达到临界温度和临界压力时,气-液界面消失,表面张力为零[39]。因此,采用超临界干燥技术可以消除干燥过程中在纳米多孔材料孔洞内产生的毛细管压力,从而保持材料原有的多孔结构。

邱坚等用超临界干燥的方法制备木材/SiO_2气凝胶复合材料。结果表明：所制备的SiO_2气凝胶是连续网络的非晶态纳米多孔固体，其基本粒子的平均直径为17~96nm，SiO_2气凝胶与木材有良好的结合并保持木材的孔隙结构[40]。其项目组成员曾利用CO_2超临界干燥处理紫椴木材，发现其弦向和径向尺寸收缩大幅度小于普通干燥木材，具有特殊的尺寸变化规律；在CO_2超临界流体处理紫椴木材薄片（100μm）时，其表面张力和内应力基本上消除，木材薄片不会产生卷曲、变形及开裂等现象，与普通干燥处理的木材薄片（100μm）有显著差异。

溶剂干燥是保持纤维材料在干燥过程中不变形的一种常见的干燥方法。其原理是用表面张力较小的溶剂置换木材中的水，然后再将溶剂慢慢挥发，这样可以避免或减小由表面张力引起的木材细胞壁收缩。甲醇-丙酮-正戊烷是在木材溶剂干燥中常用的溶剂体系，其中，甲醇的表面张力为0.0226N/m，丙酮的表面张力为0.0233N/m，正戊烷的表面张力为0.0160N/m，而水的表面张力为0.0728N/m。按照表面张力的大小，依次用甲醇置换木材中的水分，再用丙酮置换甲醇，正戊烷置换丙酮，最后使木材中的戊烷慢慢挥发，要注意控制戊烷挥发的速度，以免木材变形。

虽然在理论上对气凝胶型木材的制备构想进行了细致的分析，但由于木材构造的复杂性及实验手段的限制，对在实际操作过程中一些问题的认识还不够充分：关于细胞壁S_3层的破坏，目前尚不能确定药剂是否能准确浸入细胞腔破坏S_3层。另外，用CO_2超临界干燥处理紫椴木材，发现其弦向和径向尺寸收缩大幅度小于普通干燥木材，但并不能说明其内应力基本消除，不能确定超临界干燥是否能保证向内膨胀的细胞壁不向外收缩。针对以上情况，应利用光学显微镜及电子显微镜等手段，确定药剂对木材细胞壁的破坏情况（破坏部位、破坏程度等）；调整超临界流体干燥工艺，通过对细胞壁厚、细胞腔径等的微观测量，来确定最佳的干燥工艺。

2.6 木材/无机气凝胶复合材料的工艺学原理

2.6.1 溶胶-凝胶合成的工艺学原理

溶胶-凝胶（sol-gel）技术是应用胶体化学原理制备无机材料的一种湿化学方法，通常采用低黏度的前躯体（precursor），一般为金属有机化合物或无机质的醇盐，目前也较多地采用硅酸酯类化合物，制成均匀的溶胶，并使之凝胶而固化，在溶胶或凝胶过程中成型，再经干燥转化为氧化物或其他固体化合物。

溶胶-凝胶法始于20世纪30年代末，Geffcken利用金属醇盐水解和凝胶化制备出氧化物薄膜，但直到1971年，Dislich报道利用sol-gel法成功制得SiO_2-B_2O_3-Al_2O_3-Na_2O-K_2O多组分玻璃，该法才引起材料科学界的重视[41]。20世纪80年代以来，sol-gel法的研究与应用涉及铁电材料、超导材料、陶瓷、薄膜、纤维、超微粉体等广泛的领域。日本学者自90年代初开始采用溶胶-凝胶法制备木材/机质复合材，并对其进行了广泛深入的研究，国内学者也采用同样的方法制备了木材/无机质复合材[42,43]。

从应用的角度看，sol-gel法实质上是采用介观层次上性能受到控制的各种源物质，取代传统工艺中那些既未进行几何控制又未实施化学控制或者仅有几何控制（如普通超微、单分散粉料）的生原料。由于材料的初期结构在溶液-溶胶-凝胶过程中即已形成，通过灵活的制备工艺和胶体改性，可在材料制备的初期就对其化学状态、几何构型、粒级和均匀性等超微结构进行控制，因此这种方法已在众多方面彰显出其独特的应用价值，成为备受瞩目的新材料合成制备技术。

目前溶胶-凝胶法应用研究涉及的领域非常广泛，具有以下独特的优点：

（1）合成温度低，可以制得一些用传统方法难以制备或根本得不到的材料，在纳米复合材料制备中，其优势尤为明显。

（2）设备简单，工艺灵活，制品纯度高，具有很强的实用性和高度的灵活性。

（3）特别适于薄膜、纤维的制造，已在玻璃纤维、陶瓷纤维和功能陶瓷纤维的制备方面显示出良好的前景。与其他制膜工艺相比，sol-gel制膜工艺不需要苛刻的工艺条件和复杂的设备，可以在大面积或任意形状的基体上制备薄膜。

用溶胶-凝胶法制备材料的具体技术和方法很多，按溶胶、凝胶的形成方式可分为传统胶体化法、水解聚合法和络合物法，如图2-7所示[41]。

为了描述气凝胶制备过程的各主要特征，我们选用目前研究得最多的硅气凝胶作为典型，加以介绍。以制备SiO_2溶胶为例，溶胶-凝胶法的基本工艺是用二氧化硅的前驱体溶液，加入一定量的乙醇作为共溶剂及酸作为水解催化剂，制备正硅酸乙酯（TEOS）的均相溶液，以确保TEOS的水解反应在分子水平上进行，均相溶液随之发生水解和缩聚反应形成凝胶，经陈化、超临界干燥或常温常压干燥等环节，制得气凝胶或干凝胶，如图2-8所示。

溶胶-凝胶过程可简要概述如下：溶胶粒子，无论是低密度聚合物状的还是高密度胶体状的，先聚集形成一个个团簇，这些团簇不断扩展并相互联结，形成网络状大团簇［图2-9（a）］，当大团簇扩展到整个容器时，凝胶即告形成［图2-9（b）］。凝胶形成后并不等于溶胶-凝胶过程已经完全结束，已形成的凝胶体还将发生老化过程、溶液中的溶胶粒子和小凝胶团簇继续聚集黏联，从而扩展到整个凝胶网络［图 2-9（c）］。

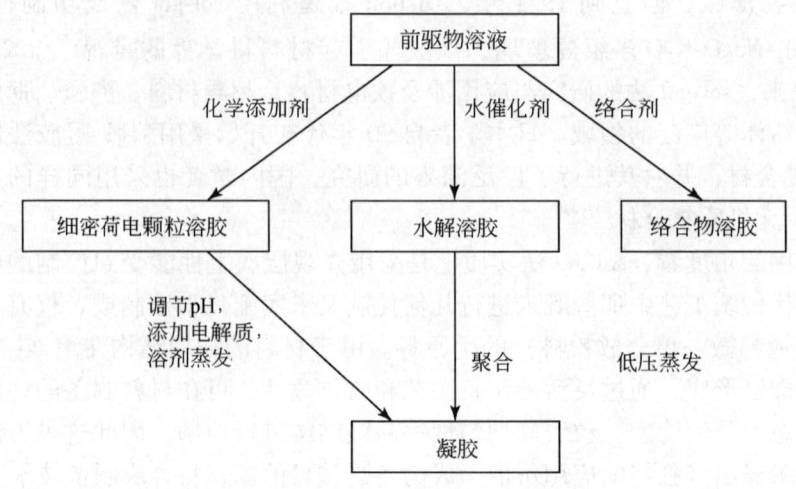

图 2-7　sol-gel 制备工艺方法

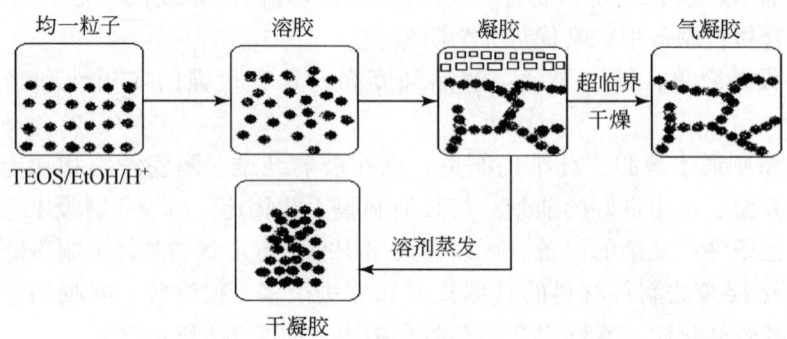

图 2-8　溶胶-凝胶法的基本工艺

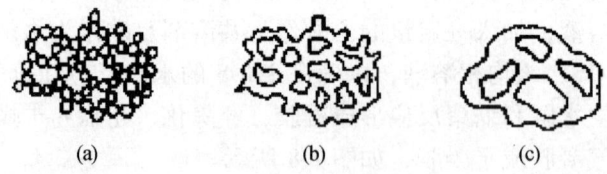

图 2-9　溶胶-凝胶过程
(a) 最初的凝胶网络由胶体颗粒组成；(b) 胶体颗粒之间相互融合，联为一体；
(c) 进一步老化使网络变粗、表面更趋光滑

溶胶-凝胶过程可获得具有一定空间网络结构的醇凝胶，是制取气凝胶的重要步骤之一。由于反应条件温和，操作简单，所制备材料的介观尺寸可以调控，

可以在纳米尺度实现对材料控制和剪裁，成为备受瞩目的纳米材料合成制备技术。采用sol-gel工艺制备纳米复合材非常灵活方便，可以按照特定的要求选择各种不同材料进行复合，来满足各种复杂的技术性能要求。通过溶胶混合和凝胶浸渍高分子单体，然后进行室温聚合，可以制备纳米复合材。而多孔陶瓷、木材、玻璃则为复合提供了良好的基质。另外，在溶胶中添加纤维、粉体等填充物，可以制备微孔复合材。

2.6.2 溶胶-凝胶合成的化学原理

在此以正硅酸乙酯 [$Si(OEt)_4$] 化合物为例，说明溶胶-凝胶合成的化学原理。首先正硅酸乙酯与无水乙醇（EtOH）、去离子水及酸催化剂混合形成均匀的溶液，在一定的pH条件下，即发生水解反应，正硅酸乙酯的烷氧基被逐步水解成羟基，羟基形成后，乙醇溶质与溶剂产生水解或醇解反应，生成物聚集成几个纳米的粒子并组成溶胶，最终生成以硅氧键—Si—O—Si—为主体并具有空间网络结构的醇凝胶。其反应历程如式（2-1）~式（2-3）所示。

水解反应：正硅酸乙酯 $Si(OEt)_4$ 与水反应，

$$Si(OEt)_4 + 4H_2O \rightleftharpoons Si(OH)_x(OEt)_{4-x} + xEtOH \tag{2-1}$$

反应可延续进行，直至生成 $Si(OH)_4$。

缩聚反应，可分为失水缩聚和失醇缩聚。

失醇缩聚：

$$—Si—OEt + HO—Si— \rightleftharpoons —Si—O—Si— + EtOH \tag{2-2}$$

失水缩聚：

$$—Si—OH + HO—Si— \rightleftharpoons —Si—O—Si— + H_2O \tag{2-3}$$

在凝胶网络形成后，所有导致凝胶形成的缩聚反应 [式（2-2）、式（2-3）] 还将继续进行，特别是在凝胶体表面凹陷处和纤细网络之间（图2-10）。此外，凝胶网络表面的部分溶解与重新凝聚这个可逆反应因网络表面不同曲率处溶解度不同而不可避免地发生，凝聚优先发生于表面的凹陷处，如图2-10（a）所示，溶解则优先发生于网络表面的凸起处，如图2-10（b）所示。这些反应构成了所谓的老化过程，最终效果是使凝胶网络变粗变光滑，总体比表面积下降，网络的孔径分布、组成网络的胶体颗粒半径的分布变窄。

溶胶-凝胶过程中的溶剂化效应、溶剂的极性和对活泼质子的获取性等都对水解过程有重要影响，在不同的介质中，反应机理不同。在酸催化条件下，

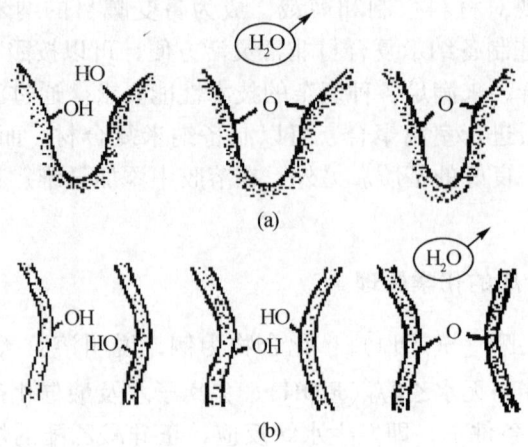

图 2-10　溶胶-凝胶过程中的化学反应
(a) 表面凹陷处；(b) 表面凸起处

主要是 H_3O^+ 对—OR 基团的亲核取代，其水解机理已为同位素 ^{18}O 所验证 [式 (2-4)]：

$$(RO)_3Si—OR + H^{18}OH \rightleftharpoons (RO)_3Si—^{18}OH + ROH \qquad (2-4)$$

由于溶胶-凝胶过程中硅醇盐的水解和缩聚反应几乎同时进行，总的反应过程动力学将取决于水解速率常数（K_h）、失水缩聚速率常数（$K_{cw/2}$）和失醇缩聚速率常数（$K_{ca/2}$），见式 (2-5)~式 (2-7)。

$$—Si—OEt + H_2O \stackrel{K_h}{\rightleftharpoons} —Si—OH + EtOH \qquad (2-5)$$

$$—Si—OH + HO—Si— \stackrel{K_{cw/2}}{\rightleftharpoons} —Si—O—Si— + H_2O \qquad (2-6)$$

$$—Si—OEt + HO—Si— \stackrel{K_{ca/2}}{\rightleftharpoons} —Si—O—Si— + EtOH \qquad (2-7)$$

由于这些反应几乎是同时发生，使得在最邻近尺度上的中心 Si 原子可以有 15 种不同的化学环境，Assink 等将这 15 种配位方式的关系描述为图 2-11 所示的形式。可见硅醇盐缩聚后的状态是相当复杂的[41]。

要着重指出的是，气凝胶的结构在溶胶形成过程中即已初步形成，溶胶-凝胶过程是获得具有一定空间网络结构的醇凝胶的重要步骤之一，后续工艺均与溶胶的性质直接相关。由醇盐水解和缩聚产生颗粒，当条件适当时，形成溶胶与凝胶，因此，控制醇盐水解和缩聚的条件是制备高质量溶胶和凝胶的前提。凝胶形成时间首先由水解和缩聚反应速率决定，而这两者依赖于催化剂和温度，其中，反应物溶液中催化剂的种类和用量，影响水解-缩聚过程中水解反应和缩聚反应

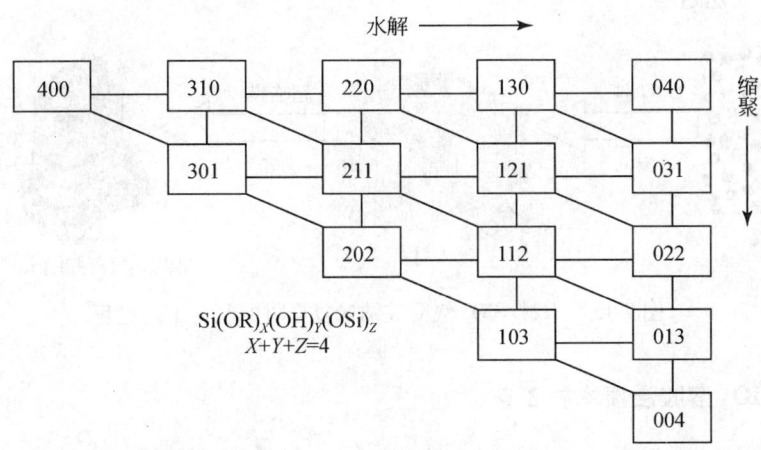

图 2-11 以矩阵形式表达的中心硅原子的 15 种不同化学环境

的相对速率,从而决定 SiO_2 气凝胶的胶黏度和网络结构。其次,反应体系中水/TEOS 以及醇的物质的量之比,也影响凝胶形成时间,同时还决定最终制成的凝胶的宏观密度、透明度等性质,如图 2-12 所示。

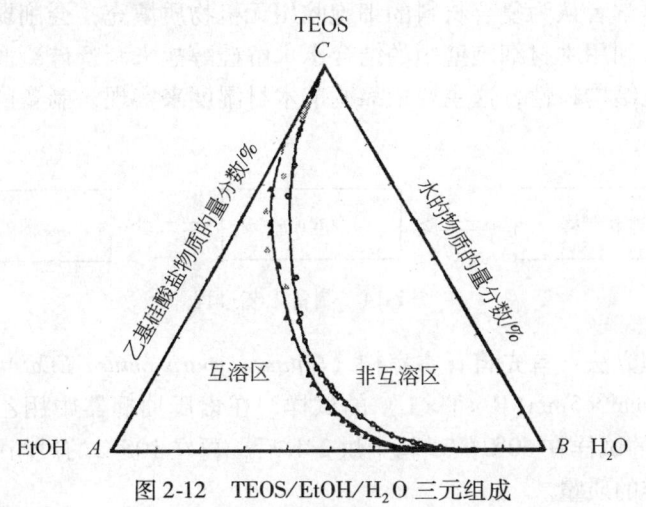

图 2-12 TEOS/EtOH/H_2O 三元组成

2.6.3 木材/SiO_2 气凝胶纳米复合材料的制备工艺原理

木材/SiO_2 气凝胶纳米复合材料的制备需要溶胶在超临界干燥之前通过半限注法(也称劳莱法,Lowry 法)浸入木材中,然后进行超临界干燥,形成木材/气凝胶纳米复合材,制备工艺过程如图 2-13 所示。本节分别集中介绍注入和超临界干燥工艺过程。

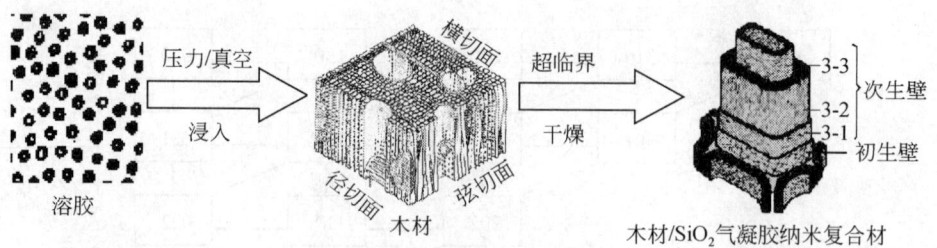

图 2-13 木材/SiO_2 气凝胶纳米复合材的制备工艺过程

2.6.4 SiO_2 溶胶浸渍木材工艺

溶胶-凝胶法制备无机质复合木材已取得了很大的进展。目前，国内外应用溶胶-凝胶法制备无机质复合木材的基本路线之一是控制木材的含水率，去除木材中的自由水和吸附水，利用木材细胞壁中的结合水与二氧化硅前驱体来形成硅凝胶的烷氧基硅烷溶胶-凝胶过程，经常规干燥后即得到木材/无机质干凝胶复合材。

坂志郎等学者认为复合材料的细胞腔用无机物质填充，会削弱木材的多孔结构，因此，可利用木材细胞壁中的结合水水解硅醇盐来制备硅凝胶木材，从而保留木材的多孔结构特性，这主要依靠调节木材湿度来实现，制备的工艺过程如图 2-14 所示。

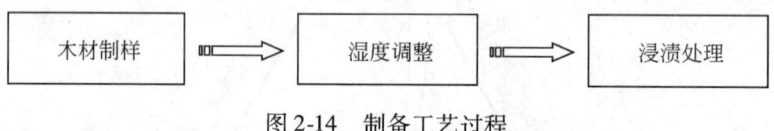

图 2-14 制备工艺过程

具体处理方法：首先将日本扁柏（*Chamaecyparis obtusa Endl*）的边材部分制成 25mm×25mm×5mm（R×T×L）的试样，在索氏抽提器中用乙醇和水各处理 24h，处理过的试样在 60℃ 的烘箱中烘 24h 后，再在 105℃ 的烘箱中烘 24h，然后称量所烘试样的质量。

为了制备不同湿度的木材试样，将日本扁柏在 20℃ 的干燥器内放 21d，通过饱和盐溶液来控制干燥器内的相对湿度，用来调节空气湿度和木材最终相对湿度的盐类是 K_2SO_4（98%）、KNO_3（95%）、KCl（85%）、NaCl（75%）、NaBr（59%）、K_2CO_3（43%）和 CH_3COOK（20%）。制备水饱和木材试样是将烘干的试样在真空条件下的蒸馏水中浸泡 14d。

所采用的浸渍处理液为烷氧基硅烷、醇和乙酸按 1∶1∶0.01 的量制成的三种溶液，烷氧基硅烷与醇分别选用正硅酸甲酯（TMOS）/甲醇、正硅酸乙酯（TEOS）/乙醇和正硅酸丙酯（TPOS）/丙醇。

将上述调节好湿度的试样，在20℃大气压力下用溶液浸渍7d或14d，或在减压下（24mmHg）浸渍1d或7d，然后把浸渍过的试样在50℃的烘箱中放置1h，之后将烘箱内温度以10℃/h的速度升到105℃，并保持48h以使凝胶老化。称量复合材料试样的烘干质量，以试样烘干质量为基准，测定质量增加百分率（WPG）。借此可以对TEOS/乙醇的浸渍条件进行评估。

按上述条件，图2-15给出了使用不同浸渍处理液得到的木材/无机质复合材料的湿含量和WPG的关系。很显然，在所有的情况下，WPG都随着湿含量的增加而增加，而在同样湿含量下，WPG按TMOS＞TEOS＞TPOS顺序提高。其原因可以解释如下：一方面，就木材试样来说，醇对木材润胀能力按以下顺序而提高：甲醇＞乙醇＞正丙醇。另一方面，醇盐的摩尔体积按下列顺序变小：TPOS（291cm³/mol）＞TEOS（223cm³/mol）＞TMOS（148cm³/mol）。醇盐的摩尔体积越小，就越容易渗入细胞壁，而醇盐水解按以下次序加快：TMOS＞TEOS＞TPOS，因此，具有小摩尔体积、高润胀能力的TMOS在图2-15中WPG最高。

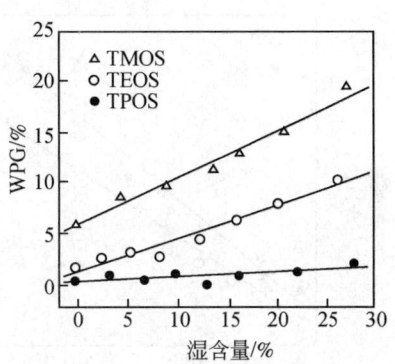

图2-15 使用不同浸渍处理液得到的木材/无机质复合材料湿含量与WPG的关系

图2-16给出了在大气压力下浸泡7d和14d制备的复合材料试样的湿含量和WPG之间的关系。很显然，试样的湿含量越高，WPG也越高，而在湿含量相同的情况下，14d处理使得WPG更高。

图2-17给出了减压下1d和7d所制备的复合材料试样的结果。可以看出，在减压下7d所得到的最大WPG值（10.7%），在大气压力下要处理14d才能达到。因此，在减压下处理1d，可以完成TEOS/乙醇溶液对试样的完全渗入，但在大气压力下，完全渗透要花更长的时间。此外，TEOS的水解和在室温下连续缩聚是很慢的，以星期计，因此，在减压下的处理时间与反应时间紧密相关。另一方面，在大气压力下的处理时间也包括渗透时间。

综上所述，可以得出本线路的基本制备工艺原理。在此路线中，为了形成硅凝胶，尤其是在细胞壁内，最基本的方法是水解烷氧基硅烷，并且在细胞壁中引发硅醇聚合，生成硅凝胶，因此，与细胞壁物质缔合的结合水的作用是作为水解的引发剂。如2.6.2节所述，硅醇盐与水发生水解反应，然后连续缩聚生成硅氧烷聚合物，因此，硅醇盐的水解将会耗尽细胞壁内存在的有限数量的结合水，然而，连续缩聚反应又会产生水，这样，水解-缩聚反应得以进行。可以设想，试样细胞壁中存在的结构水量越高，这种反应发生的范围就越大，与此同时，细胞壁内分子之间的空间是有限的，因此可能存在着硅氧烷聚合物聚合度的最大值。

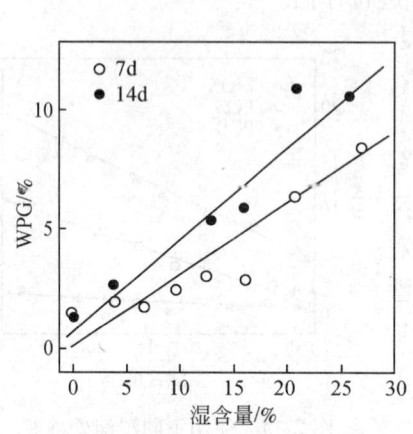

图 2-16 在大气压力下 TEOS/乙醇溶液中浸泡所制备的木材/无机质复合材的湿含量与 WPG 之间的关系

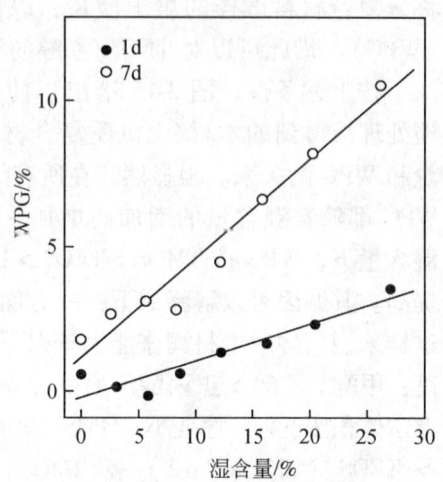

图 2-17 用 TEOS/乙醇溶液在减压下浸渍的木材/无机质复合材的湿含量与 WPG 之间的关系

这条工艺线路的最主要优点是利用木材细胞壁中的结合水来水解硅醇盐，从而制备硅凝胶木材，硅凝胶主要存在于木材细胞壁中，可以保留木材的多孔结构特性，但也存在 TEOS 等反应产物在木材细胞壁中水解、缩聚等形成溶胶的过程缓慢，反应条件不易控制，试样处理时间长，特别是未参与反应的硅醇盐前躯体挥发流失严重、利用率不高等问题。

因此，针对上述问题，我们在木材/SiO_2 气凝胶纳米复合材的制备中，提出溶胶-凝胶法制备无机质复合木材路线之二：先制备 SiO_2 溶胶，参照木材防腐工业化生产广泛采用的加压浸注工艺，向木材中注入 SiO_2 溶胶，在木材内反应形成凝胶，达到 SiO_2 与木材复合的目的。可使用的工艺方法包括满细胞法（Bethel 法）、空细胞法、半限注法和双真空法。可根据不同的要求选用不同的工艺，下面结合溶胶-凝胶法的特点对各个方法进行简要分析。

图 2-18 为满细胞法操作工艺曲线。当木材进入处理罐后进行真空处理，一般真空度为 79.80～86.45kPa，保持 15～60min。真空达一定程度后开始加入溶胶液，此时应保持真空度不变，以免药剂注入不均；充满药剂后解除真空，并开

始加压到最大压力（1~1.4MPa），然后保持最大压力直至浸入规定的药剂量为止。在压力解除后，木材内的空气发生膨胀，推出一些药剂（5%~15%），这种现象称为"反冲"。当处理罐中防腐剂排出之后再抽真空，其主要作用是回收细胞腔中部分药剂及木材表面多余的药剂，避免木材取出时产生滴液现象，保持一段时间，解除真空。这种方法的特点是木材孔隙结构中的空气在真空作用下被抽走，溶胶在压力的作用下进入木材细胞腔和细胞孔隙结构以及细胞壁中，注入量大，木材细胞壁和细胞腔均会产生大量的凝胶，可用于制备高增重率的无机质复合木材。

图2-19为空细胞法（Rueping法）操作工艺曲线。它与满细胞法不同之处在于无前真空，代之为前空压，强迫空气进入木材细胞，将细胞压缩，这样，在解除压力时，反冲出的防腐剂比满细胞法多。满细胞往往有大量的药剂存在于细胞腔中，采用空细胞法的优点是可以用最小的浸渍量达到最大的渗透深度，细胞腔是空的或只含有少量的药剂，节省了药剂，降低了成本，同时可以保持木材的多孔性。

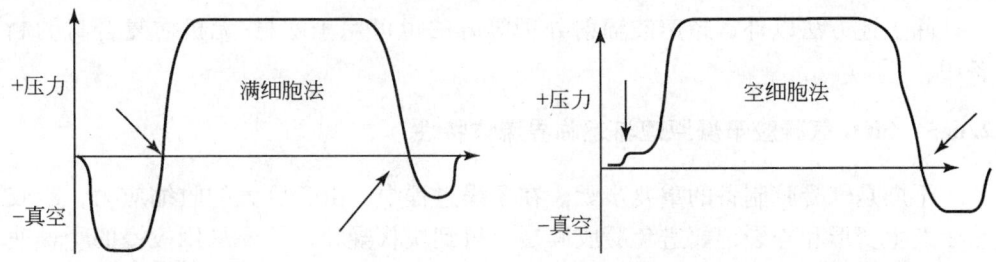

图2-18　满细胞法操作工艺曲线　　　图2-19　空细胞法操作工艺曲线

如图2-20为半限注法操作工艺曲线。它与满细胞法和空细胞法的不同点在于，没有前空压或前真空，在大气压下加入溶胶，解除压力产生的反冲量比空细胞法少，比满细胞法多。它是对空细胞法的改良，不需要空气压缩机等设备。

图2-21为双真空法操作工艺曲线。它是目前世界上最重要且使用最普遍的一种低压浸注法，有较好的工业效果。这种方法的原理与满细胞法相似，只不过所用压力只是满细胞法的十分之一左右，木材放入处理罐后进行前真空处理，所需真空度和保持真空的时间根据木材处理难易程度而定，在真空状态下，将溶胶打入罐内。当溶胶充满处理罐后，接通大气提高压力，并保持压力直至达到规定的吸收量为止。解除压力，将溶胶排到贮槽中，然后再将处理罐内压力降至要求的真空度，保持一定时间，除去多余的溶胶，接通大气，使滞留在木材表面的溶胶返回到木材中。这样，处理后的木材表面相当干燥，可搬运。

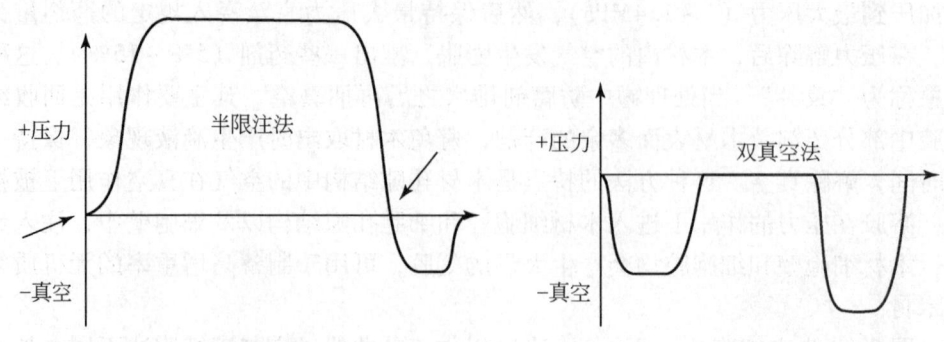

图 2-20　半限注法操作工艺曲线　　　　图 2-21　双真空法操作工艺曲线

这种先制备溶胶，然后采用加压浸注工艺向木材中注入 SiO_2 溶胶路线的设计思想，简化了木材/无机质复合材的制备工艺条件，有机酯无挥发，原料利用率高，溶胶可利用的 $TEOS/EtOH/H_2O$ 三元组成范围大，形成的凝胶密度范围大，有利于制备不同要求的木材/无机质复合材。并且采用空细胞法和双真空法同样可以达到保持木材的多孔结构的目的。

除上述方法以外，超声波辐射处理等方法也可用于木材/无机质复合材的制备中。

2.6.5　SiO_2 气凝胶干燥原理与超临界流体特性

干燥是气凝胶制备的重要步骤。在干燥过程中，由于巨大的收缩应力，凝胶易于发生变形和碎裂，要避免凝胶碎裂，得到块状凝胶，需要采用极慢的干燥速率，安全干燥速率甚至会耗时超过一年。

通常凝胶在空气中干燥将明显收缩、碎裂，这是由于液体从凝胶微孔中蒸发时，表面张力使得凝胶微孔内的液体呈凹形弯月面状，随着液体的不断蒸发，弯月面进入凝胶体内，并在其周围形成压缩力，此时在微孔内因气液相界面的表面张力产生的附加压强可用拉普拉斯方程来描述：

$$\Delta P = 2\gamma\cos\theta/r$$

式中：ΔP——表面张力产生的附加压强；
　　　γ——液体表面张力系数；
　　　θ——接触角；
　　　r——对应的微孔半径。

可见微孔线度越小，附加压强越大，即对应的表面张力越大。为了防止凝胶的收缩，人们采用了在压力容器内加温加压的条件下进行干燥，当温度和压力超过干燥介质的临界点时，液体即变成超临界态的流体，分子间相互作用大大减弱，表面张力不复存在，此时将这种超临界流体从压力容器中慢慢释放，随后降温，即可以得到仍具有凝胶结构的硅气凝胶材料。

目前，关于采用超临界流体干燥制备木材/SiO_2 气凝胶复合材料的报道还较少[44]。超临界干燥工艺是目前制备纳米多孔气凝胶的最佳工艺之一。由于气凝胶孔洞尺度为纳米量级，要将凝胶网络孔洞中的溶剂及反应残留物等去除掉，并且保持纤细的多孔网络结构不变，是非常困难的。因此，选用合适的超临界流体的干燥工艺十分关键。采用超临界流体干燥制备 SiO_2 气凝胶，必须选择合适的超临界温度和压力以及适当的干燥速率，才能得到高品质的 SiO_2 气凝胶。二氧化碳的最低超临界条件为温度 $T_c = 31.26℃$，压力 $P_c = 7.39MPa$。

本研究采用南通华安超临界萃取有限公司生产的 HA121-50-48 萃取设备作为制备 SiO_2 气凝胶及其木材复合材料的超临界干燥设备。由于木材干燥所需温度较低，该设备可以满足 SiO_2 气凝胶及其木材复合材料的工艺条件。本套装置主要由气源（如 CO_2 钢瓶）、制冷装置、温度控制系统、安全保护装置、携带剂罐、贮罐、净化器、混合器、热交换器、柱塞泵、萃取缸、分离器、质量流量计等组成，如图 2-22 所示。

图 2-22　木材/SiO_2 气凝胶复合材料的 CO_2 超临界干燥设备

醇凝胶 CO_2 超临界干燥的基本工艺流程如图 2-23 所示，将所制备的醇凝胶置于超临界萃取干燥的萃取釜中，打开二氧化碳钢瓶的减压阀，从萃取釜下部通入液态二氧化碳，并使液态 CO_2 在 20℃左右的温度下静态保持一定时间，进行溶剂替换，使之置换凝胶中的乙醇。通过控温器对系统进行加热，以一定的速率升温，提高液态二氧化碳的温度，液体二氧化碳开始逐渐膨胀，达到临界压力，继续升温，通过释放少量二氧化碳，保持压力不变，最终达到预先所选择的临界温度，即达到临界状态，使木材/醇凝胶孔隙中液体全部转化为临界液体。在临界状态下保持规定的时间，然后在保持临界温度不变的情况下，通过排泄阀缓慢地释放 CO_2 至常压，即可获得 SiO_2 气凝胶和木材/SiO_2 气凝胶复合材。

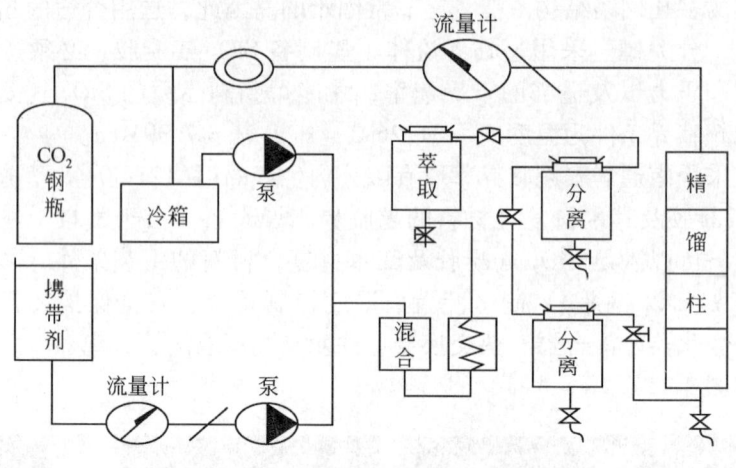

图 2-23　醇凝胶 CO_2 超临界干燥流程图

2.7　木材/有机气凝胶的制备构想

木材是天然的多孔性生物材料，木材的孔洞尺寸分布很广，具有细胞腔、导管等宏观的孔隙及细胞壁内细胞间隙等微观孔隙，细胞壁具有层状结构，由初生壁 P、次生壁的外层 S_1、中层 S_2 和内层 S_3 等组成，木材中的多级孔隙结构意味着木材可以容纳和结合其他材料在其各级孔隙中，可以在不同层面形成木材与其他材料的复合材料。

20 世纪 80 年代末，有机气凝胶及其炭化产物的成功制备使其成为气凝胶科学发展中的一大进展。有机气凝胶除了具有极低的密度、高的孔隙度及比表面积外，还可以在复合的过程中与木材细胞壁的组成物质通过化学反应减少木材的羟基，提高木材的尺寸稳定性，将木材与气凝胶两类多孔性材料的优点相结合，利用气凝胶结构中纳米尺度的无机和有机微粒来制备木材/无机（有机）纳米复合材料，是木材功能性改良的重要途径之一。将有机气凝胶均匀地嵌入木材的细胞空隙中（细胞壁孔隙及细胞腔），探讨气凝胶与木材结合的途径、方式和机理，可以有效地解决气凝胶在实际应用方面存在的一些缺陷；同时也赋予木材新的功能，使木材功能性改良体现木材和纳米材料的双重优点，具有十分诱人的应用前景。

目前，利用无机气凝胶，如用溶胶-凝胶法，将纳米 SiO_2 气凝胶导入木材中制备木材/无机纳米复合材料的研究较多。但利用有机气凝胶制备木材/有机纳米复合材料的报道尚少，邱坚等于 2005 年研究了 RF 气凝胶对木材的功能性改良，结果表明，利用溶胶-凝胶法制备木材/RF 有机气凝胶复合材料是可以实现的。

利用溶胶/凝胶法将有机气凝胶导入木材，尤其是轻质木材中，利用超临界流体干燥，使留驻在木材中的有机体保持纳米尺度的气凝胶网络结构，形成木材/有机纳米气凝胶复合材料，从而改善气凝胶的脆性，同时赋予木材纳米材料的特性，并在此基础上研究其相关的机理、特性及应用方法，是有意义和前景的。

制备技术分析如下：木材以不同单元形式，如实木、单板、刨花、木纤维或木粉等，与有机气凝胶进行复合，因为木材的内部孔隙具有不同级别的尺寸，从宏观的毫米（如导管空腔）到微米（如细胞壁的纹孔）到纳米（如微纤丝间隙）都有，因此有机气凝胶进入不同空间的难度是不同的，也可以预测，有机气凝胶进入的空间不同，得到木材/有机气凝胶复合材的性质也是不同的，将有机气凝胶导入不同孔隙，采用的方法也是不同的。

因此，对木材/有机气凝胶复合材的制备工艺流程有以下几点构想：

（1）对有机气凝胶应具有不同的相对分子质量和固体含量设计，可以通过定向合成与改性来提高或减低其对木材的渗透程度；

（2）对于木材，可以进行相应的预处理，提高其浸注性，可以使浸注的深度和均匀性得到合理控制；

（3）应针对不同的性能要求，设计不同的木材/有机气凝胶复合材料的制备方案；

（4）木材/有机气凝胶复合材料的制备可以有两种不同的合成路线，一是将已制备的有机气凝胶前躯体醇凝胶用加压和真空浸注的方法浸注入木材单元（经预处理或未预处理），在木材孔隙中完成气凝胶的干燥；二是将木材单元混合到有机气凝胶的制备单体中，在木材的孔隙中完成有机气凝胶的合成和醇化、干燥。

木材/有机气凝胶与木材素材相比较，可以较好地改善木材的易腐、易燃和尺寸不稳定等缺陷，在提高其力学强度的同时，赋予木材部分特殊的声学等物理特性。

参 考 文 献

[1] Kistler S S. Coherent expanded-aerogels. The Journal of Physical Chemistry, 1932, 36（1）: 52-64

[2] Tamon H, Sone T, Okazaki M. Control of mesoporous structure of silica aerogel prepared from TMOS. Journal of Colloid and Interface Science, 1997, (188): 162-167

[3] Ruben G C, Pekala R W, Tillotson T M. Imaging aerogels at the molecular level. Journal of Materials Science, 1992, (27): 4341-4349

[4] Brinker C J, Keefer K D, Schaefer D W. Sol-gel transition in simple silicates. Journal of Non-Crystalline Solids, 1982, 48: 47-64

[5] Beck A, Caps R, Frick J. Scattering of visible light from silica aerogels. Journal of Physics. D: Applied Physics, 1998, (22): 730-734

[6] Bock V, Emmerling A, Fricke J. Influence of monomer and catalyst concentration on RF and carbon aerogel structure. Journal of Non-Crystalline Solids, 1998, (225): 69-73

[7] Biesmans G, Randall D, Francais E. Polyurethane-based organic aerogels' thermal performance. Journal of Non-Crystalline solids, 1998, (225): 36-40

[8] 陈龙武，甘礼华. 气凝胶. 化学通报, 1997 (8): 21-27

[9] 沈君. 气凝胶———一种结构可控的新型功能材料. 材料科学与工程, 1994, 12 (3): 1-6

[10] 何飞, 赫晓东. 气凝胶热特性的研究现状. 材料导报, 2005, 19 (12): 20-22

[11] 王钰, 沈军, 等. FR气凝胶的性能测试和应用研究. 同济大学学报, 1997, 25 (2): 247-251

[12] 张贺新. 碳纳米管掺杂 SiO_2 气凝胶隔热材料的制备与性能表征. 稀有金属材料与工程, 2007, 36 (1): 567-569

[13] 邓忠生, 张会林, 等. 掺杂 SiO_2 气凝胶结构及其热学特性研究. 航空材料学报, 1999, 19 (4): 38-43

[14] 蒋伟阳. 碳气凝胶作为电双层电容器电极材料的研究. 高压电技术, 1997, 23 (1): 95-96

[15] 郭艳芝, 沈军, 等. 常压干燥法制备炭气凝胶. 新型炭材料, 2001, 16 (3): 55-57

[16] 邓忠生, 王钰, 等. 气凝胶研究进展. 材料导报, 1999, 13 (6): 47-49

[17] 蒋伟阳, 沈军, 等. CRF气凝胶的结构特性研究. 功能材料, 1996, 27 (4): 350-352

[18] Wardrop A B. The structure and formation of the cell wall in xylem//Zimmermann M H. The formation of wood in forest trees. New York: Academia press, 1964: 87-164

[19] 李坚. 木材科学. 北京: 高等教育出版社, 2002: 84-145

[20] 赵广杰. 木材中的纳米尺度、纳米木材及木材-无机纳米复合材料. 北京林业大学学报, 2002, 24 (5-6): 204-207

[21] Frey-Wyssling A, Mühlethaler K. Die elementarfibrillen der cellulose. Makromolecular Chemistry and Physics, 1964, (62): 25-30

[22] Frey-Wyssling A, López-Sáze J F, Mühlethaler K. Formation and development of the cell plate. Journal of Ultrastructure Research, 1964, 10 (5-6): 422-432

[23] Frey-Wyssling A. The ultrastructure of wood. Wood Science and Technology, 1968, 2 (3): 78-83

[24] 何天相. 木材细胞壁超微结构. 北京: 中国林业出版社, 1987, 10-54

[25] 甘礼华, 李光明, 等. 碳气凝胶的制备研究. 高等学校化学学报, 2000, 21 (6): 955-957

[26] 秦仁喜, 沈军, 等. 碳气凝胶的常压干燥制备及结构控制. 过程工程学报, 2004, 4 (5): 429-433

[27] 李坚, 邱坚. 硅气凝胶在木材-纳米无机复合材料中的应用. 东北林业大学学报, 2005, 33 (3): 1-2

[28] Smith S M, Demesne E S, Morrell J J, et al. Supercritical fluid (SFC) treatment: Its effect on permeability of Donglas fir heartwood. Wood and Fiber Science, 1995, 27 (3): 296-300

[29] 陈莉. 智能高分子材料. 北京: 化学工业出版社, 2005: 43-64

[30] 邱坚, 李坚. 纳米科技及其在木材科学中的应用前景 (Ⅰ). 东北林业大学学报, 2003, 31 (1): 1-5

[31] 邱坚, 李坚, 等. 用于木材功能性改良的有机气凝胶合成. 第四届全国纳米材料会议, 烟台, 2005

[32] 刘一星, 赵广杰. 木质资源材料科学. 北京: 中国林业出版社, 2004

[33] 杨融生, 余秀芬. 木质素硝酸降解及其产物的生理活性. 福州大学学报, 1999, 27 (1): 83-85

[34] 伯永科, 崔海信, 等. 木质纤维素稀酸糖化研究初探. 中国农业科技导报, 2007, 9 (6): 105-109

[35] Stamm A J. Wood and Cellulose Science. New York: Ronald Press, 1964

[36] Saka S, Sasaki M, Tanahashi M. Wood-inorganic composites prepared by the sol-gel process Ⅰ - Wood-inorganic composites with porous structure. Mokuzai gakkaishi, 1992, 38 (11): 1043-1049

[37] 大越诚, 中户莞二. 針葉樹の経路に浸る. 材料, 1979, 28 (310): 572-581

[38] 王珏, 周斌, 等. 硅气凝胶材料的研究进展. 功能材料, 1995, 26 (1): 15-19

[39] 王宝和, 于才渊, 等. 纳米多孔材料的超临界干燥新技术. 化学工程, 2005, 33 (2): 13-17

[40] 邱坚, 李坚. 超临界干燥制备木材-SiO_2气凝胶复合材料及其纳米结构 (1). 东北林业大学学报, 2005, 33 (3): 3-4

[41] 郑昌琼, 冉均国. 新型无机材料. 北京: 科学出版社, 2003, 14-22

[42] 邱坚, 李坚. 木材-无机质复合材料的基本内涵. 中国木材, 2003, 80 (1): 34

[43] 邱坚, 李坚. 纳米科技走进木材科学. 国际木业, 2003, (1): 10-11

[44] 邱坚, 李坚. 超临界制备木材-SiO_2气凝胶复合材料及其纳米结构. 东北林业大学学报, 2005, 33 (3): 3-4

第3章 轻质木材的相关特性

根据第2章对气凝胶A型木材形成机理的分析，选用了6种轻质木材作为气凝胶A型木材的基材，并对这6种轻质木材的解剖构造和基本物理性质进行了测量分析。

3.1 基材的基本解剖构造

3.1.1 实验材料及仪器

试材分别采自云南省普洱市和西双版纳傣族自治州勐仑植物园，包括轻木（*Ochroma lagopus Swartz*）、八宝树（*Duabanga grandiflora*）、吴茱萸（*Evodia rutaecarpa*）、山黄麻（*Trema orientalis*）、木棉（*Gossampinus malabaricum*）、刺桐（*Erythrina arborescens*）共计6种轻质木材。用于制片的试料，取自树高1.3m处的正常心边材部分，沿北向从髓心向树皮方向隔年轮切取木样。用德国徕卡切片机切片，在Motic数码显微镜下观察、测量。

3.1.2 实验方法

将选定的样品切成约1cm×1cm×1cm（横向×弦向×径向）的木材小块，放入水中浸泡软化12h。用滑走切片机切取横切面，切片厚度为15~25μm。切片用番红染色12h，经35%、50%、65%、75%、85%、95%、100%的乙醇溶液逐级脱水，每个梯度脱水10min，再用二甲苯浸透10min，制成永久切片。

木材解剖构造观察，采用国际木材解剖协会于1989年提出的方法（IAWA list of microscopic feature for hard wood identification）进行。本研究测试的指标包括导管壁厚、导管腔径、纤维壁厚和纤维腔径。其中导管壁厚和纤维壁厚每个年轮切片测量100个值，导管腔径和纤维腔径每个年轮切片测量50个值。6种木材均为环孔材，测量不分早晚材。用EXCEL对测得数据进行统计分析，计算平均值、标准差和变异系数[1]。

3.1.3 轻木木材的解剖构造、性质及利用

轻木属木棉科，轻木属。原产于热带美洲和西印度群岛，我国台湾、广东、

海南、广西、云南等省均有引种。轻木是世界上最轻的木材,气干密度仅有 190kg/m³[2]。

1. 轻木的解剖构造

1)木材宏观构造

边材黄白色,心边材区别不明显。木材具光泽;无特殊气味和滋味。生长轮略见;散孔材;每厘米约 0.5~1 轮。管孔小,仅在肉眼下得见;甚少;大小略一致,分布颇均匀;散生。轴向薄壁组织肉眼不见。木射线稀少;甚细至略宽,在肉眼下明显。径切面上射线斑纹明显。

2)木材显微构造

导管横切面为卵圆及圆形,略具多角形轮廓;每平方毫米 5 个以下;单管孔及径列复管孔 2~4 个;散生;壁薄 [7.58(3.95~13.17)μm];最大弦径可达 249μm,多数为 140~180μm,平均 155μm。单穿孔,近圆形,穿孔板略倾斜或平行。管间纹孔式互列,卵圆或多角形;纹孔口内函。轴向薄壁组织丰富;叠生;星散-聚合状,环管束状及环管状;薄壁细胞横切面为多角形,端壁平滑,节状加厚可见;偶见含树胶;筛状纹孔可见;具纺锤薄壁细胞。木纤维胞壁甚薄 [3.62(1.70~5.21)μm];直径最大可达 39μm,多数 22~34μm,平均 26μm;纹孔近圆形,纹孔口内函或外展。木射线非叠生;2~5 根/m。单列射线少,高 1~12 个细胞或以上,多列射线宽 2~7 个细胞,高 10~60 个细胞或至数百。射线组织异形Ⅱ型及Ⅰ型,直立或方形射线细胞比横卧射线细胞略高或高得多;射线细胞为圆形及卵圆形,具多角形轮廓;射线细胞少数含树胶;端壁节状加厚可见(图 3-1)。

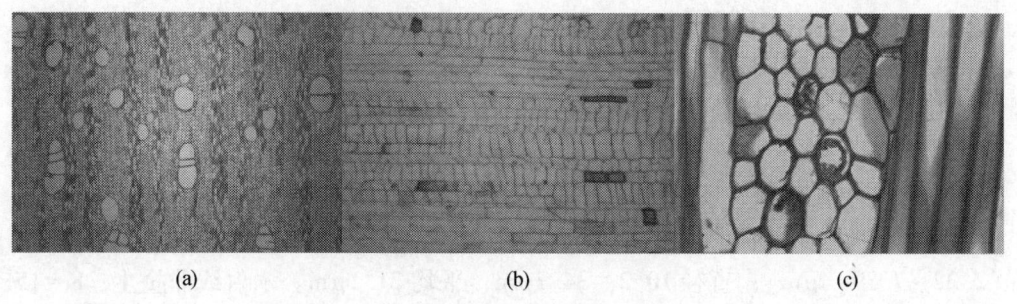

(a) (b) (c)

图 3-1 轻木三切面微观构造图
(a)横切面,×40;(b)径切面,×100;(c)弦切面,×400

2. 轻木木材的性质及利用

干燥快,不翘曲;不耐腐,容易呈蓝色变,易遭白蚁及其他昆虫害;锯刨等加工容易，当刨刀不锋利时，刨面容易起毛；胶黏性能良好；因木材过软，握钉力很弱。

用做防声、防热、防电、防震等的优良绝缘材料；可制成木筏、独木舟、救生带、悬浮体、小船等；大量用于夹心结构的中心材料，如室内装修材料、航空材料，与塑料或钢材结合制船、滑水撬、卡车等；制玩具、模型、医用夹板等。生产上反应用轻木做暖瓶塞材料，比木棉和水松根更佳；因为生长快，也可做造纸原料。

3.1.4 八宝树木材的解剖构造、性质及利用

八宝树是海桑科，八宝树属的高大乔木。树高可达40m，胸径可达150cm。分布在印度、东南亚等地，在我国云南南部海拔500m左右的平原或丘陵地区也有分布，速生，年高生长可达3m，胸径生长达4cm以上。为季雨林中主要树种。气干密度440kg/m³。

1. 八宝树的解剖构造

1) 木材宏观构造

木材灰褐色微黄，心边材区别不明显；光泽弱；微具酸臭气味；无特殊滋味。生长轮不明显；每厘米0.5~1轮；散孔材。管孔数少；中至略大。在肉眼下可见至明显，大小颇一致，分布略均匀；散生。轴向薄壁组织量少；在放大镜下可见，傍管状。射线中至密；极细至略细，在放大镜下可见；在肉眼下径切面上有射线斑纹。

2) 木材显微构造

导管横切面为圆形及卵圆形；约5个/mm²；单管孔及短径列复管孔（2~3个，通常2个）；散生；壁薄 [4.97（2.13~8.42）μm]；最大弦径279μm或以上，多数145~225μm，平均184μm；侵填体未见。单穿孔，卵圆形，穿孔板略倾斜。管间纹孔互列，系附物纹孔，纹孔口内函。轴向薄壁组织量少；环管状或环管束状，偶见翼状；薄壁细胞端壁结状加厚不明显。木纤维壁薄 [4.28（2.32~7.39）μm]；直径10.2~34.7μm，平均21.3μm。木射线非叠生；8~15根/mm，木射线单列，偶见两列；高1~26个细胞。射线组织异形Ⅱ型及Ⅰ型；直立或方形射线细胞比横卧射线细胞高；射线细胞为圆形及卵圆形，具多角形轮廓；射线细胞少数具菱形晶体，端壁结状加厚明显（图3-2）。

2. 八宝树木材的性质及利用

八宝树木材干燥容易；不耐腐；切削容易；油漆后光亮性差；胶黏容易；握

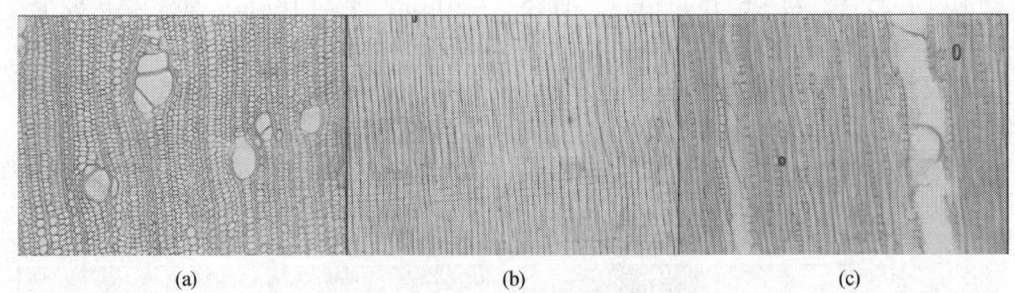

图 3-2　八宝树三切面微观构造图
（a）横切面，×40；（b）径切面，×40；（c）弦切面，×40

钉力弱。

木材纹理直，结构均匀，干缩性小，材质轻而软，是理想的建筑和家具用材。适于做包装材和纸浆材等；也可做普通胶合板和一般家具用材；又可作为轻型房屋建筑及室内装修的材料（地板除外）；还可做渔网浮子、扎筏水运质重木材、独木舟、绝缘材料等。

3.1.5　山黄麻木材的解剖构造、性质及利用

山黄麻属榆科，山黄麻属。小乔木，高 5～8m 或以上。产云南、湖南、福建、台湾、广东、广西等省、自治区。多生于山坡、灌丛、疏林、林缘或路旁，为华南次生林和旷野间常见树种。气干密度 500kg/m^3。

1. 山黄麻的解剖构造

1）木材宏观构造

木材红褐色，心边材区别不明显；有光泽；无特殊气味和滋味。生长轮略明显；散孔材；轮间常呈深色带；宽度略均匀，每厘米 1～1.5 轮。管孔略少；略小至中，在肉眼下可见；大小略一致，分布欠均匀；散生；侵填体不见。轴向薄壁组织肉眼不见。木射线密度中；极细至略细，在肉眼下可见，放大镜下明显。径切面上有射线斑纹。

2）木材显微构造

导管横切面为卵圆、椭圆及圆形；约 10 个/mm^2；单管孔及径列复管孔（2～5 个），偶见管孔团；散生；壁薄 [5.88（2.33～10.94）μm]；最大弦径 244μm 或以上，多数 100～200μm，平均 148μm。单穿孔，长椭圆及卵圆形；穿孔板略倾斜或平行。管间纹孔式互列，多角形；纹孔口内函。轴向薄壁组织量少；主为环管束状；薄壁细胞端壁节状加厚明显；偶见树胶；晶体偶见。木纤维

壁薄［4.25（2.44~6.75）μm］，直径7~30μm，平均18μm；具缘纹孔数少，圆形，纹孔口内函。木射线非叠生；5~10根/mm；单列射线数少，高1~13个细胞或以上；多列射线宽2~4个细胞，高5~35个细胞或以上，多数10~20个细胞，同一射线内有时出现2次多列部分。射线组织为异形Ⅱ型及稀Ⅰ型；直立或方形射线细胞比横卧射线细胞高得多；后者为椭圆、圆形及卵圆形；射线细胞含树胶；端壁节状加厚明显（图3-3）。

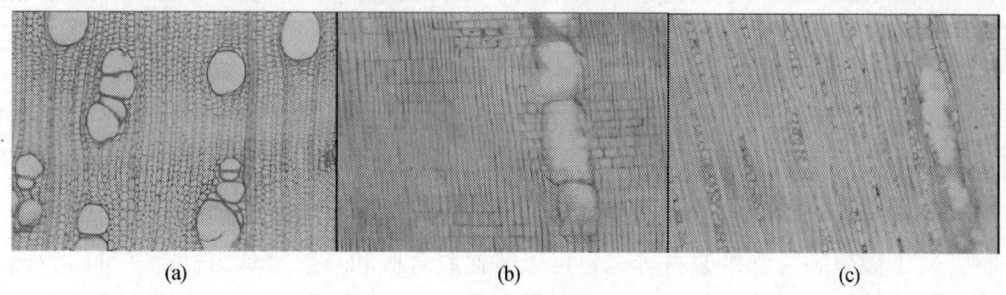

图 3-3　山黄麻三切面微观构造图
（a）横切面，×100；（b）径切面，×40；（c）弦切面，×40

2. 山黄麻木材的性质及利用

纹理斜；结构细，均匀；甚轻软；宜干燥，有裂纹；不耐腐，容易切削，切面光滑；油漆后光亮性好；胶黏容易；握钉力弱。

山黄麻自然生长迅速，它的木材质地轻脆疏松，宜作纤维工业原料，制造普通家具、木床、包装箱、天花板、门窗与其他室内装修及生活用品。

3.1.6　吴茱萸木材的解剖构造、性质及利用

吴茱萸属芸香科，吴茱萸属。小乔木，高可达10m，胸径30cm。产云南、福建、江西、湖南、湖北、广东、广西、四川、贵州、陕西等省。在云南又称泡椿或如意子。气干密度330kg/m³。

1. 吴茱萸的解剖构造

1）木材宏观构造

心材深黄褐色，与边材区别明显，边材黄褐色。木材有光泽；微具辛辣气味；无特殊滋味。生长轮明显；散孔材；宽度略均匀至不均匀，2~3轮/cm。管孔中至略大，在肉眼下可见至明显。轴向薄壁组织在肉眼下可见，放大镜下明显；轮界状及傍管状。木射线稀少；极细至中，在肉眼下可见至略明显；径切面上有射线斑纹。

2）木材显微构造

导管横切面为圆形及卵圆形，有时略具多角形轮廓；单管孔及径列复管孔（2~3个），偶见管孔团；散生；壁薄［4.95（2.39~10.10）μm］；最大弦径220μm或以上，多数95~185μm，平均136μm；侵填体未见。单穿孔，卵圆及椭圆形；穿孔板略倾斜至平行。管间纹孔互列，多角形，纹孔口内函。轴向薄壁组织环管状与环管束状，及轮界状与星散状；薄壁细胞端壁节状加厚不明显；树胶未见。木纤维壁薄［3.94（2.37~7.88）μm］，最大腔径可达25μm，多数8~20μm，平均14μm；单纹孔，具狭缘，数少，不明显。木射线非叠生；4~9根/mm；单列射线少，高1~8个细胞；多列射线宽2~4个细胞，高4~38个细胞或以上。射线组织异形Ⅲ型，直立或方形细胞比横卧细胞高；后者为椭圆形及长椭圆形，略具多角形轮廓；射线细胞端壁节状加厚不明显（图3-4）。

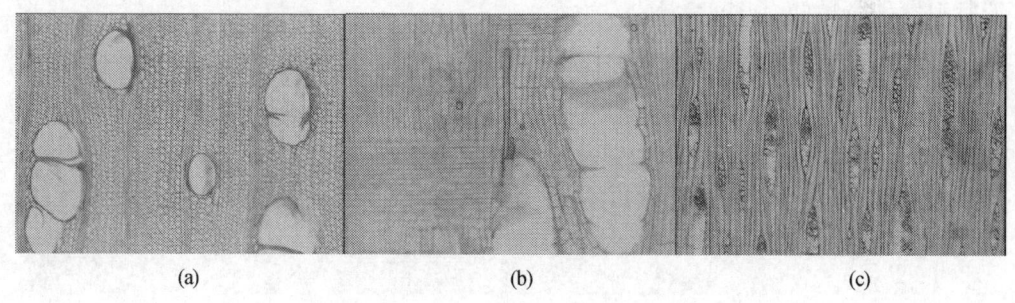

图3-4 吴茱萸三切面微观构造图
(a) 横切面，×100；(b) 径切面，×40；(c) 弦切面，×40

2. 吴茱萸木材的性质及利用

木材干燥容易，胀缩性小，少开裂；切削容易，切面光滑；油漆后光亮性好；胶黏容易；握钉力弱，不劈裂。

材质好，适合做家具、床板、包装箱、胶合板、及农具等。建筑上用做门、窗、天花板、屋架、柱子等生长快，适宜推广造林。

3.1.7 刺桐木材的解剖构造、性质及利用

刺桐属蝶形花科，刺桐属。树皮灰色，具瘤状皮刺。落叶乔木，高12~15m。产云南、贵州、四川等。

1. 刺桐的解剖构造

1）木材宏观构造

木材浅黄褐色，心边材区别不明显；光泽弱；无特殊气味和滋味。生长轮不明显；散孔材。管孔甚少；中至大，在肉眼下明显；大小略一致，分布略均匀；散生；导管会因感染蓝变色菌呈黑色条纹。轴向薄壁组织甚多；在肉眼下明显；榜管带状，呈同心层排列，比机械组织带宽。木射线稀少；极细至略宽，在肉眼下颇明显。经切面射线斑纹显著。波痕可见。

2）木材显微构造

导管横切面为圆形及卵圆形，常具多角形轮廓；多数单管孔，少数为径列复管孔（2~3个），偶呈管孔团；散生；管间纹孔式互列。轴向薄壁组织甚多；叠生；榜管宽带状，呈同心层式排列，常较机械组织带宽。木纤维壁甚薄。木射线局部叠生；单列射线数少，高1~10个细胞。多列射线宽2~15个细胞，高10~80个细胞或以上。射线组织异形Ⅱ型及少数异形Ⅲ型。直立或方形射线细胞比横卧射线细胞略高（图3-5）。

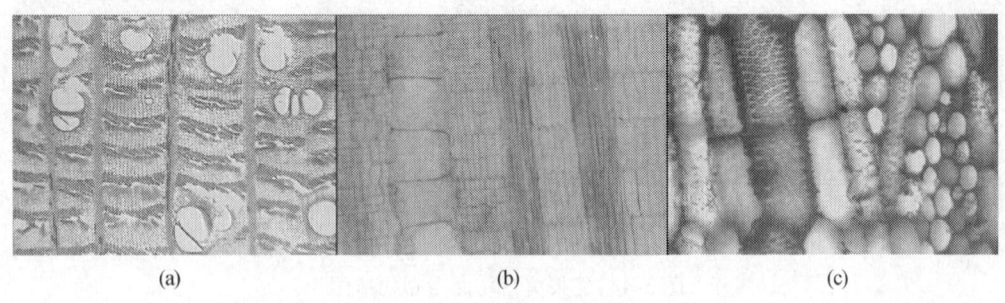

图3-5 刺桐三切面微观构造图
（a）横切面，×40；（b）径切面，×40；（c）弦切面，×400

2. 刺桐木材的性质及利用

纹理直，解构均匀；木材轻软；易干燥；容易腐朽，容易感染蓝变色菌；锯解容易，但锯面发毛严重；油漆后板面不发亮；容易胶黏；握钉力弱。

刺桐木材生长迅速，木材甚轻软，可做绝缘材料，墙板，天花板，也可做瓶塞、浮标、模型、国乐器材、包装箱、胶合板芯材，以及需要轻软材料的制品。

3.1.8 木棉木材的解剖构造、性质及利用

木棉属木棉科，木棉属植物。落叶大乔木，高达25m以上。树干端直，髓心大。树皮浅灰色，具瘤状皮刺。产福建、广东、海南岛、广西、云南、贵州、四川和台湾；在南部沿海一带及海南岛海拔500m以下极为常见；云南除西北部少数地区外各地均有分布。气干密度310kg/m³。

1. 木棉的解剖构造

1) 木材宏观构造

木材浅灰黄褐色,心边材无明显区别;无光泽;无特殊气味和滋味。生长轮略明显,轮间常呈深色或浅色带;散孔材;较宽,每厘米1~3轮,通常宽度不均匀。管孔甚少至少;大小略大至大,在肉眼下明显;大小颇一致,分布颇均匀;散生;轴向薄壁组织甚多,在放大镜下湿切面上可见;呈细弦线,甚密。木射线稀少;甚细至略宽,在肉眼下明显,径切面上射线斑纹明显。波痕可见。

2) 木材的显微构造

导管横切面为卵圆形,少数圆形;单管孔及径列复管孔(2~3个);散生;导管分子叠生。管间纹孔式互列。轴向薄壁组织甚多;叠生;离管带状(通常宽1细胞,与宽1或2细胞纤维带相间弦列)及环管束状与环管状;具筛状纹孔式。木射线叠生;胞壁薄;木射线狭窄者局部叠生;单列射线数少,高1~11个细胞或以上。多列射线宽2~10个细胞,高6~80个细胞或以上。射线组织异形Ⅲ型及Ⅱ型。直立或方形射线细胞比横卧射线细胞高;后者为圆形、卵圆及椭圆形,略具多角形轮廓(图3-6)。

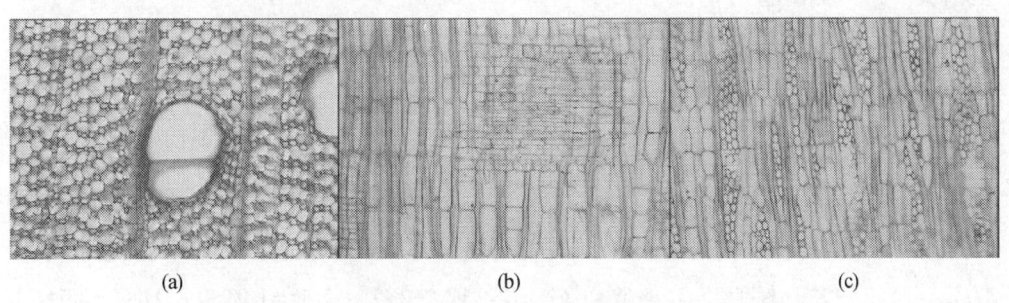

图3-6 木棉三切面微观构造图
(a) 横切面,×100;(b) 径切面,×40;(c) 弦切面,×40

2. 木棉木材的性质及利用

木材干燥快,不翘曲;不耐腐;易遭虫蛀;木材采伐后要立即锯解进行气干,否则木材容易感染蓝变色菌及腐朽;锯解时板面稍微起毛,但刨光后板面较光滑;油漆后光亮性差;胶黏容易;握钉力差。

木棉木材是防声、防热、防电、防震的优质绝缘材料,可做笼屉、冰柜、冰箱里衬、汤勺等的电热绝缘材料。还可做瓶塞、衬板、雪鞋等的缓冲材料。纤维长,色浅,适宜做纸浆材。此外,还可用做包装箱、模型、火柴杆及箱、柜等普通家具,单板及胶合板(芯板)等[3]。

3.1.9 六种轻质木材各项基本解剖参数

根据以上测量结果，现将六种轻质木材各项基本解剖参数列表，见表3-1。

表3-1 六种轻质木材各项基本解剖参数测定结果 （单位：μm）

材种	测量值	导管壁厚	导管腔径	木纤维壁厚	木纤维腔径
轻木	最大值	13.17	249.3	5.21	39.7
	最小值	3.95	82.1	1.07	11.3
	平均值±标准差	7.58±1.47	155.3±28.5	3.62±0.65	26.0±6.25
山黄麻	最大值	10.94	244.5	6.75	30.5
	最小值	3.22	52.7	2.44	6.8
	平均值±标准差	5.88±1.26	148.7±35.2	4.25±0.68	17.5±5.2
八宝树	最大值	8.42	279.6	7.39	34.7
	最小值	2.13	106.0	2.32	10.2
	平均值±标准差	4.97±0.99	184.0±40.22	4.28±1.07	21.3±4.7
吴茱萸	最大值	10.10	220.8	7.88	24.7
	最小值	2.39	61.1	2.37	5.7
	平均值±标准差	4.95±1.32	135.8±34.1	3.94±0.77	13.7±3.0
刺桐	最大值	14.85	384.73	10.07	27.53
	最小值	5.20	88.53	4.93	8.78
	平均值±标准差	7.77±1.91	275.00±53.45	7.10±0.99	16.41±3.91
木棉	最大值	12.35	306.58	8.23	32.11
	最小值	3.87	114.39	3.44	5.24
	平均值±标准差	5.69±1.64	200.07±42.45	5.46±1.03	17.65±2.54

3.1.10 结论

从以上测量结果和查阅的数据可知，6种轻质木材的气干密度都在500kg/m³以下，其中轻木的气干密度仅为190kg/m³，是目前世界上最轻的木材。六种轻质木材的共同特点是木纤维细胞壁薄、细胞腔大（轻木木纤维壁厚平均3.62μm，腔径26.0μm）。这样的结构特点决定了木材具有较高的声阻抗和较低的导热率，是很好的隔音隔热材料。

相对于硬重木材来说，轻质木材具有许多天然的优点：尺寸相对较稳定，横纹干缩率小；导热系数和导温系数小等[4]。因此，我们在合理使用木材的同时，应加强对轻质木材的改性处理研究，在其原有天然优点的基础上，赋予轻质木材新的功能，扩大其使用范围。目前，我国学者正在积极探索人工林轻质木材的改性及应用。对轻质木材的改性和高附加值利用，具有十分诱人的利用前景。

3.2 基材的基本物理性质

3.2.1 试样采集

试材分别采自云南省普洱市和西双版纳傣族自治州勐仑植物园，包括轻木、八宝树、吴茱萸、山黄麻、木棉、刺桐共计6种轻质木材。

3.2.2 试样的制备和测试方法

1. 木材密度的测定

木材密度的测定方法依据木材密度测定的标准方法，具体步骤如下：

（1）试样尺寸为 20mm×20mm×20mm，在树干 1.3m 处从髓心以外连续截取。

（2）在试样各相对面的中心位置，分别测出弦向、径向和顺纹方向尺寸，准确至 0.01mm。称出试样质量，准确至 0.001g。记录测试结果。

（3）将试样放入烘箱内，开始温度60℃保持4h，在（103±2）℃的温度下烘8h，后从中选定2~3个试样进行第一次试称，以后每隔2h试称一次，至最后两次称量之差不超过 0.002g 时，即认为试样达到全干。

（4）将试样从烘箱中取出，放入装有干燥剂的玻璃干燥器内，盖好干燥器盖。试样冷却至室温后，从干燥器中取出试样称其质量，准确至 0.001g，记录称量结果。

（5）试样的绝干质量称出后，立即于各相对面的中心位置，分别测出弦向、径向和顺纹方向的尺寸，准确至 0.01mm。

（6）各种物理量的计算公式如下：

①试样气干密度，应按式（3-1）计算，准确至 0.001g/cm³。

$$\rho_w = m_w/V_w \tag{3-1}$$

式中：ρ_w——试样的气干密度，g/cm³；

m_w——试样的质量，g；

V_w——试样的体积，cm³。

②试样的绝干密度，应按式（3-2）计算，准确至 0.001g/cm³。

$$\rho_0 = m_0/V_0 \tag{3-2}$$

式中：ρ_0——试样的绝干密度，g/cm^3；
m_0——试样的绝干质量，g；
V_0——试样的绝干体积，cm^3。

2. 木材绝干孔隙率的测定

木材绝干孔隙率的测定按公式（3-3）计算，准确至0.001%。

$$C = (1 - \rho_0/1.54) \times 100\% \tag{3-3}$$

式中：C——试样的绝干孔隙率；
ρ_0——试样的绝干密度，g/cm^3；
1.54——除去细胞腔、细胞壁间隙、空气、水分等的细胞壁物质的密度，单位 g/cm^3。

3.2.3 实验结果

根据以上测量结果，现将六种轻质木材的各项基本物理性质参数列表，见表3-2。

表3-2 六种轻质木材的基本物理性质

	绝干密度/(g/cm^3)	气干密度/(g/cm^3)	绝干孔隙率/%
轻木	0.157	0.166	89.777
山黄麻	0.507	0.528	67.080
八宝树	0.352	0.372	77.125
吴茱萸	0.396	0.415	74.311
刺桐	0.302	0.315	80.379
木棉	0.333	0.352	80.359

3.2.4 结论

气凝胶是一种分散介质为气体的凝胶材料，固体相和孔隙结构均为纳米量级。其孔隙率高达80%~99.8%，典型孔隙尺寸1~100nm，网络胶体颗粒尺寸3~20nm，比表面积200~1100m^2/g[5]，密度变化范围可达0.03~6g/cm^3，目前已制备出的气凝胶密度一般在0.03~0.8g/cm^3。

从以上实验结果可以看出，6种轻质木材的绝干密度均在0.30g/cm^3左右，孔隙率在70%~90%。其中，轻木的决干密度仅为0.157g/cm^3，孔隙率达到90%。6种轻质木材的密度均接近于气凝胶，满足作为气凝胶型木材基材的基本条件。

3.3 气凝胶的性质和构造及其与轻质木材对比分析

迄今为止,文献报道已研制出的气凝胶有数十种,可分为有机气凝胶和无机气凝胶。

3.3.1 有机气凝胶的性质及构造

1987年,美国Lawrence Livemore国家实验室的Pekala首次以间苯二酚、甲醛为原料,在碱性催化条件下经溶胶-凝胶过程、酸洗老化、超临界干燥及炭化,得有机气凝胶及炭气凝胶,标志着有机气凝胶研究的开端。有机气凝胶的研究对象主要为间苯二酚-甲醛(RF)气凝胶。有机气凝胶根据干燥的方法不同有不同的表述:超临界干燥制得的凝胶称气凝胶(aerogel),直接干燥制得的凝胶称干凝胶(xerogel),冷冻干燥法制得的凝胶称冻凝胶(cerogel),现已合成出的有机气凝胶的结构性质如表3-3所示[6,7]。

表3-3 有机气凝胶的结构性质

气凝胶类型	前驱体	密度/(g/cm³)	比表面积/(m²/g)	孔径/nm
RF aerogel	间苯二酚,甲醛	0.03~0.60	400~1000	<50
RF cerogel	间苯二酚,甲醛	0.03~0.60	>500	几至几十
MF	三聚氰胺,甲醛	0.10~0.80	875~1025	<50
PF	酚醛树脂,甲醛	0.10~0.50	350~600	10
JF	混甲酚,甲醛	0.06~0.14	350~600	<100
PUR	聚异氰酸酯	0.12~0.50	300~600	20
P-F	均苯三酚,甲醛	0.013~0.04	300~600	10至几百
NAR	聚(N-羟甲基丙烯酰胺),间苯二酚	0.25~0.55	200~550	100~200

有机气凝胶高温热解即得炭气凝胶,炭气凝胶是炭素材料科学和气凝胶科学的交叉领域,对其性能和用途的开发是当前研究的一个重要方向。炭气凝胶最先是由Pekala等在20世纪80年代末研制成功的,其突出特点是网络连续,电导率高,孔洞微小且相互贯通,比表面积大,密度变化范围大,是制造高性能电容器和电池的新一代理想材料[8]。目前,炭气凝胶常见的制备方法是:以间苯二酚和甲醛为原料,在碱性催化剂的作用下形成湿凝胶,然后以二氧化碳为介质进行超临界干燥,制得有机气凝胶,再将有机气凝胶在惰性气体保护下高温热解,即得炭气凝胶。这种方法的缺陷在于制备周期长,工艺复杂,并难以控制。甘礼华等

以淀粉为原料制备炭气凝胶,所制得的凝胶样品外观为黑色多孔块状物,有一定的机械强度,密度为 0.108g/cm³,是一种由粒径约为 20nm 的不规则微粒聚集而成的均匀低密度固态材料[9]。炭气凝胶的结构主要取决于其前驱体——有机气凝胶,因此,有机气凝胶的结构控制是实现炭气凝胶结构控制的前提[10]。

秦国彤等以间苯二酚和甲醛为原料,通过溶胶-凝胶和超临界干燥制得了间苯二酚-甲醛(RF)气凝胶,所得凝胶呈透明、红色块状,密度低至 0.032g/cm³。TEM 表征表明,其具有典型的纳米网络结构,固体相有直径约 10nm 的粒子组成,孔径直径小于 100nm[11]。

张勇等以三聚氰胺(M)和甲醛(F)为原料,经溶胶-凝胶和超临界干燥工艺制备出密度 0.157g/cm³ 的 MF 气凝胶。TEM 和 SEM 结果表明,MF 气凝胶所有孔径均在 10nm 左右;孔径分布及比表面积测试仪测得该气凝胶具有很高的比表面积(1015.98m²/g),孔径大小主要分布在 5~30nm。MF 气凝胶有望在惯性约束聚变(ICF)低温冷冻靶、辐射输运靶等方面得到推广和应用[12]。

李文翠等以混甲酚和甲醛为原料,经溶胶-凝胶合成、酸洗老化、超临界干燥得 JF 有机气凝胶,密度 0.151g/cm³,TEM 分析表明,JF 有机气凝胶的网络结构类似于以间苯二酚为原料得到的产品的结构,进一步炭化得炭气凝胶[13]。

唐永建等用溶胶-凝胶法和 CO_2 超临界干燥技术制备了对苯二酚-甲醛(HF)有机气凝胶。HF 有机气凝胶的网络结构较为疏松,颗粒大小为 30~50nm,比表面积为 375.28m²/g。经高温炭化处理得到炭气凝胶,炭化后比表面积增大到 468.66m²/g,炭气凝胶的孔径集中分布在 15nm 以内[14]。

3.3.2 无机气凝胶的性质及构造

无机气凝胶可分为亲水和疏水两种类型。亲水气凝胶与水蒸气和液体水作用的情况完全不同,亲水气凝胶能吸附水蒸气而自身的完整结构不会被破坏,但遇液体水后,原来完整的块状气凝胶容易破碎。目前制备出的无机气凝胶大部分仍然是 SiO_2 基的气凝胶。用常压及次临界干燥法制备气凝胶,虽然可以免去成本较高的超临界干燥,但所制得的气凝胶一般不如用超临界干燥法所制得的气凝胶质量好,而且由于受溶剂置换过程中传质的限制,难以制备大块气凝胶[15]。

SiO_2 气凝胶是最常见的一种无机气凝胶。目前,硅气凝胶是世界上最轻、隔热性最好、孔隙率较高且声传播速率较低的固体材料,硅气凝胶的温度使用范围在 -190℃~1050℃。常压下,气态热导率低达 0.012W/(m·K),在真空条件下,可低达 0.001W/(m·K),是目前隔热性能最好的固态材料,因此被广泛应用于各种特殊的窗口隔热体系[16-18]。国际上一般以正硅酸甲酯(TMOS)为硅源、甲醇为溶剂,用溶胶-凝胶法制备 SiO_2 气凝胶。由于其纳米多孔网络结构具有极低的固态和气态热传导,添加红外遮光剂后可有效阻隔高温红外热辐射,使其在常温、常压下总热导率低至 $0.01W/(m \cdot K)$,是目前固体材料中热导率最低的一种材料[19]。SiO_2 气凝胶作为一种轻质高效的绝热材料,在航空航天、化工、冶金及节能建筑等领域具有广泛的应用前景。由于 TMOS 在国内不生产,并且甲醇挥发性强、毒性大,所以一般不采用。同济大学的沈军等以国产正硅酸乙酯(TEOS)为硅源、乙醇为溶剂,在制备 SiO_2 气凝胶保温材料的溶胶-凝胶工艺的基础上,系统开发了以更加廉价的工业化产品——多聚硅氧烷(商品名 E-40)为硅源,采用氢氟酸为新型催化剂的溶胶-凝胶制备工艺,成功制备出了结构完整、无裂纹的 SiO_2 气凝胶大块样品。制备得到的 SiO_2 气凝胶的密度范围扩大到 $0.005 \sim 0.5 g/cm^3$,同时,SiO_2 凝胶制备时间由 1 周缩短至十几分钟,大大简化了制备工艺,并降低了气凝胶材料的制备成本。SiO_2 凝胶孔径在 $2 \sim 80nm$ 范围内,孔径最高峰约在 18.2nm 附近;比表面积达 $563m^2/g$。系统研究了密度、温度、气压、湿度及掺杂物等因素对材料导热性能的影响[20]。谢征芳等以聚二甲基硅烷为原料,采用聚合物超临界法,制备了 SiO_2 气凝胶。所制备的 SiO_2 气凝胶为亲水性气凝胶,比表面积为 $500.6m^2/g$,孔体积为 $0.4043cm^3/g$,平均孔径为 3.23nm,密度 $0.037g/cm^3$,结构为连续网状多孔非晶态固体,这种方法原料成本低,工艺简单,制得材料耐温性良好,可用做保温隔热材料[21]。

何文等以正硅酸乙酯和硝酸铝 $Al(NO_3)_3 \cdot 9H_2O$ 为原料,采用溶胶-凝胶法和 CO_2 超临界流体干燥技术制备了双元氧化物 Al_2O_3/SiO_2 气凝胶纳米粉。该法制得的气凝胶纳米粉颗粒分布均匀,呈近似球状,粒径为 $5 \sim 15nm$,比表面高达 $418m^2/g$,其纳米网络结构的热稳定性好[22]。

Jerzy Walendziewski 等发现,以异丙醇铝盐作为前驱体制备 Al_2O_3 气凝胶得到了较好的结果,其比表面积可高达 $498m^2/g$,总孔容可高达 $13.1m^3/g$[23]。

陈一民等采用含铜硅酸乙酯(CuTEOS)进行溶胶-凝胶反应来制备高 Cu 含量的 Cu/SiO_2 纳米复合气凝胶,气凝胶小于 25nm 的粒子占整个样品质量的 90% 以上,纳米复合气凝胶中孔径小于 50nm,比表面积在 $400 \sim 650m^2/g$ 范围内[24]。

仁洪波等以氯化铁的醇溶液为前驱体、有机路易斯碱为凝胶促进剂,快速制备氧化铁的醇凝胶,再通过 CO_2 超临界干燥工艺得到氧化铁气凝胶。用透射电镜(TEM)对氧化铁气凝胶微观结构的表征结果表明,气凝胶主要由超细微粒堆积而成,气凝胶样品的比表面积为 $430 \sim 480m^2/g$,孔径为 $95 \sim 110nm$,孔体积为 $1.0 \sim 2.2cm^3/g$,比表面积为 $487m^2/g$[25]。

钟常荣等通过加入甲酰胺,用溶胶-凝胶法制备了强度较好的块状 TiO_2 气凝胶。TiO_2 气凝胶样品的表观密度为 $0.474g/cm^3$,比表面积为 $152m^2/g$,平均孔径为 7.12nm,样品绝大多数孔属于介孔,孔体积为 $0.341cm^3/g$[26]。

3.3.3 轻质木材与气凝胶的对比分析

另外，有学者提出木材中的纳米尺度、纳米木材及木材/无机纳米复合材料的理论，即木材细胞壁是由截面尺寸在纳米数量级的微纤丝（microfibril），以及围绕其周围的、空间尺度在纳米数量级的被称为基质（matrix）的半纤维素和木质素组成，这与气凝胶材料原理也是一致的。

此外，一些木材的物理特性具备气凝胶材料的性质。例如，西印度轻木的热导率为 $0.055W/(m \cdot K)$，密度为 $0.140g/cm^3$，栓皮栎的热导率为 $0.043W/(m \cdot K)$，密度为 $0.160g/cm^3$，柏科木材横切面的热导率为 $0.097W/(m \cdot K)$，密度为 $0.460g/cm^3$。

本研究中所采用的6种试材均属于质地轻软木材，包括轻木、八宝树、吴茱萸、山黄麻、木棉、刺桐。从 3.1 节木材解剖构造测量可以看出，6 种轻质木材的共同特点是密度小、孔隙率大、细胞壁薄。

参 考 文 献

[1] 唐耀. 木材解剖学基础. 云南：云南林学院，1982

[2] 成俊卿，杨家驹，等. 中国木材志. 北京：中国林业出版社，1992

[3] 谢福惠. 木棉可木材的奇异结构及特殊用途. 广西农业大学学报，1998，17（4）：369-374

[4] 杨家驹，卢鸿俊. 国产硬重木材和轻软木材. 河北林果研究，1998，13（1）：32-37

[5] 陈一民，赵大方，等. 制备条件对疏水 SiO_2 气凝胶结构和性能的影响. 硅酸盐学报，2005，33（6）：727-731

[6] 李翼辉，胡劲松. 有机气凝胶研究进展（Ⅰ）——有机气凝胶发现制备与分析. 河北师范大学学报，2001，25（3）：374-380

[7] 李翼辉，胡劲松. 有机气凝胶研究进展（Ⅱ）——有机气凝胶的特性与应用. 河北师范大学学报，2001，25（4）：506-511

[8] Pekala R W. Organic aerogels from the polyconcensation of resorcinol with formaldehyde. Journal of Materials Science，1989，24：3221-3227

[9] 甘礼华，李光明，等. 碳气凝胶的制备研究. 高等学校化学学报，2000，21（6）：955-957

[10] 秦国彤，李运红，等. 炭气凝胶结构的形成和控制. 化工新型材料，2006，34（3）：33-35

[11] 秦国彤，巍微，等. RF 有机气凝胶的合成. 功能材料，2000，31（6）：619-621

[12] 张勇，任洪波，等. MF 气凝胶的制备和结构表征. 强激光与粒子束，2006，18（11）：1841-1844

[13] 李文翠，郭树才. 混甲酚甲醛炭气凝胶的制备及表征. 燃料化学学报，2000，28（1）：

33-35

[14] 王金凤, 唐永建, 等. 对苯二酚-甲醛有机气凝胶的结构测试及性能研究. 现代化工, 2006, 26 (2): 45-47

[15] 吴志坚. 无机气凝胶研究进展. 材料导报, 2001, 15 (11): 38-40

[16] 高秀霞, 张伟娜, 等. 硅气凝胶的研究进展. 长春理工大学学报, 2007, 30 (1): 86-91

[17] 张娜, 张玉军, 等. SiO_2 气凝胶制备方法及隔热性能的研究进展. 陶瓷, 2006, (1): 24-26

[18] 董志军, 颜家保, 等. 二氧化硅气凝胶隔热复合材料的制备与应用. 化工新型材料, 2005, 33 (3): 46-48

[19] 陈一民, 赵大方, 等. 制备条件对疏水 SiO_2 气凝胶结构和性能的影响. 硅酸盐学报, 2005, 33 (6): 727-731

[20] 沈军, 汪国庆, 等. SiO_2 气凝胶的常压制备及其热传输特性. 同济大学学报, 2004, 32 (8): 1106-1110

[21] 曹淑伟, 谢征芳, 等. SiO_2 气凝胶的非超临界干燥法制备与表征. 硅酸盐学报, 2007, 35 (11): 1551-1555

[22] 何文, 张旭东, 等. Al_2O_3/SiO_2 气凝胶纳米粉的制备与表征. 中国陶瓷, 2000, 36 (6): 4-6

[23] Walendziewski J, Stolarski M. Synthesis and properties of alumina aerogels [J]. Reaction Kinetics and Catalysis Letters, 2000, 71 (2): 201

[24] 陈一民, 许静, 等. Cu/SiO_2 纳米复合气凝胶的制备与表征. 材料工程, 2005, (8): 43-46

[25] 任洪波, 张林, 等. 块状氧化铁气凝胶制备初步研究. 原子能科学技术, 2005, 39 (6): 513-516

[26] 钟长荣, 苏勋家, 等. TiO_2 气凝胶光催化剂的制备和表征. 化工新型材料, 2006, 34 (12): 59-62

第4章 木材细胞壁的润胀及气凝胶A型木材的制备

4.1 木材细胞壁的润胀

4.1.1 强碱处理实验

1. 实验原理

木材的主要化学成分是构成木材细胞壁和胞间层的物质，由纤维素、半纤维素和木质素三种高分子化合物组成，一般总量占木材的90%以上。

其中，木材细胞壁中的木质素可以溶解于强碱溶液中，强的OH^-可以与木质素中的酚羟基反应，使之中和。

细胞壁中的纤维素在热碱溶液中能够发生剥皮反应、终止反应和碱性水解反应。剥皮反应开始于纤维素链分子的还原性末端基，在150℃温度以下，剥皮反应是引起纤维素降解的主要原因，超过150℃就会发生碱性水解反应[1]。

利用细胞壁中各种主要成分在加热条件下与强碱发生的化学反应，可以使细胞壁中天然存在的结晶区，即实质物质间结合紧密的区域打开，使溶液可以充斥其中，将木材变得蓬松。经后期干燥过程，去除孔隙间的强碱溶液，以期能够获得微米甚至纳米级孔隙。

2. 实验材料、设备及方法

1）主要实验材料

（1）强碱：分析纯，天津市凯通化学试剂有限公司生产。

（2）蒸馏水：自制。

（3）轻木试件：采自云南，平均密度为$0.1g/cm^3$，无虫眼、节疤等缺陷。试样制作与实验方法按国家标准《木材物理力学试验方法》（GB1928—91）和《木材物理力学试材锯解及试样截取方法》（GB1929—91）的有关规定进行。木材含水率按照国家标准GB1931—91测定；用于测定木材吸水性和湿胀性的试件尺寸为20mm×20mm×20mm（R×T×L）。

2）主要实验设备

（1）浸渍装置。浸渍灌：自制的尺寸为220mm×450mm（内径×高）的空

第4章 木材细胞壁的润胀及气凝胶A型木材的制备

气压缩机,最大压力1.7MPa,如图4-1所示。

(2)超声波震荡仪。SK2210HP型,上海科导超声仪器有限公司生产,工作频率53kHz。

(3)前期干燥设备。DHG-9070A型电热恒温鼓风干燥箱,上海一恒科技有限公司生产,温度范围0~255℃。

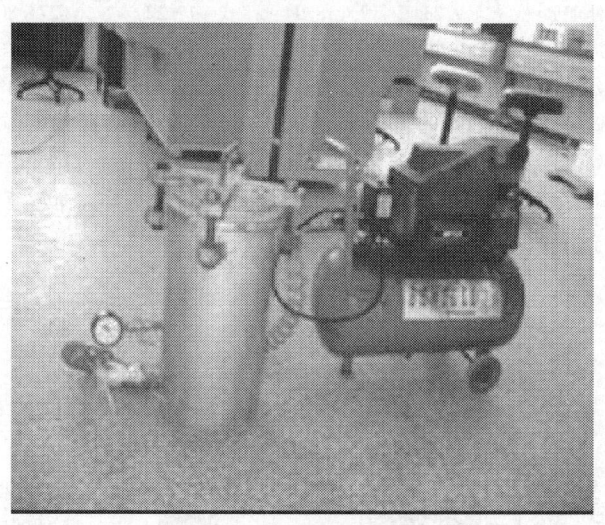

图4-1 浸渍装置

3)数据处理方法

利用上述实验材料及设备进行实验,测定处理前后轻木试件的增容率[式(4-1)]:

$$B = (V_t - V_u)/V_u \tag{4-1}$$

式中:B——增容率;

V_t——处理后试件体积;

V_u——未处理试件体积。

本章后续各实验的数据处理方法相同,故本章以下各节均不再介绍数据处理方法。

3. 实验过程

分别用1mol/L和0.5mol/L的强碱溶液处理试件。在处理过程中,首先将溶液加热至150℃左右高温,辅以超声振荡,加快反应速度,实验结果见表4-1和图4-2、图4-3。

表 4-1　强碱溶液处理实验数据

强碱的浓度 /(mol/L)	试件					增容率/%
	处理方式	长/mm	宽/mm	高/mm	体积/mm³	
1	未处理 A	19.17	19.18	19.27	7085.21	8.19
	处理后 A	19.22	20.38	19.57	7665.64	
	未处理 B	19.23	18.94	17.22	6271.80	13.72
	处理后 B	19.30	19.44	19.01	7132.40	
0.5	未处理 A	19.18	19.17	19.14	7037.41	16.50
	处理后 A	19.53	21.01	19.98	8198.30	
	未处理 B	18.94	19.29	19.05	6959.97	15.41
	处理后 B	19.19	20.95	19.98	8032.57	

注：A、B 为平行的两组试件。

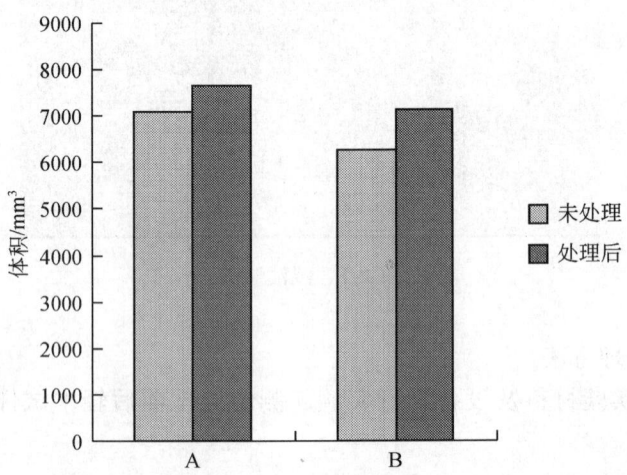

图 4-2　1 mol/L 强碱溶液处理实验的试件体积

4. 结果讨论

实验结果证明，强碱溶液对木材有一定的膨化效果，最大的膨化率可以达到 16.5%。使用强碱溶液浸泡处理试件产生的膨胀效果与碱溶液浓度有关，初步认定，浓度越小，膨胀效果越好。试件在常温下静置会产生皱缩，碱溶液浓度越大，皱缩越强烈。

Wardrop 用电子显微镜观察纤维素、半纤维素、木质素在细胞壁中的物理形态，提出纤维素以微纤维的形态存在于细胞壁中，有较高的结晶度，使植物具有较高的强度，称为骨架物质；半纤维素是无定形物质，分布在微纤维之中，称为填充物质；对于木质素，一般认为是无定形物质，包围在微纤维、毫纤维等之

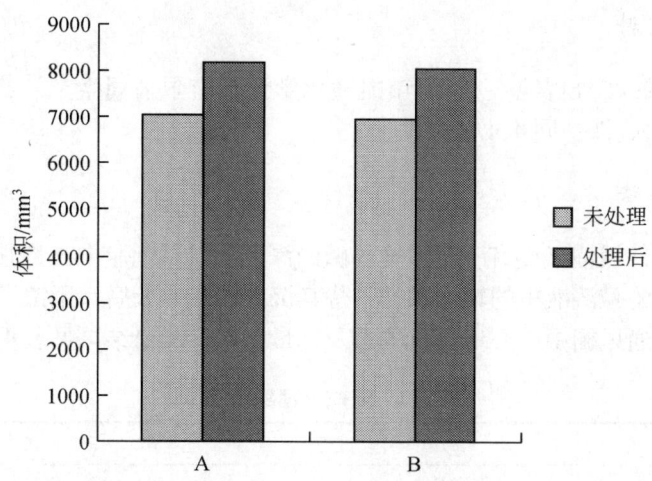

图 4-3　0.5 mol/L 强碱溶液处理实验的试件体积

间，是纤维与纤维之间形成胞间层的主要物质，称为结壳物质。

在利用溶液处理试件的过程中，刚开始溶液浓度有所下降，但无定形物质——木质素没有溶出，此阶段碱液向细胞壁内部渗透，主要溶解的是胞间层中的淀粉、果胶、脂肪及低相对分子质量的半纤维素。当强碱溶液完全渗透到细胞壁中后，溶液浓度继续下降。这一过程中，木质素溶出量逐渐增大。这样，包围在微纤维、毫纤维等之间的无定形物质——木质素被大量溶出，即存于胞间层中的结壳物质已被瓦解。这就为木材细胞壁中的骨架物质——纤维素以及分布在微纤维之中的填充物质——半纤维素的润胀减少了束缚，提供了空间。另外纤维素、半纤维素可以被强碱溶胀，使细胞壁的体积增大。而且强碱也可以使纤维素和木质素活化，这一反应过程主要是强碱使—OH 活化，又与纤维素和木质素反应，生成季铵盐阳离子，产生絮凝效果，存留于纤维素、半纤维素之间，这也可以达到充胀木材细胞壁的效果。

4.1.2　弱碱处理实验

1. 实验原理

本实验选用的弱碱与木材有很好的亲和力，它在木材中的扩散速度比水蒸气大得多，它与细胞壁的三种主要成分都能发生作用。例如，弱碱不仅能进入纤维素的无定形区，而且还能进入结晶区，破坏氢链，形成碱化纤维素，起到松弛和润胀作用，能使半纤维素改变排列方向，并能使木质素塑化。

2. 实验材料

（1）弱碱：（分析纯），天津市凯通化学试剂有限公司生产。
（2）轻木试件：同 4.1.1 节。

3. 实验方法

将轻木试件浸泡于盛有一定浓度弱碱的深色磨口试剂瓶中，将其静置于阴凉的通风橱。观察弱碱溶液中的轻木试件，待其沉入瓶底数天后，用镊子轻轻取出已变色的试件。在通风橱中小心地进行测量及称量工作。测量结果见表 4-2 和图 4-4。

表 4-2 弱碱处理实验数据

处理方式	试件				增容率/%
	长/mm	宽/mm	高/mm	体积/ mm³	
未处理 A	19.61	19.90	19.85	7746.24	13.64
处理后 A	20.00	21.16	20.26	8574.03	
未处理 B	20.80	19.95	19.37	8037.78	13.53
处理后 B	21.28	21.80	19.67	9124.99	
未处理 C	19.85	20.08	19.88	7923.93	11.38
处理后 C	20.02	20.59	21.41	8825.46	
未处理 D	19.90	19.72	19.90	7809.32	13.60
处理后 D	20.19	20.24	21.71	8871.70	
未处理 E	19.82	20.06	19.92	7919.98	10.50
处理后 E	19.92	21.61	20.33	8751.48	
未处理 F	19.70	19.93	19.81	7777.82	10.96
处理后 F	19.89	20.38	21.29	8630.08	

注：A~F 为平行的六组试件。

4. 结果讨论

弱碱拥有很强的浸入性，对试材有一定的膨化作用，最大的增容率达到 13.64%。

若利用水做处理试剂，主要是利用热水对纤维素的非结晶区、半纤维素和木素进行润胀，为分子剧烈运动提供自由体积空间；靠由外到里逐渐对木材进行传导加热，以便分子能够获得足够的能量，而此时由于纤维素的结晶区未被水浸入，润胀未必能够达到最佳效果。

该弱碱比水的极性更强，同样能与纤维素的非结晶区、半纤维素和木素发生

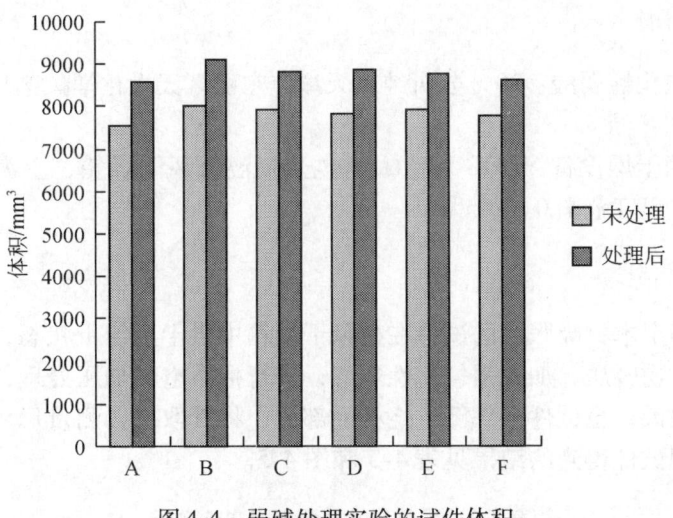

图 4-4　弱碱处理实验的试件体积

湿胀作用，除此之外，根据弱碱有暂时破坏纤维素结晶区结构作用的理论[2]，推断该弱碱也应有相同作用，只是较弱一些，故能使纤维素分子能获得更充足的自由体积空间，即分子间或纤丝间容易相对滑动。

如果仅用弱碱处理，要浸泡十几天，这是分子运动的能量不够所致。为了取得比较好的效果，可以考虑改变传统的传导加热方式为微波加热方式，即极性分子，如水、弱碱和有关的官能团（如羟基）等，在微波场作用下产生摆动，摩擦生热。微波加热均匀、迅速，不容易引起含水率梯度，大大减少了含水率应力，应力的集中以及加热后产生的气体，可使试件进一步软化。

4.1.3　强氧化性弱酸处理实验

1. 实验原理

本实验采用的强氧化性弱酸是木材工业以及造纸工业中经常用到的一种溶剂，其作用原理是，利用强氧化性在外界条件（如加热、辐射等）影响下产生的自由基和木材中的有色基团发生反应，可以达到漂白木材或纸浆的目的[3]。

本实验也是利用了强氧化性弱酸的这一特点，使其在与木材接触的过程中发生反应，生成中间产物——羟基自由基（HO·）、超氧阴离子自由基（O_2^-·）和氢过氧自由基（HOO·），这些自由基可以与木质素反应，达到减少纤维素润胀过程中的束缚的目的。

强氧化性弱酸又是一种极性溶剂，可以与木材细胞壁中的纤维素很好的结合，达到对其润胀的目的。

2. 实验材料

（1）强氧化性弱酸：30%分析纯，天津市东丽区天大化学试剂厂生产。
（2）轻木：同4.1.1节。
（3）前期干燥设备：DHG-9070A型电热恒温鼓风干燥箱，上海一恒科技有限公司生产，温度范围0～255℃。

3. 实验方法

将用于测定木材吸胀性的试件在鼓风干燥箱中烘干至绝干状态，将其放入大烧杯中，用重物轻压，加入强氧化性弱酸，进行抽真空和加压处理，然后放入通风橱中浸泡数天，至试件全部沉入烧杯底部后，将其取出，测量尺寸。用此强氧化性弱酸处理试件得到的结果见表4-3和图4-5。

表4-3 强氧化性弱酸处理实验数据

处理方式	试件				增容率/%
	长/mm	宽/mm	高/mm	体积/mm³	
未处理 A	20.00	19.75	20.03	7911.85	11.14
处理后 A	20.20	21.02	20.71	8793.54	
未处理 B	20.05	19.78	20.13	7983.33	11.37
处理后 B	20.25	21.16	20.75	8891.16	
未处理 C	20.11	20.16	19.97	8096.18	10.41
处理后 C	20.31	20.79	21.17	8938.92	
未处理 D	20.06	19.96	20.01	8011.95	11.39
处理后 D	20.23	21.26	20.75	8924.36	
未处理 E	19.96	20.01	20.15	8047.90	11.21
处理后 E	20.17	21.19	20.94	8949.80	
未处理 F	20.08	20.04	20.12	8096.35	10.07
处理后 F	20.29	21.27	20.78	8967.99	
未处理 G	20.03	20.03	20.07	8052.10	10.38
处理后 G	20.20	21.36	20.60	8888.3	

注：A~G为平行的七组试件。

4. 结果与讨论

根据实验测得的数据分析得到：强氧化性弱酸处理，对试件有一定的膨化效果，最大增容率达到11.39%。但试件体积的增大程度受木材性质的各向异性影

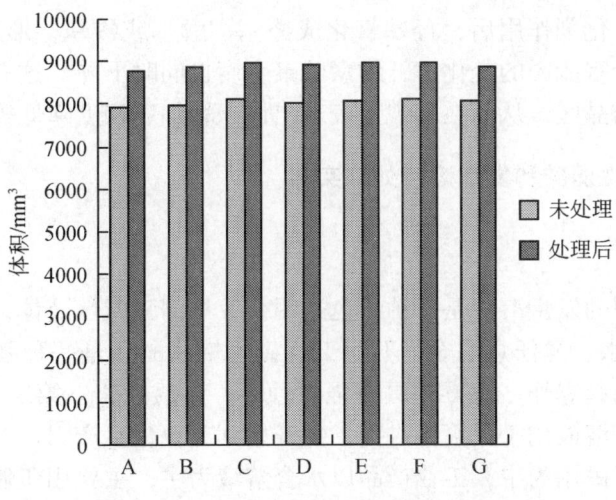

图 4-5　强氧化性弱酸处理实验的试件体积

响严重，即实验中试件与对比样必须是相同部位的木材，否则，木材各向异性将会对实验结果产生严重影响。

在 $OH\cdot$、$O_2^-\cdot$、$HOO\cdot$ 等含氧类自由基中，羟基自由基（$HO\cdot$）是水溶液中最强的单电子氧化剂，有很强的亲电性，能迅速与各种有机物和无机物反应。Josef Giere 的研究表明，碱性条件下，$HO\cdot$ 使木质素结构单元的芳环发生羟基化反应，并使结构单元侧链发生氧化断裂反应。超氧阴离子自由基（$O_2^-\cdot$）和氢过氧自由基（$HOO\cdot$）对芳环和共轭双键的亲电性虽比 $HO\cdot$ 弱，但在 $HO\cdot$ 反应的基础上以及 $HO\cdot$ 的协同作用下，可使木质素分子发生芳环打开、共轭双键断裂和环氧化等反应。木质素受到含氧类自由基作用后的产物更容易受过氧阴离子（HOO^-）的亲核进攻。由此可见，木材中的木质素在强氧化性弱酸溶液中会发生复杂的化学反应，导致其分解成低分子有机物，从木材细胞壁中脱离。

另外，含氧类自由基发生的部位是影响强氧化性弱酸脱木质素的另一个重要问题。由于自由基反应非常快，一旦产生即会马上与最邻近的化学结构发生反应，同时自由基的寿命又非常短，在其存在的瞬间，若未与木质素等结构发生反应，就会发生双基结合而被消耗，即造成所谓的强氧化性弱酸无效分解，导致溶剂损失。因此脱木质素的条件应有利于使强氧化性弱酸分解发生在靠近木质素的部位，即在纤维细胞壁内而非在溶液中。这即在反应开始前对浸入强氧化性弱酸的试件采用加压/真空工艺的原因。通过加压不但可以避免强氧化性弱酸溶液沸腾，还可防止纤维和溶液间的界面形成微小的蒸汽泡，阻碍强氧化性弱酸的传递，提高强氧化性弱酸从液相进入固相的传质效率，有利于含氧类自由基脱木质素反应的发生。

纤维素经氧化剂作用后，羟基氧化成醛基、酮基或羧基，形成氧化纤维素。一般来说，随着官能团的变化，纤维素的聚合度也同时下降。这有利于纤维素结晶区转变为非结晶区，从而在宏观上表现出体积增加、密度降低等趋势。

4.1.4 强氧化性弱酸和发烟溶液处理实验

1. 实验原理

本实验采用的发烟溶液是一种无色透明会发烟的强碱性液体，并具有独特的臭味[4,5]；能与水、醇任意混合，不溶于二氯甲烷和醚；是一种强还原剂，与氧化剂接触，会引起爆炸；有毒并具有强腐蚀性、渗透性[6]。第二次世界大战末，德国人将此发烟溶液用于火箭推进剂，并开始其工业化生产[7]。之后，此发烟溶液由军用转向以民用为主，工业产品以水合溶液为主，主要用于制造医药、农业化学品和发泡剂等。

由4.1.3节可知，强氧化性弱酸可以使试件在体积上有相当程度的增大。发烟溶液这样的强还原剂与强氧化性弱酸这样的强氧化剂相接处会产生大量的气体，从而引起爆炸。利用这一反应过程，可以将已经被强氧化性弱酸润胀的试件再次膨胀，以期达到进一步增大试件体积的目的。

2. 实验材料及用具

（1）发烟溶液：分析纯，天津市东丽区天大化学试剂厂生产。
（2）轻木试件：同4.1.1节。
（3）防毒面具、耐酸碱橡胶手套。

3. 实验方法

按照4.1.3节所述方法，将经强氧化性弱酸处理过的轻木试件放入盛有一定量的发烟溶液的烧杯中。观察反应现象，待反应放出大量气体后，方可将试件轻轻取出，小心测量尺寸，测量结果见表4-4和图4-6。

表4-4 强氧化性弱酸和发烟溶液处理实验数据

处理方式	试件				增容率/%
	长/mm	宽/mm	高/mm	体积/mm^3	
未处理A	20.00	19.75	20.03	7911.85	14.03
处理后A	20.20	21.39	20.88	9021.79	
未处理B	20.05	19.78	20.13	7983.34	13.35
处理后B	20.26	21.30	20.97	9049.35	

处理方式	试件				增容率/%
	长/mm	宽/mm	高/mm	体积/mm³	
未处理 C	20.11	20.16	19.97	8096.19	12.93
处理后 C	20.33	20.87	21.55	9143.39	
未处理 D	20.06	19.96	20.01	8011.96	12.78
处理后 D	20.35	21.43	20.72	9036.00	
未处理 E	19.96	20.01	20.15	8047.90	13.55
处理后 E	20.20	21.40	21.14	9138.40	
未处理 F	20.08	20.04	20.12	8096.35	11.98
处理后 F	20.30	21.39	20.88	9066.45	
未处理 G	20.03	20.03	20.07	8052.10	12.60
处理后 G	20.22	21.63	20.73	9066.44	

注：A~G 为平行的七组试件。

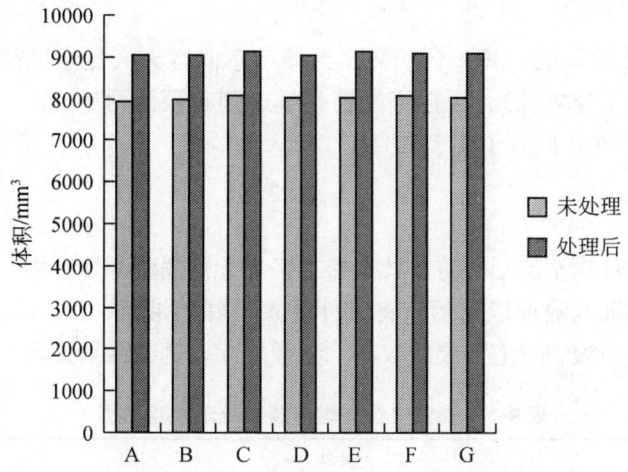

图 4-6 强氧化性弱酸和发烟溶液处理实验的试件体积

4. 结果讨论

强氧化性弱酸与发烟溶液共同处理试材（表 4-4），可以在强氧化性弱酸处理的基础上进一步提高膨化效果，最大增容率达到 14.03%。

轻木试件在经强氧化性弱酸处理的过程中，其细胞壁内部的木质素大部分被溶液中游离的自由基脱去，为纤维素及半纤维素的膨胀除去了障碍。强氧化性弱酸分子由于其自身具有极性，所以容易与纤维素及半纤维素的羟基结合。这样就有大量的强氧化性弱酸分子充胀于纤维素及半纤维素分子之间，存在于结晶区与非结晶区中,将试件体积膨胀;此时将试件浸泡于发烟溶液中,使强氧化性的弱酸分子与强还原性的发烟溶液分子结合,产生大量的气体,将(半)纤维素分子冲开,增大分子间距离,从而在宏观上实现试件体积增大。

4.1.5 强氧化性弱酸和弱碱处理实验

1. 实验原理

如前所述,强氧化性弱酸可以与木材细胞壁中的木质素发生反应,并且由于其具有极性,可以进入纤维素之间,将细胞壁润胀;弱碱在木材中的扩散速度很快,不但可以与细胞壁中的三种主要成分发生反应,而且还可以迅速进入到纤维素的结晶区与非结晶区中,使木材中的大分子产生位移,将木材塑化。

利用这些原理,在强氧化性弱酸与弱碱的双重作用下,将轻木试件进行膨化。

2. 实验材料

(1) 强氧化性弱酸:30%分析纯,天津市东丽区天大化学试剂厂生产。
(2) 弱碱:(分析纯),天津市凯通化学试剂有限公司生产。
(3) 轻木试件:同4.1.1节。

3. 实验过程

先将轻木试件烘至绝干,将其放入盛有强氧化性弱酸的烧杯中,用重物轻压数天后,待其全部沉入液面以下后,将试件转入弱碱溶液中,24h后,将试件取出,再转至强氧化性弱酸中浸泡数天后取出,测量尺寸。测试结果见表4-5和图4-7。

表4-5 强氧化性弱酸与弱碱处理试验数据

处理方式	试件				增容率/%
	长/mm	宽/mm	高/mm	体积/mm^3	
未处理 A	20.00	19.75	20.03	7911.85	14.57
处理后 A	20.21	21.43	20.93	9064.79	
未处理 B	20.05	19.78	20.13	7983.34	14.26
处理后 B	20.31	21.53	20.86	9121.54	
未处理 C	20.11	20.16	19.97	8096.19	12.81
处理后 C	20.25	20.92	21.56	9133.46	
未处理 D	20.06	19.96	20.01	8011.96	14.04
处理后 D	20.32	21.69	20.73	9136.56	

续表

处理方式	试件				增容率/%
	长/mm	宽/mm	高/mm	体积/mm^3	
未处理 E	19.96	20.01	20.15	8047.90	13.44
处理后 E	20.22	21.49	21.01	9129.43	
未处理 F	20.08	20.04	20.12	8096.35	13.42
处理后 F	20.36	21.57	20.91	9182.94	
未处理 G	20.03	20.03	20.07	8052.10	13.43
处理后 G	20.27	21.70	20.72	9133.88	

注：A~G 为平行的七组试件。

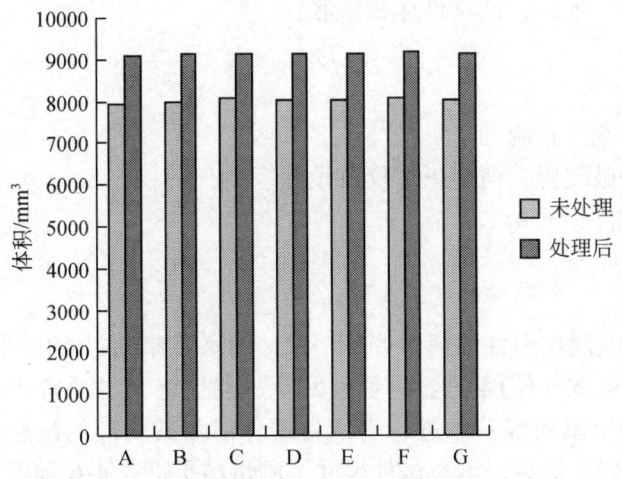

图 4-7　强氧化性弱酸与弱碱处理实验的试件体积

4. 结果讨论

弱碱的加入比单一使用强氧化性弱酸处理试材的效果要好，最大增容率达到 14.57%。

在处理过程当中，先将试件加入强氧化性弱酸溶液中，使细胞壁中大部分的木质素被强氧化性弱酸产生的自由基脱去；由于强氧化性弱酸具有极性，在此过程中，有一部分强氧化性弱酸分子进入纤维素或半纤维素分子之间，这对于细胞壁的润胀有一定效果。再将处理过的试件放入弱碱溶液中，弱碱在木材中迅速扩散，进入纤维素的结晶区与非结晶区中，将非结晶区中的孔隙加大，并且将一部分结晶区打开。这一过程达到了对细胞壁二次润胀的目的。最后将试件再次转入强氧化性弱酸溶液中，强氧化性弱酸中和了残留在试件内部的弱碱，并且具有极性的强氧化性弱酸分子进一步地充胀了被弱碱打开的结晶区，使得细胞壁被润胀到最大化。

4.1.6 中性溶剂处理实验

1. 实验原理

中性溶剂可以大量的存在于木材的细胞腔中，少量的中性溶剂分子可以存在于细胞壁中，与细胞壁无定形区（由纤维素非结晶区、半纤维素和木质素组成）中的羟基形成氢键结合。

含有一定量中性溶剂的轻木试件，在一定温度、压力的水蒸气作用下，其纤维素结晶度提高，聚合度下降，半纤维素部分降解，木质素软化，横向结合强度下降，甚至柔软可塑，当充满压力蒸汽的物料骤然减压时，孔隙中的蒸汽剧烈膨胀，产生"爆破"效果，使试件体积膨胀。

2. 实验材料

（1）中性溶剂：自制。
（2）蒸汽爆破装置：河南正道仪器设备厂生产。
（3）轻木试件：同4.1.1节。

3. 实验过程

将轻木试件泡制在中性溶剂中数日，试件的增重率超过50%以后将其取出，用鼓风式干燥箱将试件干燥至增重率为50%，然后将试件放置于内部中性溶剂蒸汽压为50%的恒温横湿箱中进行平衡处理，消除其内部的浓度梯度。将试件进行蒸汽爆破处理。最后，测量试件尺寸，测量结果见表4-6和图4-8。

表4-6 中性溶剂处理实验数据

处理方式	试件				增容率/%
	长/mm	宽/mm	高/mm	体积/mm³	
未处理 A	20.01	19.95	19.99	7979.99	12.27
处理后 A	20.20	20.62	21.51	8959.43	
未处理 B	20.07	19.95	19.85	7947.87	12.45
处理后 B	20.25	21.53	20.50	8937.64	
未处理 C	20.11	19.90	20.02	8011.78	12.89
处理后 C	20.38	21.43	20.71	9044.95	
未处理 D	20.07	19.81	19.93	7923.90	12.97
处理后 D	20.32	20.48	21.51	8951.46	
未处理 E	20.08	20.42	19.86	8143.26	13.68
处理后 E	20.30	21.22	21.49	9257.16	

续表

处理方式	试件				增容率/%
	长/mm	宽/mm	高/mm	体积/mm³	
未处理 F	19.90	19.79	20.43	8045.76	12.92
处理后 F	20.16	21.36	21.13	9085.95	
未处理 G	20.03	20.28	19.72	8010.42	13.81
处理后 G	20.23	21.04	21.30	9066.11	

注：A~G 为平行的七组试件。

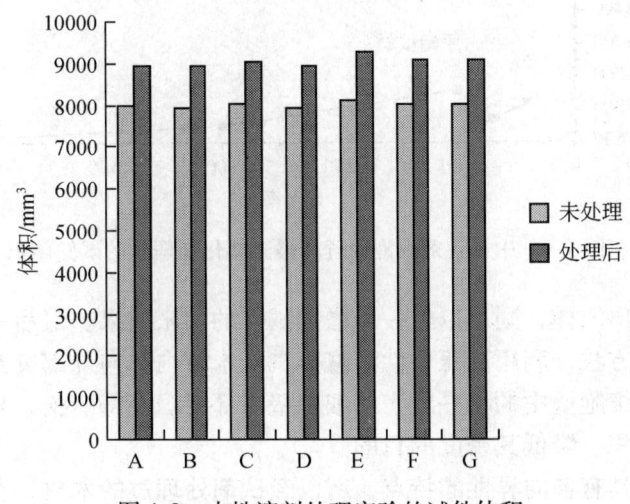

图 4-8 中性溶剂处理实验的试件体积

4. 结果讨论

如图 4-9 所示，中性溶剂对于木材而言是一种很好的润胀剂，对于试件的增容有很大的贡献，在常温常压下可以达到最大的增容率为 16.5%。利用中性溶剂处理过的增重率在 100% 左右的木材，在蒸汽爆破仪爆破处理后，体积变化较大，增容率最高可以达到 50% 左右。

4.1.7 结论

本研究尝试了 6 种不同的方法润胀轻木试件的体积。这 6 种方法分别采用了强碱溶液、弱碱溶液、强氧化性弱酸、强氧化性弱酸和发烟溶液、强氧化性弱酸和弱碱、中性溶液等试剂处理轻木试件。其中，前 5 种属于以化学反应为主的处理方法，主要思路是利用化学反应，首先将木材细胞壁中所含有的木质素和果胶等物质脱除，为纤维素和半纤维素的润胀减少束缚，提供空间，然后极性分子充斥于纤维素的非结晶区，或是利用化学反应，先将结晶区打开，再进行润胀，如

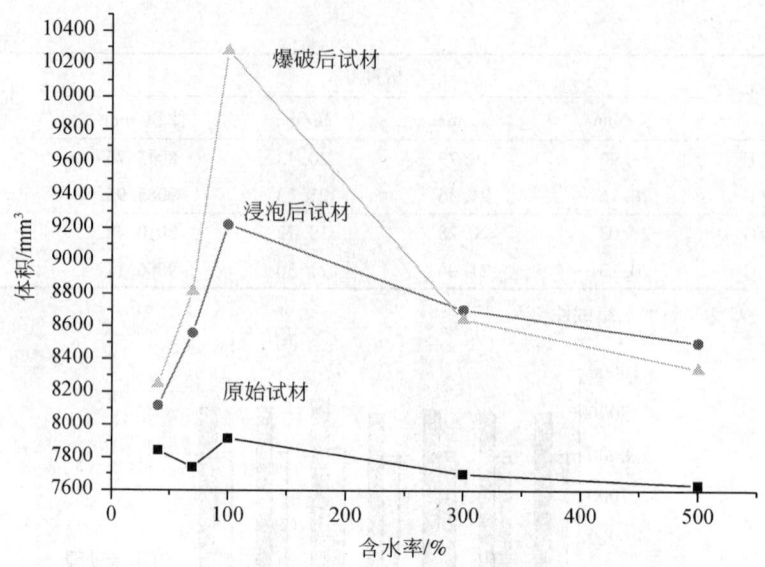

图 4-9　中性溶剂浸泡处理和爆破膨化处理后的试件体积

果反应中会放出气体,则可以进一步增加试件的润胀效果。最后一种处理方法主要是应用物理方法,利用高压中性溶液蒸汽从木材内部向外部突然释放所产生的冲击力,破坏细胞壁中的结晶区,使细胞壁内部组织变得疏松,从而在宏观上达到膨胀试件体积、降低其密度的目的。

由于木材具有各向异性的特点,所以经试剂处理过的木材,在不同方向上的膨胀率差异较大。

利用各种试剂处理过的试件,在常温常压下可以达到最大的增大率为 16.5%。

中性溶剂处理过的试材,再利用蒸汽爆破仪爆破处理后体积变化较大,增容率最高可以达到 50% 左右。

综合考虑各种方法膨化效果的稳定性,中性溶液处理以及强氧化性弱酸和弱碱处理的方法比较适合重点考察。

4.2　气凝胶 A 型木材的制备

4.2.1　材料和方法

1. 实验材料

山黄麻采自云南省普洱市,在大气状态下使之气干,选用边材部分制成

20mm×20mm×5mm（R×T×L）的试样。其他实验材料有浓 HNO_3（质量分数65%）、$CO(NH_2)_2$ 和 $ZnCl_2$。

2. 实验设备

SHB-Ⅲ型循环水式多用真空泵，真空压力浸渍罐，PHS-2C（A）型精密酸度计（上海大普仪器有限公司生产），GZX-9240MBE 型数显鼓风干燥箱，徕卡 SM2000R 型滑走式木材切片机，舜宇 BA300 型生物显微镜。

3. 实验方法

1）实验步骤

采用双真空法浸渍工艺，将不同质量分数的 HNO_3 溶液浸注到木材细胞腔中。将浸渍过 HNO_3 的试件连同硝酸溶液一同放在水浴锅中加热，根据试验设计表，采用不同的加热温度和加热时间，以期 HNO_3 溶液能够适度溶解木材细胞壁 S_3 层的木质素。用清水置换木材细胞腔中的酸液，每天换水一次；并用精密酸度计测量置换液的 pH，直到置换液为中性，说明木材细胞腔中的酸液已全部被清水代替。将上述处理过的试件，分别用饱和 $CO(NH_2)_2$ 溶液和饱和 $ZnCl_2$ 溶液浸泡处理 3 周，然后将试件包埋、切片，在生物显微镜下测量木材细胞壁的厚度，并计算木材细胞壁厚度增长率。

山黄麻属于散孔材，早晚材木纤维细胞壁厚度基本一致。因此，木材细胞壁厚度增长率计算公式为

$$细胞壁厚度增长率 = (T_t - T_c)/T_c \times 100\% \qquad (4-2)$$

式中：T_c——未处理材纤维细胞壁的平均厚度；

T_t——处理材纤维细胞壁的平均厚度。

2）实验方案设计

采用正交试验，选择最优化工艺条件。以木材细胞壁厚度增长率为考核指标，以影响木材细胞壁厚度的 3 个因素（HNO_3 质量分数、加热温度、加热时间），设计 3 因素 3 水平的正交试验表 $L9(3^3)$，见表4-7。

表4-7 正交试验因素水平

水平号	HNO_3 质量分数/%	加热温度/℃	加热时间/min
1	15	100	60
2	10	70	40
3	5	40	20

按照以上实验设计方案，分别对用 $CO(NH_2)_2$ 饱和溶液润胀的试件和用 $ZnCl_2$ 饱和溶液润胀的试件的测量结果进行方差分析，确定最佳工艺条件。

3) 数据处理方法

先通过直观分析确定最佳方案，然后通过方差分析确定各因素对实验结果的影响是否显著。

(1) 直观分析公式：

①变量值 k_m

$$k_{m,A} = \overline{X}_{m,A}$$
$$k_{m,B} = \overline{X}_{m,B}$$
$$k_{m,C} = \overline{X}_{m,C}$$

式中：$\overline{X}_{m,A}$——因素 A 的第 m 个水平对应的观测值；

$\overline{X}_{m,B}$——因素 B 的第 m 个水平对应的观测值；

$\overline{X}_{m,C}$——因素 C 的第 m 个水平对应的观测值。

②极差 R

$$R_A = \max(k_{m,A}) - \min(k_{m,A})$$
$$R_B = \max(k_{m,B}) - \min(k_{m,B})$$
$$R_C = \max(k_{m,C}) - \min(k_{m,C})$$

(2) 方差分析公式：

①组间偏差平方和 SS_{among}：

$$SS_{among,A} = 300 \times \sum_{m=1}^{3} (k_{m,A} - \overline{k}_A)^2$$
$$SS_{among,B} = 300 \times \sum_{m=1}^{3} (k_{m,B} - \overline{k}_B)^2$$
$$SS_{among,C} = 300 \times \sum_{m=1}^{3} (k_{m,C} - \overline{k}_C)^2$$

式中：m——某因素的水平数；

300——某因素第 m 个水平下观测值的个数

②组内偏差平方和 SS_{within}：

$$SS_{within} = \sum_{j=1}^{9} \sum_{i=1}^{100} (X_{ij} - \overline{X}_j)^2$$

式中：X_{ij}——第 j 组的第 i 个观测值；

$\overline{X}_j$——第 j 组样本观测值的平均值。

100——第 j 组观测值的单位数；

9——实验组数。

③自由度 Dof

$$Dof_{among} = Dof_A = Dof_B = Dof_C = 3 - 1 = 2$$
$$Dof_{within} = 9 \times (100 - 1) = 891$$

④均方和 Ms：

$$Ms = \frac{SS}{Dof}$$

⑤F 值：

$$F = \frac{Ms_{among}}{Ms_{within}}$$

4.2.2 结果与分析

用 $CO(NH_2)_2$ 饱和溶液润胀试材测量结果的数据分析（表 4-8 和表 4-9）表明，各因素对试验结果的影响顺序是：硝酸浓度＞加热时间＞加热温度。最优工艺条件为：硝酸浓度 10%，加热温度 100℃，加热时间 20min。由方差分析可知，$F_{0.01}(2,\infty) = 4.61, F_A > F_{0.01}(2,\infty), F_B > F_{0.01}(2,\infty), F_C > F_{0.01}(2,\infty)$，说明硝酸浓度、加热温度、加热时间均对实验结果有高度显著影响。

用 $ZnCl_2$ 饱和溶液润胀试材测量结果的数据分析表明（表 4-10 和表 4-11），各因素对实验结果的影响顺序是：硝酸浓度＞加热时间＞加热温度。最优工艺条件为：硝酸质量分数 10%，加热温度 100℃，加热时间 20min。方差分析可知，$F_{0.01}(2,\infty) = 4.61, F_A > F_{0.01}(2,\infty), F_B > F_{0.01}(2,\infty), F_C > F_{0.01}(2,\infty)$，说明硝酸浓度、加热温度、加热时间均对实验结果有高度显著影响。

表 4-8 $CO(NH_2)_2$ 饱和溶液处理的正交试验结果数据分析

实验号	HNO_3 质量分数/%		加热温度/℃		加热时间/min		木纤维细胞壁厚度增长率/%
	水平号	数值	水平号	数值	水平号	数值	
1	1	15	1	100	1	60	38
2	1	15	2	70	2	40	44
3	1	15	3	40	3	20	44
4	2	10	1	100	2	40	66
5	2	10	2	70	3	20	71
6	2	10	3	40	1	60	45
7	3	5	1	100	3	20	78
8	3	5	2	70	1	60	60
9	3	5	3	40	2	40	42
k_1		42.33		60.47		47.77	
k_2		60.57		58.27		50.72	
k_3		59.83		43.99		64.24	
R		18.24		16.48		17.47	

表 4-9 CO(NH$_2$)$_2$ 饱和溶液处理的方差分析

方差来源		偏差平方和 SS	自由度 Dof	均方和 Ms	F	显著性
组间	SS$_A$	6.40	2	3.20	27.01	**
	SS$_B$	4.81	2	2.40	20.29	**
	SS$_C$	4.62	2	2.31	19.51	**
组内		105.57	891	0.12		

表 4-10 ZnCl$_2$ 饱和溶液处理的正交试验结果数据分析

实验号	HNO$_3$ 质量分数/%		加热温度/℃		加热时间/min		木纤维细胞壁厚度增长率/%
	水平号	数值	水平号	数值	水平号	数值	
1	1	15	1	100	1	60	24
2	1	15	2	70	2	40	36
3	1	15	3	40	3	20	33
4	2	10	1	100	2	40	56
5	2	10	2	70	3	20	76
6	2	10	3	40	1	60	44
7	3	5	1	100	3	20	72
8	3	5	2	70	1	60	36
9	3	5	3	40	2	40	39
k_1		30.75		50.73		34.63	
k_2		58.98		49.26		43.66	
k_3		48.82		38.57		60.27	
R		28.23		12.16		25.64	

表 4-11 用 ZnCl$_2$ 溶液处理的方差分析

方差来源		偏差平方和 SS	自由度 Dof	均方和 Ms	F	显著性
组间	SS$_A$	12.27	2	6.13	66.09	**
	SS$_B$	2.64	2	1.32	14.23	**
	SS$_C$	10.14	2	5.07	54.65	**
组内		82.69	891	0.09		

图 4-10 和图 4-11 分别是处理前、处理后木纤维的微观图片。

从图 4-10 和图 4-11 的对比可以看出，经过处理的木纤维细胞壁有明显的增厚，细胞腔明显减小。

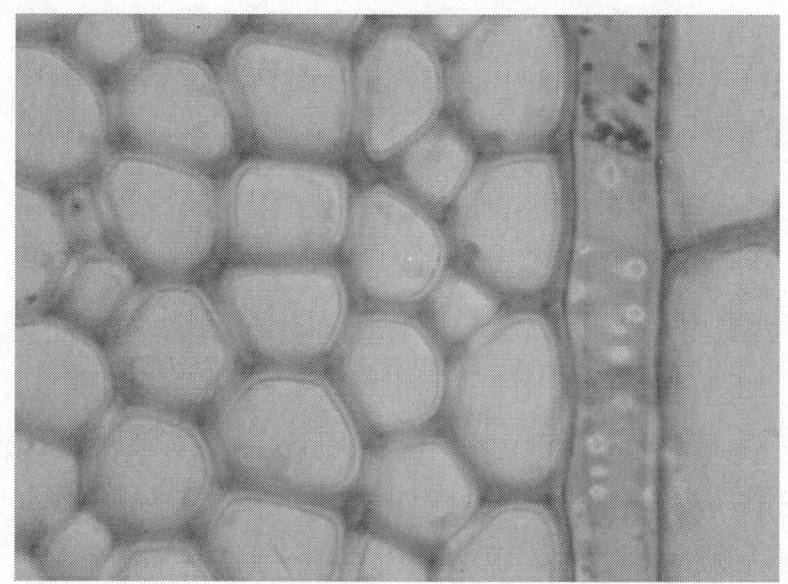

图 4-10　处理前木纤维的微观图片（×1000）

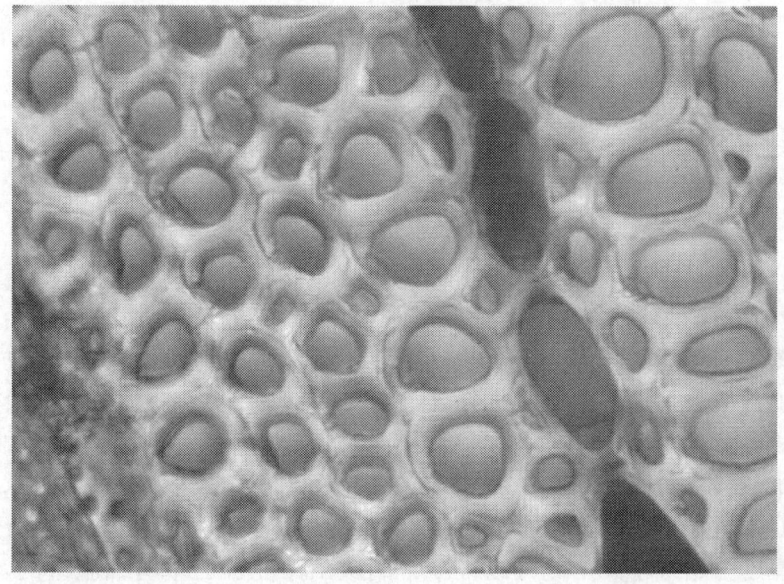

图 4-11　处理后木纤维的微观图片（×1000）

图 4-12 至图 4-14 分别为硝酸质量分数、加热温度和加热时间对木纤维细胞壁厚度增长率的影响。

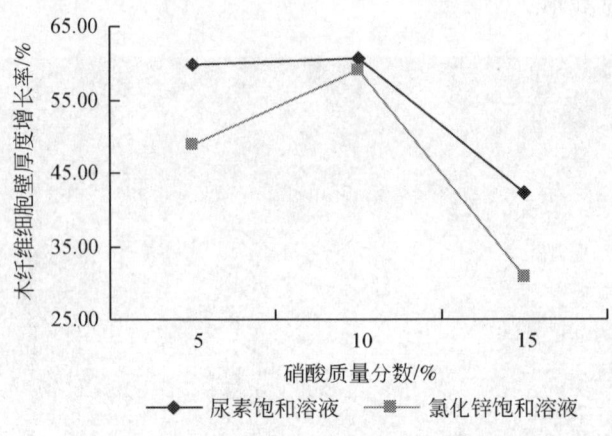

图 4-12 硝酸质量分数对实验结果的影响

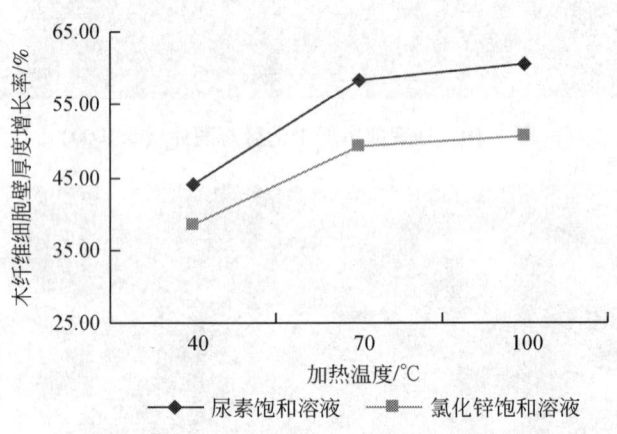

图 4-13 加热温度对实验结果的影响

从图 4-12 可以看出,木纤维细胞厚度增长率先随着硝酸质量分数的增加而略有增加,但后来随着硝酸质量分数的增大呈急剧下降趋势。Stamm 通过实验发现:高质量分数的无机酸(如硫酸、磷酸)在通过水解作用溶解纤维素以前,会对纤维材料有较高的润胀作用;pH 在 2~6 的低质量分数无机酸对木材的润胀率和水对木材的润胀率基本相同。在本实验中,当硝酸质量分数大于 10% 时,细胞壁厚度开始减小。由此可以推断,硝酸虽然能够对木材细胞壁的 S_3 层起到一定的破坏作用,使木材细胞壁可以向内膨胀;但硝酸浓度太高时,则产生负面

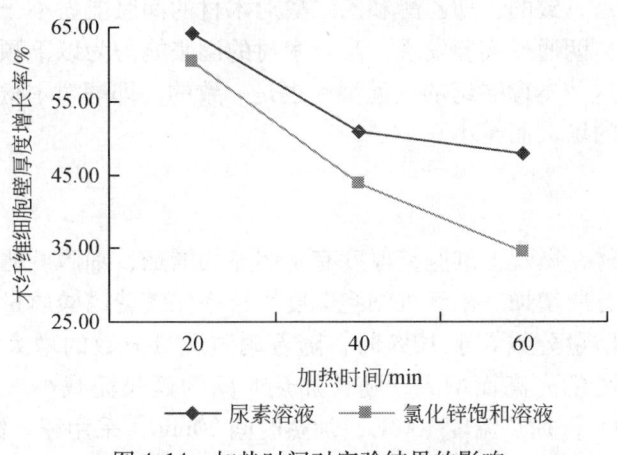

图 4-14 加热时间对实验结果的影响

作用,这种负面作用是因为高浓度的硝酸溶液浸入木材细胞壁深层,造成细胞壁中纤维素和木质素的分解,而使细胞壁变薄。

从图 4-13 和图 4-14 可以看出,木纤维细胞壁厚度增长率随着加热温度的升高而增大,随着加热时间的延长而减小。随着温度的升高,硝酸对细胞壁 S_3 层的破坏增加,导致了木纤维细胞厚度增长率增大。加热时间对实验结果的影响说明,在 20min 以后,酸液已经开始降解细胞壁深层的纤维素和木质素,使细胞壁变薄。

从总体上看,尿素饱和溶液比氯化锌饱和溶液的润胀效果要好。这与预备性实验的结果是一致的。课题组成员在预备性实验中用尿素饱和溶液、蒸馏水和氯化锌饱和溶液润胀木材,3 种试剂对 4 种木材的宏观尺寸润胀度的平均值分别为 4.66%、4.09% 和 0.81%,说明对木材宏观尺寸润胀效果较好的试剂,对木材细胞壁厚度的润胀也有较好的效果。木材的润胀机理目前尚不明确。一些学者曾对木材在溶液中的膨胀进行机理分析,并提出了几种假设,但一致认为是由于溶液中的离子或分子进入木材细胞壁,增大了纤维素微纤丝间的距离,使木材细胞壁增厚,在宏观上表现为体积增大。

本课题组成员以轻木、八宝树、木棉、刺桐 4 种木材为试材,用乙醇、乙二醇、蒸馏水及乙醇、乙二醇的水溶液对木材进行润胀实验,5 种试剂对木材的宏观尺寸润胀能力排列顺序为:蒸馏水 > 乙醇溶液 > 乙醇(分析纯) > 乙二醇溶液 > 乙二醇(分析纯)(各试剂对 4 种木材的弦向润胀度的平均值从大到小分别为:4.66%、3.68%、3.05%、3.00%、1.43%)。Stamm 曾用不同的有机饱和溶液、有机试剂和无机溶剂对木材进行润胀实验,发现有机试剂对木材的宏观尺寸润胀能力一般小于其水溶液,并随着溶液质量分数的增大而增大[8]。这与本课题组的实验结果是一致的,即乙醇和乙二醇对木材的润胀能力小于其相应的水溶液。日本学者坂志朗通过实验发现,醇对木材的润胀能力为以下顺序:甲醇 > 乙醇 > 正丙醇[9],这与本课题组的实验结果也是一致的,即醇对木材的润胀能力随着相对分子质量的增大而减小。

4.2.3 结论

处理后的试材在微观上细胞壁厚度有了明显的增加,细胞腔明显变小;在宏观上体积尺寸也有所增加。木纤维细胞厚度增长率先随着硝酸质量分数的增加而略有增加,硝酸质量分数大于10%时,随着硝酸质量分数的增大呈急剧下降趋势,随着加热温度的升高而增大,随着加热时间的延长而减小。最优工艺条件为:硝酸浓度10%,加热温度100℃,加热时间20min,采用尿素饱和溶液润胀。硝酸质量分数、加热温度、加热时间3个因素均对实验结果有高度显著影响。

参 考 文 献

[1] 李坚. 木材科学. 北京:高等教育出版社,2002:106-112
[2] 李军. 氨水处理与微波加热联合软化木材的弯曲工艺. 南京林业大学学报,1998,22(4):55-59
[3] 张增,黄干强,郭新春. 含氧类自由基与过氧化氢脱木素. 中国造纸学报,2004,19(1):186-188
[4] 崔小明. 水合肼的生产、应用及市场前景. 中国氯碱,2007,11:13-16
[5] 郑淑君. 水合肼的发展、现状、展望. 化学推进剂与高分子材料,2005,3(1):17-21
[6] 汪多仁. 水合肼的开发与应用拓展. 化工中间体,2002,6:16-20
[7] 张杰,李丹. 水合肼的生产技术及其应用进展. 化工中间体:2006,3:8-12
[8] Stamm A J. Wood and Cellulose Science. New York:Ronald Press,1964
[9] Saka S, Sasaki M, Tanahashi M. Wood-inorganic composites prepared by the sol-gel process Ⅰ—Wood-inorganic composites with porous structure. Mokuzai Gakkaishi,1992,38(11):1043-1049

第5章　气凝胶型木材的超临界干燥

5.1　超临界流体技术的原理

5.1.1　超临界流体的概念和特征

温度及压力均处于临界点以上的液体叫超临界流体（super critical fluid，SCF）。例如，当水的温度和压力升高到临界点（$T=374.3$ ℃，$p=22.05$ MPa）以上时，就处于一种既不同于气态，也不同于液态和固态的新的流体态——超临界态，该状态的水即称之为超临界水。

纯净物质要根据温度和压力的不同，呈现出液体、气体、固体等状态变化，如果提高温度和压力，来观察状态的变化，那么会发现，如果达到特定的温度、压力，会出现液体与气体界面消失的现象，该点被称为临界点，在临界点附近，会出现流体的密度、黏度、溶解度、热容量、介电常数等所有流体的物理性质发生急剧变化的现象。

超临界流体由于液体与气体分界消失，是即使提高压力也不液化的非凝聚性气体。超临界流体的物性兼具液体性质与气体性质。它基本上仍是一种气态，但又不同于一般气体，是一种稠密的气态。其密度比一般气体要大两个数量级，与液体相近。它的黏度比液体小，但扩散速度比液体快约两个数量级，所以有较好的流动性和传递性能。它的介电常数随压力而急剧变化（介电常数增大有利于溶解一些极性大的物质）。另外，当压力和温度变化时，这种物性会随之发生变化。

超临界干燥技术就是利用这些特性而开发的一种新型干燥方法。超临界干燥技术已广泛应用于食品、香料、医药和化工药物的干燥、加工、灭菌等方面[1]。

5.1.2　超临界流体的应用原理

物质在超临界流体中的溶解度，受压力和温度的影响很大，可以利用升温、降压手段（或两者兼用）将超临界流体中所溶解的物质分离析出，达到分离提纯的目的（它兼有精馏和萃取两种作用）。例如，在高压条件下，使超临界流体与物料接触，物料中的高效成分（即溶质）溶于超临界流体中（即萃取）。分离后，降低溶有溶质的超临界流体的压力，使溶质析出。如果有效成分不止一种，则采取逐级降压，可使多种溶质分步析出。在分离过程中没有相变，能耗低。

5.2 超临界流体技术的应用

超临界流体技术是利用溶质在超临界流体中溶解度的特异性质发展起来的，被认为是一种清洁和高效的绿色化学过程，有着巨大潜在的应用价值。近20年来，超临界流体的理论研究工作已经深入到超临界流体萃取、超临界流体中的化学反应、超临界流体超细技术、超临界流体清洗技术、超临界流体印染技术等诸多方面，而且开始渗透到新材料和生物技术等高新技术领域。

5.2.1 超临界流体技术在超细微粒制备中的应用

超细微粒，特别是纳米粒子的研制，在当前的高新技术中已成为一个热门领域，在材料、化工、轻工、冶金、电子、生物医学等领域得到广泛应用。超细粒子的制备有多种方法，一般是溶质从过饱和的溶液中沉积出来，形成结晶的或无定形的粉体。通常用蒸发、加热（或冷却），或添加另一种组分到溶液中的方法，以降低溶质的溶解度，也可以通过化学反应，产生不溶性的化合物，来使溶液过饱和。若其他条件不变，固体粒子的成核、生长和聚集的速率与溶液的过饱和速率关系十分密切。因此，采用加热或冷却的方法进行结晶时，溶液的热导率就很关键，因为热导率是决定溶液中温度传播速率的关键因素。

超临界流体沉积技术是一种正在研究中的新技术。在超临界情况下，降低压力可以产生过饱和现象，固体溶质可以较高的速率从超临界溶液中结晶出来。由于这个过程在准均匀介质中进行，能够更准确地控制结晶过程。由此可见，从超临界溶液中进行固体沉积，是一种很有前途的新技术，能够生产出平均粒径很小的细微粒子，而且还可控制其粒度尺寸的分布。

目前已提出几种不同的超临界流体沉积技术，主要有超临界溶液快速膨胀过程和气体抗溶剂结晶过程。这两个是研究得比较深入，并很有应用前景的超临界微粒制备技术[2]。

5.2.2 超临界流体技术在食品工业中的应用

超临界流体技术最早是用于食品工业之中的。也有人认为，食品工业中使用超临界流体技术应属于最有前景的领域之一。自20世纪80年代以来，在这方面出现了大量综述性论文，介绍超临界流体技术在不同门类的食品工业中应用的状况。

食品工业门类众多，如从咖啡豆中脱除咖啡因是超临界萃取的第一个工业化项目,德、美等国花费了巨大的力量进行研究,并申请了许多专利。过去,酿造啤酒直接用啤酒花,现在越来越多使用啤酒花的萃取物[3]。

调味品种类繁多,生产的量虽然较小,但关系到食品的风味和特色,随着人民生活的改善,这方面的研究也有不少进展。过去,大多数用水蒸气蒸馏来获得有关产品。水蒸气蒸馏温度高,又有水存在,容易导致产品受热分解、水解和水溶作用,降低产品的产量和质量。为了降低提取温度,也曾用有机溶剂萃取等方法从新鲜和干的植物中获得多种萃取物,但植物所特有的香味是上百种化合物相互作用而构成的,有机溶剂萃取很难准确提取出植物中的某种天然香味。CO_2具有亲脂性,与液体溶剂相比,其优点在于其选择性或溶解能力是可调的,可从近似气体到近似液体的范围内加以变更。而且CO_2又是无毒、无味、廉价的气体,故选其提取调味剂更加合适[4]。

植物油是日常的生活必需品,从植物籽中获得。除去压榨法外,主要用己烷萃取法制得。鉴于己烷易燃,不够安全,加上其残留物对食用卫生不利,故美国食品和药物管理局促进研制新的食品植物油的萃取方法,美国农业部的北区研究中心提出来用SCF来萃取植物油,较早的文献是用超临界CO_2代替己烷萃取大豆,得到豆油[5]。

5.2.3 超临界流体技术在生物工程中的应用

许多生物物质的提取常需在室温或低温下操作,需要有高的传质速率,而且不太允许把溶剂带到产品中去,因此,超临界流体萃取如能与反应、结晶等过程相结合,将在今后的生物过程工业的开发中得到发展。

随着酶催化过程的发展,非水溶剂的使用逐渐增多,许多酶催化反应的潜在工业应用涉及非极性或水溶性很差的底物,其中大部分反应由于反应速率的局限和不利的化学反应平衡,导致不能在水溶液内实现。研究结果表明,不少酶在与水不混溶或与水混溶的溶剂内都存在活性。而且,在非水溶剂中,底物更易溶解,能得到更高的反应速率,此外,还能简化分离过程,并有利于酶的专一性。一种可供选择的非水溶剂就是超临界流体。当其用于酶催化反应后,表现出以下的优越性:①非水相催化为非均相反应,常被内、外扩散所限制。凭借SCF所固有的高扩散系数、低黏度和低表面张力等特性,能加速传质控制反应的进程。②压力对SCF的溶解性能影响十分显著,可调节压力的变化来改变底物和产物的溶解度,简化产物分离和回收过程。③SCF与其他气体(如氧气、氢气)混溶,容易配成任意浓度的反应介质,使氧化或氢化反应易于控制。④很多流体的临界温度都只比室温稍高,可以构成温度适合的酶反应,且也不会使产物发生热分解。⑤SCF在常压下是气体,所以易与产物分离,不存在产物中的溶剂残留问题。可供酶反应应用的 SCF 很多，如 CO_2、C_2H_4、C_2H_6 等，但超临界 CO_2 有无毒、安全、价廉等优点，在生化工业和医药行业中受到更多的关注。

抗生素的制备工艺中要用萃取、沉淀以及有关色谱分离和精制的方法，各个阶段内都要用到有机溶剂，这些溶剂需要回收，经精馏后再循环使用。从制品中去除最后的残留溶剂至关重要，在传统工艺中常采用真空干燥法，为了缩短干燥时间，则温度势必要高，若要在低温下干燥，时间会很长。用超临界流体可在短时间内把溶剂脱除到允许值之下。

灭菌的方法很多，如用过热蒸汽、微波、紫外线、放射线和加热等，但用于热敏性生物物质时，易导致变性，使质量下降。因此用超临界 CO_2 流体对热敏性生物物质的灭菌受到重视，应多加研究讨论。

5.3 超临界流体技术在木材工业中的应用

5.3.1 林产化学工业

1. 木材中低分子物质的分离

超临界流体技术可用来对木材中低分子物质进行萃取分离。例如针叶材精油的提取，一般采用水蒸气蒸馏和有机溶剂萃取的方法。水蒸气蒸馏在减压条件下进行，仍受到较高温度的影响，一些组分易变质。对含有热不稳定成分及水溶性成分较多的原料，采用这种方法是不合适的。有机溶剂萃取虽然适于大规模生产，但同一种原料中不同组分往往对溶剂有选择性，具有组分容易损失及产品中残留有机溶剂等缺点。一项日本专利（日公开昭 62—172096）声称，用亚临界或超临界状态的流体做萃取剂可克服上述缺点。亚临界或超临界的流体具有低黏度和高扩散性，溶剂的分离较容易，而且只要改变温度和压力，溶解能力就会有很大变化。因此，该方法可对针叶树精油进行迅速、大量和高效率的选择性萃取，适用于柏树、柳杉、松树及冷杉等的叶、枝、干中精油的提取。此工艺简单，能进行高效率选择性分离，无"蒸馏臭"，萃取物不易变质。

2. 木材热解及其产物的分离

超临界流体技术可用来进行木材热解及其产物的分离。木材热解是一个极其复杂的过程，可以得到固体、气体和液体三类产品。木材在一般的条件下热解时，除固体木炭外，其他产品的产率都很低。为了提高某些产品的产率，研究人员进行了大量的研究工作。以往的工作主要集中在添加化学药剂进行催化热解上。近年来，木材超临界热解逐渐受到研究者的关注，已经成为木材热解研究的新方向之一。木材超临界热解主要有以下优点：①不需要催化剂和还原剂。②由于超临界流体具有高的溶解能力，可以从反应区快速除去生成木炭的中间反应产物，从而减少了木炭的生成。③溶剂分子包在生成物的周围，抑制了生成物的二次反应，从而提高了液体产品的产率。

3. 木质纤维素材料的水解和糖化

超临界流体技术可用于木质纤维素材料的水解和糖化。以往纤维素水解制备葡萄糖的方法是高温酸水解法，但这种方法有很多问题：反应速率不够高，腐蚀性强，产生大量需处理的废水。据研究，超临界水中纤维素的非催化转化是一个可以避免这些问题的新方法，在水的超临界或亚临界条件下，水本身高度离子化，可作为一种酸催化剂，对纤维素的转化起催化作用。

4. 活性炭的再生

超临界流体技术还可以用于活性炭的再生。传统的活性炭再生方法，如蒸汽再生法和加热再生法，利用水蒸气和燃烧气在约1200K温度下组成一个再生气氛，此法既耗资又耗能，放出腐蚀性气体，且会造成活性炭的大量损失。超临界流体再生活性炭是一种十分经济而有效的新方法。理论分析与实验结果证明超临界流体再生活性炭的方法有以下技术优势：①温度低，SCF吸附操作不改变污染物的化学性质和活性炭的原有结构，在吸附性能方面可以保持与新鲜活性炭一样。②在SCF再生过程中，活性炭无任何损耗。③SCF再生可以方便地收集污染物，有利于重新使用或集中焚烧，切断了二次污染源。④SCF再生可以将干燥、脱除有机物操作连续化，做到一步完成。⑤SCF再生设备占地小，操作周期短，并节约能源。

5.3.2 制浆造纸工业

超临界流体技术在制浆造纸工业中，可用来进行木材脱木质素和制浆、制浆废液中某些组分的提取和分离、制浆厂污泥的处理、废纸中黏性物质和有毒物质的去除、木材和纸浆的化学成分分析等。

1. 木材超临界脱木质素

流体的化学性质在脱木质素中起关键作用。常见的典型木材超临界脱木质素的溶剂体系有：CO_2-SO_2体系、NH_3-H_2O体系、CH_3NH_2-H_2O体系、CH_3COOH-H_2O体系、CH_3COOH-CO_2体系、CH_3COOH-CO_2-H_2O体系。

2. 制浆过程中塔尔油的回收

超临界 CO_2 可用于制浆过程中塔尔油的回收。塔尔油的主要成分是树脂酸、脂肪酸及一些中性油，这些物质是许多工业部门所需要的原料。超临界流体不但可回收塔尔油，而且可以用超临界流体的溶解能力容易调变的特点，将它们萃取分离。实验研究表明，改变萃取过程的压力或温度或同时改变两者，结合多段萃取方式，可将树脂酸和脂肪酸等彼此分开。此外，还可用超临界 CO_2 萃取从木材制浆废液中提取香草醛。采用此法，可使粗香草醛纯化，纯度可达90%以上，而用溶剂萃取法，产品纯度仅为60%左右。若将超临界萃取后得到的香草醛在水中结晶两次，可获得纯度为99.9%的产品，杂质含量很低，完全能满足食品工业的要求。

3. 超临界水氧化法处理纸浆厂污泥

传统的纸浆厂污泥处理方法采用填坑法和焚烧法，效率低、费用高。最近的研究表明，超临界水氧化（SCWO）法是处理纸浆厂污泥的一种经济可行的新方法。同其他方法相比，超临界水氧化法处理纸浆厂污泥具有以下优点：①在 550~650℃ 条件下氧化，燃烧率大于99%，能有效去除有机氯；②只需少量脱水，污泥固形物的质量分数为10%时，即可进料；③无需外界供热；④45%以上的污泥能以蒸汽形式回收；⑤能回收副产品 CO_2，CO_2 的液化消除了其自由散发的可能性，从而为其快速回收铺平了道路。此外，初步经济评估表明，SCWO 法的投资费用同焚烧法相当，比填坑法高，但 SCWO 法的年操作维修费最低，单位成本也较低。

4. 超临界流体在制浆造纸工业其他方面的应用

有些废纸中含有对纸机运行和产品质量产生不利影响的黏性物质，主要是造纸工业中使用的有机聚合物，如热熔胶、压敏胶、聚苯乙烯泡沫和乳胶等。现在有多种去除废纸中黏性物质的物理化学方法，如用滑石粉和氧化锆作为黏性物质的平和剂，用高温高压处理和添加溶剂作为黏性物质的分散技术。最近，有一种专利声明，超临界萃取可作为从废纸中去除黏性物质的一种新方法。

超临界萃取与色谱分析技术联用，可作为制浆造纸原料、纸浆、纸及制浆废液化学成分分析的一种新的有效手段。超临界流体色谱分析时间短，分析效率高，与气相色谱类似而优于气相色谱，对载气中难以气化的物质分析尤为方便适用。当使用 CO_2 流动相时，由于其临界温度低，适于分析热敏性物质。

5.3.3 木材工业

1. 改善木材渗透性

许多树种的心材渗透性很低，致使改性药剂（如防腐剂）很难注入其中。

一般认为，抽提物对木材渗透性的影响显著。超临界流体能有效地从木材中去除抽提物，改善木材渗透性。Sahle-Demessie 等就超临界 CO_2 处理对花旗松心材渗透性的影响进行了研究，研究结果表明，木材经超临界 CO_2 萃取后，大多数试样的渗透性都有所提高，但木材渗透性的改善似乎与压力、温度、时间的变化无太大关系。甲醇助溶剂的使用有助于改善木材的渗透性，但对于抽提物的脱除，甲醇不是最合适的助溶剂，其他助溶剂及其处理条件对木材渗透性的影响有待进一步研究。超临界流体技术可以作为改善木材渗透性的一种有前途的方法，用于木材功能性改良或干燥的预处理。此方法尚可取得生产木材中有价值化学品（树脂酸、脂肪酸、萜烯等）的附加效益。

2. 木材的材色处理

超临界流体还可用于木材的材色处理。曾经有用超临界流体染色、漂白各种织物（包括丝、毛、亚麻和纤维素纤维材料）的专利。Kayihan 等的一项专利指出，当某木材改性药剂在超临界流体中的溶解度很低时，助溶剂的效果更加明显。如在超临界 CO_2 流体存在条件下，直径 4.8mm，长 20cm 的黄桦木材用一种非离子染料——C. I. 溶剂蓝渗透。处理完毕后，取出木条，沿其长度方向上的各个位置横切，结果发现，单独使用超临界 CO_2 流体时，很少或根本没有染料传递于木材中；而当使用丙酮助溶剂时，木材的整个横切面都均匀地染成蓝色。上述研究结果表明，超临界流体具有十分明显的助染、助漂效果。该技术应用于木材或木材纤维染色、漂白工艺过程中，可取得以下效益：①提高染色或漂白质量；②减少漂剂或染料用量；③缩短染色或漂白周期；④实现少水甚至无水染色或漂白，从而减少废水排放，处理过的木材无需再干燥。

5.4 木材干燥的常用方法

5.4.1 蒸汽干燥

以蒸汽为热源的干燥方法称为蒸汽干燥法。蒸汽干燥是一种古老的、在技术上最成熟的干燥方法。蒸汽是由蒸汽锅炉提供的。蒸汽锅炉常用的燃料是煤炭。在木材加工过程中会产生大量的加工剩余物，为了节约能源，可将加工剩余物和煤炭混合使用。根据窑内干燥温度的高低，蒸汽干燥可分为以下几种：低温干燥（低温干燥的温度操作范围为 21~48℃，一般不超过 43℃）、常规干燥（常规干燥的温度操作范围为 43~82℃，大多阔叶材和针叶材都采用常规干燥）、加速干燥（加速干燥的温度操作范围为 43~99℃，最后阶段的干燥温度通常为 87~

93℃)、高温干燥(高温干燥的干燥温度超过100℃,温度操作范围通常为110~140℃。这类干燥方法主要干燥结构材)。

5.4.2 热水干燥

热水干燥是指将热水通入干燥窑内的散热器,把热量传给干燥窑内的干燥介质,再由干燥介质加热木材,并把木材中蒸发出来的水蒸气带出窑外的干燥方法。目前,用以制作家具、地板的原料主要来自我国东北及东南亚、非洲、南美洲、欧洲等地区,这些木材的干燥工艺大多采用中低温干燥基准,传统蒸汽干燥的优点已得不到应有的发挥,而热水干燥既能满足中低温干燥的需要,更能满足高品质木材高质量干燥的要求。

热水干燥系统由低压汽水炉、热循环系统和干燥窑等部分组成。以热水作为木材干燥的热源,与蒸汽热源相比具有下列优点:①热水锅炉运行安全、可靠。可广泛用于细木工板材干燥、地板材干燥、家具材干燥和烤漆等。②热水的热量可回收循环利用,热效率高,干燥成本低。③省去了避免锅炉结垢必需的水软化装置,而只需配备一台循环泵,结构简单,投资少。④工业汽水炉采用热水加热,低压饱和蒸汽调湿,干燥工艺稳定,不会引起窑内干球温度的大起大落,湿度调节也比较方便,有利于保证干燥质量。

5.4.3 炉气干燥

炉气干燥分为炉气直接加热干燥技术和炉气间接加热干燥技术。所谓炉气直接加热干燥技术,是燃烧产生的炉气体,经除尘、调湿后直接送入干燥窑内加热和干燥木材的方法。这种干燥窑的优点是:投资少;干燥成本低;热效率高。缺点是:若炉气除尘不彻底,则被干木料表面有轻微的烟尘污染;调湿处理不够灵活。所谓炉气间接加热干燥技术,是燃烧产生的炉气,经除尘后送入干燥窑内的炉气加热器以加热干燥窑内的湿空气,再用热湿空气加热和干燥木材的方法。这种干燥窑的优点是:结构简单,投资费用较少,运转费用低;以木废料为能源,干燥成本低;升温速度快,调湿灵活,干燥质量较好。缺点是:干燥窑的容积小,干燥量较小;手工操作,劳动强度较大。根据我国的能源结构,我国木材干燥的炉气热源基本上来自于燃烧木材加工过程中产生的木质废料。

5.4.4 除湿干燥

木材除湿干燥又叫热泵干燥,通常是一种低温干燥的方法。除湿干燥与常规干燥的原理基本相同,干燥介质为湿空气,以对流换热为主。二者的主要区别是湿空气的祛湿方法不同。常规干燥是以直接向大气排出高湿气的方式来减少干燥介质的相对湿度，即常规干燥要根据干燥工艺的要求湿度，定期从干燥室排气道排出一部分湿度大的热空气，这种空气开式循环的换气方式热量损失大。除湿干燥主要依靠空调制冷的原理使空气中水分冷凝，来降低干燥室内空气的湿度，空气在干燥室与除湿机间为闭式循环，基本上不排气。

除湿机是除湿干燥的心脏部分。除湿机由制冷压缩机、蒸发器（冷源）、冷凝器（热源）、热膨胀阀等组成。除湿干燥机按供风温度的高低，可分为低温（40℃左右）、中温（50~60℃）和高温（70~100℃）型，这主要与所用的制冷介质及所选用的压缩机相关，目前我国生产的除湿机大部分为中温型。按干燥能力的大小，又可分为大型、中型和小型除湿干燥窑，目前我国生产的除湿机都属于中型、小型的，单机干燥能力一般都小于 $60m^3$。

除湿干燥的优点是：节省能耗；由于干燥温度较低，因此对干燥窑的设计和使用材料要求不高，木工厂可因陋就简地自行设计及建造干燥窑；干燥过程要求的峰值能量较低；使用电能，对环境污染小。缺点是：年干燥量相同时，基建设备投资大于常规蒸汽干燥；干燥成本大于常规蒸汽干燥，干燥针叶材薄板，成本提高幅度更大；如没有调湿装置，干燥的木料表面往往有硬化现象；由于除湿机单位时间内的脱湿能力是有限度的，因此，除湿干燥较适合于半干材的干燥，并且终含水率不应太低。

5.4.5 真空干燥

木材真空干燥是把木材堆放在密闭的容器内，在低于大气压力的条件下进行干燥的方法。在真空条件下，水的沸点很低，蒸发速度加快，从而可以在较低的温度下获得较快的干燥速度。一些在常规室温干燥中易开裂、皱缩的木材以及较难干燥的厚木材，采用真空干燥法，干燥周期明显缩短，提高干燥质量。我国于20世纪80年代初开始研究和推广木材真空干燥技术，研制出多种形式的木材真空干燥设备及与之相配套的工艺技术。该项技术已在我国家具、乐器、木制工艺品等行业得到一定的推广应用。

木材真空干燥设备主要有干燥筒、真空泵、加热系统、控制系统组成。真空干燥法根据木材加热方式的不同，又分为连续真空干燥法和间歇真空干燥法。连续真空干燥法的真空过程连续，木材在连续真空条件下获得干燥。在真空条件下，干燥装置的空气稀少，不能采用通常的加热方法。连续真空干燥法采用的加热方法有三种：一是利用金属平板连续接触加热；二是采用高频电流加热；三是用负压过热蒸汽连续对流加热。间歇真空干燥法的真空过程不连续，木材在常压加热和真空干燥交替进行的条件下获得干燥。真空间歇干燥法利用热空气作为干燥介质，用对流传热的方法加热木材，在干燥过程中，对干燥筒交替进行常压加热—真空干燥—恢复常压加热，如此周期循环。

真空干燥的优点是：干燥速度快。干燥阔叶材厚板时，真空干燥的速度通常为常规干燥的3~5倍；干燥机容量小，干燥周期短，故灵活性好；干燥质量好。干燥硬阔叶材厚板或方材时，用常规干燥很难保障干燥质量，且需很长的干燥时间，而真空干燥比较容易解决此问题。真空干燥的缺点是：设备复杂，投资高；不带能量回收装置的间歇真空干燥机的能耗大于常规干燥；连续真空干燥作业时，木料的装卸较麻烦，费用也较大，且木料的终含水率不太均匀；由于干燥机的容积较小，因此真空干燥只适用于小批量难干树种的干燥。

5.4.6 微波（高频）干燥

木材微波（高频）干燥是把湿木料作为一种电介质，置于微波（高频）交变电磁场中，在频繁交变的电磁场作用下，木材中的极化水分子迅速旋转，相互摩擦，产生热量，从而加热和干燥木材。研究表明：对于易干、中等及难干的常用树种和不同规格的木材，在满足质量要求的前提下，微波（高频）干燥与常规干燥相比，可以缩短干燥时间几十倍。近年来，随着技术的进步，微波（高频）干燥设备的性能也更趋完善，微波（高频）干燥技术开始逐步工业化，并应用于木材干燥行业，尤其是用微波对木质坚硬的珍贵木材进行干燥，可以获得良好的效果。

与常规干燥相比，微波（高频）干燥具有一系列的优点：①干燥速度快，时间短。用微波（高频）加热木材时，木材内部温度急剧升高，在木材内外形成较高的压力差，该压力差迫使木材内部水分快速向外迁移，从而极大地提高了木材的干燥速率。再者，微波（高频）作用于木材，可以破坏木材细胞壁上的纹孔膜甚至薄壁细胞，提高木材内部的通透性，在很大程度上提高了木材内的水分迁移能力。因此，在微波（高频）干燥过程中，木材干燥速率是常规干燥速率的十几倍甚至几十倍。②干燥质量好，节约木材。由于在微波（高频）干燥过程中，木材内部受热均匀，温度梯度和含水率梯度小，其产生的干燥应力也小。因此，如果能控制好微波（高频）输出功率的大小、干燥时间和通风排湿，微波（高频）干燥的质量比常规蒸汽干燥更容易得到保证，从而提高木材利用率至少5%。另外，由于微波（高频）加热具有独特的非热效应（生物效应），可以在较低温度下更彻底地杀灭各种虫菌，消除木制品虫害，避免常规干燥中可能出现的木材生菌、长霉现象。③能量利用效率高。常规干燥中，设备预热、传热损失和壳体散热损失总能在能耗中占较大比例。用微波（高频）进行加热时，湿木材能吸收绝大部分的微波能，并转化为热能，而设备壳体金属材料是微波（高频）反射型材料，它只能反射而不能吸收微波（或者极少吸收微波）。再者，微波（高频）加热是内部"体热源"，它并不需要高温介质来传热，使得绝大部分微波能量被湿木材吸收并转化为升温和水分蒸发所需要的能量。与常规电加热方式相比，微波（高频）加热一般可以省电 30%～50%。④可直接用来干燥木质半成品。一般来说，木制品都是先干燥再加工，这是由于如果先下料制成型后再干燥，成型的木构件在干燥过程中只要略有变形、开裂，就不能使用，而微波（高频）干燥能基本保持木构件的原样，不变形、不开裂。因此，可以利用微波（高频）干燥技术直接对木质半成品进行干燥，干燥好后再对半成品进行精加工。

与常规干燥方法相比，微波（高频）干燥也存在一些缺点或不足：①微波（高频）干燥所用能源为高价位的电能，干燥成本一般较高，缺乏价格竞争优势。②木材微波（高频）干燥设备复杂，投资较大。③微波场的均匀性有待改善，磁控管的效率较低（一般为70%），在一定程度上影响了微波干燥质量的提高和能耗的降低。

5.5 超临界流体干燥特性与干燥原理

任何一种物质都存在三种相态——气相、液相、固相。三相平衡共存的点叫三相点，如图 5-1 中 A 点所示。液、气两相呈平衡状态的点叫临界点，如图中 C_p 所示。在临界点时的温度和压力分别称为临界温度和临界压力。高于临界温度 T_c 和临界压力 P_c 而接近临界点的状态称为超临界状态。处于超临界状态时，气液两相性质非常相近，以致无法分别，成为一种介于气体和液体之间的流体，所以称之为超临界流体[6]。

不同的物质，其临界点所要求的压力和温度各不相同。目前研究较多的超临界流体是二氧化碳，因其具有无毒、不燃烧、对大部分物质不反应、价廉等优点，最为常用。在超临界状态下，CO_2 流体兼有气液两相的双重特性，既具有与气体相当的高扩散系数（比液体大 10～100 倍）和低黏度，有利于热质传递和对物质的渗透与扩散，又具有与液体相近的密度。SCF 的高密度意味着它对溶质具有很强的溶解能力，便于流体与溶质的分离。SCF 的密度对温度和压力变化十分敏感，且与其溶解能力在一定压力范围内成比例，所以可通过控制温度和压力来改变物质的溶解度。图 5-1 是 CO_2 的压力-温度图，从图中可以看出，临界点附近压力和温度的微小变化，就会引起 CO_2 密度的大幅度变化。

超临界流体与液体和气体某些物理性质的比较见表 5-1[7]。

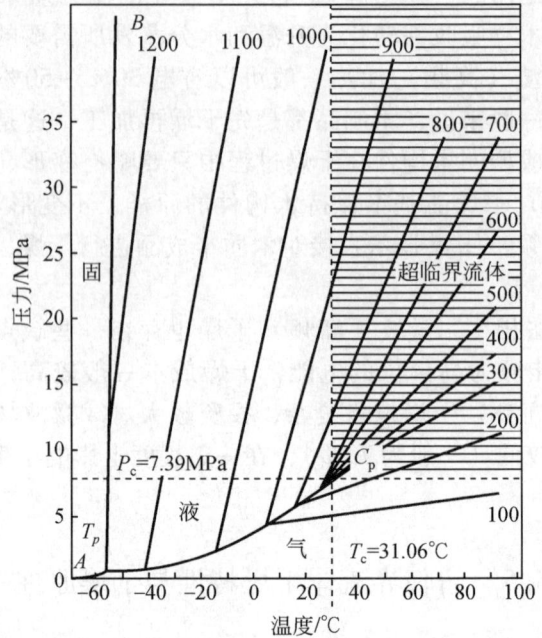

图 5-1　超临界 CO_2 的压力-温度图

图中数字 100，200，…，1200 代表 CO_2 密度单位为 kg/m^3

表 5-1　超临界流体与液体和气体某些物理性质的比较

物理性质	气体（常温、常压）	液体（常温、常压）	超临界流体
密度/(g/cm^3)	0.006～0.02	0.6～1.6	0.2～0.5
黏度/[10^{-4}g/(cm^3·s^3)]	1～3	20～300	1～3
扩散系数/(cm^2/s)	0.1～0.4	(0.2～2)×10^{-3}	0.7×10^{-3}

超临界干燥的实质就是萃取过程，在脱出水或其他溶剂的过程中，不存在因毛细管表面张力的作用而导致的微观结构的改变。在临界条件下，液体的表面张力与温度有如下关系：

$$\gamma = \gamma_0(1 - T/T_c) \tag{5-1}$$

式中：γ——液体的表面张力；

γ_0——与分子间引力有关的液体特性常数；

T——体系的温度；

T_c——临界温度。

根据上式，在临界温度下，$T = T_c$，SCF 表面张力趋于零。因此，超临界干燥应用于制备气凝胶时，其主要作用是限制干燥过程中醇凝胶孔洞中液体产生的表面张力，从而避免了醇凝胶骨架的崩溃。图 5-2 是典型的气液相示意图，带箭头的直线画出了典型的超临界干燥的温度-压力路径。图中，C 点为超临界点。当温度、压力大于该点温度、压力时，气、液两相界面消失，原液体变成超临界流体，气液相界面消失，表面张力不复存在，此时凝胶孔隙中就不存在毛细管附加压力。因此用超临界流体驱除凝胶孔隙中的液体，就可以保持凝胶原先的网络结构，防止纳米粒子的团聚和凝集，达到干燥的目的。

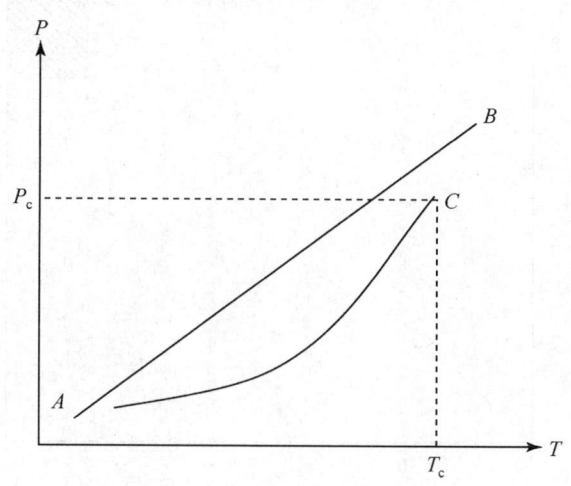

图 5-2　SCF 的温度-压力路径

5.6　山黄麻素材的超临界干燥实验

5.6.1　实验材料与设备

实验材料及设备：山黄麻（采自云南省普洱市，在大气状态使之气干）、乙醇（分析纯）及 HL-(5+1) L-Ⅱ型超临界流体（CO_2）萃取装置（杭州华黎泵业有限公司生产）。

5.6.2　实验原理

图 5-3 是超临界 CO_2 的相图。图中气液相平衡线的终点 C 所对应的温度和压力，分别为临界温度 T_c 和临界压力 P_c。温度和压力高于 T_c 和 P_c 的状态（图中阴影部分）即为超临界状态。超临界流体既具有气体的低黏度和高扩散系数，又具有液体的高密度，因而具有很好的传质、传热和渗透性能，对许多物质有很强

的溶解能力，而且其溶解能力与其密度有着密切的关系。对纯 CO_2 而言，在其临界点附近，密度仅仅是温度和压力的函数，温度和压力的微小变化，就可引起 CO_2 密度的大幅度改变。因此，在实际应用中，通过改变温度和压力，就可以很容易地把固体物料中的溶剂除去。并且在干燥过程中，不存在气、液相界面，不会破坏干燥物体的网络组织结构[8,9]。

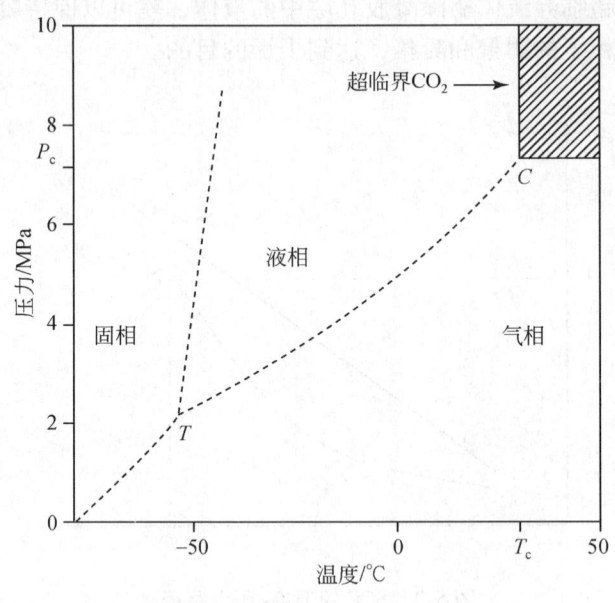

图 5-3 超临界 CO_2 的相图

超临界流体干燥最初是用来干燥气凝胶[10]，下面以采用 CO_2 作为干燥介质进行超临界干燥为例，说明超临界干燥技术制备气凝胶的要点。将醇凝胶置于超临界干燥的高压容器中，通过控温器将其温度降至 4~6℃。向高压容器内通入 CO_2，随着 CO_2 气体不断通入，CO_2 达到液、气两相平衡。其中，下层是液态 CO_2，此时凝胶中的乙醇溶剂可逐步被液态 CO_2 完全取代。然后以一定的速率升温，液体 CO_2 的压力首先达到临界压力，继续升温，通过释放少量 CO_2，保持压力不变，最终达到预先所选择的临界温度，即达到临界状态。在临界状态下保持一定时间，使凝胶孔隙中 CO_2 液体全部转化为临界流体，然后在保持临界温度不变的情况下，通过排泄阀缓慢地释放出 CO_2 流体，直至达到常压为止。在二氧化碳流体释放过程中，体系点沿着临界等温线变化，临界流体不会逆转为液体，因而可在无液体表面张力的条件下将凝胶分散相驱除，当温度降至室温时，即制得气凝胶。目前，气凝胶的制备多是采用这种超临界干燥方法[11,12]。图 5-4 为超临界 CO_2 的干燥过程。

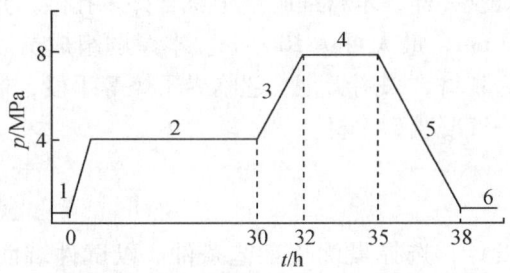

图 5-4 超临界 CO_2 的干燥过程

1-醇凝胶；2-溶剂置换；3-升温；4-超临界干燥；5-减压释放 CO_2；6-气凝胶

以上超临界 CO_2 干燥过程不易控制，而且时间长，一般需要 8~48h（依被干燥物的大小而定）。如果把超临界 CO_2 干燥时溶剂置换过程所用液体 CO_2 变成超临界 CO_2/C_2H_5OH 二元系统，这时的操作就是超临界 CO_2 萃取干燥，这种方法使整个干燥时间大幅度缩短。但在操作过程中，要保证系统的操作温度和压力在二元混合物的临界曲线 LV 的上方，见图 5-5，这是因为在临界曲线的上方，乙醇和 CO_2 完全互溶，为单相（超临界流体）区，不存在表面张力；而临界曲线的下方为 CO_2 蒸汽和液体乙醇共存的两相区，产生的表面张力会导致气凝胶的结构破坏[13,14]。朱虎刚等采用实验的方法测定了超临界 CO_2/C_2H_5OH 二元系统的临界曲线（图 5-5），并用从硬球模型得出了适用于高温高压的状态方程，计算了这个系统的临界曲线，结果表明二者相当一致[15]。

超临界流体干燥技术主要用来制备具有纳米孔隙结构的气凝胶材料。从形成

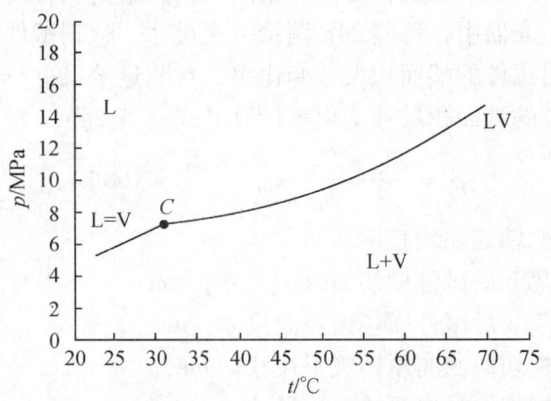

图 5-5 CO_2/C_2H_5OH 二元系统的临界曲线

C-CO_2 的临界点；L-液体；V-蒸汽；LV-CO_2/C_2H_5OH 二元系统的临界曲线

和结构上看,与气凝胶一样,木材细胞壁中也含许多孔隙,形成孔隙系统,孔隙的大小一般为 1~10 nm,最大可达 100 nm。本课题组成员以此为依据,以天然轻质、多孔的木材为基材,采用膨化、超临界干燥等手段,制备一种高强度、低密度的纳米木材——气凝胶型木材。

5.6.3 实验方法

采用正交试验设计,选择最优化工艺条件。以试件端面积增长率为考核指标,以影响超临界干燥效果的 3 个因素变量(温度、压力、时间)设计了 3 因素 3 水平的正交实验表 $L9(3^3)$(表 5-2)。

表 5-2 正交试验因素水平

水平号	超临界温度/℃ (A)	超临界压力/MPa (B)	超临界干燥时间/h (C)
1	40	12	1
2	50	16	2
3	60	20	3

试件规格为 20mm×20mm×20mm(R×T×L),每组测试 10 个试件,将试件编号,各组中编号对应的试件应取自同一个木条。将试件在乙醇(分析纯)中浸泡一周,隔天置换新的乙醇试剂,以确保试件中的水分全部被乙醇取代。将处理好的试件按照以上试验设计方案,进行超临界 CO_2 流体干燥,干燥好后,立即于试样各相对面的中心位置,分别测量出径向、弦向和轴向的尺寸。将测量好尺寸的试件放入干燥器中,每隔 24h 测量一次尺寸,直到试件尺寸不再发生明显变化为止。计算出试件的端面积尺寸变化率,对测量结果进行方差分析,确定最佳工艺条件。试件的端面积尺寸变化率计算见式(5-2):

$$\rho = \frac{R_W \times T_W - R_0 \times T_0}{R_0 \times T_0} \times 100\% \tag{5-2}$$

式中:ρ——试件的端面积增长率,%;

R_W——干燥 72h 后试件横切面弦向尺寸,mm;

T_W——干燥 72h 后试件横切面径向尺寸,mm;

R_0——试件横切面弦向原始气干尺寸,mm;

T_0——试件横切面径向原始气干尺寸,mm。

超临界流体干燥操作过程中应注意以下几点:①减压速率一般要小于 0.1MPa/min,如果减压速率太快,木材本体外的流体比其孔洞内的流体向外流动速度要快,从而产生压差,使木材孔洞内的流体膨胀而导致应力。②在保持临界温度不变的条件下缓慢释放出流体，使体系点沿着临界等温线变化，以防止临界流体逆转为液体。③干燥过程中 CO_2 流经分离釜，在分离釜中未被分离的乙醇会随 CO_2 流经净化器，重新回到干燥釜，影响干燥效率。因此，在干燥过程中要确保净化器的干燥，从分离釜中出来的 CO_2 经过净化器时，其中的乙醇会被吸附到净化器中，提高干燥效率。

数据处理方法参照 4.2.1 节。

5.6.4 结果与讨论

用超临界 CO_2 流体干燥山黄麻，试件端面积增长率测量结果的数据分析见表5-3 和表5-4。从表中可以看出，经超临界 CO_2 流体萃取干燥后，试件端面积尺寸有所增长，各因素对实验结果的影响顺序是：超临界温度 > 超临界干燥时间 > 超临界压强。最优工艺条件为：超临界温度 40℃，超临界压强 12 MPa，超临界干燥时间 1h。通过方差分析可知，$F_{0.01}(2, \infty) = 4.61$，$F_A > F_{0.01}(2, \infty)$，$F_C > F_{0.01}(2, \infty)$，超临界温度和干燥时间对试验结果有高度显著影响。

表5-3 超临界 CO_2 干燥的正交试验结果数据分析

试验号	温度/℃		压力/MPa		时间/h		端面积增长率 /%
	水平号	数值	水平号	数值	水平号	数值	
1	1	40	1	12	1	1	0.90
2	1	40	2	16	2	2	0.80
3	1	40	3	20	3	3	0.94
4	2	50	1	12	2	2	0.18
5	2	50	2	16	3	3	-0.05
6	2	50	3	20	1	1	0.27
7	3	60	1	12	3	3	-0.08
8	3	60	2	16	1	1	0.42
9	3	60	3	20	2	2	-0.07
k_1	0.88		0.33		0.53		
k_2	0.14		0.39		0.30		
k_3	0.09		0.38		0.27		
R	0.79		0.05		0.26		

超临界温度对试样干缩的影响如图5-6所示。从图5-6可以看出，木材端面积增长率随着超临界温度的增加而减小，从 40℃升温至 50℃，端面积变化率急剧减小；从 50℃升温至 60℃，端面积变化率趋于平稳。在达到超临界条件下，

温度的影响是两个方面的：一方面，温度越高，流体的密度越小，有利于水的驱除，提高表面积；另一方面，温度越高，越易发生水热变化，颗粒长大，表面积有所下降。这两方面的综合因素，导致出现一个最佳温度。

表 5-4 超临界 CO_2 干燥的方差分析

方差来源		偏差平方和 SS	自由度 Dof	均方和 Ms	F	显著性
组间 SS_{among}	A	118.35	2	59.18	139.47	**
	B	0.53	2	0.26	0.62	
	C	12.06	2	6.03	14.22	**
组内 SS_{within}		38.61	91	0.42		

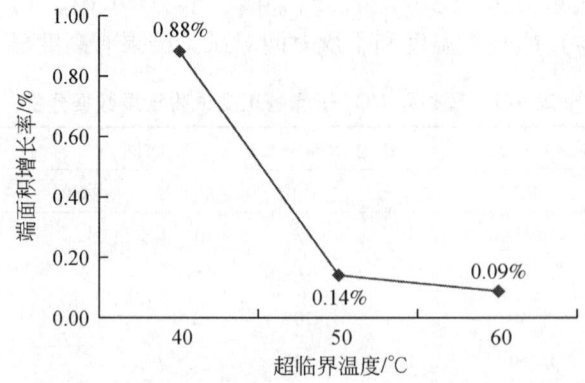

图 5-6 超临界温度对试样干缩的影响

超临界压力对试样干缩的影响如图 5-7 所示。从图 5-7 可以看出，木材端面积增长率随着超临界压力的变化改变很小。在保证达到超临界状态的条件下，压力越低越好。这是因为随着压力的增大，流体的密度增加，引起传质速率的减慢，不利于溶剂的驱除，使干燥效率下降，表面积下降。

干燥时间对试样干缩的影响如图 5-8 所示。从图 5-8 可以看出，木材端面积增长率随着超临界干燥时间的增加而减小，从 1~2h 内端面积变化率减小较明显，从 2~3h 内端面积变化率趋于平稳，但仍有减小的趋势。超临界干燥过程所需的时间，与被干燥物体的尺寸、孔洞直径大小及其弯曲情况、几何尺寸（板状或圆盘状的厚度、圆柱体或球状颗粒的直径）有关，还与超临界干燥器的体积大小等因素有关[16]。

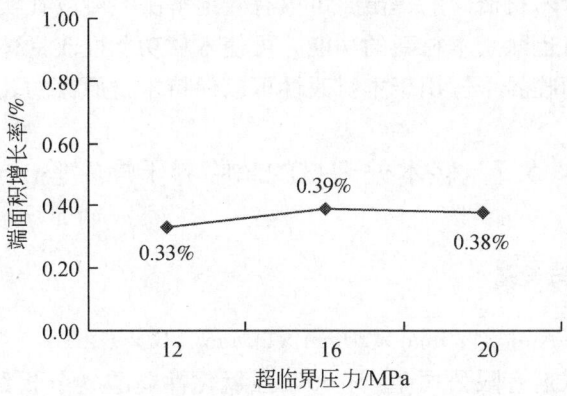

图 5-7　超临界压力对试样干缩的影响

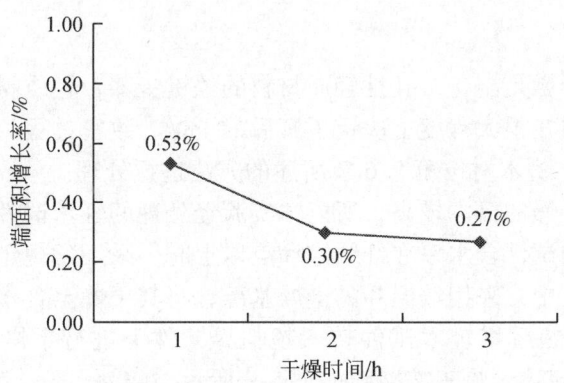

图 5-8　干燥时间对试样干缩的影响

5.6.5　结论

9 组正交试验的结果表明：超临界 CO_2 流体萃取干燥基本可以保持木材原有的尺寸，且干燥后没有变形、变色等干燥缺陷产生；超临界 CO_2 流体萃取干燥针对山黄麻木材的最佳干燥工艺条件为：超临界温度 60℃，超临界压力 12MPa，超临界干燥时间 3h；各因素对试验结果的影响顺序是：超临界温度 > 超临界干燥时间 > 超临界压强；其中，超临界温度和干燥时间对试验结果有高度显著的影响。

目前，超临界干燥主要被用于块状气凝胶及纳米粉体干燥，并已取得了很好的效果。气凝胶是一种轻质纳米非晶固态材料，它的孔洞尺寸在纳米尺度范围（1～100 nm）。在美国，气凝胶研究被列为 20 世纪 90 年代十大热门科学技术之一。气凝胶型纳米木材概念的提出,可以有效地解决气凝胶在实际应用方面存在的一些缺陷,同时也赋予木材新的功能,可使木材功能性改良体现木材和纳米材料的双重优点。超临界干燥用于木材改性可以保持木材原有的孔隙结构。

5.7 轻木处理材的超临界干燥实验

5.7.1 实验材料与设备

木材为轻木,尺寸为 20mm×20mm×20mm(R×T×L),弱碱(分析纯),天津市凯通化学试剂有限公司生产;30%强氧化性弱酸(分析纯),天津市东丽区天大化学试剂厂生产;无水乙醇(分析纯),天津市东丽区天大化学试剂厂生产;超临界萃取装置为南通华安超临界萃取有限公司生产的 HA121-50-48 设备。

5.7.2 实验方法

超临界流体干燥是制备多孔性轻质材料的关键步骤,轻质材料内部的纳米网络多孔结构和性质在很大程度上决定了其后的干燥、致密过程,并最终决定材料的性能。气凝胶 A 型木材按第 5.6 节所述的方法进行处理。

由于超临界干燥的成本较高,所以本实验经处理的轻木试件采用了两段式干燥法,即当处理的试件含水率在纤维饱和点以上时,采用常规干燥法,将试件放置于鼓风式干燥箱中,采用较温和的干燥基准,将其干燥至含水率接近纤维饱和点(35%左右),然后将轻木试件转入超临界条件下进行干燥,目标含水率在 5%以下。超临界流体干燥工艺路线如图 5-9 所示。

实验采用 $L_9(3^4)$ 正交试验设计,正交试验因素水平见表 5-5,以所制备的气凝胶型木材的密度作为考察指标,以确定干燥过程在超临界条件下的动态压力(p_d),静态压力(p_s),动态温度(T_d),动态时间(t_d),以获得较好的工艺参数,其中静态时间为 60min。将此方法制备的气凝胶型木材进行检测与表征。

表 5-5 正交试验因素水平

因素 水平	动态压力/MPa	动态温度/℃	动态时间/min	静态压力/MPa
1	10	50	4	10
2	15	55	6	15
3	20	60	8	20

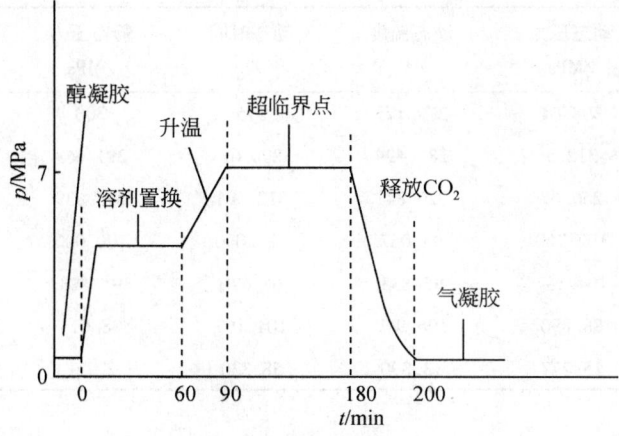

图 5-9 超临界干燥工艺路线图

5.7.3 结果与讨论

超临界过程是使木材细胞壁内部的亲水基质（matrix，主要包括半纤维素和果胶）形成空间网络状结构（醇凝胶），体系脱去网络结构中多余的溶剂，形成复杂的固态三维网络结构的过程。干燥条件配合得不合适，会使材料出现坍缩现象，从而影响材料的应用。所以研究超临界流体干燥条件是必要且重要的。

1. 直观分析

超临界条件试验结果见表 5-6。

表 5-6 超临界过程正交试验数据及直观分析表

因素	动态压力 /MPa	动态温度 /℃	动态时间 /h	静态压力 /MPa	试验结果 /(kg·m^3)
试验 1	1	1	1	1	125
试验 2	1	2	2	2	66.67
试验 3	1	3	3	3	116.67
试验 4	2	1	2	3	66.67
试验 5	2	2	3	1	108.33
试验 6	2	3	1	2	137.5
试验 7	3	1	3	2	87.5
试验 8	3	2	1	3	112.5
试验 9	3	3	2	1	66.67

续表

因素	动态压力 /MPa	动态温度 /℃	动态时间 /h	静态压力 /MPa	试验结果 /(kg·m³)
k_1	308.34	279.171	375	300	
k_2	312.5	287.499	200.01	291.669	
k_3	266.67	320.841	312.501	295.839	
均值1	102.780	93.057	125.000	100.000	
均值2	104.167	95.833	66.670	97.223	
均值3	88.890	106.947	104.167	98.613	
极差	15.277	13.890	58.330	2.777	

(1) 超临界干燥过程中各因素影响的主次顺序主要由极差的大小来判定。从表中各因素所对应的极差可以看出，动态时间 t_d（58.330）> 动态压力 P_d（15.277）> 动态温度 T_d（13.890）> 静态压力 P_s（2.77）。由此可知，在利用超临界流体进行的干燥过程中，动态时间 t_d 是影响试件密度的主要因素，流体的动态压力为次要因素，对试件密度影响最小的因素为流体的静态压力 P_s。

(2) 从实验中各个水平所对应的试验结果来看，对保持试件低密度最有利的水平组合为 k_3^A，k_1^B，k_2^C，k_2^D，可知最优方案为 $A_3B_1C_2D_2$，即本实验相对最佳干燥工艺为：流体动态压力 20MPa，动态温度 50℃，动态时间 6h，静态压力 15MPa。

根据以上实验结果得出的工艺条件，进行重复试验，具有良好的再现性。

2. 方差分析

对正交试验数据进行方差分析，结果见表 5-7。

表 5-7 超临界过程正交试验方差分析表

因素	偏差平方和	自由度	F 比	F 临界值	显著性
动态压力/MPa	428.231	2	0.285	3.110	
动态温度/℃	324.148	2	0.216	3.110	
动态时间/h	5242.417	2	3.491	3.110	*
静态压力/MPa	11.565	2	0.008	3.110	
误差	6006.36	8			

由表 5-7 可知，动态时间 t_d 是影响干燥后试件密度大小的显著因素。在实际操作过程中，超临界流体的动态时间 t_d 要保证选取相对最优的水平进行试件的干

燥，而其他因素可以根据客观条件，如操作环境的温湿度、CO_2 流体量的多少、试件尺寸等进行适当调整。

5.7.4 结论

本研究针对气凝胶型木材的制备过程及要求，设计了旨在探索气凝胶型木材干燥最佳工艺条件的 $L_9(3^4)$ 正交试验，考虑了干燥釜内的动态压力（P_d）、静态压力（P_s）、动态温度（T_d）、动态时间（t_d）4 项主要因素，并且根据本实验室的客观条件，每一项试验因素均选取了等距离的 3 个水平因子，根据干燥后试件密度的大小来判断实验效果的好坏。实验结果表明，在超临界流体的多项物理参数中时间 t_d 是决定干燥结果的主要因素，其余各因素按照对实验结果的影响由大到小依次为动态压力 P_d、动态温度 T_d、静态压力 P_s。从实验中各个水平所对应的试验结果来看，对保持试件低密度最有利的相对最佳干燥工艺为：流体动态压力 20MPa，动态温度 50℃，动态时间 6h，静态压力 15MPa。对正交实验结果进行方差分析可知，动态时间 t_d 在 $F=0.1$ 水平下是影响干燥后试件密度大小的显著因素。在实际操作过程中，超临界流体的动态时间 t_d 要保证选取相对最优的水平进行试件的干燥，而其他因素可以根据客观条件，如操作环境的温湿度、CO_2 流体量的多少、试件尺寸等，进行适当调整。

参 考 文 献

[1] 钱学仁. 木材超临界萃取工程. 哈尔滨：东北林业大学出版社，1995
[2] Yokoyama C, Iwabuchi A, Takahashi S. Solubility of PbO in supercritical water. Fluid Phase Equilib, 1993, 82, 323-331
[3] Huber P, Vitzthum O G. Fluid extraction of hops, spices and tobacco with supercritical gases. Angewandte Chemie International Edition, 1978, 17: 710-715
[4] Korrola K. Isolation of essential oils and flavor compounds by dense carbon dioxide. Food Review international, 1995, 11: 547-573
[5] Friedrich J P, List G R, Herking A J. Petroleum-free extraction of oil from soybeans with supercritical CO_2. Journal of the American Oil Chemists Society, 1982, 59: 288-292
[6] 钱学仁，李坚. 木材超临界流体辅助改性. 东北林业大学学报，2003, 25 (4): 59-63
[7] 文翔，辛朝. 超临界流体技术在环境保护中的应用. 萍乡高等专科学校学报，2008, 25 (6): 83
[8] 梁燕波，童景山. 超临界干燥工艺与干燥机理的研究. 中国矿业大学学报，1995, 24 (4): 97-100
[9] 相宏伟，钟炳，等. 超临界流体干燥理论、技术及应用. 材料科学与工程，1995, 13 (2): 38-42
[10] Kistler, S S. Coherent expanded-aerogels. The Journal of Physical. Chemistry, 36 (1):

52-64.
- [11] van Bommel M J, de Haan A B. Drying of silica aerogel with supercritical carbon dioxide. Journal of Mater Sci, 1994, 29 (7): 943-948
- [12] 胡惠康, 甘礼华, 等. 超临界干燥技术. 实验室研究与探索, 2000, (2): 33-35
- [13] 梁燕波, 童景山. 醇凝胶超临界干燥技术及醇溶剂超临界工艺过程的设计与计算. 南京林业大学学报, 1997, 21 (增刊): 228-231
- [14] Novak Z, Knez Z, Ban I, et al. Synthesis of barium titanate using supercritical CO_2 drying. Journal of Supercritical Fluids, 2001, 19 (2): 209-215
- [15] 朱虎刚, 田宜灵, 等. 超临界 CO_2 + CH_3OH 及 C_2H_5OH 二元系的气液平衡. 高等学校化学学报, 2002, 23 (8): 1588-1591
- [16] Unlusu B, Sunol S G, Sunol A K. Stress formation during heating in supercritical drying. Journal of Non-Crystalline Solids, 2001, 279 (2-3): 110-118

第 6 章 气凝胶 A 型木材

6.1 气凝胶 A 型木材的微观构造

为了更好地了解气凝胶型木材的形成机理,我们通过一系列电镜照片的对比,研究了试件的微观结构。

图 6-1 为扫描电子显微镜下轻木素材试件的细胞壁照片。其中图 6-1(a)为放大 500 倍的照片,图 6-1(b)为不同位置放大 1000 倍的照片。从照片可以看出,轻木试件的细胞壁较薄、光滑且没有裂痕。

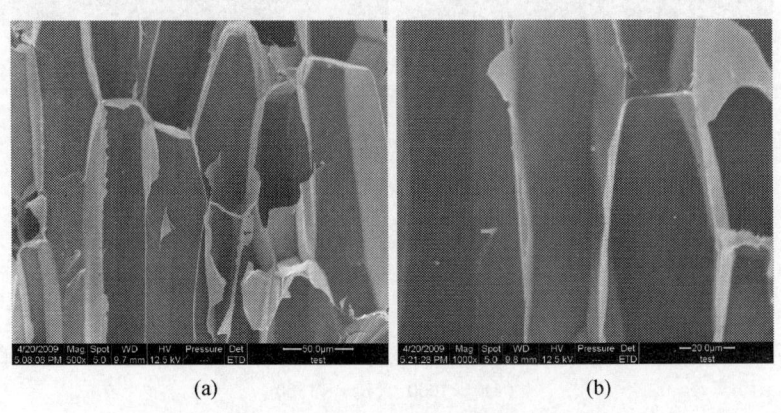

(a) (b)

图 6-1 扫描电子显微镜下轻木素材试件的细胞壁
(a) ×500;(b) ×1000

图 6-2 为扫描电子显微镜下轻木素材试件的导管内部情况。其中,图 6-2(a)为放大 500 倍的横切面照片,图 6-2(b)为放大 1000 倍的纵切面照片。从照片可以看出,没有经过处理的轻木试件导管内部无任何异物。

图 6-3 为扫描电子显微镜下强氧化性弱酸和弱碱处理后试件的轻木试件的导管内部照片。其中,图 6-3(a)为放大 1000 倍的照片,图 6-3(b)为图 6-3(a)中存在结晶处放大 1500 倍的照片。照片显示,试件使用强氧化性弱酸和弱碱处理后,在木材内部会形成结晶并附着于导管壁上。

图 6-4 为扫描电子显微镜下经 CO_2 超临界流体干燥后的轻木试件的细胞壁照

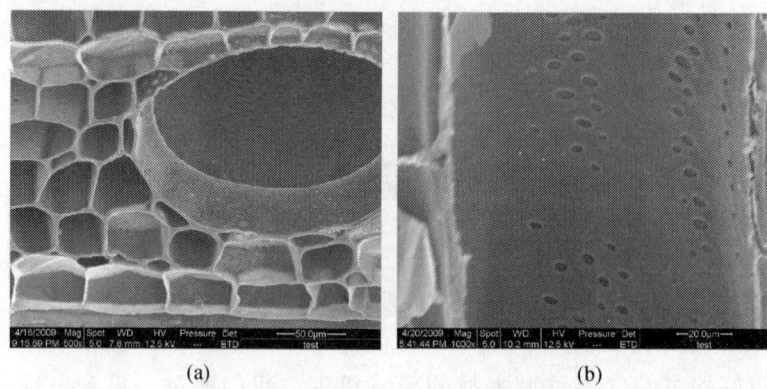

图 6-2　扫描电子显微镜下轻木素材试件的导管内部情况
（a）×500，横切面；（b）×1000，纵切面

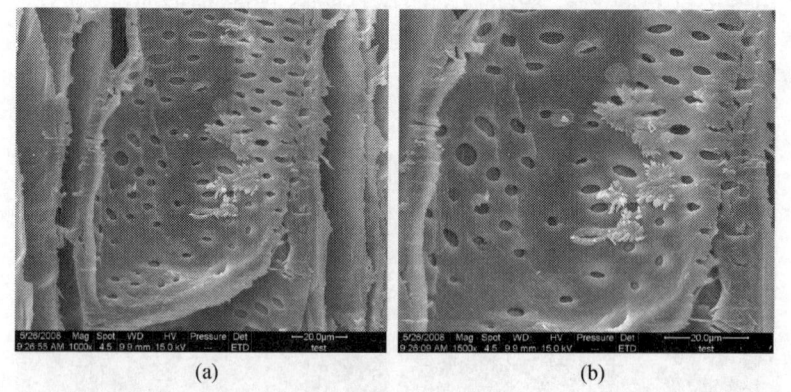

图 6-3　扫描电子显微镜下强氧化性弱酸和弱碱处理后试件的轻木试件的导管内部照片
（a）×1000；（b）×1500

片。其中，图 6-4（a）为放大 500 倍的照片，图 6-4（b）为图（a）中一裂纹处放大 1000 倍的照片。照片显示，轻木试件的细胞壁在经过溶液处理后和 CO_2 超临界流体干燥后，其细胞壁上出现了裂痕。在显微镜下观察，此裂痕广泛存在于处理并干燥后的试件的细胞壁上。这也可以说明本章所述力学实验中经处理后力学强度普遍降低的原因。

根据第 2 章气凝胶 A 型木材的制备构想，气凝胶 A 型木材的制备包括 3 个主要步骤：木材细胞壁 S_3 层的破坏、木材细胞壁的膨化和木材无应力干燥。根据以上制备方法，处理后的试材细胞壁会明显向腔内膨胀加厚，细胞壁 S_3 层的部分木质素被硝酸溶解，微纤丝没有木质素的黏接，有可能从细胞壁内层脱落并断裂，细胞腔有可能出现丝状微纤丝。

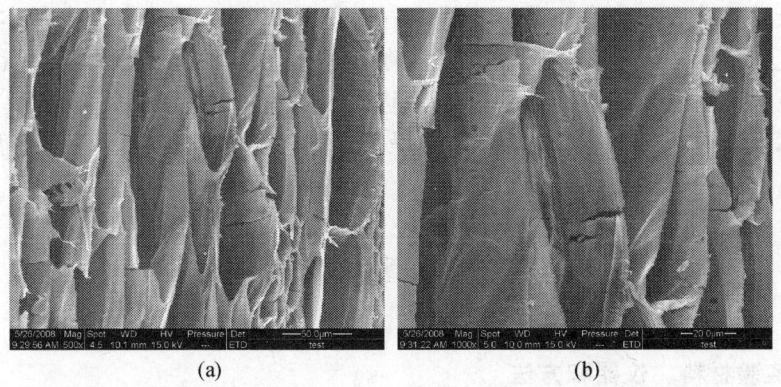

图 6-4　扫描电子显微镜下经 CO_2 超临界流体干燥后的轻木试件的细胞壁照片

(a) ×500；(b) ×1000

图 6-5 为山黄麻木材经过硝酸处理后，细胞壁 S_3 层破坏情况在扫描电镜下的图片。其中，图 6-5（a）为木纤维内壁破坏情况，图 6-5（b）为薄壁细胞内壁破坏情况。从图 6-5（a）可以看出，木纤维细胞壁 S_3 层的木质素被溶解，微纤丝从内壁脱落并断裂。

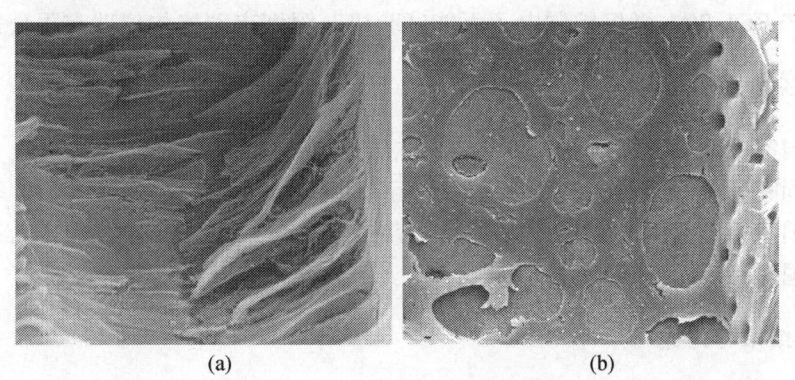

图 6-5　木材细胞壁 S_3 层破坏情况

(a) 木纤维；(b) 薄壁细胞

6.2　气凝胶 A 型木材的形成机理

对气凝胶 A 型木材的制备构想，虽然在理论上进行了细致的分析，但由于木材构造的复杂性及实验手段的限制，在实际操作过程中，一些问题的认识还不够充分：关于细胞壁 S_3 层的破坏，目前尚不能确定药剂是否能准确浸入细胞腔破坏 S_3 层。另外，项目组成员曾利用 CO_2 超临界干燥处理紫椴木材，发现其弦向和径向尺寸收缩大幅度小于普通干燥木材,但并不能说明其内应力基本上消除,不能确定超临界干燥是否能保证膨化后的细胞壁不再收缩。针对以上情况,应利用光学显微镜及电子显微镜等手段,确定药剂对木材细胞壁的破坏情况(破坏部位、破坏程度等);调整超临界流体干燥工艺,通过对细胞壁厚、细胞腔径等的微观测量,来确定最佳的干燥工艺。

6.3 气凝胶 A 型木材的力学性能

6.3.1 实验材料、仪器和方法

1. 木材

南方轻木,试样制作及实验方法是按国家标准《木材物理力学试验方法》(GB1928~1943—91)的有关规定进行。采用中性溶液及强氧化性弱酸和弱碱溶液进行处理,超临界干燥制备气凝胶型木材,调整含水率5%,备用。

2. 力学实验仪器

国产 RG1-20A 微机控制电子万能试验机,深圳市瑞格尔仪器有限公司生产。

3. 实验方法

按国家标准 GB1935—91 测定顺纹抗压强度;
按国家标准 GB1936.2—91 测定抗弯弹性模量;
按国家标准 GB1936.1—91 测定抗弯强度;
按国家标准 GB1941—91 测定硬度。

6.3.2 结果与讨论

轻木素材以及采用中性溶液处理以及强氧化性弱酸和弱碱处理后,试件的主要力学性能实验结果见表 6-1。

表 6-1 轻木素材及处理后试件的主要力学性能

项目		1	2	3	4	5	平均值	标准差系数/%	准确指数/%
顺纹抗压强度	中性溶液	10.81	5.72	6.78	7.27	6.77	7.47	26.10	23.35
	强氧化性弱酸和弱碱处理	4.34	6.46	2.60	12.87	17.70	8.79	71.89	64.31
	素材	11.89	5.66	10.45	18.54	11.08	11.52	40.10	35.87

续表

项目		1	2	3	4	5	平均值	标准差系数/%	准确指数/%
抗弯弹性模量	中性溶液	1.11	1.28	1.38	1.12	0.99	1.18	12.71	11.37
	强氧化性弱酸和弱碱处理	0.75	1.22	1.83	0.68	1.33	1.16	40.52	36.24
	素材	1.80	1.35	1.19	1.46	1.51	1.46	15.07	13.48
抗弯强度	中性溶液	7.14	13.43	15.95	10.80	9.96	11.46	29.41	26.30
	强氧化性弱酸和弱碱处理	8.09	10.71	15.29	6.47	11.39	10.39	32.53	29.09
	素材	15.91	13.34	12.06	12.12	14.13	13.51	11.84	10.59
硬度 端面	中性溶液	397.20	519.40	670.60	567.80	695.20	570.04	21.16	18.93
	强氧化性弱酸和弱碱处理	302.60	313.80	335.60	241.40	229.50	284.58	16.37	14.64
	素材	423.60	752.80	444.20	459.20	494.40	514.84	26.32	23.54
硬度 弦切面	中性溶液	334.40	351.20	260.60	250.60	277.60	294.88	15.32	13.71
	强氧化性弱酸和弱碱处理	91.90	77.20	78.10	124.80	95.90	93.58	20.63	18.46
	素材	266.20	507.00	285.40	245.20	327.00	326.16	32.34	28.93

1. 不同方法处理前后的轻木试件的顺纹抗压强度

不同方法处理的轻木木材的顺纹抗压强度如图 6-6 所示。与未处理的素材相比，5 组试件中，中性溶液处理试件的第 1、3、4、5 组分别下降了 9.1%、35.1%、60.8%、38.9%，第 2 组上升了 1.1%；强氧化性弱酸和弱碱处理试件第 1、3、4 组分别下降了 63.5%、75.1%、30.6%，第 2、5 组上升了 14.2% 和 59.7%。总体来看，使用不同方法处理轻木试件之后，其顺纹抗压强度均有下降，其中又以中性溶液处理试件下降得更加明显，中性溶液处理和强氧化性弱酸和弱碱处理的平均顺纹抗压强度分别下降了 35.2% 和 23.7%。

2. 不同方法处理前后轻木试件的抗弯弹性模量

不同方法处理的轻木木材的抗弯弹性模量如图 6-7 所示。与素材相比，5 组试件中，中性溶液处理木材的第 1、2、4、5 组分别下降了 38.03%、5.24%、23.70%、34.37%，仅有第 3 组上升了 15.78%；强氧化性弱酸和弱碱处理试件

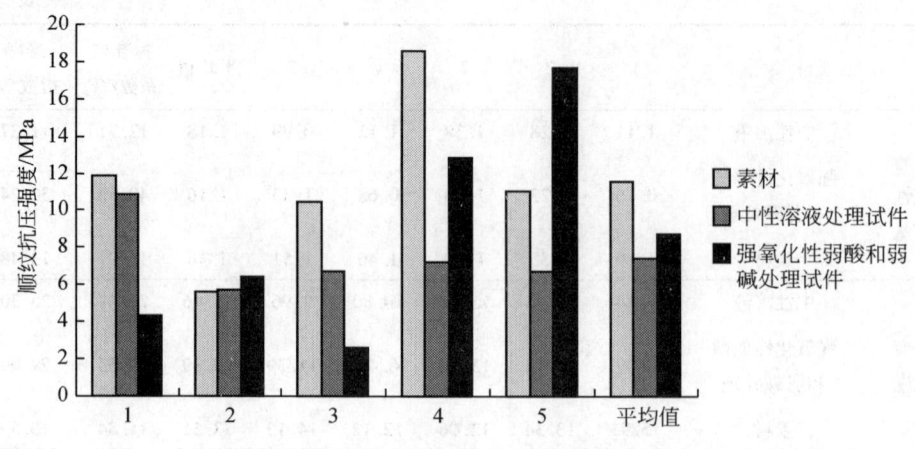

图 6-6　不同处理方法得到的轻木的顺纹抗压强度

的第 1、2、4、5 组分别下降了 58.24%、9.89%、53.55%、11.74%，第 3 组上升了 53.65%。总体来讲，使用不同方法处理轻木试件之后的抗弯弹性模量变化的趋势为：采用中性溶液处理及强氧化性弱酸和弱碱处理试件的抗弯弹性模量均有一定程度的下降，下降幅度分别为 19.17% 和 20.54%。

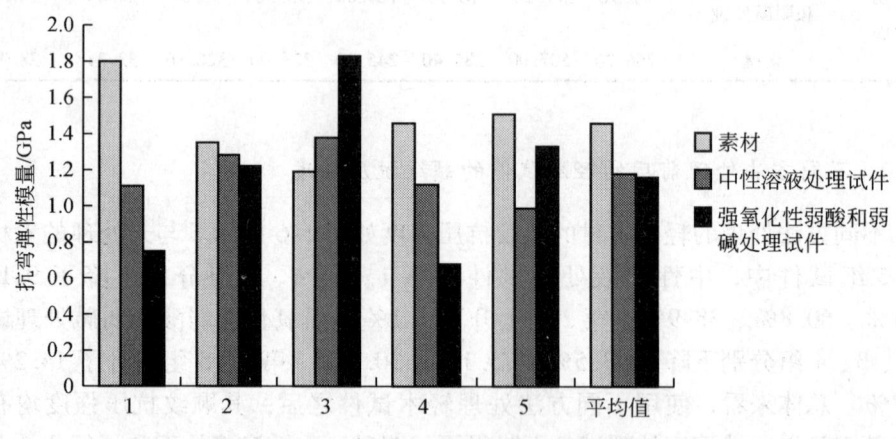

图 6-7　不同处理方法得到的轻木的抗弯弹性模量

3. 不同方法处理前后轻木试件的抗弯强度

不同方法处理的轻木试件的抗弯强度如图 6-8 所示。在图 6-8 中可以看出，与未处理的素材相比，5 组试件中性溶液水处理试件的第 1、4、5 组分别下降了 55.1%、10.9%、29.5%，第 2、3 组分别上升了 0.6% 和 32.2%；强氧化性弱酸和弱碱处理试件的第 1、2、4、5 组分别下降了 49.1%、19.7%、46.6%、

19.4%,第3组上升了26.8%。分析用不同方法处理试件之后的抗弯强度变化的趋势,总体来看,经过处理后的试件的抗弯强度均有下降,其中又以强氧化性弱酸和弱碱处理试件下降得更加明显,中性溶液处理以及强氧化性弱酸和弱碱处理的试件的平均抗弯强度分别下降了15.2%和23.1%。

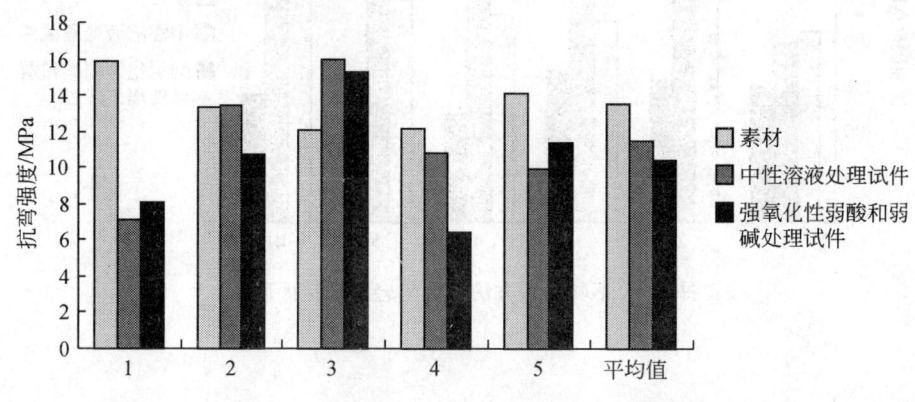

图6-8 不同处理方法得到的轻木的抗弯强度

4. 不同方法处理前后的轻木试件的端面硬度

不同方法处理的试件的端面硬度如图6-9所示。在图6-9中可以看出,与未处理的素材相比,5组试件中,中性溶液处理试件的第1、2组分别下降了6.2%、31%,第3、4、5组分别上升了51%、23.6%、40.7%;强氧化性弱酸和弱碱处理试件的第1、2、3、4、5组分别下降了28.6%、58.3%、24.4%、47.4%、53.5%。分析用不同方法处理木材之后的抗弯强度变化的趋势,总体来看,中性溶液处理后试件的端面硬度基本保持不变,略有增加;经强氧化性弱酸和弱碱处理的试件端面硬度下降明显,其平均端面硬度下降了44.7%。

不同方法处理的试件的弦面硬度如图6-10所示。在图6-10中可以看出,与未处理的素材相比,5组试件中,中性溶液处理试件的第2、3、5组分别下降了30.7%、8.7%、15.1%,第1、4组分别上升了25.5%和2.2%;强氧化性弱酸处理试件的第1、2、3、4、5组分别下降了65.5%、84.5%、72.6%、49.1%、70.7%。分析用不同方法处理木材之后的弦面硬度变化的趋势,总体来看,中性溶液处理后的试件的弦面硬度基本保持不变,略有下降,经强氧化性弱酸和弱碱处理的试件的弦面硬度下降明显,其平均弦面硬度下降了71.3%。

5. 各力学性能之间的标准差系数比较

采用不同方法处理的轻木试件所测得的各种力学性能的标准差系数如图6-11所示。标准差系数是表示数据离散程度的指标,标准差系数越大,所测数值越分

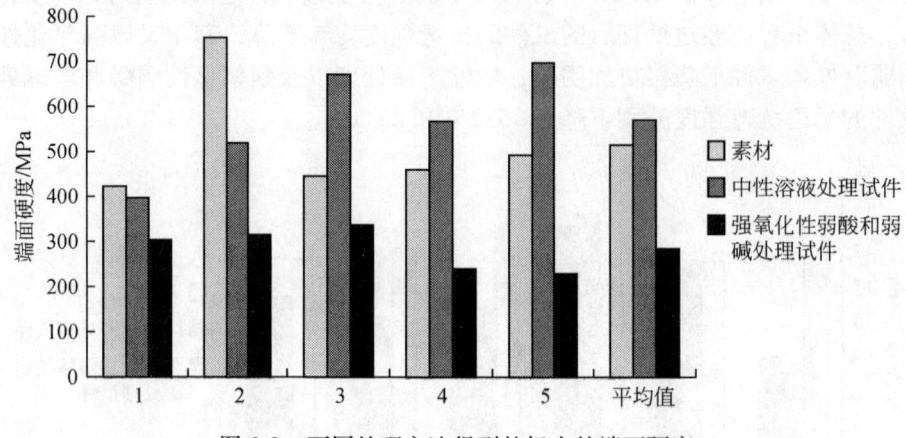

图 6-9　不同处理方法得到的轻木的端面硬度

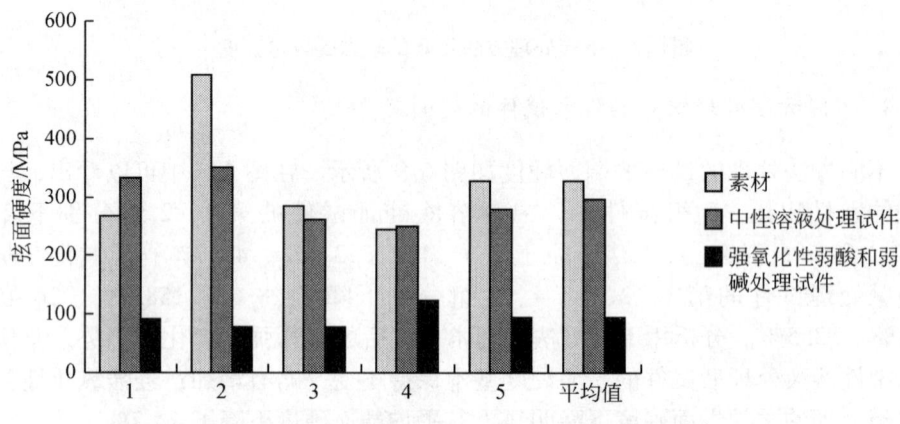

图 6-10　不同处理方法得到的轻木的弦面硬度

散；标准差越小，所测数值越集中。从图中可知，经中性溶液处理的试件，除抗弯强度外，其余四项力学性能中，测得数据的标准差系数均小于素材试件所测数据的标准差系数；经强氧化性弱酸处理的试件，除硬度所测数据的标准差系数略低于素材以外，其余各力学性能所得数据的标准差系数均大幅高于素材试件的标准差系数。且除端面硬度数据的标准差系数略小于中性溶液处理试件的标准差系数外，强氧化性弱酸和弱碱处理的试件的其他力学强度所得数据的标准差系数均大于水处理试件数据的标准差系数。这说明中性溶液处理的实验过程及结果较强氧化性弱酸和弱碱处理的实验过程及结果容易控制。强氧化性弱酸处理易导致试件的力学性能差异过大，在处理过程中，应注意对实验条件的控制。

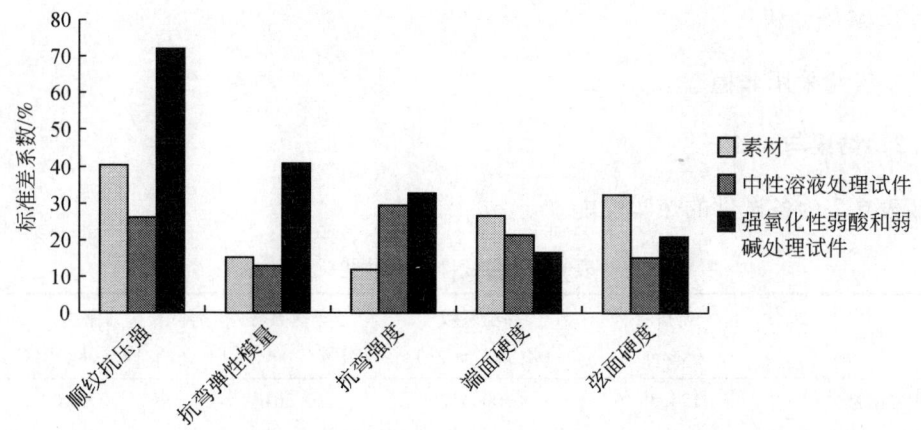

图 6-11 不同方法处理木材所得到的各力学性能的标准差系数

6.3.3 结论

通过对轻木素材、中性溶液处理轻木试件以及强氧化性弱酸和弱碱处理的轻木试件力学性能的检测可知：与素材相比，只有中性溶液处理试件的端面硬度有所增大；此外，中性溶液处理试件的顺纹抗压强度、抗弯弹性模量、抗弯强度、弦面硬度均有所下降；经强氧化性弱酸和弱碱处理的试件的顺纹抗压强度、抗弯弹性模量、抗弯强度、端面和弦面硬度均有所下降，且与中性溶液处理试件相比，除顺纹抗压强度下降幅度较小以外，其余力学性能均下降较大。

6.4 热学性能检测

6.4.1 实验材料、仪器和方法

1. 木材

南方轻木，试样制作成 100mm×100mm×10mm（R×L×T）。采用中性溶液及强氧化性弱酸和弱碱溶液进行处理，超临界干燥制备气凝胶型木材，调整含水率 11%，备用。

2. 力学实验仪器

国产 SZCT-Ⅱ数字导热系数测试系统，哈尔滨工业大学生产，参数设置为加热电阻 65.0Ω，加热面积 $0.009m^2$。

3. 实验方法

本实验采用非稳态法。

6.4.2 结果与讨论

表 6-2 为各试件的热学性能。

表 6-2　各试件热学性能

样品	密度 $\rho/(kg/m^3)$	导温系数 $\alpha/(10^{-4} m^2/s)$	导热系数 $\lambda/[W/(m \cdot K)]$	比热 $C/[kJ/(kg \cdot ℃)]$
中性溶液处理	124.3	0.000437	0.064	0.998
强氧化性弱酸和弱碱处理	110.7	0.000444	0.054	0.724
素材	150.0	0.000395	0.067	1.023

从表 6-2 中可以看出，对三种试件的热学性能评价可知：与素材相比，中性溶液处理及强氧化性弱酸和弱碱处理的试件的导温系数均有所增加，其中，强氧化性弱酸和弱碱处理的试件的导温系数增加较大。这是由于处理后的试件结构更加蓬松，密度降低，试件内部较未处理时存在更多的空气，而空气的导温系数比木材实质物质的导温系数大 2 个数量级，所以导致处理后试件的导温系数有所增加。导热系数的测试结果为：与素材相比，经两种处理方法处理后的试件的导热系数均有所降低。其中，经强氧化性弱酸和弱碱处理的试件的导热系数降低较大，这与处理后试件的内部结构发生的变化有关，经强氧化性弱酸处理的试件内部结构更为蓬松，木材实质物质间的联结更少，致使其导热系数更低。

6.5　声学性能检测

6.5.1　实验原理、设备、方法及数据处理

1. 实验原理

驻波管法是以在一小块试件上入射和反射的纯音比较为依据。由于来自吸声材料的反射声存在 1/4 波长的相位变化，也就是说，反射波的最大振幅与入射波振幅最小的位置重合。同样，入射波振幅的最大值与反射波振幅的最小值重合。

2. 设备

可以使用的驻波管最大直径是接近于所分析的声波波长 1/2（0.586λ）。最小的长度为 1/4 波长。因此，直径为 100mm 的驻波管，能测量的最高频率仅为 1800Hz。为了测量像 63Hz 这样低的频率，驻波管的长度至少为 1.25m。

驻波管法测量材料吸声系数的装置的组成为扬声器、直径分别为 100mm 和 30mm 的驻波管、传声器和探管、纯音振荡器、测量放大器、倍频带滤波器，见图 6-12。

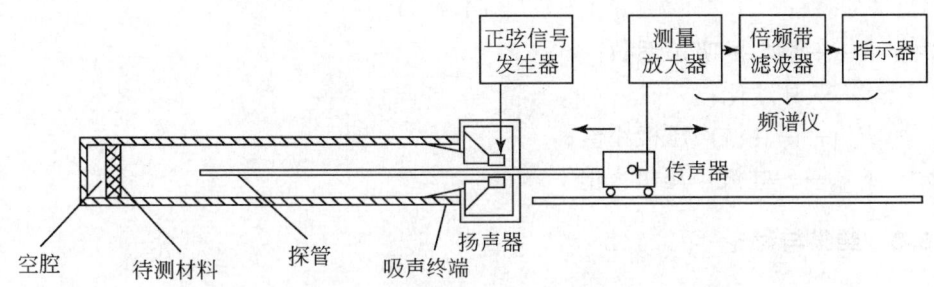

图 6-12 驻波管法测量材料吸声系数的装置示意图

3. 测试方法

驻波管的测量规范为：GBJ 88—85《驻波管法吸声系数与声阻孔率测量规范》。根据规范，其测试过程如下：

（1）先装置直径为 100mm 的测量管。将一块直径为 100mm 的吸声材料试件用托座装于测量管的一端。

（2）将纯音振荡器调至 100Hz，并有适当的振幅。移动传声器与探管直至在测量放大器上测到最大值，并记下该值及相应位置；然后移动传声器和探管以得到最小值，并对该值及相应位置做记录。

（3）继续测量，到所要测量的频率的第二个峰位置、第二个谷位置，或到所要测量的频率的第三个峰位置、第三个谷位置，记录峰、谷的声压极值和相应位置。

（4）计算得出所在频率下的吸声系数，取平均值。

（5）按上述步骤测量到频率为 2000Hz。

（6）换上装有直径为 30mm 的测量管，测量 30mm 直径的同样吸声材料试件。对 1000Hz 至 4000Hz 的频率，按上述同样步骤测量。注意由两个不同直径测量管测得的搭接部分频率的结果，以作比较。

4. 驻波法吸声系数的计算

两列声波在驻波管中叠加形成驻波，波腹处的振幅为 $P_{max} = P_0 (1 + |R|)$；波节处的振幅为 $P_{min} = P_0 (1 - |R|)$。令驻波比 $S = P_{min}/P_{max}$，则

$$S = \frac{1 - |R|}{1 + |R|} = \frac{1 - \sqrt{1-\alpha}}{1 + \sqrt{1-\alpha}} \tag{6-1}$$

故正入射吸声系数可以表示为

$$\alpha = \frac{4S}{(1+S)^2} \tag{6-2}$$

式中：α——材料的吸声系数；

S——驻波比；

P_{min}——驻波声压极小值；

P_{max}——驻波声压极大值。

6.5.2 结果与讨论

对 $\Phi 96$ mm × 10 mm 尺寸木材的吸声系数进行测定，结果见图6-13。

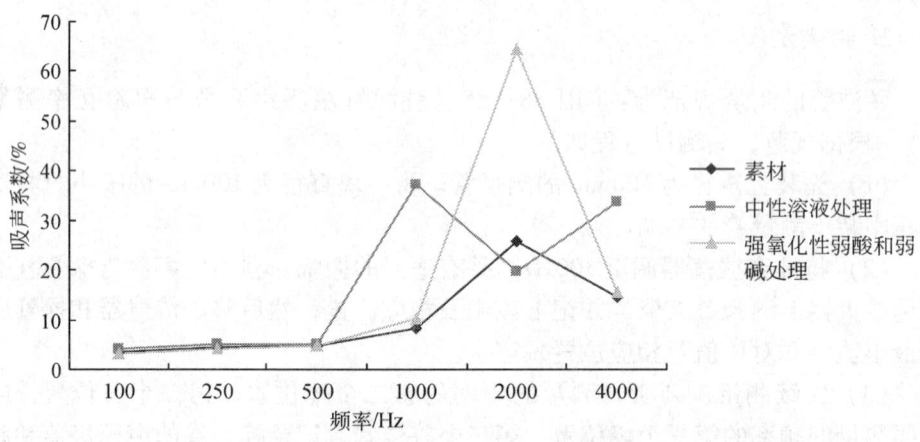

图6-13 不同试件声学性能对比

从图6-13中可以看出，用中性溶液处理过的木材在1000Hz处的吸收系数明显增大，达到了38%；用强氧化性弱酸和弱碱处理过的木材在2000Hz处的吸收系数明显增大，达到65%；两种处理方法都提高了木材的吸声系数，这对于木材作为吸声材料是很有利的。而木材的吸声系数不仅和声阻抗、表面平整程度等因子有关，还与固定方式、后部空气层的深度有关。强氧化性弱酸和弱碱处理的

试件在 2000Hz 处的吸声系数达到 65%，很有可能在 2000Hz 处形成了共振吸声体系，从而形成特殊频率特性的吸声系数。此外，经过处理后的木材，其表面结构可能发生一定变化，从而使其吸声系数有了一定的提高。

6.6 傅里叶变换红外光谱（FTIR）分析

FTIR 是研究改性试剂在木材细胞腔、壁内能否发生化学反应及怎样发生化学反应的主要技术手段之一。本研究即利用 FTIR 对两种方法处理的轻木试件及素材进行对比分析，以判断所采用的制备工艺条件下木材细胞壁的反应情况，为进一步通过改善操作条件和选择优良试剂来提高塑合木性能提供理论指导与依据。

轻木素材和两种处理过的试件经粉碎机粉碎成 100 目粉末后，真空干燥至恒重。用于 FTIR 研究的轻木素材和两种塑合木分别标记为素材、中性溶液处理、强氧化性弱酸和弱碱处理。FTIR 谱图如图 6-14 所示，红外光谱峰值归属见表 6-3。

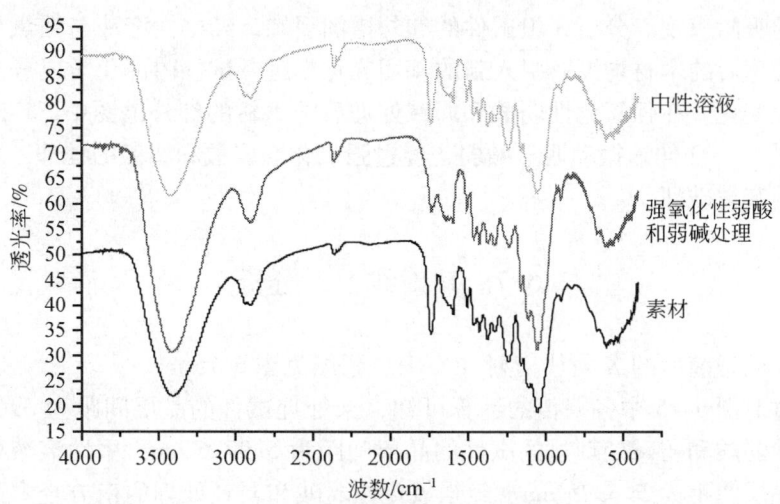

图 6-14 素材及两种方法处理后试件的 FTIR 谱图

表 6-3 红外光谱峰值归属

波数/cm^{-1}	归属
3422 ~ 3400	O—H 伸缩振动
1735 ~ 1739	C=O 伸缩振动
1596	苯环伸缩振动
1507	苯环伸缩振动

续表

波数/cm^{-1}	归属
1458	—CH$_2$—变形振动（木质素、聚木糖）
1425	苯环伸缩振动
1239~1243	C—O 伸缩振动（木质素酚醚键）
1160~1161	C—O—C 伸缩振动（纤维素、半纤维素）
900	O—H 伸缩振动（半纤维素）

图 6-14 给出了 3 组试件的红外光谱特征，在 900 cm^{-1} 处出现的峰为 O—H 伸缩振动（半纤维素）；1160 cm^{-1} 处的峰为 C—O—C 伸缩振动（纤维素、半纤维素）；1239~1243cm^{-1} 处的峰值对应的为 C—O 伸缩振动（木质素酚醚键）；1458cm^{-1} 处所对应的峰值为—CH$_2$—的变形振动（木质素、聚木糖）；1735~1739cm^{-1} 代表的是 C＝O 伸缩振动；3422~3400cm^{-1} 处的 O—H 伸缩振动为中性溶液的吸附表现。分析 3 组试件的红外谱图得知，经中性溶液与强氧化性弱酸和弱碱处理后的木材均没有引入新的基团或化学键，试件内部化学成分的组成并没有很大变化。在强氧化性弱酸和弱碱处理后的木材的红外谱图中，1735~1739 cm^{-1} 处的 C＝O 伸缩振动明显减弱，经过强氧化性弱酸和弱碱的处理，木材内部的部分羰基被破坏。

6.7 X 射线衍射分析

试件处理前后的 X 射线衍射（XRD）谱图见图 6-15。

通过对图 6-15 中各峰值的计算可知，未处理试件的晶层间距为 5.6040 nm，强氧化性弱酸和弱碱处理过的试件的晶层间距为 5.9726 nm，中性溶液处理过的试件的晶层间距为 5.6325 nm。经强氧化性弱酸和弱碱处理的南方轻木的晶层间距有所增大，这是由于强氧化性弱酸和弱碱使轻木结构蓬松所致，这有利于对其进行进一步的改性。未处理试样以及经强氧化性弱酸、中性溶液处理过的试样相对结晶度依次为 44.71%、30.99% 和 48.4%。由此可知：强氧化性弱酸可使木材的结晶度降低，而中性溶液可使木材的结晶度提高。

6.8 结　论

（1）本部分主要研究对象为轻木素材、中性溶液处理轻木试件和强氧化性弱酸和弱碱处理的轻木试件。通过对其力学性能的检测可知：与素材相比，只有

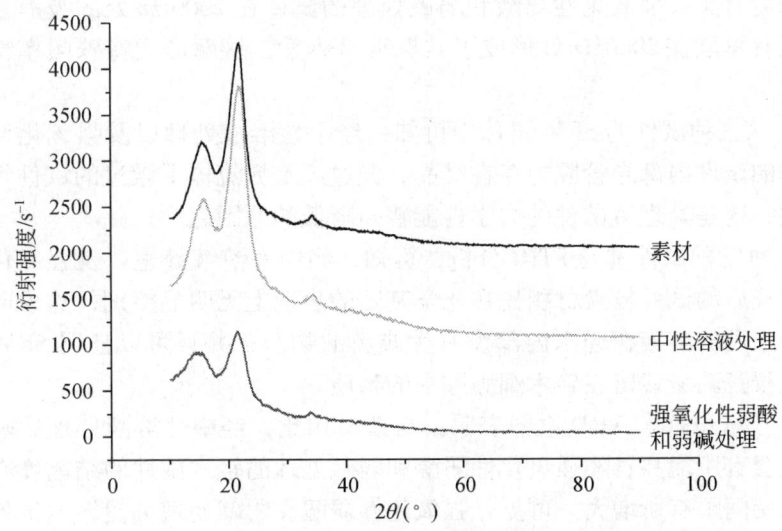

图 6-15　素材及处理后轻木试件的 X 射线衍射谱图

中性溶液处理试件的端面硬度有所增大；此外，中性溶液处理试件的顺纹抗压强度、抗弯弹性模量、抗弯强度、弦面硬度均有所下降；经强氧化性弱酸和弱碱处理的试件的顺纹抗压强度、抗弯弹性模量、抗弯强度、端面和弦面硬度均有所下降，且与中性溶液处理试件相比，除顺纹抗压强度下降幅度较小以外，其余力学性能均下降较大。

(2) 对三种试件的热学性能评价可知：与素材相比，中性溶液处理及强氧化性弱酸和弱碱处理的试件的导温系数均有所增加，其中，强氧化性弱酸和弱碱处理的试件的导温系数增加较大。这是由于处理后的试件结构更加蓬松，密度降低，试件内部较未处理时存在更多的空气，而空气的导温系数比木材实质物质的导温系数大 2 个数量级，所以导致处理后试件的导温系数有所增加。导热系数的测试结果为：与素材相比，经两种处理方法处理后的试件的导热系数均有所降低。其中，经强氧化性弱酸和弱碱处理的试件的导热系数降低较大，这与处理后试件的内部结构发生的变化有关，经强氧化性弱酸和弱碱处理的试件内部结构更为蓬松，木材实质物质间的联结更少，致使其导热系数更低。

(3) 通过对 $\Phi 96\mathrm{mm} \times 10\mathrm{mm}$ 尺寸木材的吸声系数的测定，可以知道，用中性溶液处理过的木材在 1000Hz 处的吸收系数明显增大，达到了 38%；用强氧化性弱酸和弱碱处理过的木材在 2000Hz 处的吸收系数明显增大，达到 65%；两种处理方法都提高了木材的吸声系数，这对于木材作为吸声材料是很有利的。而木材的吸声系数不仅和声阻抗、表面平整程度等因子有关，还与固定方式、后部空气层的深度有关。强氧化性弱酸和弱碱处理的试件在 2000Hz 处的吸声系数达到 65%，很有可能在 2000Hz 处形成了共振吸声体系，从而形成特殊频率特性的吸声系数。

（4）从三种试件的 SEM 照片中可知：经中性溶液处理以及强氧化性弱酸和弱碱处理的试件内部导管腔中存在结晶；经过超临界流体干燥过的试件细胞壁有裂纹产生，这是处理后试件的力学性能普遍降低的原因之一。

（5）对三种试件进行 FTIR 分析，可知，经中性溶液处理以及强氧化性弱酸和弱碱处理后的试件较素材相比在化学基团的表现上无明显差别，这说明两种处理方法所采用的溶液在轻木内部没有生成新的物质；并且可以证明 SEM 照片中所见结晶仅是药液残留在轻木细胞腔中的物质。

（6）三种试件的 XRD 谱图表明：与素材相比，经中性溶液处理后轻木试件的结晶度会有所增高；经强氧化性弱酸和弱碱处理的轻木试件的结晶度有明显降低且其晶层间距有所增大。可见，强氧化性弱酸和弱碱处理可使轻木试件内部结构更加蓬松。

第7章 木材/无机气凝胶复合材

本研究在参考借鉴溶胶-凝胶法制备木材/无机质复合材的基础上，引入超临界技术，改造传统溶胶-凝胶法制备木材/无机质复合材料中凝胶的干燥、致密过程。无机相材料选择小分子、低成本、来源丰富的 SiO_2，因此其前躯体溶液选择反应物中无毒的正硅酸乙酯（TEOS）。一是以无机酸为水解催化剂，研究 SiO_2 溶胶-凝胶合成的化学、物理条件以及溶胶对木材的浸渍工艺和木材/气凝胶复合材料的超临界干燥制备条件，并用 TEM、SEM、XRD 等方法对其进行结构表征。二是采用光学显微镜、荧光显微镜、SEM-EDXA 等手段研究气凝胶在木材内的分布与界面状态。三是对木材/SiO_2 气凝胶复合材料的物理、力学性能以及阻燃性能进行分析与评价。四是采用傅里叶红外光谱(FTIR)、X 射线光电子能谱（XPS）以及热分析 DMA/DSC/TG 等现代波谱技术和数据处理方法手段，分析研究 SiO_2 气凝胶与木材组分之间的联系，从而阐述木材/SiO_2 气凝胶纳米复合材料的固化形成机理。木材/SiO_2 气凝胶复合材料的合成与研究还未见相关报道，因此，本章将围绕木材/SiO_2 气凝胶复合材料的合成工艺原理、木材处理、性能评价和固化形成机理开展系统的实验和理论研究。

7.1 木材/SiO_2 气凝胶复合材的制备工艺

木材/SiO_2 气凝胶纳米复合材料的形成与性质研究的基本技术路线如图 7-1 所示。

7.1.1 试材采集与加工

选取典型南方用材树种西南桤木（*Alnus nepalensis D. Don*）和北方用材树种紫椴（*Tilia amurensis Rupr*）作为本实验的用材树种。试材采集符合国家标准《木材物理力学试材采集方法》（GB1927—91）。试材野外采集记录见表 7-1。

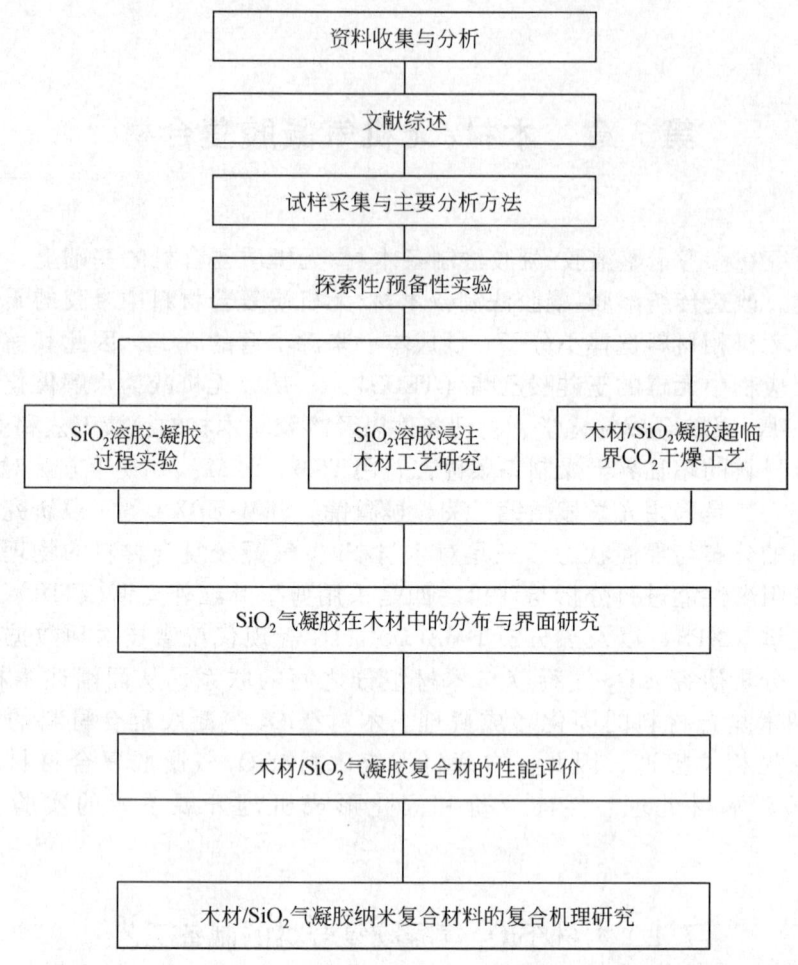

图 7-1　木材/SiO_2 气凝胶纳米复合材料的研究技术线路图

表 7-1　试材野外采集记录

树种	采集地	海拔/m	坡向	土壤	林分	繁殖方法	平均树龄	平均树高/m	平均胸径/cm
西南桤木	昆明	1870	阴坡	红壤	人工	实生	16	12	21
紫椴	哈尔滨	450	阳坡	黑褐	人工	实生	20	14	19

西南桤木为桦木科（*Betulaceae*）桤木属树种，地方名称有冬瓜、冬瓜木（昆明通称）、水冬瓜（云南景东）、旱冬瓜（云南）、冬瓜树（贵州）等。为高大乔木，通常高 20m 以上，在我国主要产于四川、贵州西南部，广西西部，西藏

东南部，云南除滇南、滇西南热带的低海拔地区及滇西北高山地带外均有分布。西南桤木纹理直，结构细，不均匀。该树种生长快，为云南最常见的主要用材树种之一，利用广泛。但西南桤木材质轻、质软，耐腐弱，不抗蚁蛀。本实验模式标本采自昆明市金殿林场麦冲乡公路边。

紫椴为椴树科（*Tiliaceae*）椴树属树种，别名籽椴（东北）、小叶椴、椴树等，主要产于小兴安岭以南各山区，吉林、辽宁、河北、山东、山西等省也有分布。紫椴木材轻软，纹理通直，结构略细，有绢丝光泽，甚为美丽，但不耐腐，抗蚁性弱。最易浸注处理，容易加工，可供建筑、家具、造纸、雕刻等用材，为黑龙江优良用材树种之一。本实验模式标本采自哈尔滨市东北林业大学帽儿山林场，如图7-2所示。

图7-2　紫椴伐根处年轮

上述试样制作与实验方法按国家标准《木材物理力学试验方法》（GB1928～1929—91）的有关规定进行，木材物理力学试件的截取如图7-3所示；木材含水率按照 GB1931—91 测定；用于测定木材吸水性和湿胀性的试件尺寸为 20mm×20mm×20mm（R×T×L）；改性前后，木材顺纹抗压强度测定的试件尺寸为 20mm×20mm×30mm（R×T×L），抗弯强度与抗弯弹性模量的试件尺寸为 20mm×20mm×300mm（R×T×L）；改性前后木材硬度测定的试件尺寸为 50mm×50mm×50mm（R×T×L）。同时利用 20mm×

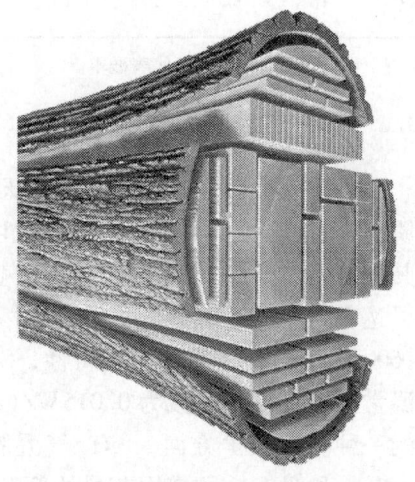

图7-3　木材物理力学试件的截取

20mm×30mm（R×T×L）的试件制作厚度为 80μm 木材切片，用于进行改性处理，以避免 SiO_2 由于切片软化导致结构变化。上述制备好的样品放入索氏提取器中分别用 2:1（体积比）的苯醇溶液和水抽提 24 h，然后放入干燥箱中在 60℃条件下干燥至恒重，备用。植被纤维素、木质素的制备符合国家标准 GB/T2677.9—1994 和 GB/T2677.10—1995 的有关规程。两种木材 6 株试材共计制得标准试样 1640 个，进行了 1000 余次各项物理力学测试。试材采集登记表如表 7-2 所示。

表 7-2 试材采集登记表

编号	胸高直径/cm 最大	胸高直径/cm 最小	年轮数	全高/m	枝下高/m	编号	长度/m	小头去皮直径/cm 最大	小头去皮直径/cm 最小	材积/m^3
Q1	28	26	14	10	4.5	Q1-1	1	27	25	0.053
						Q1-2	1	20	18	0.028
Q2	25	24	13	9	4	Q2-1	1	24	23	0.042
						Q2-2	1	20	18	0.028
Q3	22	20	12	9	4	Q3-1	1	21	20	0.033
						Q3-2	1	18	17	0.023
D1	22	20	20	12	6.5	D1-1	1.2	20	17	0.043
						D1-2	1.2	18	17	0.038
D2	18	17	20	11	6	D2-1	1.2	16	16	0.041
						D2-2	1.2	15.5	14.5	0.028
D3	18	17	22	13	7	D3-1	1.2	18	17	0.037
						D3-2	1.2	16	16	0.026

注：Q 代表西南桤木，D 代表椴木。

7.1.2 SiO_2 气凝胶的制备

无机质改性剂以其价格低廉、天然无毒的特点日益受到人们的关注，木材无机质复合材成为近年来木材化学改性领域研究中活跃的主题之一，国内外学者都对其进行了广泛深入的研究。SiO_2 气凝胶是一种新型轻质纳米多孔材料，其孔隙率可达 80% ~ 99.8%，孔洞尺寸一般为 1 ~ 100nm，而密度变化范围可达 3 ~ 600 kg/m^3。由于这些结构特性，SiO_2 气凝胶在热学方面具有极低的导热系数，常温常压下其导热系数为 0.015W/(m·K)，是目前所知固体材料中导热系数最低的一种。在声学方面，SiO_2 气凝胶具有低达几十米每秒的声速，隔声效果很好，是一种具有广阔应用前景的新型纳米材料。

气凝胶纳米多孔结构首先由溶胶-凝胶过程在溶液中形成，然后通过超临界干燥工艺获得，超临界干燥是制备纳米气凝胶材料的重要方法之一，Smith 等考

察了超临界 CO_2 处理对北美黄松边材抗弯强度和弹性模量的影响，经超临界流体处理过的试样与未处理过试样的弯曲强度（MOR）和弹性模量（MOE）无明显区别，对木材力学性质无明显不良影响[1]。因此，利用超临界流体制备木材/SiO_2 气凝胶复合材料是可行的。将易碎 SiO_2 气凝胶的无机网络均匀地嵌入多孔性的木材细胞结构中，探讨这种新型纳米材料与木材的复合，可以有效地解决气凝胶在实际应用方面存在的一些缺陷，同时也赋予木材新的功能，使木材功能性改良体现木材和纳米材料的双重优点，具有十分诱人的应用前景。

坂志郎等采用正硅酸甲酯（TMOS）/甲醇/乙酸、正硅酸乙酯（TEOS）/乙醇/乙酸和正硅酸丙酯（TPOS）/丙醇/乙酸，按 1：1：0.01 的物质的量之比制成三种溶液，浸渍处理木材，利用木材中的结合水作为水解的引发剂，制备了木材/SiO_2 干凝胶复合材[2-6]。由于甲醇和丙酮有毒、易挥发，丙酮与水的互溶性不及乙醇，因此，TMOS/甲醇和 TPOS/丙醇体系不是制备 SiO_2 气凝胶的理想方法，用 TEOS/乙醇体系制备 SiO_2 气凝胶是一种相对安全及廉价的途径。因此，本节采用 TEOS/乙醇体系作为催化剂，制备 SiO_2 气凝胶，已有文献报道可以 HCl/HF 为催化剂制备 SiO_2 气凝胶，但将 SiO_2 气凝胶与木材进行复合有其特殊的要求，关键是如何改进溶胶-凝胶法，使之适合木材/纳米硅酸盐复合工艺过程。因此，针对木材/纳米硅酸盐复合工艺要求，有必要对相关溶胶-凝胶过程进行研究。

1. 材料与方法

1）化学试剂、仪器和设备

正硅酸乙酯（分析纯）、无水乙醇（分析纯）、乙烯基三(β-甲氧基乙氧基)硅烷偶联剂、三甲基氯硅烷、环己烷、去离子水、HCl/HF 混合酸催化剂及实验室常规化学器皿等玻璃仪器。

2）醇凝胶的制备

将正硅酸乙酯、无水乙醇、去离子水及混合酸催化剂按一定的物质的量之比混合均匀，配成 3 种不同固体含量的溶胶。用磁力搅拌器搅拌 2~3min 后，将混合液倒入到一定形状的容器中，密闭后置于室温下，在室温条件下，醇溶胶在酸催化剂作用下控制在一定的时间内形成醇凝胶体，此时，在外露的醇凝胶表面浇上一层冷的无水乙醇，以防止凝胶干燥开裂，并置换凝胶中的水分。

3）凝胶化时间的测量

在烧杯中按一定比例配制反应溶液，用磁力搅拌器搅拌 5min 后，在室温（20℃）下，体系中的正硅酸乙酯不断水解、缩聚，溶液的黏度不断增大，最后形成不可流动的凝胶，记录从混合溶液配制到烧杯倾斜 45°时液面不能流动所需的时间，即凝胶化时间。

4）醇凝胶的陈化

在超临界干燥之前，须将凝胶在一定工艺条件下陈化一段时间，以完善网络结构，然后将其置于超临界干燥器中进行干燥。

2. 结果与讨论

1）醇凝胶的制备与形成

TEOS 经水解、缩聚后先生成溶胶，溶胶经进一步缩聚成为凝胶，一般而言，水解反应和缩聚反应是一对竞争反应，酸性条件有利于水解反应，而碱性条件则有利于缩聚反应，水解、缩聚反应共同决定了所制得的 SiO_2 气凝胶的结构特性。表 7-3 是所配制的 4 种不同固体含量的溶胶的主要参数。

表 7-3 溶胶的主要参数

溶胶	FU1	FU2	FU3	FU4
理论固含量/ %	5.69	9.41	10.57	5.69
溶胶总体积/ ml	198.1	163.3	196.4	198.1
物质的量分数	1	1	1	≈1

表 7-3 中溶胶的理论固含量为正硅酸乙酯全部转变成 SiO_2 时，SiO_2 与溶胶的质量比。在相应的溶胶总体积下，物质的量分数为 1，FU4 是在 FU1 配方的基础上加入 1% 的乙烯基三（β-甲氧基乙氧基）硅烷偶联剂所得。

本实验通过对 $TEOS/EtOH/H_2O$ 反应体系调配和后续条件控制，可以获得密度不同、孔径分布不同的 SiO_2 气凝胶，反应体系各种成分的加入量控制在图 7-4 所示的互溶区中，可以确保水解、缩聚反应的进行和不产生沉淀。

在一定的 HCl/HF 催化剂作用下，正硅酸乙酯的烷氧基被逐步水结成羟基，羟基形成后，乙醇溶质与溶剂发生水解，但随着水解反应的进行，醇盐的水解活性随分子中—OR 基团的减少而下降，很难充分水解为 $Si(OH)_4$。

水解反应：

$$Si(OEt)_4 + 4H_2O \rightleftharpoons Si(OH)_x(OEt)_{4-x} + xEtOH \tag{7-1}$$

在合适的条件下，反应可延续进行，直至生成 $Si(OH)_4$，见反应式（7-2）。

$$\begin{array}{c} OR \\ | \\ OR-Si-OR \\ | \\ OR \end{array} + 4H_2O \rightarrow \begin{array}{c} OH \\ | \\ HO-Si-OH \\ | \\ OH \end{array} + 4ROH \tag{7-2}$$

缩聚反应在充分水解前即开始，因而缩聚产物的交联度低。一般可将缩聚反

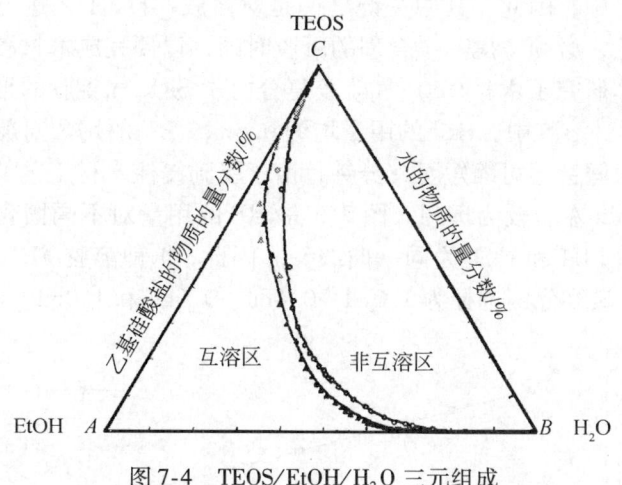

图 7-4　TEOS/EtOH/H$_2$O 三元组成

应分为失醇缩聚[式(7-3)]和失水缩聚[式(7-4)]：

失醇缩聚：

$$\mathrm{-Si-OEt + HO-Si- \rightleftharpoons -Si-O-Si- + EtOH} \qquad (7\text{-}3)$$

失水缩聚：

$$\mathrm{-Si-OH + HO-Si- \rightleftharpoons -Si-O-Si- + H_2O} \qquad (7\text{-}4)$$

这些聚合体还可能发生 Si—OH 键的重新分配，活二聚体转变为多聚体，见式(7-5)。

$$\mathrm{HO\!-\!\!\left[Si(CH_3)_2\!-\!O\right]_x\!Si(CH_3)_2\!-\!OH + \mathit{n}Si(OH)_4 \longrightarrow HO\!-\!Si(OH)_2\!-\!O\!\left[Si(CH_3)_2\!-\!O\right]_y\!Si(CH_3)_2\!-\!OH} \quad (y>x)$$

$$(7\text{-}5)$$

硅酸缩聚反应逐渐形成聚合物颗粒，颗粒进一步交联组成三维网状结构，聚集成几个钠米左右的粒子，并组成溶胶，最终生成以硅氧键 —Si—O—Si— 为主体，并具有空间网络结构的醇凝胶。

2）HCl/HF 催化剂用量对凝胶化时间的影响

由于本研究的目的是制备木材/SiO$_2$ 气凝胶复合材，溶胶必须通过真空/加压的工艺注入木材中，因此，其中关键之一是对溶胶-凝胶工艺进行改进，使其适合木材复合工艺，必须考虑一个合理的凝胶时间，以便完成木材浸注工艺。

作者们具体研究了木材/SiO_2气凝胶复合材中SiO_2气凝胶的形成与酸催化剂用量的关系。3种溶胶中，HCl的用量均为0.5ml，HF的用量对凝胶化时间的影响巨大，凝胶时间甚至可缩短至几分钟，由于受到浸注木材工艺的限制，凝胶时间控制在120 min左右较为理想。图7-5是HF的用量对不同固含量溶胶的凝胶化时间的影响（FU4和FU1为同一曲线）。因此，4种溶胶FU1、FU2、FU3和FU4的HF用量最终分别选择为1.0ml、0.4ml、0.6ml和1.0ml。

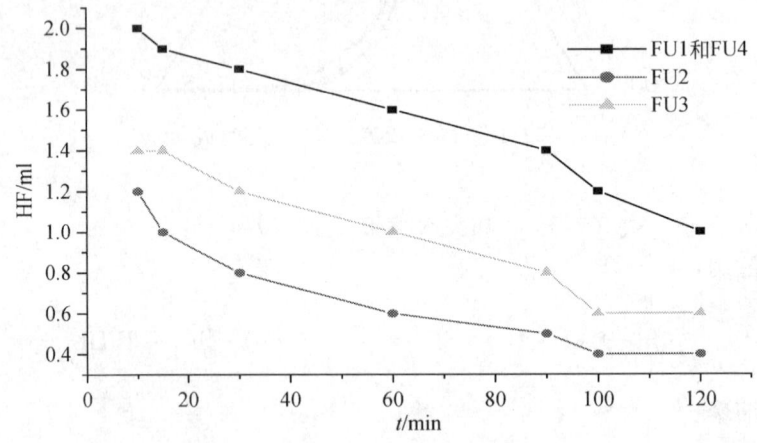

图7-5　HF的用量对凝胶化时间的影响

3）凝胶的陈化与疏水化处理

凝胶形成过程如图7-6中所示，水解、缩聚反应不断发生，溶液内逐渐形成许多硅酸单体及由硅氧键结合组成的氧化硅胶体小颗粒[图7-6(a)]，随着水解、缩聚反应的进一步发生，更多的硅酸单体通过缩聚反应相互连接，于是胶体颗粒逐步变大并相互聚集形成一个个团簇[图7-6(b)]，团簇之间再进一步相连，最终形成贯通整个容器的网络结构，此时溶液已经不能流动，处于凝胶态[图7-6(c)]，继续让溶胶中游离的胶体颗粒、团簇等继续连到凝胶网络上，网络表面的自由羟基之间继续缩聚，形成新的硅氧键，网络结构逐步趋于稳定[图7-6(d)]。这个由氧化硅胶质颗粒组成的纳米量级网络结构即是氧化硅气凝胶的前身。

本研究综合考虑凝胶时间后，确定醇凝胶陈化的工艺条件是将醇凝胶放入冰箱中冷却到-21℃，并在-21℃条件下陈化1~3天，然后将其取出，自然升温至室温（约需12 h），在24 h内将此醇凝胶置于超临界干燥器中。因此，在超临界干燥之前，需将凝胶陈化一段时间，以完善网络结构，凝胶在老化的同时也略有收缩，这样也有利于凝胶的脱模。

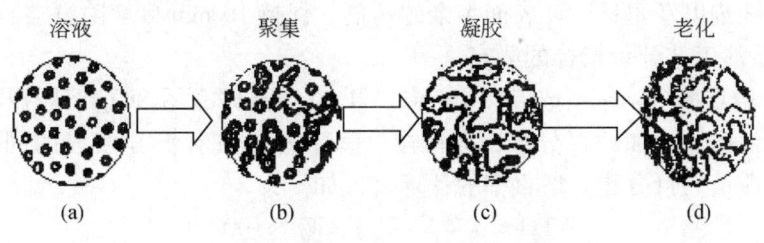

图 7-6　凝胶形成过程示意图

7.1.3　SiO_2 溶胶空细胞法浸渍处理木材工艺条件研究

浸入木材中溶胶的量，不但要考虑所形成的木材/无机质复合材各方面的性质以及成本，而且要充分考虑如何保持木材本身的材色、结构和纹理，以及所具有的强重比大、绝热、易于加工等优点，使二者的结合能够相互弥补各自的缺点，充分发挥各自的特长。由于木材结构的复杂性，木材/无机质复合材的处理效果受到木材树种、压力、时间和注入溶胶性质等因素的综合作用，因此，针对某一具体处理过程的工艺参数只能综合参考木材性质、工艺条件和处理成本等因素，由实验来揭示木材处理过程的基本规律。本部分分析和探讨溶胶-凝胶法制备无机质复合木材的浸渍处理条件与处理程度的关系，以获得较为理想的木材/无机质复合材处理工艺方案。

1. 材料和方法

1) 实验材料及设备

西南桤木、紫椴，将两种试材的边材部分按 GB/T2677.9—1994 和 GB/T2677.10—1995 方法截取 [20mm×20mm×20mm(R×T×L)]，浸渍 SiO_2 溶胶 FU1、FU2、FU3 和 FU4（自制，见 7.2 节），其理论固体含量分别为 5.69%、9.41%、10.47% 和 5.69%；压力/真空浸渍罐（自制）；感量为 0.001g 的电子天平，101A-2 型干燥箱。

2) 木材/气凝胶浸注工艺的研究方法

参照工业化生产用的加压浸注防腐工艺，采用空细胞法之一的半限注法向木材中注入 SiO_2 溶胶，如图 2-20 所示。采用空细胞法的优点是可以用最小的浸渍量达到最大的渗透深度，细胞腔是空的或只含有少量的药剂，节省了药剂，降低了成本，同时可以保持木材的多孔性。具体操作是在大气压下加入 SiO_2 溶胶至浸注罐中，并将木材试件完全浸没，开始加压到最大压力（0.6～1.2MPa），在最大压力下保持一定时间,直至达到合适的药剂量后解除压力。当浸注罐中的 SiO_2 溶胶排出之后,用真空泵抽真空,真空度为 0.090MPa,其目的是抽出细胞腔中部分药剂以及木材试件表面多余的药剂,保持 10 min 后解除真空。

3) 浸注工艺评价指标的测定

(1) 增重率(weight percent gains, WPG):木材经用 SiO_2 溶胶浸渍处理干燥后,试件质量增加的百分数,即单位体积木材中注入 SiO_2 溶胶的固体含量与素材绝干质量的百分比。增重率的计算公式如下:

$$WPG = (W_T - W_C)/W_C \times 100\% \qquad (7-6)$$

式中:W_T——处理材的质量;

W_C——未处理材的质量。

(2) SiO_2 溶胶浸入深度:SiO_2 溶胶中加入甲基红,甲基红作为染料随处理液进入木材,并随着聚合作用保持颜色,便于检查处理液注入深度(定性指标)。经测试,确定每 100 ml SiO_2 溶胶中加入甲基红 0.1~0.2 g 较好。

2. 结果与分析

1) 浸渍压力与浸渍 SiO_2 溶胶后木材增重率的关系

SiO_2 溶胶的浸渍是制备木材/无机质复合材的重要环节之一,SiO_2 溶胶对试材的增重率关系到木材/无机质复合材各方面的性质、成本以及保持木材强重比等优良特性。影响 SiO_2 溶胶对试材增重率的因素非常复杂,压力、加压时间、真空度、真空时间、材种、早晚材和木材尺寸等都有重要的影响。在上述选定的范围内,真空度、真空时间对增重率的影响不明显,实验后,确定减压真空度为 0.090MPa,减压真空时间为 10 min 较为合理。在本研究中,压力、加压时间和树种是影响 SiO_2 溶胶浸渍量的主要因素。固定压力时间为 30 min,分别压力设定为 0.6 MPa、0.8 MPa、1.0 MPa 和 1.2 MPa,测定浸渍 SiO_2 溶胶后木材的增重率,本实验的目的是寻找合适的浸渍压力,因此,以 FU2 为浸渍 SiO_2 溶胶,实验结果见图 7-7。

由图 7-7 可见,对于紫椴木材来说,压力由 0.8MPa 到 1.0MPa,增重率升高 1.85%,压力由 1.0MPa 到 1.2MPa,增重率升高 2.01%,因此,尽管在压力较高的情况下,提高压力对提高紫椴木材增重率没有明显的作用。但对西南桤木而言,压力由 0.8 MPa 到 1.0 MPa 阶段,增重率升高 1.4%,在压力较高的情况下,压力由 1.0 MPa 到 1.2 MPa,提高压力对提高西南桤木增重率没有明显的作用,增重率仅升高 0.27%。因此,不同树种对压力的反应是不同的。综合比较,紫椴木材可选择 0.6 MPa 的压力,西南桤木可选择 1.0 MPa 的压力,也可选取平均值 0.8 MPa 作为浸渍压力。

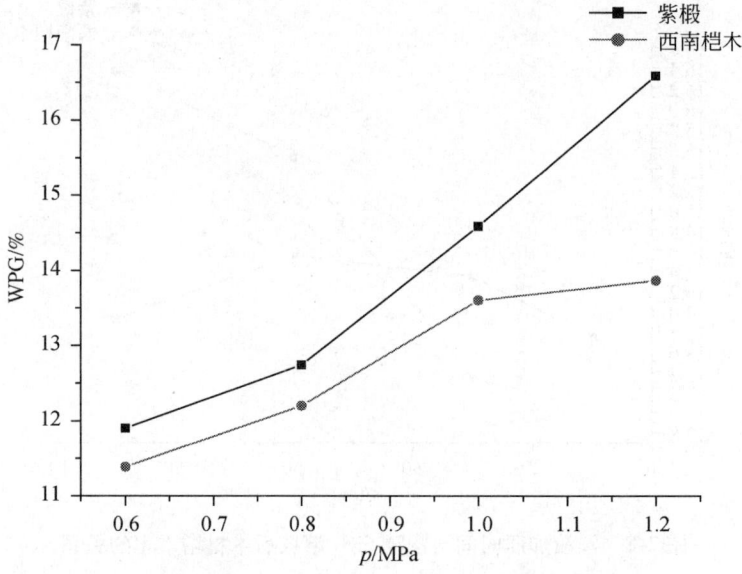

图 7-7　浸渍压力与浸渍 SiO_2 溶胶后木材增重率的关系

2）浸渍加压时间与浸渍 SiO_2 溶胶后木材增重率的关系

浸渍加压时间与浸渍 SiO_2 溶胶后木材增重率的关系如图 7-8 所示。工艺条件为固定压力 1.0 MPa，压力时间分别设定为 10min，30min，60min 和 90min，测定浸渍 SiO_2 溶胶后木材的增重率。

由图 7-8 可见，对西南桤木来说，时间由 30 min 到 60min 再到 90min，平均每段增重率升高 1% ~3.3%，而时间由 60min 到 90min 时，紫椴的增重率却有所下降，因此延长加压时间对提高木材增重率效率不高。由于所选择压力较高，SiO_2 溶胶主要通过纵向浸入，对尺寸为 20mm×20mm×30mm(R×T×L)的木材，也能均匀渗透，这与其他树种关于木材渗透性的研究结果是一致的。因此，综合比较，紫椴和西南桤木均可选择 30 min 作为加压时间。

3）不同 SiO_2 溶胶与不同树种吸收量的关系

吸收量（增重率）指水分或其他液体在常压或加压条件下渗入木材的质量（分数）。根据上述浸渍压力及浸渍加压时间对木材增重率影响的两个实验结果以及对染色木材的检查，确定 SiO_2 溶胶的浸渍工艺条件为浸渍压力 0.8MPa，浸渍加压时间 60min，减压真空度为 0.090MPa，保持 10min 后解除真空。不同 SiO_2 溶胶与不同树种吸收量的关系见图 7-9。

由图 7-9 可见，紫椴木材的渗透性明显大于西南桤木，其原因是木材的结构不同，紫椴为散孔材，西南桤木为半环孔材，紫椴较西南桤木而言有数量较多的

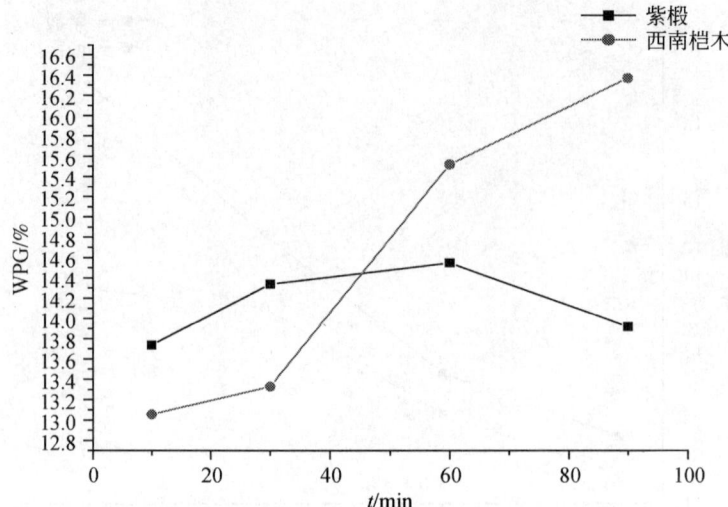

图 7-8　浸渍加压时间与浸渍 SiO_2 溶胶后木材增重率的关系

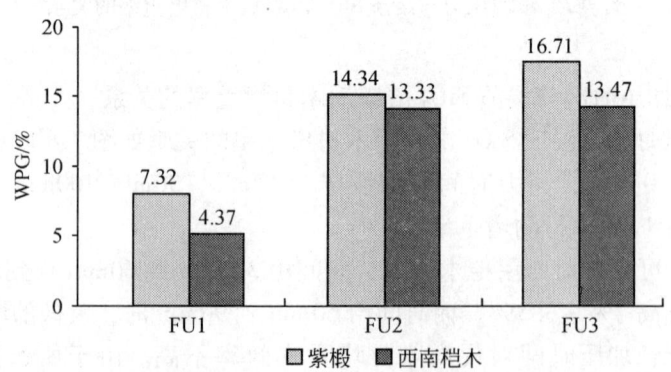

图 7-9　不同 SiO_2 溶胶与不同树种吸收量的关系

导管，又无侵填体堵塞，液体容易透入。在此条件下，木材的渗透深度可以满足要求。

综合分析上述实验结果，SiO_2 溶胶对木材的渗透，应主要考虑浸渍压力和浸渍加压时间以及树种的影响，考虑木材的变异性所造成的实验数据的波动，确定 SiO_2 溶胶的浸渍工艺条件为压力 0.8MPa，压力时间 30min，减压真空度 0.090MPa，保持 10min。

7.1.4　超临界流体对 SiO_2 醇凝胶和木材的干燥实验

除了溶胶-凝胶过程外，凝胶的结构和性质在很大程度上决定了其后的干燥、致密过程,并最终决定材料的性能。由醇凝胶最终获得多孔性的材料可以通过低干燥速率的对流干燥法、冷冻干燥法和超临界干燥法。其中,超临界干燥法又可分为天然溶剂的超临界干燥和溶剂取代之后采用 CO_2 等低临界点溶剂的超临界干燥。依据干燥的方法不同,所得到的凝胶有不同的表述,由直接干燥制备的凝胶称为干凝胶(xerogel),通常是一种比较致密的固体。由冷冻干燥法制备的凝胶则称为冻凝胶(cryogel),而由超临界干燥制得的凝胶称为气凝胶(aerogel),这两种方法能够获得高度多孔性和透明的气凝胶。因此,目前应用溶胶-凝胶法制备的木材/无机质复合材料应属于木材/无机质干凝胶复合材。本部分主要讨论 SiO_2 气凝胶的超临界干燥制备过程。

1. 材料与方法

1)实验材料及设备

木材为紫椴,尺寸为 20mm × 20mm × 20mm(R × T × L),SiO_2 凝胶材料为 7.1.2 节所制备的凝胶,超临界萃取装置为南通华安超临界萃取有限公司生产的 HA121-50-48 设备。

2)醇凝胶的超临界干燥

超临界干燥是制备 SiO_2 气凝胶的关键步骤,气凝胶的结构和性质在很大程度上决定了其后的干燥、致密过程,并最终决定材料的性能。对木材的注入工艺按 7.1.3 节确定的工艺条件,超临界干燥工艺路线如图 7-10 所示。

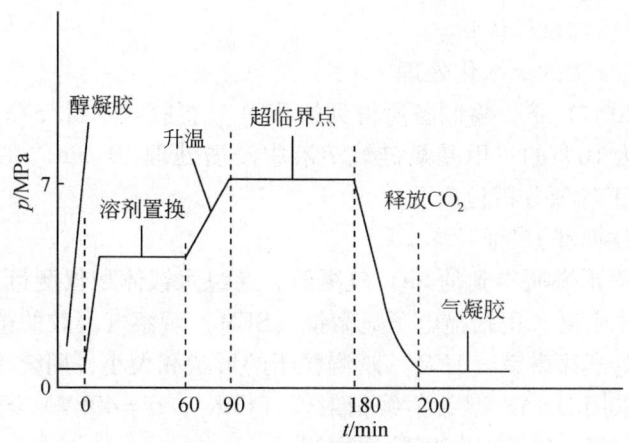

图 7-10 超临界干燥工艺路线

试验采用 $L_{16}(4^5)$ 正交试验设计,见表 7-4,以所制备的 SiO_2 气凝胶的连续程度、开裂情况、体积大小、透明度、蓝色强度(由于其纳米结构导致的瑞利散射）综合计分作为考察指标，以确定凝胶化过程在超临界条件下的动态压力（p_d）、动态温度（T_d）、动态时间（t_d）、静态温度（T_s）和静态时间（t_s），以获得较好的凝胶过程工艺参数，其中静态时间为 60 min。将本方法制备的 SiO_2 气凝胶用于检测。

表 7-4　正交试验因素水平安排

水平	动态压力（p_d）/MPa	动态温度（T_d）/℃	动态时间（t_d）/min	静态温度（T_s）/℃	静态压力（p_s）/MPa
1	10	50	90	50	10
2	15	55	120	55	15
3	20	60	150	60	20
4	25	55	180	65	25

3）木材/SiO_2 溶胶的干燥

采用醇凝胶的超临界干燥工艺条件，对所制备的木材/SiO_2 溶胶进行干燥，并根据具体情况对超临界干燥工艺条件进行适当调整。测定干燥前后木材/SiO_2 气凝胶复合材的增容率计算公式[7]：

$$B = (V_t - V_u)/V_u \times 100\% \tag{7-7}$$

式中：B——增容率；

V_t——干燥后试件体积；

V_u——干燥前试件体积。

4）SiO_2 气凝胶的疏水化处理

在室温（20℃）下，将制备所得到的 SiO_2 气凝胶和木材/SiO_2 气凝胶复合材放入质量分数为 10% 的三甲基氯硅烷溶液中浸渍处理 20 min，在 60℃条件下干燥 4h，即可用于各项分析检测。

5）SiO_2 气凝胶的表征

超临界 CO_2 干燥所得到的 SiO_2 气凝胶，通过水银体积仪测量其体积和质量，计算出其表观体密度；用扫描电子显微镜（SEM）观察气凝胶的微孔结构和网络状况；用透射电子显微镜（TEM）观测粒子的形状和大小，用统计方法求出粒子的平均直径。采用 DMAX 型 X 射线衍射仪（CuK_α，$U = 40kV$）记录样品的 XRD 谱，进行物相分析，以确定气凝胶的物相。

2. 结果和讨论

1）超临界过程与气凝胶的形成

超临界过程是溶胶胶体质点形成空间网络状结构（醇凝胶），体系脱去网络结构中的多余溶剂,形成复杂固态三维网络结构的过程,SiO_2 溶胶的超临界过程是制备木材/SiO_2 气凝胶的关键环节之一。因此,必须研究超临界干燥条件对醇凝胶所产生的影响,以获得连续、不开裂、透明、具有强烈瑞利散射的 SiO_2 气凝胶。超临界条件正交试验结果见表 7-5。

表 7-5 超临界过程正交试验结果

实验号	p_d	T_d	t_d	T_s	p_s	分值
1	10	50	180	60	15	54
2	15	50	90	50	20	35.5
3	20	50	150	65	10	28
4	25	50	120	55	25	48
5	10	55	150	55	20	57.5
6	15	55	120	65	15	51.5
7	20	55	180	50	25	45
8	25	55	90	60	10	30.5
9	10	60	90	65	25	59
10	15	60	180	55	10	48
11	20	60	120	50	20	48.5
12	25	60	150	50	15	43
13	10	65	120	50	10	39.5
14	15	65	150	60	25	61.5
15	20	65	90	55	15	47
16	25	65	180	65	20	67.5
K_1	165.5	210.0	221.5	203.5	179.5	
K_2	184.5	196.5	148.5	154.0	207.0	
K_3	198.5	168.5	179.0	173.0	162.0	
K_4	215.5	189.0	180.5	205.5	215.5	
k_1	55.17	70.0	73.8	67.8	59.8	
k_2	61.5	65.5	49.5	51.3	69.0	
k_3	66.2	56.2	59.7	57.7	54.0	
k_4	71.8	63.0	60.2	68.5	71.8	

除了溶胶-凝胶过程外,超临界干燥工艺最终决定了 SiO_2 气凝胶的干燥、致密过程,并最终决定材料的性能。本工艺中分值高,说明所制备的 SiO_2 气凝胶的连续程度好、开裂情况小、体积大、透明度高、瑞利散射蓝色强度大。图 7-11

为超临界过程不同因素对分值的影响。分析图 7-11 可以看出：

（1）动态压力越高，综合性能越好，以 25 MPa 效果最好 [图 7-11（a）]；

（2）单纯对 SiO_2 气凝胶来说，动态温度为 50℃ 最好 [图 7-11（b）]；

（3）动态时间 90min 较好 [图 7-11（c）]；

（4）静态压力 15 MPa 和 25 MPa 均能取得较好的效果 [图 7-11（d）]；

（5）静态温度为 65℃ 最好，其次是 50℃ 较好 [图 7-11（e）]。

由于动态温度为 50℃ 最好，静态温度为 65℃ 最好，其次是 50℃ 较好，因此，静态工艺在动态干燥之前，降温操作不变，静态温度可选取 50℃，比较符合设备的工作状况。从各因素的影响大小来看，动态温度和静态温度的点分布最大，是主要的影响因素，静态压力和动态时间的点分布稍小，其影响居第二位，动态压力的点分布最小，可认为是次要因素。

在根据以上实验结果得出的工艺条件下进行重复实验，有良好的再现性。SiO_2 气凝胶超临界干燥工艺条件初步确定为动态温度和静态温度 50℃，动态压力和静态压力 25 MPa，动态时间 90 min。

2）SiO_2 块凝胶的结构形态

按照本实验方法制得的气凝胶在自然光下为呈蓝色的透明块状固体，这是由于其纳米结构导致了强烈的瑞利散射，有一定的强度，但受压易碎，而普通干燥条件下获得的干凝胶呈玻璃样碎块，密度和强度较大。经二氧化碳超临界干燥的气凝胶一般为亲水型，在超临界干燥所得 SiO_2 气凝胶样品较干凝胶收缩很小，如图 7-12 所示。

将如图 7-12 所示的同一模具陈化后的醇凝胶在超临界干燥和普通干燥前后进行比较。干燥前的醇凝胶直径记为 R_0，超临界干燥后的气凝胶或干凝胶直径分别记为 R_a 和 R_x，比较超临界干燥和普通干燥的收缩率 $(R_0 - R_a)/R_0$ 和 $(R_0 - R_x)/R_0$。三种不同固含量的溶胶所制备的 SiO_2 气凝胶和干凝胶的收缩率差别不大，气凝胶平均收缩率为 8.41%，干凝胶平均收缩率为 51.22%，这也说明超临界 CO_2 干燥较好地保持了溶胶-凝胶过程中所形成的多孔性网络纳米结构，而干凝胶的微孔则在干燥过程中发生了不同程度的塌陷，形成了高密度的致密干凝胶。

扫描电子显微镜可以观察到 SiO_2 气凝胶的微细网络结构，所制备的 SiO_2 气凝胶的扫描电子显微镜照片如图 7-13 所示。不同固含量的溶胶所制备的 SiO_2 气凝胶在扫描电子显微镜下结构相同，可以看出，超临界干燥的 SiO_2 气凝胶在微观结构上有良好的网络结构。经测定，FU1（FU4）/FU2/FU3 三种不同固含量的溶胶所制备的 SiO_2 气凝胶的表观密度分别为 0.09g/cm^3、0.14g/cm^3 和 0.17g/cm^3。

透射电子显微镜可以清楚地反映出这种气凝胶网络结构的 SiO_2 粒子大小，

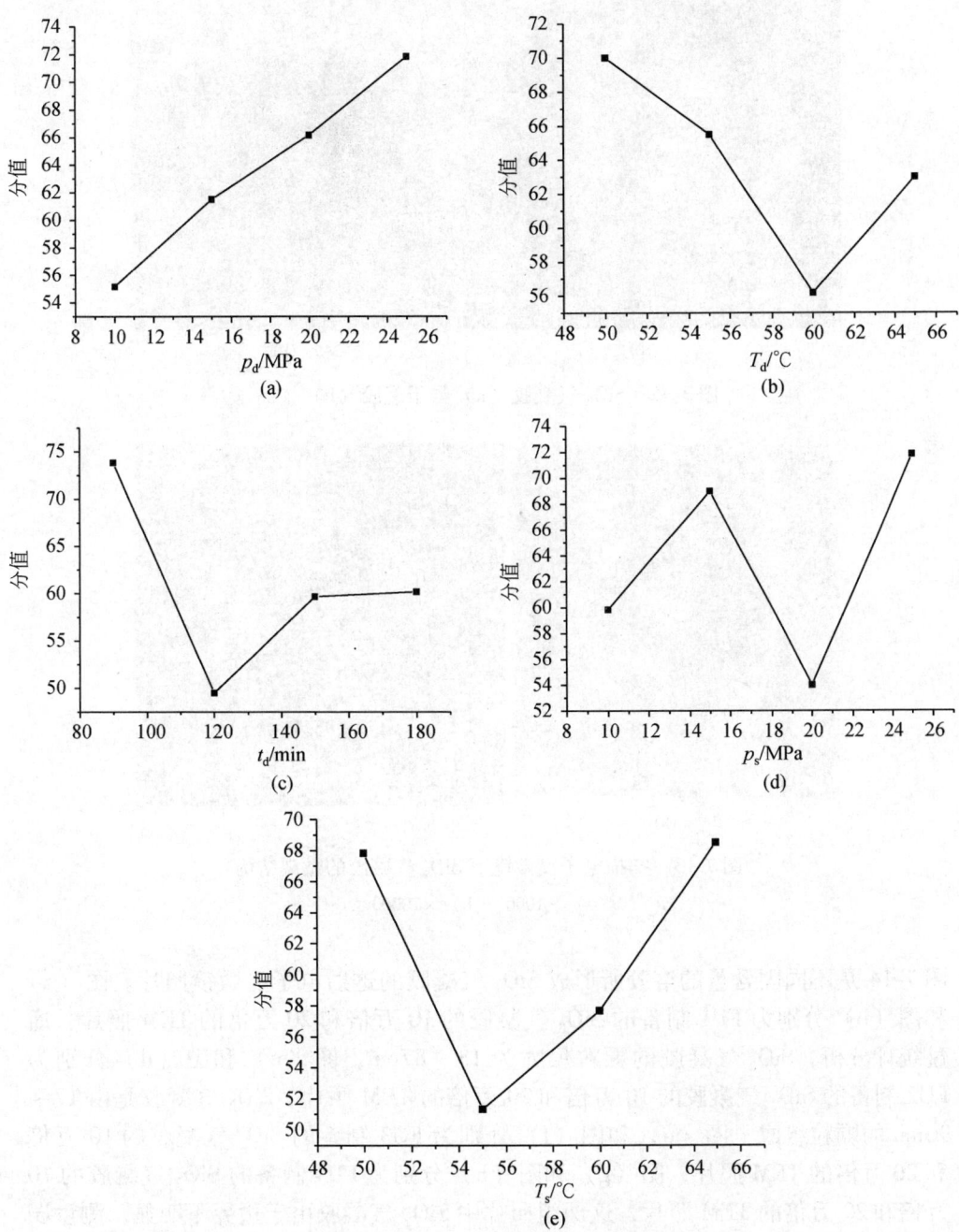

图 7-11 超临界 CO_2 干燥直观分析

(a) 动态压力；(b) 动态温度；(c) 动态时间；(d) 静态压力；(e) 静态温度

图 7-12　SiO_2 气凝胶（a）与干凝胶（b）样品

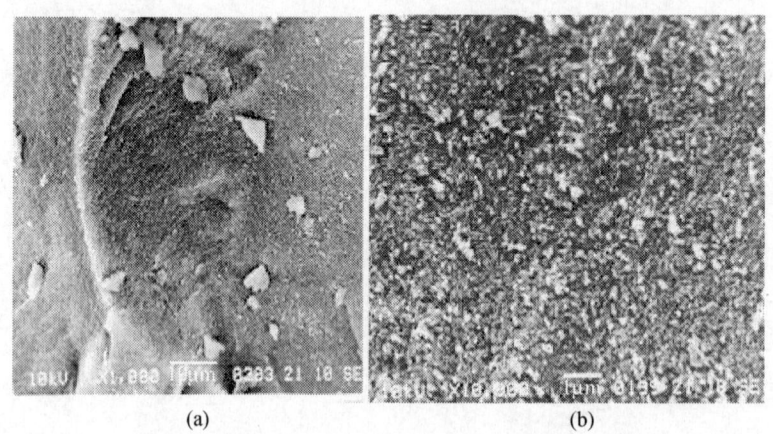

图 7-13　扫描电子显微镜下 SiO_2 气凝胶的微观结构
(a) ×1000；(b) ×10000

图 7-14 是不同固含量的溶胶所形成 SiO_2 气凝胶的透射电子显微镜照片。图（a）和图（b）分别为 FU1 制备的 SiO_2 气凝胶的 10 万倍和 20 万倍的 TEM 照片，通过统计分析，SiO_2 气凝胶的颗粒尺寸为 13~87nm，图（c）和图（d）分别为 FU2 制备的 SiO_2 气凝胶的 10 万倍和 20 万倍的 TEM 照片，SiO_2 气凝胶是由 17~96nm 的颗粒组成。图（e）和图（f）分别为 FU3 制备的 SiO_2 气凝胶的 10 万倍和 20 万倍的 TEM 照片，图（g）和图（h）分别为 FU4 制备的 SiO_2 气凝胶的 10 万倍和 20 万倍的 TEM 照片，这两组照片中 SiO_2 气凝胶由于边界不明显，测量误差较大，估计颗粒尺寸为 100~300nm。4 种 SiO_2 气凝胶均具有典型的网络结构，不易被分散。本工艺制备的 SiO_2 气凝胶结构基本符合典型的气凝胶结构，并具有纳米尺寸。

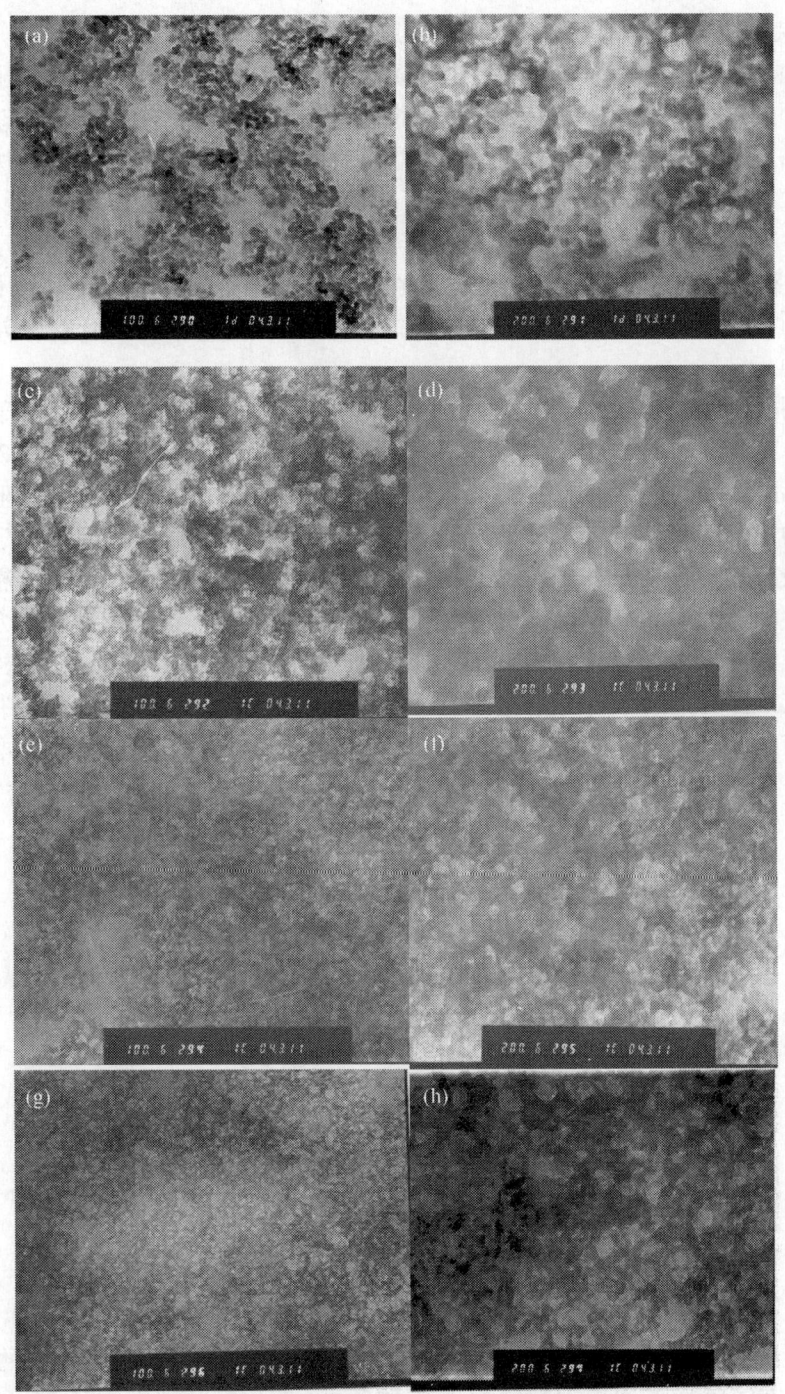

图 7-14 SiO$_2$ 气凝胶的透射电子显微镜照片

3）超临界 CO_2 流体对木材/SiO_2 溶胶的干燥

超临界二氧化碳萃取干燥有一个显著的特点是在干燥过程中，即脱出水或其他溶剂的过程中，不存在因毛细管表面张力的作用而导致的微观结构的改变。因此，超临界流体干燥对木材干燥也是非常有利的，可以消除多数干燥方法所引起的皱缩等木材干燥缺陷。Smith 等考察了超临界 CO_2 处理对北美黄松边材抗弯强度和弹性模量的影响，经超临界流体处理过的试样与未处理过的试样的弯曲强度（MOR）和弹性模量（MOE）无明显区别[1]。因此，超临界流体处理对木材力学性质无明显不良影响，利用超临界流体处理制备木材/SiO_2 气凝胶纳米复合材料是可行的。

采用醇凝胶的超临界干燥工艺条件，对所制备木材/SiO_2 溶胶进行干燥，结果发现，在 90min 的动态干燥时间内，超临界设备的分离器 1 和分离器 2 还存在较多的乙醇和水的混合液未被分离出来，其原因应是木材的多孔性结构阻止了乙醇和水的混合液顺利排出。因此，比较压力、温度和干燥时间等因素，延长干燥时间是最有效的解决方法。超临界设备的分离器 1 和分离器 2 没有液体流出的动态干燥时间为 180 min。木材/SiO_2 气凝胶超临界干燥工艺条件最终确定为动态和静态干燥温度50℃，动态和静态压力 25 MPa，动态干燥时间 180 min。图 7-15 为在此工艺条件下不同 SiO_2 溶胶的木材/SiO_2 气凝胶复合材的增重率，图中理论增重率与实际增重率相差仅 2% 左右，证明该条件对木材中的 SiO_2 溶胶和木材本身的干燥是有效的，可以实现制备木材/SiO_2 气凝胶纳米复合材的有效制备。

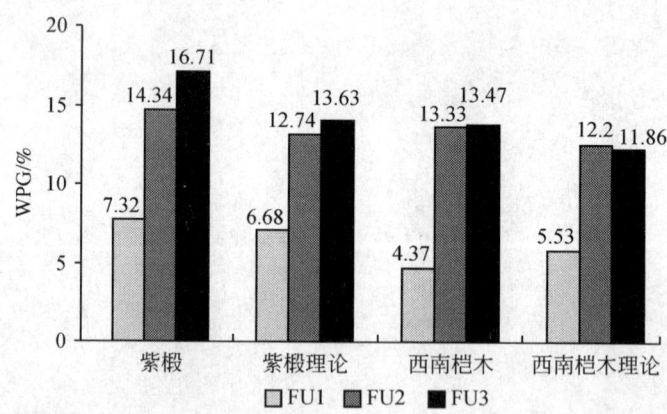

图 7-15　不同 SiO_2 溶胶的木材/SiO_2 气凝胶复合材的增重率

值得注意的是超临界 CO_2 流体干燥中木材/SiO_2 溶胶复合材突出的膨胀现象。由于在溶胶凝胶过程中，原料正硅酸乙酯（TEOS）与无水乙醇（EtOH）、去离子水及酸催化剂混合形成均匀的溶液，在溶液中，水的—OH 取代混合物中的—OCH$_2$CH$_3$，在这个过程中又放出乙醇，所以，在注入木材的溶胶中含有大量的乙醇。就木材试样来说，醇的润胀能力为甲醇＞乙醇＞正丙醇，因此，乙醇的浸渍使木材充分润胀，使细胞壁处于膨胀状态，由于随后的超临界 CO$_2$ 流体干燥自始至终避开了木材干燥过程中气液两相平衡过程，从而能够消除因毛细管张力造成的细胞壁骨架的收缩，因此，木材/SiO$_2$ 气凝胶复合材保持了较大的增容率，另一方面也说明 SiO$_2$ 气凝胶填充到木材细胞壁的间隙内部，这对尺寸稳定性与力学性质均会产生影响。西南桤木和紫椴/SiO$_2$ 气凝胶复合材料的增容率如图 7-16 所示，紫椴与西南桤木结构不同，两者的增容率有比较大的差异，西南桤木的增容率约为紫椴木材的 1/2。

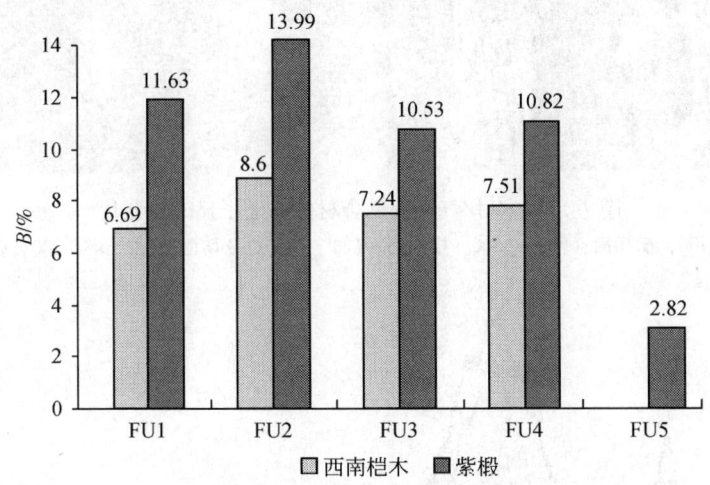

图 7-16　西南桤木和紫椴/SiO$_2$ 气凝胶复合材料的增容率

图 7-17 是 SiO$_2$ 气凝胶在木材中的状态，在横切面表面上，导管分子和木纤维分子均有较多的覆盖，木纤维分子分布均匀 [图 7-17（a）]，导管分子内无 SiO$_2$ 气凝胶 [图 7-17（b）]。从弦切面看，其细胞腔没有被 SiO$_2$ 气凝胶所填充，细胞壁与 SiO$_2$ 气凝胶紧密结合，细胞壁上的纹孔被气凝胶均匀填充，基本保持了木材的多孔性结构 [图 7-17（c）、(d）]。不同固含量 SiO$_2$ 气凝胶与木材的结合情况与分布详见 7.5 节。

4）SiO$_2$ 气凝胶的相组成分析

图 7-18 为所制备的亲水型 SiO$_2$ 气凝胶的 XRD 谱图。从 XRD 谱图可以看出，在室温时，不显示纯 SiO$_2$ 特征衍射峰，不同于玻璃 SiO$_2$ 的 XRD 谱图，其中立方相 SiO$_2$ 在 $2\theta=24.8°$ 处的衍射峰为最强峰，表明经超临界流体干燥得到的 SiO$_2$ 气凝胶部分处于有序状态，此状态的气凝胶既不同于非晶态玻璃 SiO$_2$，又不同于排

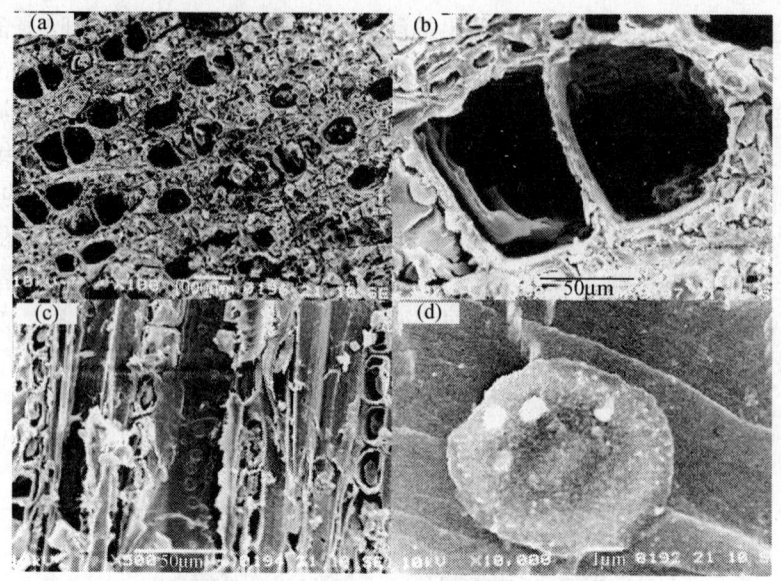

图 7-17 木材/气凝胶复合材扫描电子显微镜照片
(a) ×100,横切面;(b) ×500,横切面;(c) ×500,弦切面;(d) ×10 000,弦切面

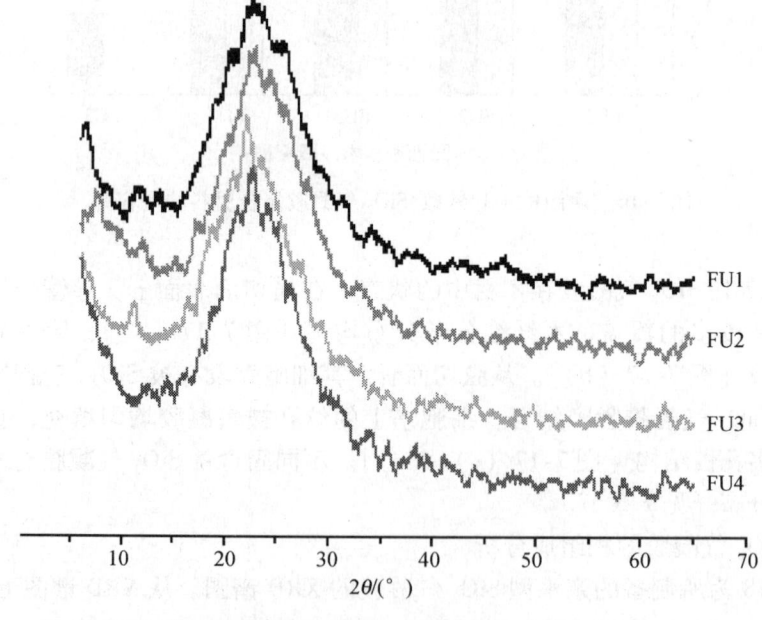

图 7-18 亲水型 SiO_2 气凝胶的 XRD 谱图

列状态整齐的石英玻璃。图中 X 射线谱线比较弥散,说明此 SiO$_2$ 气凝胶处于一种杂乱的无定形相,存在着大量孔隙和大的比表面积。

此外,图中 X 射线谱线上有大量的微晶峰,说明这种 SiO$_2$ 气凝胶立方相结构中仍保留有大量的—OH。

图 7-19 为所制备的疏水型 SiO$_2$ 气凝胶的 XRD 谱图。SiO$_2$ 气凝胶立方相结构中只有少量的—OH,其峰面积很大,也说明所制备的 SiO$_2$ 气凝胶颗粒具有纳米尺寸。

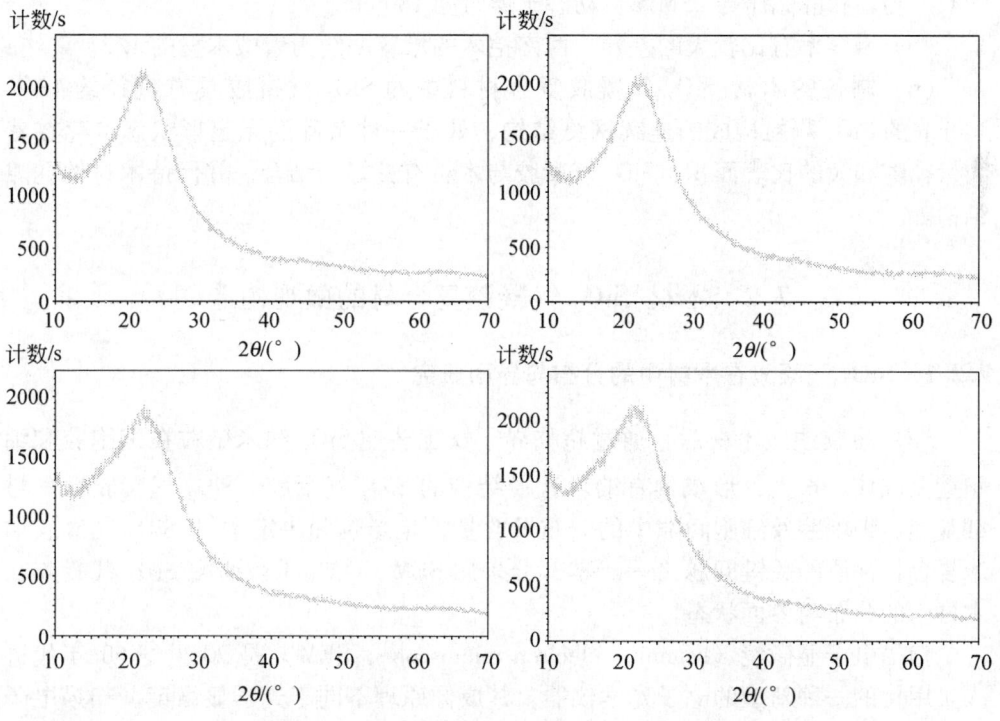

图 7-19　疏水型 SiO$_2$ 气凝胶的 XRD 谱图

7.1.5　小结

本节通过分别对 SiO$_2$ 气凝胶的溶胶-凝胶过程、SiO$_2$ 溶胶木材浸渍处理工艺条件和超临界干燥工艺条件的研究,确定木材/SiO$_2$ 气凝胶复合材的制备工艺。主要工艺条件如下:

(1) 通过适当调节反应物 TEOS/H$_2$O 配比,可以获得密度不同、孔分布不同的 SiO$_2$ 气凝胶,结合木材的特点,通过对 HF 酸的控制,确定 4 种溶胶 FU1、FU2、FU3 和 FU4 的 HF 酸用量最终选择为 1.0ml、0.4ml、0.6ml 和 1.0ml,可在 120min 左右得到醇凝胶。

(2) 凝胶的物理操作条件，醇凝胶陈化工艺条件，是将醇凝胶放入冰箱中冷却到 -21℃，并在 -21℃ 条件下陈化 1~3 天，然后将其取出，自然升温至室温（约需 12h），在 24h 内必须置于超临界干燥器中，进行干燥单元操作。

(3) SiO_2 溶胶对木材的渗透，应主要考虑压力和加压时间以及树种的影响，考虑木材的变异性所造成的实验数据的波动，确定 SiO_2 溶胶的浸渍工艺条件为压力 0.8MPa，加压时间 30min，减压真空度 0.090MPa，保持真空 10min。

(4) 木材/SiO_2 气凝胶超临界干燥工艺条件最终确定为动态和静态干燥温度 50℃，动态和静态压力 25MPa，动态干燥时间 180min。

(5) 增容率有比较大的差异，西南桤木的增容率约为紫椴木材的 1/2。

(6) 制备的木材/SiO_2 气凝胶复合材料中的 SiO_2 气凝胶具有直径约 13~300nm 的 SiO_2 颗粒构成的连续网络结构，处于一种杂乱的无定形状态，存在着大量孔隙和大的比表面积，SiO_2 气凝胶与木材有良好的结合，并保持木材的孔隙结构。

7.2 木材/SiO_2 气凝胶复合材的微观构造

7.2.1 SiO_2 气凝胶在木材中的分布与界面研究

SiO_2 溶胶注入木材后，通过超临界干燥工艺使 SiO_2 纳米微粒在细胞腔和细胞壁上成核、长大，形成具有纳米孔径结构的 SiO_2 气凝胶。SiO_2 气凝胶在木材细胞壁、细胞腔及细胞间隙中的分布及含量，是影响和决定木材/SiO_2 气凝胶纳米复合材性质的关键问题之一。本部分采用 SEM-EDAX 手段研究 SiO_2 气凝胶在木材内的分布与界面状态。

扫描电子显微镜（scanning electron microscope，SEM）是 20 世纪 60 年代进入实用化的一种新型的电子光学仪器，其成像原理不同于光学显微镜。扫描电子显微镜的成像是由于用极细的聚焦电子束在样品表面进行扫描，电子束与样品作用后所激发出的二次电子等物理信息，再由相应的检测器接收，经过放大、转化、变成电信号后，在调制显像管成像。扫描电子显微镜克服了光学显微镜和透射电子显微镜的某些不足，基本包括了放大镜、光学显微镜和透射电子显微镜的放大范围。扫描电子显微镜样品所释放的二次电子一般来说产生于样品表面下几纳米到几十纳米的区域，其景深比光学显微镜大几百倍，图像富有立体感，具有很好的三维结构特性。样品制作过程简单方便，可以直接观察大块样品，并在样品室中做三度空间的移动和旋转。SEM 对样品的适应性强，放大倍数连续可调、范围宽并且不需要重新聚焦，对样品的辐照损伤及污染小，分辨率可达 3~6nm，可对样品进行多功能的综合分析，应用越来越广泛。

随着科学技术的发展，扫描电镜结合 X 射线能谱仪已成为检测固体物质的重要手段，在观察样品表面的同时可进行化学成分分析，已在材料科学、生物学、医学、化学、矿物以及其他领域中得到日益广泛的应用。X 射线能谱分析是利用样品中元素的原子在受到外源电子束轰击时会产生特征 X 射线，对样品表面确定区域内存在的元素进行定性或定量分析。采用 SEM-EDAX 方法对木材中无机质元素分布进行检验，是非常准确和有效的手段。因此，本研究采用 SEM-EDAX 方法分析木材/SiO_2 气凝胶纳米复合材样品的表面形态、界面和 SiO_2 气凝胶在木材细胞中的分布。

1. 实验材料、仪器和方法

实验样品为 $70\sim80\mu m$ 西南桤木和紫椴，其制备方法同 7.1 节（不染色）。

本实验采用的 SEM 为日本 JEOL 公司生产的 JSM-5610LV 型扫描电子显微镜，加速度电压为 10kV，X 射线能谱仪（EDAX）为英国牛津 Oxford-INCA 型，照射电流 0.5×10^{-9} mA，X 射线探头至样品的工作距离 38mm，试样座的倾角为 $0°$，在这些恒定条件下，得到 Si-K_α、C-K_α、O-K_α、Cl-K_α 的 X 射线能谱图。

2. 结果与讨论

本部分主要讨论木材/SiO_2 气凝胶复合材的横切面。木材的横切面比较容易排出相邻细胞的干扰，得到清晰的 Si-K_α、C-K_α、O-K_α、Cl-K_α 的 X 射线能谱图，并且横切面的状态能够说明问题。不同硅气凝胶在无机质复合材细胞壁中的情况如图 7-20 所示。其中 Si 分布用白点表示。在图中可以清晰地看到，除了细胞腔中的 SiO_2 气凝胶外，在木材细胞壁的位置还能看到排列均匀的 SiO_2，证明在木材外部进行溶胶-凝胶过程，然后采取空细胞法将溶胶注入到木材中的工艺，可以与日本学者利用木材中的结合水进行溶胶-凝胶过程的工艺取得同样良好的效果。

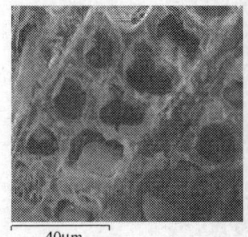
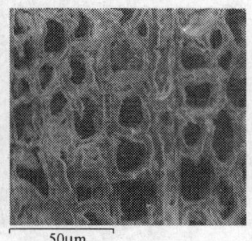
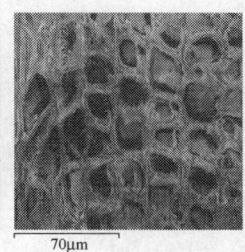
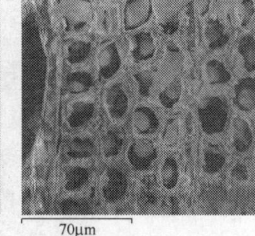

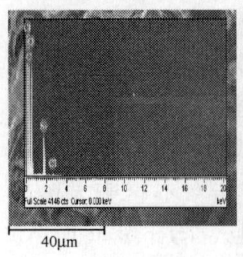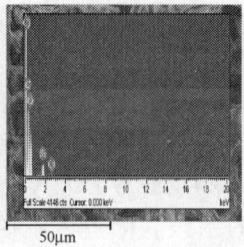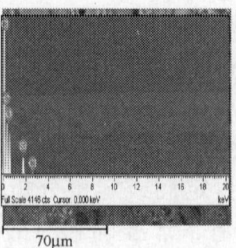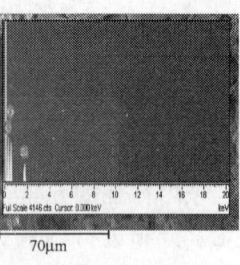

图 7-20　不同硅气凝胶在无机质复合材中的比较
(a) 西南桤木/FU1 SiO_2 气凝胶；(b) 西南桤木/FU2 SiO_2 气凝胶；
(c) 西南桤木/FU3 SiO_2 气凝胶；(d) 西南桤木/FU4 SiO_2 气凝胶；

图 7-21 为西南桤木 SiO_2 气凝胶复合材细胞壁放大 3700 倍时的形态。在图中能看到 SiO_2 气凝胶紧密地与细胞壁结合在一起，边缘明亮完整，保持了木材多孔性的结构。细胞间隙填充有 SiO_2 气凝胶，这无疑会加强细胞与细胞间的结合强度，增加细胞壁的刚性，提高木材的强度性能。SiO_2 气凝胶对木材的细胞壁有润胀、填充的作用，主要存在于细胞壁中纤维素组分中。从纤维素超分子结构看，纤维素以无定形相存在，除结晶区与无定形区以外，尚包含许多孔隙，形成孔隙系统，孔隙的大小一般为 1~10 nm，最大可达 100 nm[7]。因此，纳米级的溶胶分子在压力的作用下，有可能进入这些孔隙，SiO_2 溶胶在纳米空间原位聚合后，经超临界干燥后形成纳米级的 SiO_2 气凝胶，并与外部 SiO_2 气凝胶联结成整体。详细的木材/SiO_2 气凝胶复合材扫描电子显微镜照片和 Si-K_α 的 X 射线能谱图与数据参见图 7-22 至图 7-25。

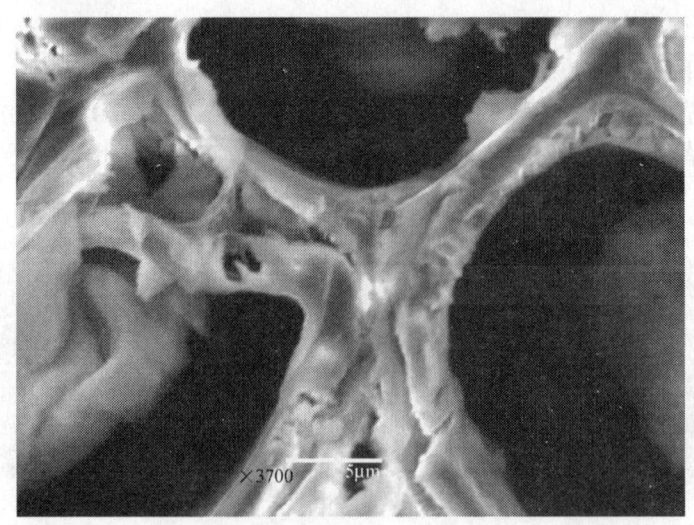

图 7-21　西南桤木/SiO_2 气凝胶复合材扫描电子显微镜照片

第 7 章 木材/无机气凝胶复合材 ·167·

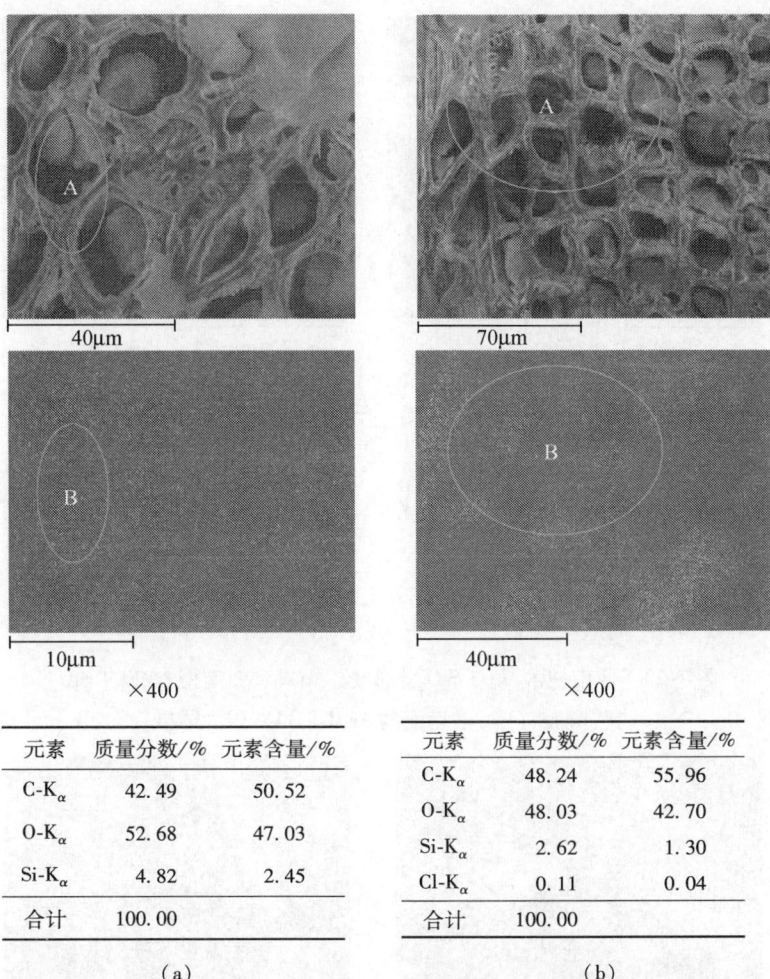

图 7-22 西南桤木/FU1 SiO$_2$ 气凝胶（a）和西南桤木/FU2 SiO$_2$ 气凝胶（b）横切面的 SEM-EDAX 测试结果

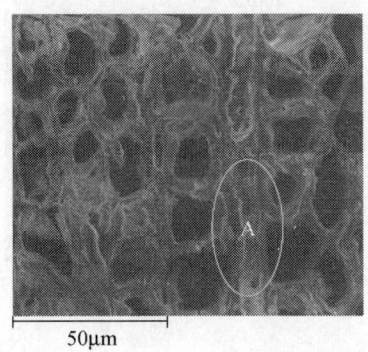
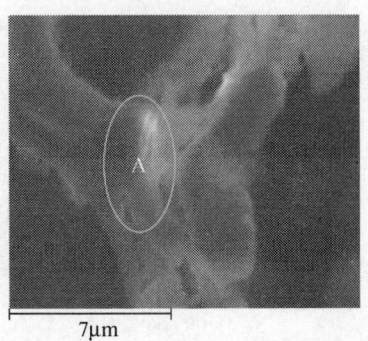

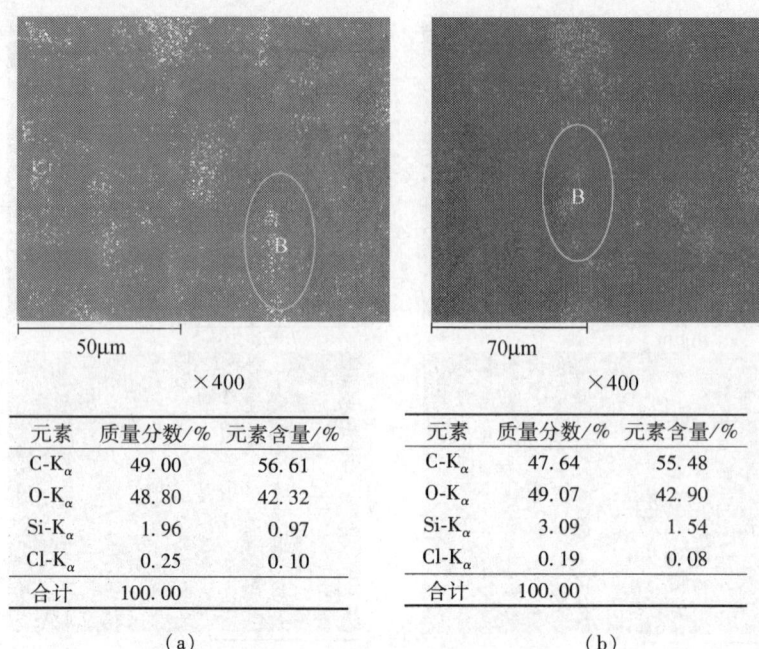

元素	质量分数/%	元素含量/%
C-K$_\alpha$	49.00	56.61
O-K$_\alpha$	48.80	42.32
Si-K$_\alpha$	1.96	0.97
Cl-K$_\alpha$	0.25	0.10
合计	100.00	

(a)

元素	质量分数/%	元素含量/%
C-K$_\alpha$	47.64	55.48
O-K$_\alpha$	49.07	42.90
Si-K$_\alpha$	3.09	1.54
Cl-K$_\alpha$	0.19	0.08
合计	100.00	

(b)

图 7-23 西南桤木/FU3 SiO$_2$ 气凝胶 (a) 和西南桤木/FU4 SiO$_2$ 气凝胶 (b) 横切面的 SEM-EDAX 测试结果

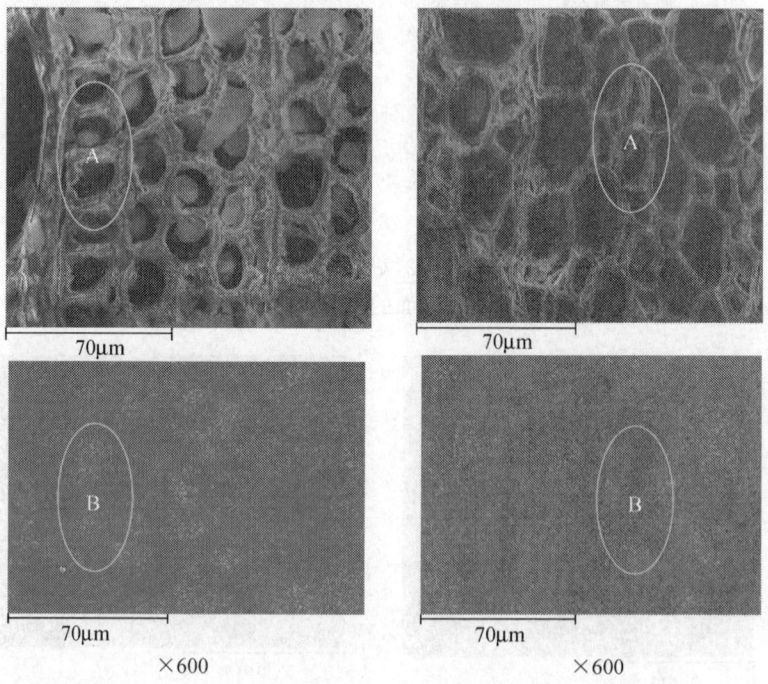

第7章 木材/无机气凝胶复合材 ·169·

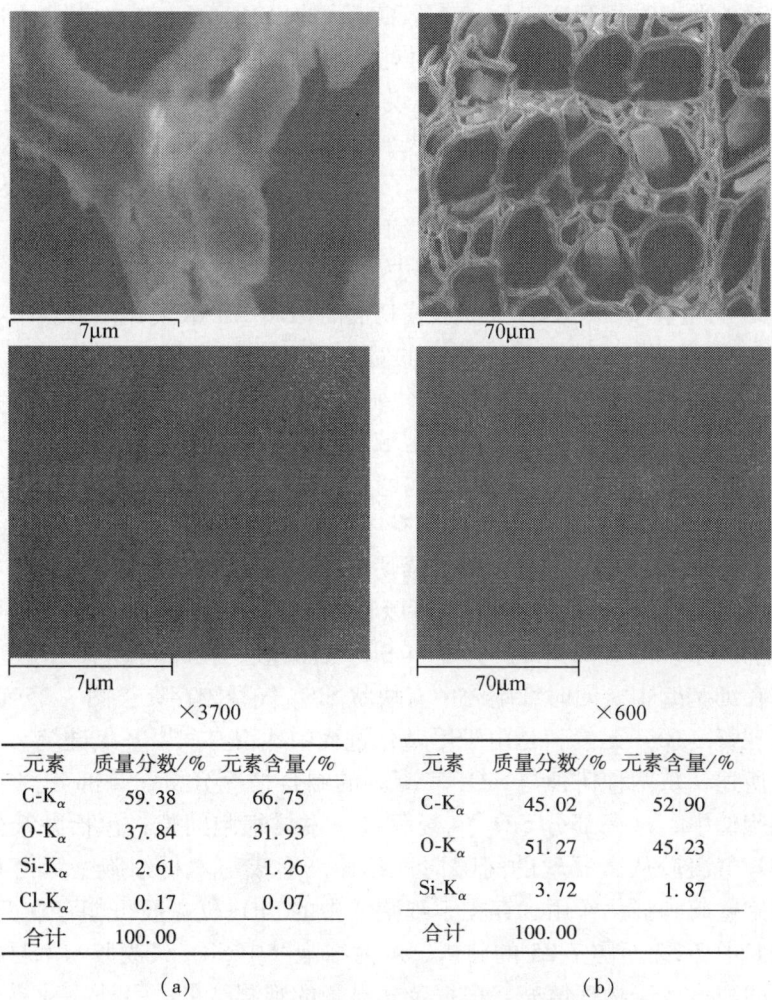

元素	质量分数/%	元素含量/%
C-K$_\alpha$	44.77	52.65
O-K$_\alpha$	51.53	45.49
Si-K$_\alpha$	3.70	1.86
合计	100.00	

(a)

元素	质量分数/%	元素含量/%
C-K$_\alpha$	47.52	55.29
O-K$_\alpha$	49.56	43.28
Si-K$_\alpha$	2.70	1.34
Cl-K$_\alpha$	0.22	0.09
合计	100.00	

(b)

图 7-24 紫椴/FU1 SiO$_2$ 气凝胶（a）和紫椴/FU2 SiO$_2$ 气凝胶（b）横切面的 SEM-EDAX 测试结果

元素	质量分数/%	元素含量/%
C-K$_\alpha$	59.38	66.75
O-K$_\alpha$	37.84	31.93
Si-K$_\alpha$	2.61	1.26
Cl-K$_\alpha$	0.17	0.07
合计	100.00	

(a)

元素	质量分数/%	元素含量/%
C-K$_\alpha$	45.02	52.90
O-K$_\alpha$	51.27	45.23
Si-K$_\alpha$	3.72	1.87
合计	100.00	

(b)

图 7-25 紫椴/FU3 SiO$_2$ 气凝胶（a）和紫椴/FU4 SiO$_2$ 气凝胶（b）横切面的 SEM-EDAX 测试结果

图7-22为西南桤木/FU1、FU2气凝胶横切面的SEM-EDAX测试结果。图7-22（a）为FU1 SiO_2气凝胶，图中B区域是A区域的对应Si-K_α的X射线能谱图，图中可以看出，细胞壁和细胞腔中均有硅元素分布，说明SiO_2气凝胶在压力作用下进入了细胞壁中，但细胞腔中也含有一定数量的SiO_2气凝胶，这与浸渍处理工艺有关，可以进一步延长减压真空时间加以解决。图7-22（b）为FU2 SiO_2气凝胶，B区域是A区域的对应Si-K_α的X射线能谱图，图中可以看出SiO_2气凝胶主要分布在细胞壁中，图7-22（b）元素表中出现氯（Cl）元素，是由于甲基化过程中残留有三甲基氯硅烷。

图7-23为西南桤木/FU3、FU4气凝胶横切面的SEM-EDAX测试结果。图7-23（a）为FU3 SiO_2气凝胶，B区域是A区域的对应Si-K_α的X射线能谱图，图中可以看出，SiO_2气凝胶主要存在于细胞壁中，说明SiO_2气凝胶在压力作用下进入了细胞壁中。图7-23（b）为FU4 SiO_2气凝胶，B区域是A区域的对应Si-K_α的X射线能谱图，图中为木纤维细胞，细胞腔中空（A区域）细胞壁中可见硅元素分布（B区域），可以看出SiO_2气凝胶主要分布在细胞壁中，图7-23（a）和（b）元素表中出现氯（Cl）元素，是由于甲基化过程中残留有三甲基氯硅烷。

图7-24为紫椴/FU1、FU2气凝胶横切面的SEM-EDAX测试结果。图7-24（a）为FU1 SiO_2气凝胶，B区域是A区域的对应Si-K_α的X射线能谱图，图中可以看出，SiO_2气凝胶存在于细胞壁中，同时细胞腔中有块状SiO_2气凝胶存在。7-24（b）为FU2 SiO_2气凝胶，B区域是A区域的对应Si-K_α的X射线能谱图，图中可以看出，SiO_2气凝胶主要分布在细胞壁中，图7-24（b）的元素表中出现氯（Cl）元素，是由于甲基化过程中残留有三甲基氯硅烷。

图7-25为紫椴/FU3、FU4气凝胶横切面的SEM-EDAX测试结果。图7-25（a）为FU3 SiO_2气凝胶，放大3700倍，可以看出SiO_2气凝胶存在于细胞壁中，具有明显的轮廓线条。图7-25（b）为FU4 SiO_2气凝胶，图中可以看出SiO_2气凝胶主要分布在细胞壁中，同时细胞腔中有块状SiO_2气凝胶存在。图7-25（a）的元素表中出现氯（Cl）元素，是由于甲基化过程中残留有三甲基氯硅烷。

综上所述，从两种树种与SiO_2气凝胶的结合情况分析，一部分SiO_2气凝胶存在于细胞壁中，这一部分SiO_2气凝胶进入木材细胞间隙，包括微纤丝之间的间隙，SiO_2气凝胶从微纤丝的间隙向外延伸，形成与木材细胞壁紧密相连的部分，对细胞壁起到强化作用。存在于细胞壁中的SiO_2气凝胶可能存在两种状态，显然根据对图7-22至图7-25的分析，木材细胞壁中SiO_2气凝胶与木材组分没有明显界面间隙，属于物理填充，根据荧光显微的观测结果，另外一种有化学联结和氢键作用。这两部分共同构成了细胞壁中的SiO_2气凝胶。

另一种情况是细胞腔中的SiO_2气凝胶，根据上述观察，SiO_2气凝胶主要存在于木纤维细胞腔中和导管细胞腔中,并且在木纤维细胞腔中的聚集量大于导管细胞腔中的聚集量。这与注入工艺条件和细胞毛细管张力有关,木纤维细胞腔细长,毛细管张力大,在同样真空度条件下,细胞腔中留存 SiO_2 气凝胶量大。细胞腔中 SiO_2 气凝胶仅起到填充作用,可考虑进一步延长抽真空时间或提高真空度,所抽出 SiO_2 溶胶可重新利用。与坂志郎等日本学者的方法比较,先制备 SiO_2 溶胶,向木材中注入 SiO_2 溶胶,在木材内反应形成凝胶,只要工艺条件适合,完全可以取得一致的效果,大大简化了制备工艺条件,提高了原料利用率。

7.2.2 木材/SiO_2 气凝胶复合材的润湿性解析

润湿是自然界和生产过程中常见的现象。通常将固气界面被固液界面所取代的过程称为润湿。木材是一种可润湿的固体材料,影响木材润湿性的因素主要有固体的表面自由能与液体的表面张力、树种与纹理方向、木材抽提物含量以及木材周围环境与木材老化等。对于木材/SiO_2 气凝胶复合材来说,由于无机材料的复合与 SiO_2 气凝胶的特殊纳米结构,改变了原木材表面的化学组成与极性,改性前后木材的表面自由能会产生显著的变化,从而影响到木材表面的润湿性和接触角。

本节采用接触角测定法对西南桤木和紫椴改性前后的木材接触角变化值进行了测定和推算,以研究 SiO_2 气凝胶改性对木材接触角的影响,为木材/SiO_2 气凝胶复合材的改性处理提供评价依据和基础数据。

1. 实验材料、仪器和方法

实验采用 20mm×20mm×30mm 紫椴和西南桤木,制备方法同 7.1 节。本实验木材/SiO_2 气凝胶复合材根据固含量的不同和偶联剂的加入分为四组试件(FU1、FU2、FU3、FU4),均用10% 三甲基氯硅烷溶液中浸渍处理 20 min,在 60℃ 条件下干燥 4h 后即可用于各项分析检测。素材作为对照,如表 7-6 所示。

表 7-6 实验材料的 SiO_2 固含量

	FU1	FU2	FU3	FU4	S
椴木	7.32	14.34	16.71	14.34	
西南桤木	4.37	13.33	13.47	4.37	—

注:FU4 是在 FU1 配方的基础上加入偶联剂。S 代表素材。

本实验采用国产 JC2000A 静滴接触角/界面张力测量仪,如图 7-26 所示,测量方式采用液滴法,即将未处理的木材和木材/SiO_2 气凝胶复合材放入 JC2000A 的样品池中,分别在其横切面、弦切面和径切面上滴上蒸馏水、乙二醇和氯化钙溶液 0.002ml,拍摄图像后用量角器测量接触角的大小,图像放大率为266pixel/mm,测定环境温度为20℃。

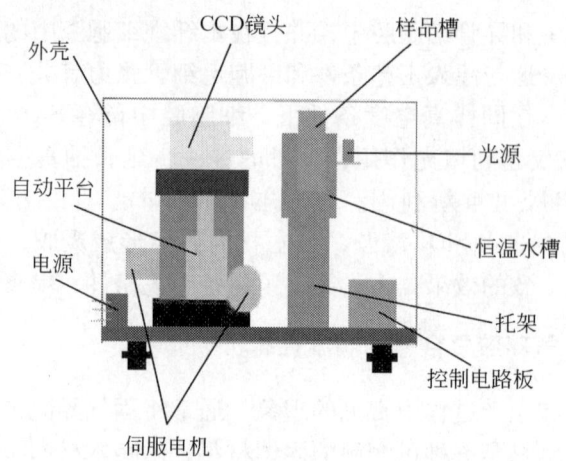

图 7-26　JC2000A 静滴接触角/界面张力测量仪

2. 结果与分析

将一液体滴到一平滑均匀的固体表面上，将形成一个平衡液滴，通常规定在三相交界处，自固液界面经液滴内部至气液界面之夹角为平衡接触角 θ，如图 7-27 所示。

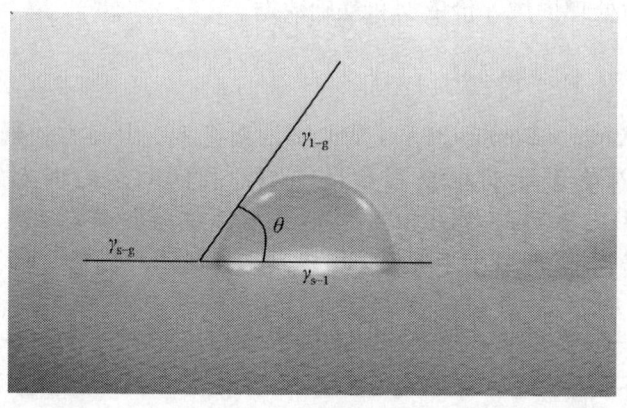

图 7-27　固液接触角

液滴的形状由固液气三相交界处任意两相间的夹角所决定，接触角是几个变量的函数，用润湿方程描述，它是界面化学的基本方程之一，是 1805 年 T. Young 提出的，也称为 Young 方程。

$$\gamma_{s-g} - \gamma_{s-l} = \gamma_{l-g} \cos\theta \tag{7-8}$$

式中，γ_{s-g}、γ_{s-l} 和 γ_{l-g} 分别为固气、固液和液气的界面张力。

将 Young 方程与三个润湿过程的定义相结合，得到判断润湿过程的几个公式：

沾湿
$$W_a = \gamma_{s-g} + \gamma_{l-g} - \gamma_{s-l} = \gamma_{l-g}(\cos\theta + 1) \tag{7-9}$$

浸湿
$$W_i = \gamma_{s-g} - \gamma_{s-l} = \gamma_{l-g}\cos\theta \tag{7-10}$$

铺展
$$S = \gamma_{s-g} - \gamma_{s-l} - \gamma_{l-g} = \gamma_{l-g}(\cos\theta - 1) \tag{7-11}$$

式中，W_a、W_i 和 S 分别称为黏附功、浸润功（黏附张力、润湿能）和铺展系数。由式（7-9）至式（7-11）可知，θ 越小（$\cos\theta$ 越大），相应的 W_a、W_i、S 越大，即润湿性越好，因而 θ 可作为润湿性能的度量标准。

由上述公式可知，只有当 $\gamma_{l-g} > \gamma_{s-g} - \gamma_{s-l}$ 时，才有明确的三相交界线，即有一定的 θ 值，$\cos\theta > 0$，$\theta < 90°$，液体在固体表面呈浸渍润湿。

而当 $\gamma_{l-g} = \gamma_{s-g} - \gamma_{s-l}$ 时，$\theta = 0°$，$\cos\theta = 1$，液体可以在固体表面上展开，呈扩展润湿。

当 $\gamma_{l-g} < \gamma_{s-g} - \gamma_{s-l}$ 时，$\cos\theta < 0$，$\theta > 90°$，液体只能有接触润湿。

决定和影响木材润湿作用和接触角的因素有很多，如木材表面的粗糙程度、纹理方向和不均匀性，液体的性质及杂质、添加物，以及测定时间等。对于木材/SiO_2 气凝胶复合材来说，除了木材的影响因素外，SiO_2 气凝胶的孔径、颗粒大小和表面处理以及不同的纹理方向等均会对接触角的大小产生影响。因此，接触角的大小也从另一角度反映了木材与 SiO_2 气凝胶复合的程度和性质。图7-28 为蒸馏水与紫椴/SiO_2 气凝胶复合材和素材的接触角随时间的变化图，其中，图（a）为紫椴/SiO_2 气凝胶复合材，图（b）为紫椴素材。从图中可以看到蒸馏水在紫椴/SiO_2 气凝胶复合材表面以水滴形式存在，不能迅速展开，保持时间达12min以上。素材则迅速展开，表现出较强的极性，表明紫椴/SiO_2 气凝胶复合材的表面性质有比较大的改变。

图7-29 至图7-34 是蒸馏水与不同的凝胶系列（其中，FU5 为干凝胶，固含量比例同FU3，FUS 是紫椴素材）的接触角变化情况（图中代号 C、R、T 分别代表横切面、弦切面和径切面）。从图可见，FU1～FU4 和 FU5 系列 SiO_2 气凝胶与素材（图7-34）相比，具有较大的接触角，FU1～FU5 系列 SiO_2 气凝胶初始接触角多集中在 100°～120°之间，而素材初始接触角 75°～90°，基本为横切面≥弦切面≥径切面，这与 SiO_2 气凝胶分布量有关，且与显微镜下的观测结果是一致的。另外，FU1～FU4 系列 SiO_2 气凝胶复合木材接触角变化的速度极小，所需时间约为素材的 30～60 倍左右，说明用 SiO_2 气凝胶处理木材，产生了显著的接触角增大作用。因此，FU1～FU4 系列 SiO_2 气凝胶复合木材表现出良好的表面疏水性。

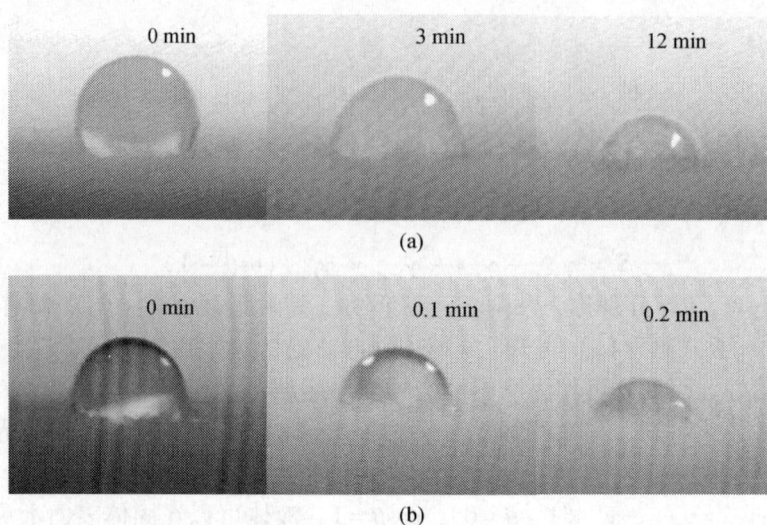

图 7-28　蒸馏水与紫椴/SiO_2 气凝胶复合材（a）和素材（b）的接触角随时间的变化图

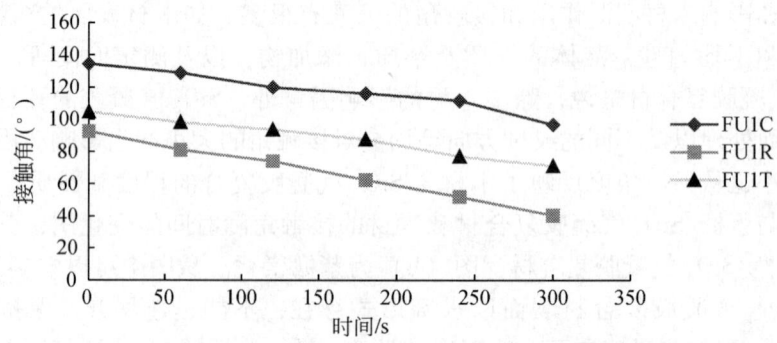

图 7-29　FU1 系列气凝胶接触角随时间的变化图

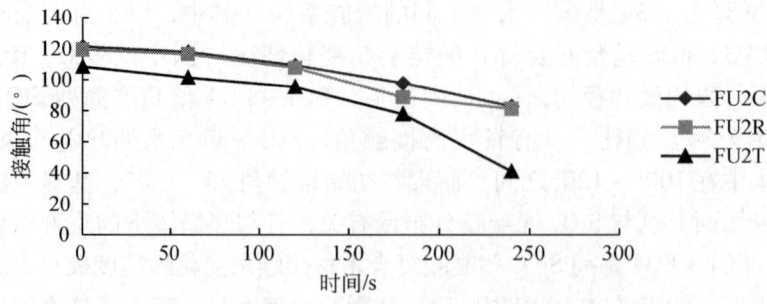

图 7-30　FU2 系列气凝胶接触角随时间的变化图

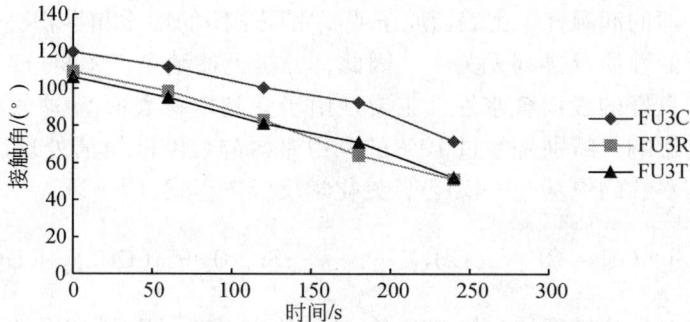

图 7-31　FU3 系列气凝胶接触角随时间的变化图

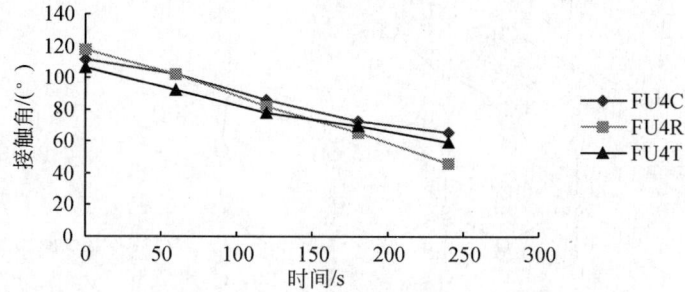

图 7-32　FU4 系列气凝胶接触角随时间的变化图

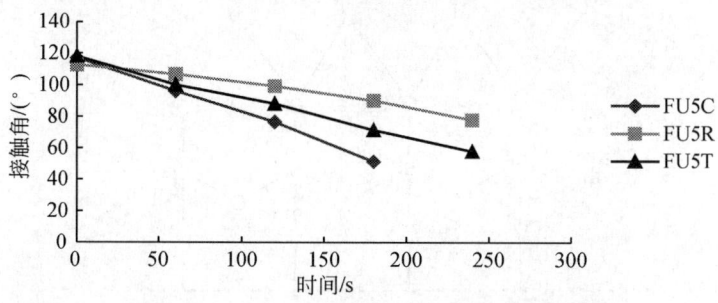

图 7-33　FU5 系列干凝胶接触角随时间的变化图

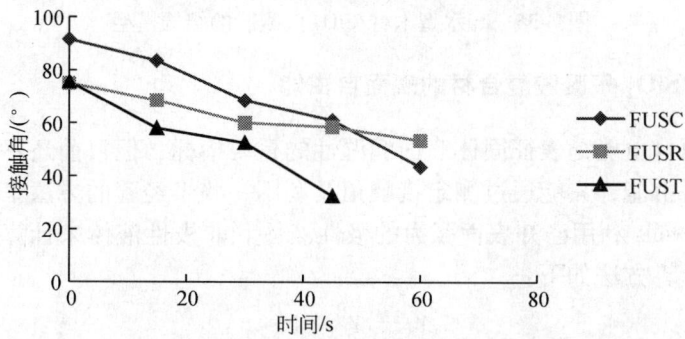

图 7-34　紫椴素材接触角随时间的变化图

聚合物表面的润湿性，由表面原子或紧密原子团的性质和堆积决定，而与内部原子和分子的性质及排列无关[8]。因此，分析上述结果，木材/SiO_2气凝胶复合木材表现出良好的表面疏水性，主要是由于受到木材表面SiO_2气凝胶原子团性质和堆积的影响，特别是经过10%的三甲基氯硅烷溶液浸渍处理后，在Si的表面引入了疏水性的甲基（—CH_3），见化学反应方程式（7-12）：

$$—Si—OH + Cl—Si(CH_3)_3 \longrightarrow —Si—O—Si(CH_3)_3 + HCl \quad (7-12)$$

那么，经疏水化处理的木材/SiO_2气凝胶的表面有图7-35所示的结构模型。

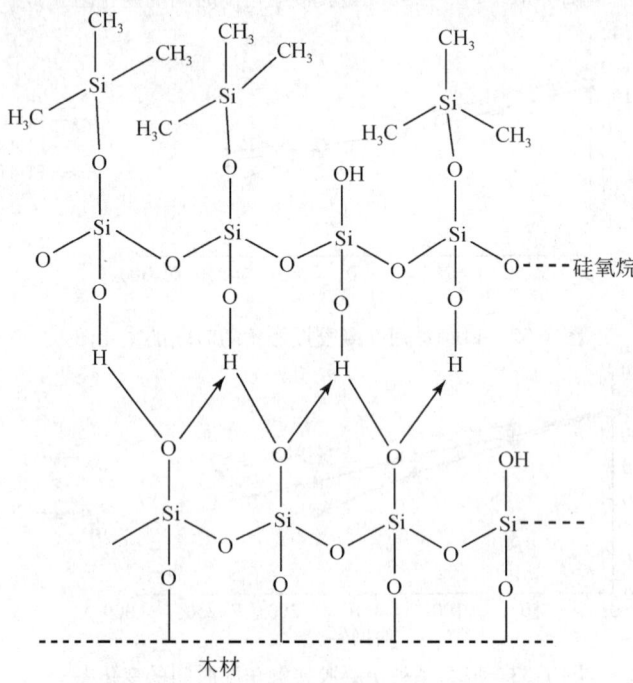

图7-35 疏水型木材/SiO_2气凝胶的结构模型

7.2.3 木材/SiO_2气凝胶复合材的表面自由能

固体表面自由能是表征固体表面润湿性的重要指标，但目前还不能准确地测定固体表面自由能，只能通过测定接触角及利用一些半经验的方法来估算固体表面自由能。Owens利用已知表面张力的极性液体和非极性液体来计算固体表面自由能，具体计算方法如下：

$$\gamma_s = \gamma_s^D + \gamma_s^P \quad (7-13)$$

$$\gamma_l = \gamma_l^D + \gamma_l^P \quad (7-14)$$

式中：γ_s——固体表面能，可以分解为色散力 γ_s^D 项和极性力 γ_s^P 项；

γ_l——液体表面能，也可以分解为色散力 γ_l^D 项和极性力 γ_l^P 项。

那么：

$$\gamma_l(1+\cos\theta)=2(\gamma_s^D\gamma_l^D)^{1/2}+2(\gamma_s^P\gamma_l^P)^{1/2} \tag{7-15}$$

在式（7-15）中，如果已知液体的表面能 γ_l 及其分项 γ_l^D 和 γ_l^P，并测出液体在固体表面上的接触角 θ，则公式中还有两个未知数 γ_s^D 和 γ_s^P。为了求得这两个未知数，就需要两个方程，因此必须采用两种测试液体，获得如下的方程组：

$$\begin{cases}\gamma_{l1}(1+\cos\theta_1)=2(\gamma_s^D\gamma_{l1}^D)^{1/2}+2(\gamma_s^P\gamma_{l1}^P)^{1/2}\\\gamma_{l2}(1+\cos\theta_2)=2(\gamma_s^D\gamma_{l2}^D)^{1/2}+2(\gamma_s^P\gamma_{l2}^P)^{1/2}\end{cases} \tag{7-16}$$

再由式（7-13）求得 γ_s。目前常用的测试液体如表7-7所示。

表7-7 常用接触角测量液体的表面能

液体	γ_l^P	γ_l^D	γ_l	γ_l^P/γ_l^D	极性
水	51.0	21.8	72.8	2.36	极性
甘油	26.4	37.0	63.4	0.71	极性
甲酰胺	18.7	39.5	58.2	0.47	极性
二碘甲烷	2.3	48.5	50.8	0.05	非极性
α-溴萘	0	44.6	44.6	0	非极性
正十六烷	0	27.6	27.6	0	非极性

用 Owens 法计算表面能时，所选的两种测试液必须满足如下条件：

（1）两种液体的 γ_l^P/γ_l^D 值不能接近，而且两者的差距越大越好。

（2）两种液体必须有不同的极性，即必须从极性液体中和非极性液体中各选一种液体。

（3）试液不能使固体的表面发生溶解、膨胀和变形等现象。

1. 实验材料和方法

实验样品及其制备方法同 7.1 节。本实验采用国产 JC2000A 静滴接触角/界面张力测量仪，测量方式采用液滴法，即将未处理的木材和木材/SiO_2 气凝胶复合材放入 JC2000A 的样品池中，分别在其横切面、弦切面和径切面上滴上蒸馏水、乙二醇和氯化钙溶液 0.002ml。

采用 Zisman 半经验方法推算木材/SiO_2 无机质复合材的表面自由能，即以所给固体表面接触角的余弦值对不同表面张力的一系列液体作图，估算出固体表面的自由能。以已知表面张力的多种液体的表面张力为横坐标，测定的接触角余弦值为纵坐标，所作的线段外推至 $\cos\theta = 1$（接触角为零），与平行于横坐标的直线相交，其交点对应的表面张力值即为临界表面张力（γ_c），此临界表面张力即可视为固体的表面自由能，通常由式（7-17）表示：

$$\cos\theta = 1 + b(\gamma_c - \gamma_{l-g}) \tag{7-17}$$

式中：b——直线的斜率。

当液体与固体表面的接触角恰好处于临界点时，即 $\theta = 0$，$\cos\theta = 1$，由 Owens 二液法公式 $\gamma_s = \gamma_s^D + \gamma_s^P$ ［式（7-13）］就可以求出固体表面的临界张力，即表面能为 $\gamma_c = \gamma_{l-g}$，如图 7-36 所示。

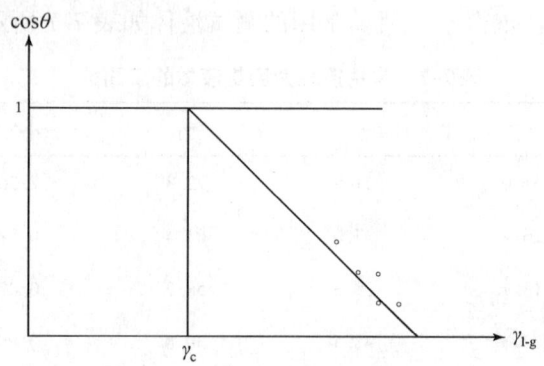

图 7-36　作图法推算表面自由能示意图

2. 结果与分析

图 7-37 是素材和木材/SiO_2 气凝胶复合材横切面的表面自由能推算图，径切面和弦切面推算方法与此相同。图中的横坐标是液体的表面张力（N/mm），纵坐标是测量接触角的余弦值。

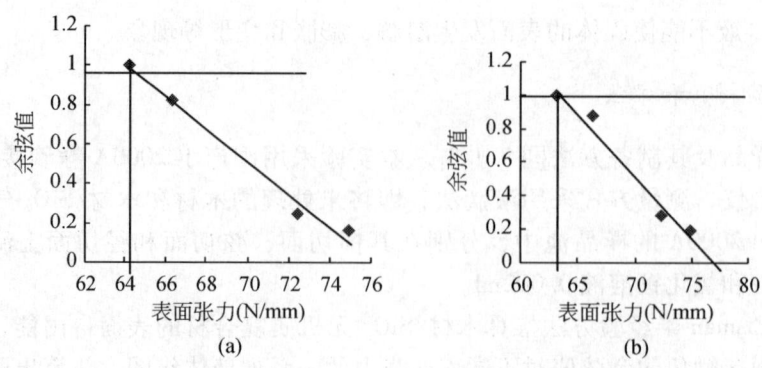

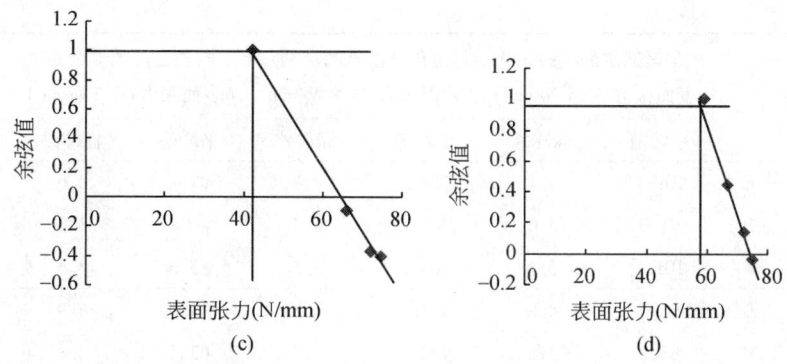

图7-37 素材和木材/SiO$_2$气凝胶复合材横切面的表面自由能推算图
(a) 椴木素材横切面；(b) 西南桤木素材横切面；(c) FU1椴木横切面；(d) FU1西南桤木横切面

固体的表面自由能是产生单位面积无应力表面所需要的能量。木材的表面自由能对木材的润湿性有很大的影响，只有当液体的表面张力等于或小于木材表面的自由能时，液滴才可以在木材表面完全铺展，此时接触角θ等于零。本实验测定了三种极性液体在木材/SiO$_2$气凝胶复合材表面的接触角，推算出木材/SiO$_2$气凝胶复合材的表面自由能，见表7-8。

表7-8 素材及木材/SiO$_2$气凝胶复合材的表面自由能

组别		与蒸馏水的接触角 (表面张力72.4 N/mm)		与氯化钙溶液的接触角 (表面张力74.9 N/mm)		与乙二醇的接触角 (表面张力66.3N/mm)		表面自由能/(N/mm)
		平均值	标准差	平均值	标准差	平均值	标准差	
SQ	C	78.9	6.2	82.6	6.8	59.0	6.8	63.2
	R	80.54	6.4	83.4	5.4	66.0	5.2	61.6
	T	82.1	5.9	85.4	4.9	69.0	5.6	60.9
SD	C	75.5	5.6	80.7	4.9	47.1	6.4	64.6
	R	77.9	6.2	81.9	5.3	58.7	5.7	62.8
	T	79.6	5.2	78.4	5.8	63.9	5.9	62.4
FU1D	C	111.7	5.9	114.5	4.6	95.5	4.9	42.5
	R	77.5	5.4	83.1	5.8	80.6	4.8	49.8
	T	87.5	4.7	94.2	3.6	84.2	5.4	46.6
FU1Q	C	92.1	4.9	110.5	3.6	92.7	4.9	53.8
	R	74.6	5.6	101.5	4.2	71.1	4.6	58.9
	T	81.8	3.7	104.3	5.1	87.2	6.3	56.9

续表

组别		与蒸馏水的接触角（表面张力72.4 N/mm）		与氯化钙溶液的接触角（表面张力74.9 N/mm）		与乙二醇的接触角（表面张力66.3N/mm）		表面自由能/(N/mm)
		平均值	标准差	平均值	标准差	平均值	标准差	
FU3D	C	109.7	4.1	108.1	4.7	92.2	4.0	34.6
	R	91.0	5.0	92.8	4.4	80.8	3.3	40.8
	T	105.1	5.3	106.2	5.5	83.6	4.5	38.9
FU3Q	C	93.3	4.9	111.3	4.8	92.0	5.9	51.1
	R	85.3	3.3	102.1	3.4	67.5	3.8	57.4
	T	92.6	4.6	109.6	5.7	86.275	4.0	55.2
FU4D	C	111.2	5.2	110.1	4.5	95.6	5.8	34.5
	R	86.2	2.8	91.5	1.9	89.6	6.4	46.8
	T	98.1	6.7	103.6	3.2	91.8	4.0	37.6
FU4Q	C	93.7	5.1	94.5	4.1	90.2	4.3	34.9
	R	78.0	4.4	85.6	5.0	77.6	4.8	45.8
	T	84.3	6.5	91.8	6.1	82.5	5.6	37.6

注：S代表素材，D代表紫椴，Q代表西南桦木，C代表横截面，R代表径切面，T代表弦切面。

对素材及木材/SiO_2气凝胶复合材的表面自由能进行分析（图7-38），从图中可以看出，经改性处理的木材较未处理的木材的表面自由能有所减小。FU1椴木、FU3椴木、FU4椴木的横切面的表面自由能与椴木素材相比分别减少了34%、46%、42%，径切面的表面自由能减少了20.7%、35%、25.4%，弦切面减少了25.3%、37.6%、39.7%；FU1西南桦木、FU3西南桦木、FU4西南桦木的横切面的表面自由能与西南桦木素材相比减少了14.8%、19.1%、27.5%，径切面的表面自由能减少了9.3.%、11.3%、25.6%，弦切面减少了9.2%、11.4%、29.7%。

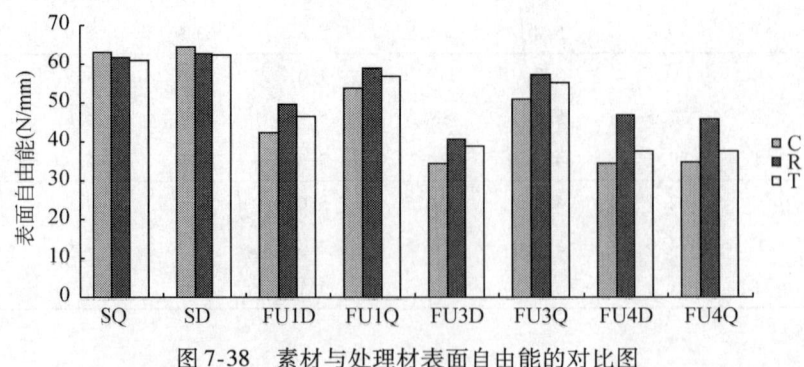

图7-38 素材与处理材表面自由能的对比图

紫椴素材的表面自由能小于西南桤木素材的表面自由能，在改性处理后，椴木/SiO_2气凝胶复合材的表面自由能小于西南桤木/SiO_2气凝胶复合材，且椴木变化的百分比要比桤木大，这是由于椴木的浸注性优于桤木，椴木 SiO_2 气凝胶的含量要大于桤木，FU3 系列的变化率要大于 FU1 系列的变化率，这是由于 FU3 的固含量（16.71%）大于 FU1（7.32%）系列的固含量，以上现象均与表 7-6 中实验材料的 SiO_2 固含量数据相吻合。

从图 7-38 还可以看出，FU4 系列椴木 SiO_2 气凝胶复合材/和西南桤木/SiO_2 气凝胶复合材的表面自由能均小于相同固含量的 FU1 系列的量值，这是由于 FU4 系列加入的偶联剂对其产生了影响。

7.2.4 小结

通过光学显微镜和扫描电子显微镜结合 X 射线能谱仪，对木材处理前后的微观构造进行了观察比较，结果表明：

（1）通过光学显微镜观测，呈块状聚集的 SiO_2 气凝胶分布情况是横切面≫弦切面＞径切面，在径切面和弦切面均有 SiO_2 薄层与细胞壁组织紧密相连，保持了木材的多孔性结构。两种木材 SiO_2 气凝胶在木纤维中呈现相对均匀分布状态，而导管组织中，早材导管中留存较少，晚材导管中相对较多，不同树种的分布状态不相同，与木材结构有关。

（2）荧光图像推测 SiO_2 气凝胶与木材存在三种联结状态：一是 SiO_2 气凝胶与木质素产生联结；二是 SiO_2 气凝胶与木材细胞壁中纤维素产生的氢键连接，因此，界面呈现逐渐变化的阶梯状颜色变化；三是 SiO_2 气凝胶均聚物以物理形式填充。

（3）通过 EDAX 的观测，发现在木材细胞壁的位置可以观察到排列均匀的 SiO_2。证明在木材外部进行溶胶-凝胶化过程，然后采取空细胞法将溶胶注入到木材中的工艺，可以与利用木材中的结合水进行溶胶-凝胶过程的工艺取得同样良好的效果。

（4）Si 的表面引入了疏水性的甲基（—CH_3），通过对接触角的测量表明，木材/SiO_2 气凝胶复合木材表现出良好的表面疏水性。通过对其润湿性的研究得出以下结论：SiO_2 气凝胶的改性处理对木材的润湿性有显著的影响，改性后的木材具有一定的拒水性，接触角和表面自由能有很大的变化。FU1 系列的椴木初始接触角要比素材大 20°～25°，FU1 系列的西南桤木的接触角要比素材 20°～35°；FU2 系列椴木的接触角比素材增大了 15°～30°，FU2 系列西南桤木的接触角比素材增大了 20°～35°；FU3 系列椴木的接触角比素材增大了 15°～20°，FU3 系列西南桤木的接触角比素材增大了 20°～35°；FU4 系列椴木的接触角比素材增大了

20°~30°而椴木增大了25°~35°。FU1、FU2、FU3、FU4 系列较素材相比接触角增大,素材的初始接触角在75°~90°,而改性后的木材的接触角多集中在100°~130°。

(5) 经改性处理的木材较未处理的木材的表面自由能有所减小。FU1 椴木、FU3 椴木、FU4 椴木的横切面的表面自由能与椴木素材相比减少了 34%、46%、42%,径切面的表面自由能减少了 20.7%、35%、25.4%,弦切面减少了 25.3%、37.6%、39.7%;FU1 西南桤木、FU3 西南桤木、FU4 西南桤木的横切面的表面自由能与西南桤木素材相比减少了 14.8%、19.1%、27.5%,径切面的表面自由能减少了 9.3.%、11.3%、25.6%,弦切面减少了 9.2%、11.4%、29.7%。

7.3 木材/SiO_2 气凝胶复合材的性能评价

木材/SiO_2 气凝胶复合材是木材与无机质材料相结合而成的一种新型木质基复合材,其中无机相 SiO_2 气凝胶具有纳米结构,根据纳米材料所具有的一些特性,有必要对木材/SiO_2 气凝胶复合材的力学性能、尺寸稳定性、声学性能及阻燃性能等基本特性进行评价。

7.3.1 木材/SiO_2 气凝胶复合材的力学性能

1. 材料与方法

(1) 木材:西南桤木和紫椴,试样制作及试验方法是按国家标准《木材物理力学试验方法》(GB1928~1943—91)的有关规定进行。用不同固含量的 SiO_2 气凝胶(FU1~FU4),按照 7.1.4 节确定的工艺条件,制备木材/SiO_2 气凝胶复合材。同时用 FU3 溶胶在 70℃条件下制备紫椴/SiO_2 干凝胶复合材,将西南桤木/紫椴(FU1~FU4)SiO_2 气凝胶、紫椴/SiO_2 干凝胶复合材、西南桤木/紫椴素材调整含水率为 12%,备用。6 株试材共计制得标准试样 800 余个,进行了 1200 多次各项物理力学试验。

(2) 力学实验设备:采用瑞士生产的力学实验设备。

(3) 实验方法:按国家标准 GB1935—91 测定顺纹抗压强度;按国家标准 GB1936.2—91 测定抗弯弹性模量;按国家标准 GB1936.1—91 测定抗弯强度;按国家标准 GB1941—91 测定硬度。

2. 结果与讨论

西南桤木和紫椴素材以及与 SiO_2 气凝胶和干凝胶复合后的主要力学性能实验结果见表 7-9 和表 7-10。

表7-9 紫椴/SiO$_2$气凝胶复合材力学性能

	项目	素材	FU1气凝胶	FU2气凝胶	FU3气凝胶	FU3干凝胶	FU4气凝胶
顺纹抗压强度	平均值/MPa	53.43	52.47	53.86	50.96	55.42	52.47
	变异系数/%	11.35	14.86	14.17	11.44	9.04	11.53
	准确指数/%	3.95	4.29	4.48	3.62	3.10	3.60
抗弯强度	平均值/MPa	150.55	111.00	113.25	100.82	118.29	92.20
	变异系数/%	5.11	11.63	18.25	17.99	16.68	24.51
	准确指数/%	3.23	6.21	9.75	9.29	10.55	12.65
抗弯弹性模量	平均值/1000MPa	12	10	11	10	10	10
	变异系数/%	12.70	10.44	17.91	19.57	11.40	14.97
	准确指数/%	8.03	5.58	9.25	9.79	7.21	7.73
硬度 横切面	平均值/N	3652	4374	4679	4993	3808	4892
	变异系数/%	7.47	9.14	12.54	9.64	11.73	10.33
	准确指数/%	3.19	3.34	4.74	3.52	2.51	3.83
硬度 径切面	平均值/N	2576	2656	2539	3262	2957	2905
	变异系数/%	10.83	12.70	13.40	9.46	11.73	10.33
	准确指数/%	4.62	4.64	5.06	3.45	4.28	3.77
硬度 弦切面	平均值/N	3048	3057	3049	3691	3235	3454
	变异系数/%	11.17	11.83	12.10	11.61	10.07	14.25
	准确指数/%	4.76	4.32	4.57	4.24	3.68	5.21

表7-10 西南桤木/SiO$_2$气凝胶复合材力学性能

	项目	素材	FU1气凝胶	FU2气凝胶	FU3气凝胶	FU4气凝胶
顺纹抗压强度	平均值/MPa	40.15	53.93	53.68	48.70	55.25
	变异系数/%	—	15.80	16.39	19.39	15.62
	准确指数/%	—	4.94	4.83	5.54	4.47
抗弯强度	平均值/MPa	61.40	106.30	90.63	98.45	76.60
	变异系数/%	—	19.39	18.96	14.18	45.66
	准确指数/%	—	14.66	13.41	10.72	34.52

续表

项目			素材	FU1气凝胶	FU2气凝胶	FU3气凝胶	FU4气凝胶
抗弯弹性模量		平均值/1000MPa	9	9	9	10	9
		变异系数/%	—	14.15	12.38	16.12	15.00
		准确指数/%	—	10.70	9.36	13.16	11.35
硬度	横切面	平均值/N	5765	7876	8505	8638	9030
		变异系数/%	—	5.24	4.53	4.02	5.52
		准确指数/%	—	3.71	3.43	3.04	4.17
	径切面	平均值/N	4278	5132	5075	5999	5915
		变异系数/%	—	5.37	8.72	14.10	8.11
		准确指数/%	—	3.80	6.59	10.66	6.13
	弦切面	平均值/N	4155	5356	5397	6436	6384
		变异系数/%	—	8.60	9.56	9.26	9.21
		准确指数/%	—	6.07	7.23	7.00	6.96

1) 不同气凝胶处理紫椴/西南桤木木材的顺纹抗压强度

不同气凝胶处理紫椴/西南桤木木材的顺纹抗压强度如图7-39所示。与素材相比，FU1、FU3和FU4气凝胶处理紫椴木材的顺纹抗压强度分别下降1.8%、4.6%和1.8%。只有FU2气凝胶和FU3干凝胶处理材顺纹抗压强比素材分别提高0.8%和3.7%。FU1、FU3和FU4气凝胶处理西南桤木的顺纹抗压强度与素材相比，分别提高34.3%、33.7%、21.3%和37.6%，FU3提高的幅度相对较小，这与紫椴木材FU3的趋势是一致的，可能与FU3的气凝胶结构及SiO_2粒度有关。分析上述不同气凝胶处理紫椴及西南桤木木材前后复合材的顺纹抗压强度变化的趋势，紫椴/SiO_2气凝胶复合材的顺纹抗压强度没有显著提高，基本保持不变或略微下降。而西南桤木/SiO_2气凝胶复合材的顺纹抗压强度有比较显著的提高。

2) 不同气凝胶处理紫椴/西南桤木木材的抗弯强度

不同气凝胶处理紫椴/西南桤木木材的抗弯强度如图7-40所示。与素材相比，FU1~FU4气凝胶，包括FU3干凝胶，处理紫椴木材的抗弯强度全部处于下降状态。FU1~FU4气凝胶处理紫椴木材的抗弯强度分别下降26.3%、24.8%、33.0%和38.8%，FU3干凝胶处理材的抗压强度比素材下降21.4%。而FU1~FU4气凝胶处理西南桤木的抗弯强度与素材相比，分别提高73.1%、47.6%、60.3%和24.8%。分析上述不同气凝胶处理紫椴/西南桤木木材前

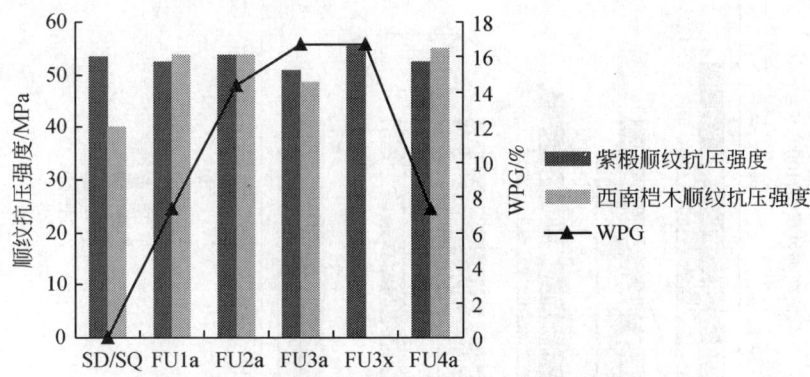

图 7-39 不同气凝胶处理紫椴/西南桤木的顺纹抗压强度

后复合材的抗压强度变化趋势,紫椴/SiO_2 气凝胶复合材的抗弯强度有比较显著的下降,而西南桤木/SiO_2 气凝胶复合材的抗弯强度则有比较显著的提高。其原因与顺纹抗压强度是一致的,SiO_2 气凝胶对抗弯强度的影响与木材种类有密切的关系。

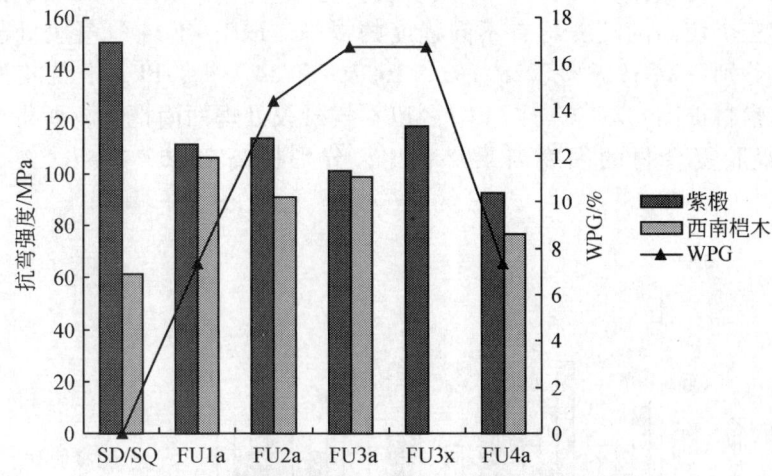

图 7-40 不同气凝胶处理紫椴/西南桤木木材的抗弯强度

3) 不同气凝胶处理紫椴/西南桤木木材的抗弯弹性模量

不同气凝胶处理紫椴/西南桤木木材的抗弯弹性模量如图 7-41 所示。从图中可见,与素材相比,FU1~FU4 气凝胶,包括 FU3 干凝胶,处理紫椴和西南桤木木材的抗弯弹性模量不变或略微下降,下降幅度为 10%~20%。

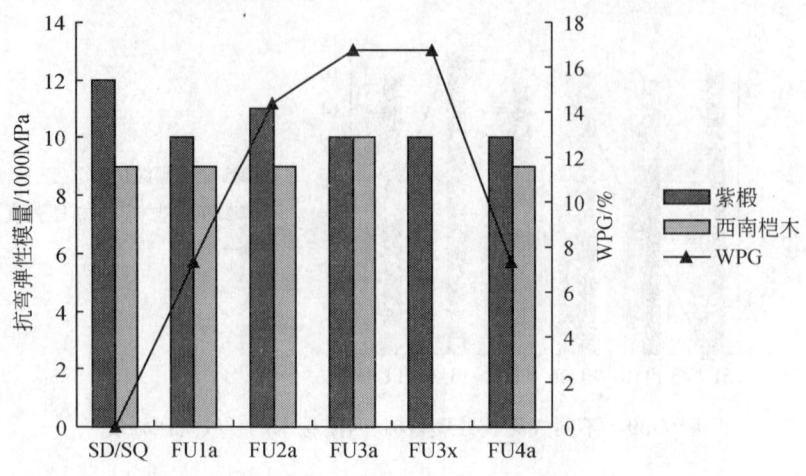

图 7-41　不同气凝胶处理紫椴/西南桤木木材的抗弯弹性模量

4) 不同气凝胶处理紫椴/西南桤木木材的硬度

不同气凝胶处理紫椴/西南桤木木材的硬度如图 7-42 和图 7-43 所示。从图中可见，与素材相比，FU1~FU4 气凝胶，包括 FU3 干凝胶，处理紫椴和西南桤木木材三个切面的硬度均有不同程度的提高。FU1~FU4 气凝胶处理紫椴木材横切面分别提高 19.8%、28.1%、36.7% 和 34.0%，FU3 干凝胶处理紫椴木硬度比素材提高 42.7%。而 FU1~FU4 气凝胶处理西南桤木，所得西南桤木/SiO_2 气凝胶复合材的硬度与素材相比，分别提高 36.6%、47.5%、49.8% 和 56.6%。

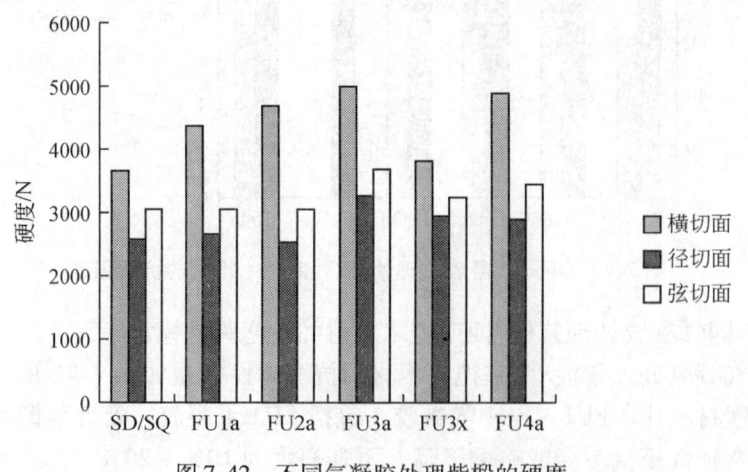

图 7-42　不同气凝胶处理紫椴的硬度

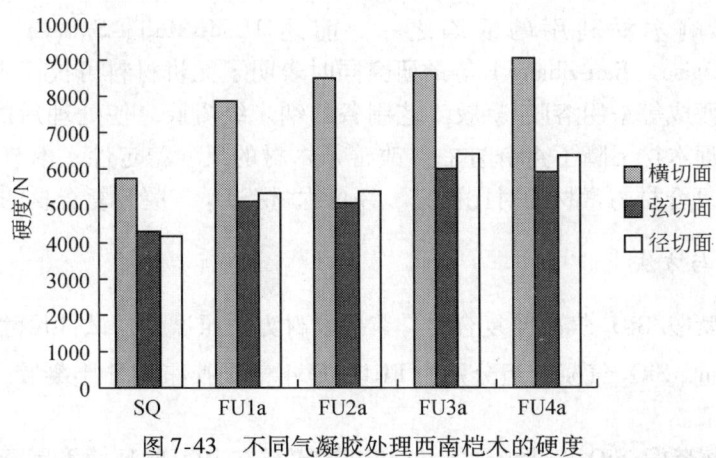

图 7-43　不同气凝胶处理西南桤木的硬度

本项实验对不同气凝胶处理紫椴/西南桤木木材顺纹抗压强度、抗弯强度、抗弯弹性模量、硬度四项主要力学性能进行了测试，木材/SiO_2 气凝胶复合材力学性质所反映的基本趋势是：从顺纹抗压强度看，紫椴/SiO_2 气凝胶复合材的顺纹抗压强度没有显著提高，基本保持不变或略微下降，而西南桤木/SiO_2 气凝胶复合材的顺纹抗压强度有比较显著的提高。从抗弯强度看，紫椴/SiO_2 气凝胶复合材的抗弯强度有比较显著的下降，而西南桤木/SiO_2 气凝胶复合材的抗弯强度则有比较显著的提高。两种木材的抗弯弹性模量改性前后处于不变或略微下降状态。而两种木材/SiO_2 气凝胶复合材的硬度均有比较大的提高。

从国内外比较典型的采用溶胶-凝胶法制备 SiO_2 无机复合木材的研究看，多数未对复合木材的顺纹抗压强度、抗弯强度、抗弯弹性模量进行评价，这些研究主要集中于对硬度提高的评价。本研究的硬度实验结果与这些研究的结论一致，均有较大幅度的提高。刘磊等采用双重扩散法制备的杨木/无机硅化物复合材的顺纹抗压强度、抗弯强度分别降低 4.5% 和 10%。本研究结果表明，紫椴/SiO_2 气凝胶复合材的顺纹抗压强度、抗弯强度和抗弯弹性模量较紫椴素材有一定程度的下降，而西南桤木/SiO_2 气凝胶复合材的顺纹抗压强度、抗弯强度和抗弯弹性模量较西南桤木素材均有比较大的提高。造成这种差异的主要原因是紫椴和西南桤木结构不同，两者的增容率有比较大的差异，紫椴复合材的增容率约是西南桤木复合材的 2 倍，增容使木材固有的抵抗外力的能力下降，对力学性质产生较大的影响，由此造成紫椴复合材各项力学指标有所下降，而西南桤木复合材由于较小的增容率，各项力学指标均有较大的提高。

7.3.2　木材/SiO_2 气凝胶复合材的尺寸稳定性

木材具有吸湿性是由于在木材细胞壁组成物质中存在极性的羟基，与水形成固体溶液，其含水率随着大气相对湿度的改变而增减，进而发生干缩与湿胀现象,成为影响木材利用的缺陷之一。前述 H. Miyafuji、S. Saka、Furuno. T、E. Mougel、Ogiso、Jian-Zhang L 等的研究同时表明了无机材料可提高木材的尺寸稳定性。王西成等采用溶胶-凝胶工艺制备的纳米级凝胶,使处理后的复合材吸湿性较未处理木材下降了40%左右,改善了木材的尺寸稳定性。本节通过木材/SiO_2 气凝胶复合材与素材的对比研究,评价木材/SiO_2 气凝胶复合材的吸湿性。

1. 材料与方法

试材为紫椴/SiO_2 气凝胶复合材,紫椴素材为对照试件,试件尺寸为20mm×20mm×20mm,SiO_2 气凝胶组分别为 FU1～FU4 气凝胶和 FU3 干凝胶,制备方法见第7.1.2节。

本实验将紫椴/SiO_2 气凝胶复合材和紫椴素材在20℃的环境下置于干燥器中,通过不同种类的饱和盐来控制干燥器内空气的相对湿度。使用的盐类和所调节的相对湿度分别是 K_2SO_4(98%)、NaCl(75%)和 K_2CO_3(43%)。实验6h、24h、48h、72h、120h、288h 后分别测试件的质量及弦、径、纵向尺寸。以抗胀(缩)率变化的百分数评定 SiO_2 气凝胶对木材吸湿性及尺寸稳定性的影响,其公式如下:

$$ASE = (V_u - V_t)/V_u \times 100\%$$

2. 结果与讨论

1) 相对湿度43%条件下的弦向和径向尺寸变化

FU1～FU5 系列紫椴/SiO_2 气凝胶复合材和紫椴素材在吸湿后的弦向和径向尺寸变化率如图7-44和7-45所示。从图中可见,FU1～FU3 系列紫椴/SiO_2 气凝胶复合材的弦向和径向 ASE 比较平均,FU4 系列紫椴/SiO_2 气凝胶复合材 ASE 较低,反映出添加偶联剂对气凝胶结构有较大影响。

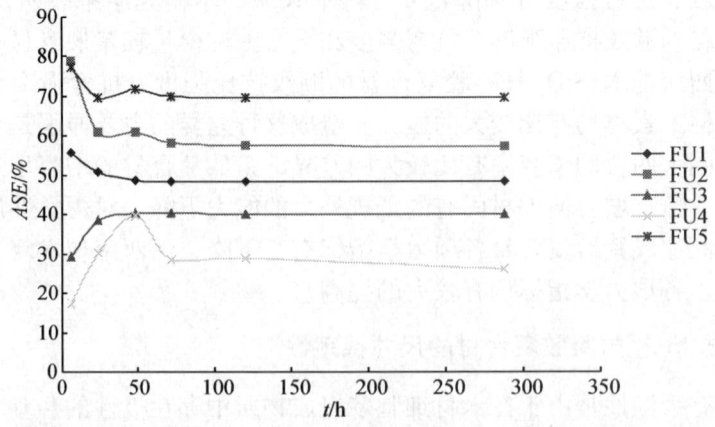

图7-44 相对湿度43%条件下的吸湿时间与弦向尺寸变化率的关系

第 7 章 木材/无机气凝胶复合材 ·189·

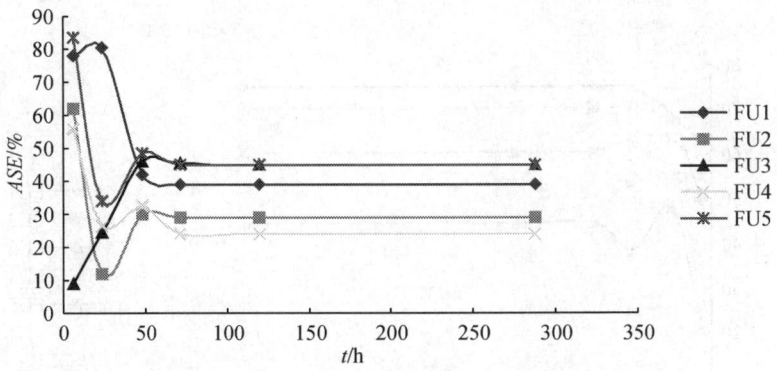

图 7-45 相对湿度 43% 条件下的吸湿时间与径向尺寸变化率的关系

2) 相对湿度 75% 条件下的弦向和径向尺寸变化

FU1~FU5 系列紫椴/SiO_2 气凝胶复合材和紫椴素材在 75% 的相对湿度条件下，弦向和径向尺寸变化率如图 7-46 和 7-47 所示，图中除 FU3 系列弦向 SiO_2 气凝胶复合材 ASE 属于测定误差外，紫椴/SiO_2 气凝胶复合材的弦向和径向 ASE 均达到 50%~80%。

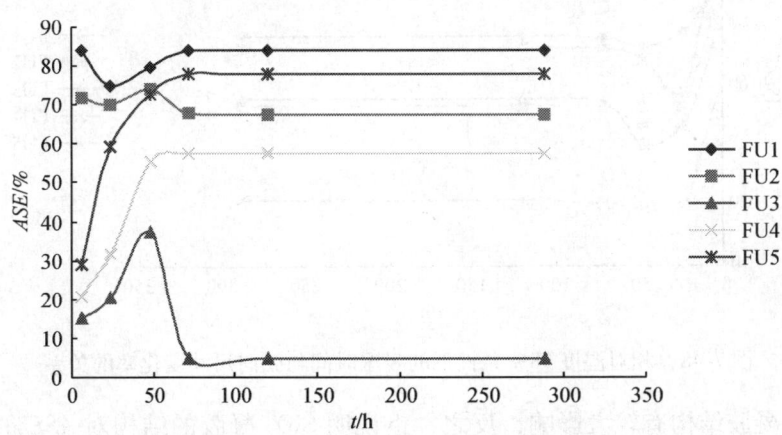

图 7-46 相对湿度 75% 条件下的吸湿时间与弦向尺寸变化率的关系

3) 相对湿度 98% 条件下的弦向和径向尺寸变化

在相对湿度 98% 的条件下，实验结果如图 7-48 和图 7-49 所示。

FU1~FU5 系列紫椴/SiO_2 气凝胶复合材在各种相对湿度条件下，ASE 都得到了不同程度的提高，比较 FU1~FU5 系列 SiO_2 气凝胶复合材的 ASE，排除测定误差导致的相对湿度 98% 条件下弦向和径向尺寸变化率很低的情况，ASE 达到 50%~80%。其中，FU4 在各种相对湿度条件下的 ASE 均比较低，反映出添加偶

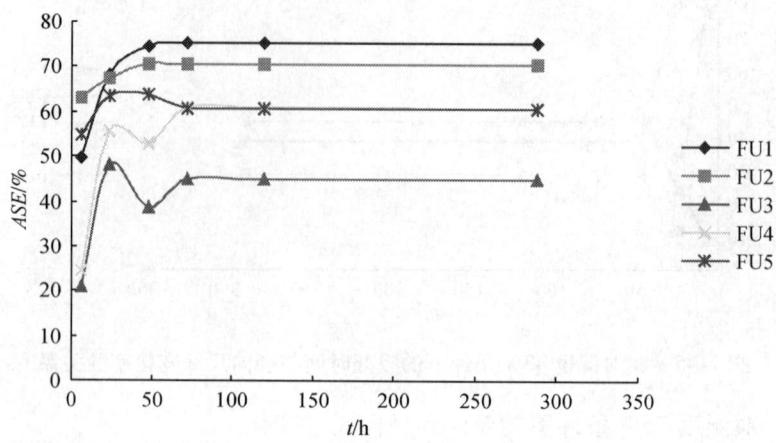

图 7-47　相对湿度 75% 条件下的吸湿时间与径向尺寸变化率的关系

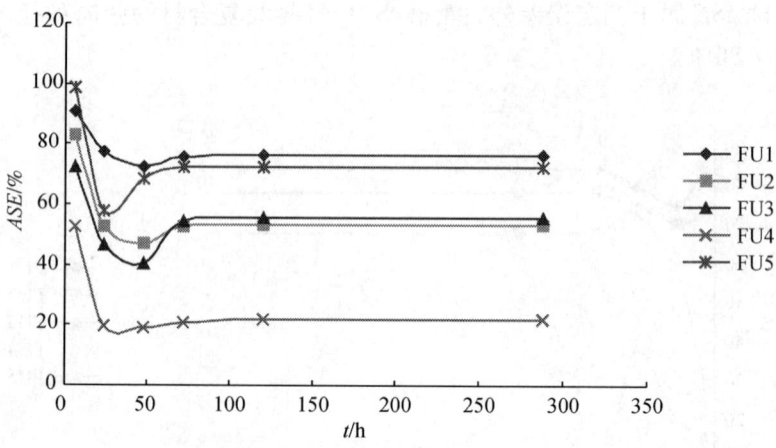

图 7-48　相对湿度 98% 条件下的吸湿时间与弦向尺寸变化率的关系

联剂对气凝胶结构有较大影响,反之,也说明 SiO_2 凝胶的结构对 ASE 的高低影响很大。

分析紫椴/SiO_2 气凝胶复合材尺寸稳定性提高的原因,主要有三个方面:一是 SiO_2 气凝胶填充在细胞壁孔隙中,起到稳定尺寸的作用;二是 SiO_2 气凝胶上的羟基与细胞壁物质(主要为纤维素和半纤维素)的氢键键合,阻止了木材与水结合;三是在 SiO_2 气凝胶表层引入了疏水性的—CH_3,阻止了表层 SiO_2 气凝胶吸收空气中的水分,提高了尺寸稳定性。

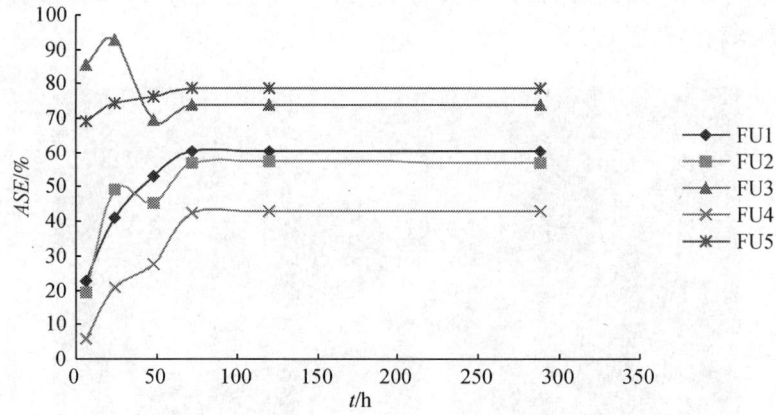

图 7-49 相对湿度 98% 条件下的吸湿时间与径向尺寸变化率的关系

7.3.3 木材/SiO_2 气凝胶复合材的声学性质

木材的声音振动特性及其辐射能力广泛应用于木材微观结构或特性的分析,并使木材作为建筑和乐器用材。近几十年来,国内外学者对木材声学振动特性的研究取得了很大的进展[9-13]。刘一星等对木材振动特性参数与生长轮宽度和晚材率的关系做了系统研究[14]。沈隽等通过研究木材密度与声学特性参数之间的关系,建立起两者之间的基本联系[15]。刘盛全对五种珍稀树的声学性能进行了测定,并对刺揪木材声共振及其相关性质进行了研究[16]。木材与 SiO_2 气凝胶复合后,其声学性质必然发生变化,有必要对木材/SiO_2 气凝胶复合材的声学性质进行测定。

1. 实验材料和方法

试件:紫椴/SiO_2 气凝胶复合材,以紫椴素材作对照,纵向试件,外形尺寸为 300mm×20mm×20mm(L×R×T)。紫椴/SiO_2 气凝胶复合材制备方法见 7.1.4 节。在环境室温为 20℃、空气相对湿度为 65% 的密闭容器中,将试件的平衡含水率调整至 12% 左右进行测试。

图 7-50 所示振动试验设备为台湾产双声道声学振动快速傅里叶变换测定仪,型号 AND-AD3542 FFT ANALYZER。

在试样的波形节点处用弹力线将试样水平悬吊,实验时用小木槌敲击试件的一端或中心,试件另一端的下方放置振动信号接受器———一个高灵敏度、宽频带、低噪声的微音器,接收信号通过前置放大器、滤波器后,由 FFT 分析仪处理,可得到共振频率的预读值,由 A/D 转换器完成数字信号采集,将振动波形的离散信号数据序列传入计算机,得到基本共振频率和各高次振动阶数条件下振动特性的各项参数。参数计算公式为 $f_r = v/2L$（式中，f_r 为基本共振频率；v 为声速；L 为木材试件长度）。

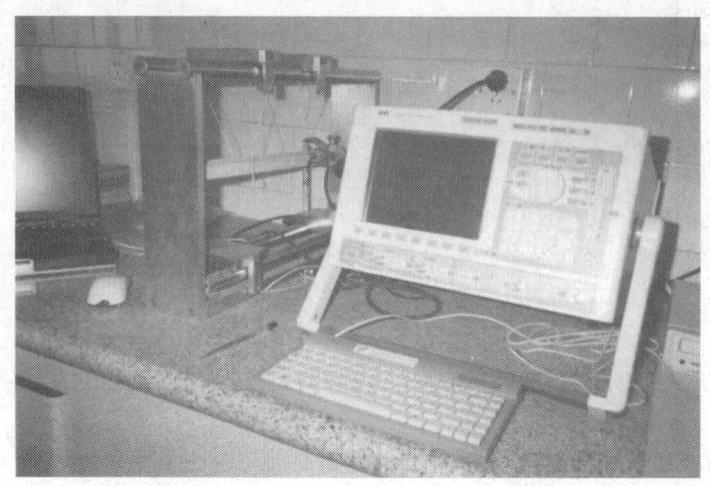

图 7-50　台湾产双声道声学振动快速傅里叶变换测定仪

2. 结果与讨论

图 7-51 至图 7-53 分别表示紫椴/SiO_2 气凝胶复合材和紫椴素材的阻尼振动现象，振幅随时间的增大按负指数规律衰减，从图中可见紫椴/SiO_2 气凝胶复合材的振幅随时间衰减率较素材大，因此，紫椴/SiO_2 气凝胶复合材声辐射阻尼系数较小，不宜用作乐器用材，较适合用于隔声。

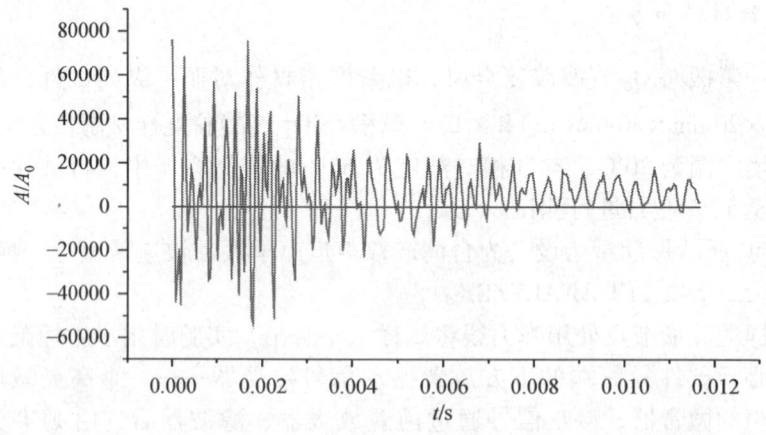

图 7-51　紫椴/SiO_2 气凝胶复合材阻尼振动随时间的衰减率

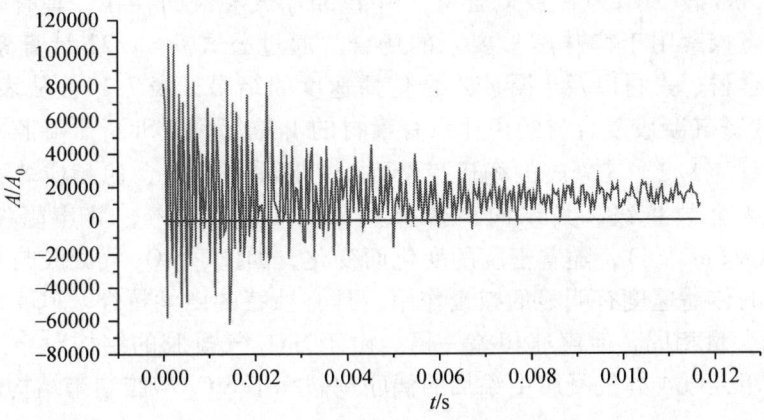

图 7-52 紫椴素材阻尼振动随时间的衰减率

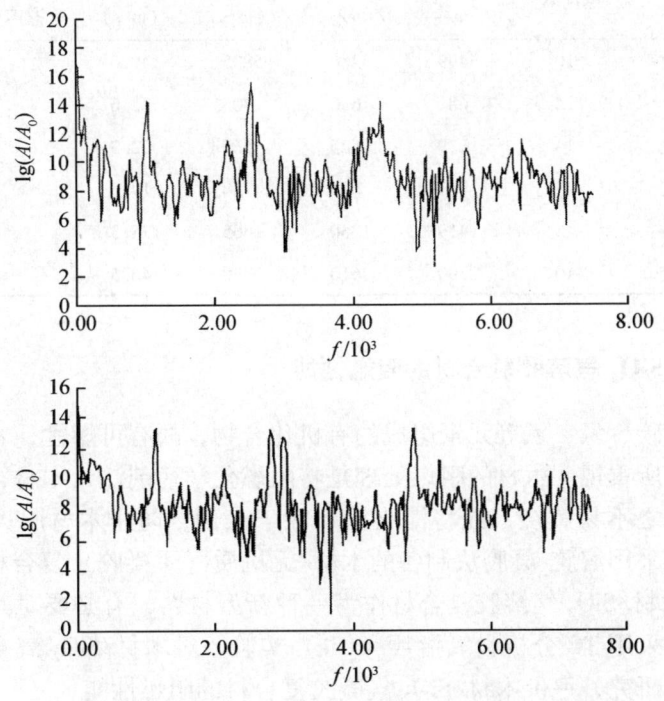

图 7-53 紫椴/SiO_2 气凝胶复合材阻尼振动的对数衰减率

从图 7-53 可以看出,紫椴/SiO_2 气凝胶复合材与素材相比具有非常小的声阻抗,这对于声音的传播,特别是两种介质的边界上反射所发生的阻力有决定意义，因此，紫椴/SiO_2 气凝胶复合材，由于 SiO_2 气凝胶的存在，具有较好的吸声结构，可探索用于特殊声学要求的场合。通过公式 $fr=v/2L$ 计算紫椴/SiO_2 气凝胶复合材、素材以及干凝胶声音传播速度的结果见表 7-11。从表中可见，FU1~FU3 硅气凝胶复合材的声速只有素材的 1/8，紫椴/SiO_2 干凝胶复合材的声速为素材的 1/2。气凝胶的杨氏模量在 $10^6 N/m^2$ 数量级，比相应非孔性玻璃态材料低 4 个数量级，其纵向声传播速率可低达 10m/s，其声阻抗可高达 $10^3 \sim 10^7 kg/(m^2 \cdot s)$，随着密度的变化而变化，因此，$SiO_2$ 气凝胶与木材的复合对声速的传播速度有明显的减慢作用，具有独特的声学特性。FU4 硅气凝胶与 FU1 固含量相同，但声速相差一倍。由于 SiO_2 气凝胶的结构对声速起到决定性的作用，FU4 硅气凝胶中添加的偶联剂破坏了 SiO_2 溶胶纳米结构的形成。

表 7-11 紫椴/SiO_2 气凝胶复合材的声传播速度

	试件数 n	平均值 /(m/s)	极小值 /(m/s)	极大值 /(m/s)	标准差 /(m/s)	紫椴与气凝胶复合紫椴声传播速度的比值
紫椴素材	10	5499	5280	5805	149.0	—
紫椴/FU1 气凝胶	14	681	630	705	22.6	8.08
紫椴/FU2 气凝胶	14	619	585	660	22.3	8.88
紫椴/FU3 气凝胶	13	701	675	750	19.5	7.85
紫椴/FU4 气凝胶	15	1419	1260	1665	128.3	3.87
紫椴/FU3 干凝胶	10	2790	2610	3030	140.5	1.97

7.3.4 木材/SiO_2 气溶胶复合材的阻燃性能

木材是由碳、氢、氧等元素组成的有机化合物，故有可燃性，木材的阻燃已越来越被人们所重视。木材的阻燃处理是将阻燃化学药剂注入木材，提高木材的耐火性能，使之不易燃烧，或将滞火涂料涂于表面，防止木材起火或延缓其燃烧。据研究，采用溶胶-凝胶法制备的木材/无机质（干凝胶）复合材有一定的阻燃性[17-26]。木材/SiO_2 气溶胶复合材作为一种新型材料，有必要对其阻燃性能进行研究。本节采用 TG 分析和氧指数（OIs）实验，对木材/SiO_2 气凝胶复合材与素材进行对比研究，评价木材/SiO_2 气凝胶复合材的阻燃性能。

1. 实验材料与方法

1）TG 实验木粉

取 40~60 目西南桤木，放入索氏提取器中，分别用 2∶1（体积比）的苯醇溶液和水抽提 24h，然后放入干燥箱中，在 60℃条件下干燥 4 h，用于 TG 分析。

2) 纤维素和木质素

用西南桤木按国家标准 GB2677.9—93 和 GB2677.10—93 制备纤维素和木质素，用于 TG 分析。

3) 木粉、纤维素和木质素的 SiO_2 气凝胶复合材

将上述木粉、纤维素和木质素采用 3.4 节所述方法分别制备 FU1 和 FU4 两种不同固含量的 SiO_2 气溶胶/木粉、纤维素和木质素复合材，并在 10% 的三甲基氯硅烷溶液（溶剂为环己烷）中浸渍处理 20min，进行疏水化处理后用于 TG 分析。

4) 氧指数实验材料

按 7.1 节制备方法所得到的用 10% 的三甲基氯硅烷溶液浸渍处理 20 min 的西南桤木/SiO_2 气溶胶复合材和紫椴/SiO_2 气溶胶复合材，锯解成 4mm×10mm×100mm（T×R×L），备用，同时与相同尺寸的西南桤木素材和紫椴素材粉末进行对比分析。

5) 实验仪器与条件

本实验的热重分析仪采用美国 PE 公司生产 Perkin-Elmer TGA-7 分析仪，操作条件：氮气流量 30ml/min，升温速率 10℃/min，温度范围 20~700℃。氧指数测定仪为国产 JF-3 型（江宁分析仪器厂），O_2 和 N_2 为 0.1MPa，混合气体流量为 10ml/min。

2. 结果与讨论

1) 氧指数测定结果

表 7-12 为西南桤木/SiO_2 气凝胶复合材、紫椴/SiO_2 气凝胶复合材以及对照素材的氧指数值。

表 7-12 木材/SiO_2 气凝胶复合材的氧指数

树种	素材	FU1 气凝胶	FU2 气凝胶	FU3 气凝胶	FU4 气凝胶	FU3 干凝胶
西南桤木	20.5	23.8	22.0	22.9	24.4	—
紫椴	20.3	21.7	21.4	22.2	22.8	21.9

西南桤木/SiO_2 气凝胶复合材的氧指数较素材提高 6.8%~16%，紫椴/SiO_2 气凝胶复合材的氧指数较素材提高 5.1%~11%。木材/SiO_2 气凝胶复合材在实验中不易点燃，表现出较强的难燃性，有些样品需要多次助燃，完全燃烧后保持木材原形状，仅仅是炭化，而对照素材易燃，燃烧后迅速化为灰烬。

2) 热重分析结果

图 7-54 为木粉、纤维素和木质素的 SiO_2 气凝胶复合材的热重分析曲线，其

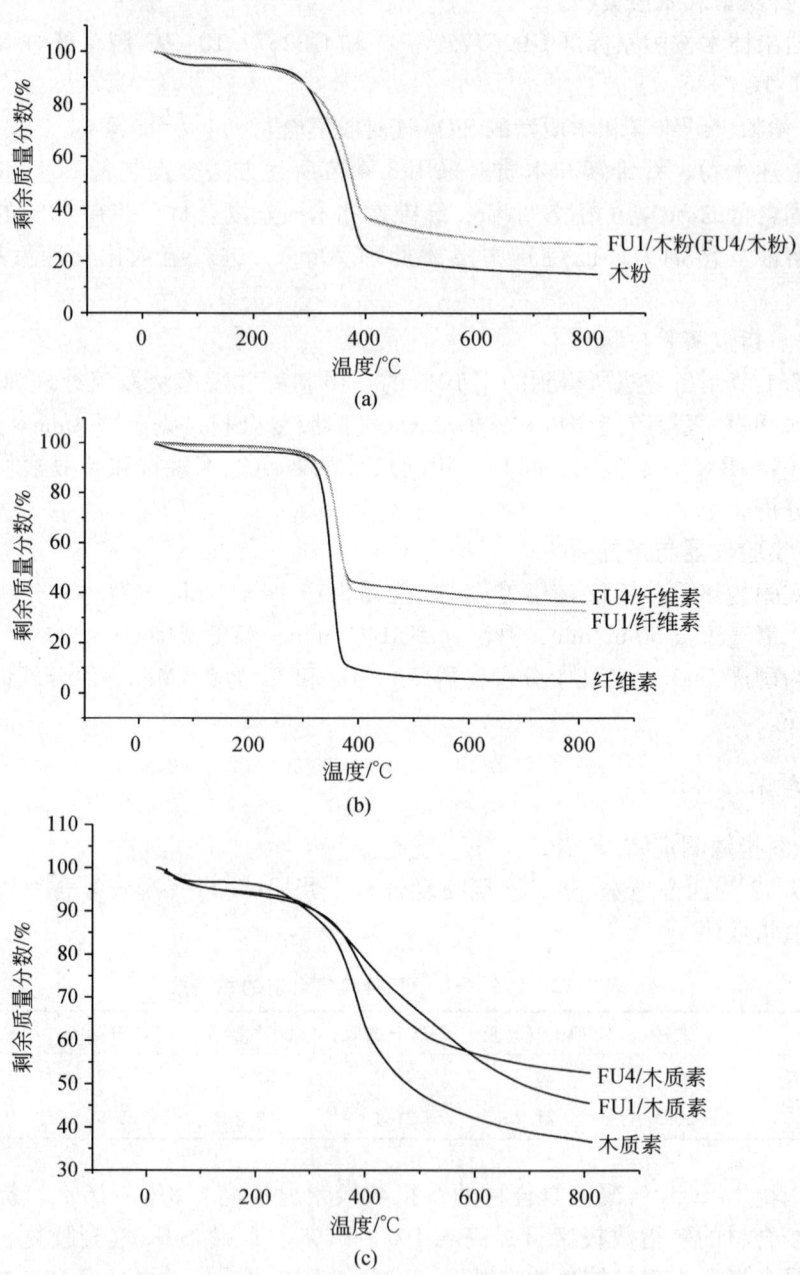

图 7-54　木粉、纤维素和木质素的 SiO_2 气凝胶复合材的热重分析曲线
（a）木粉；（b）纤维素；（c）木质素

中，FU1 和 FU4 两种凝胶的 SiO_2 固含量一致，FU4 中加入了 2 % 的硅偶联剂。因此，在图（a）和图（b）中，两条曲线几乎重合。如果仅从热重分析看，硅偶联剂似乎未起到明显作用，但综合多种表现看，还不能仅根据 TG 曲线得出此结论。图中 80～300℃ 范围内，质量未发生变化，TG 曲线为水平线。350℃ 左右，木材开始分解，西南桤木素材和纤维素在 400℃ 形成保护层。结合氧指数数据，SiO_2 气凝胶有效地延缓热量的传递，隔绝木材与氧气的接触，使木材细胞壁成分只能脱水炭化，起到阻燃的作用。木质素的 TG 曲线变化平缓，已接近分解完毕，复合了 SiO_2 气凝胶的木粉和纤维素只分解了 70%，排除 SiO_2 气凝胶的增重率 7.3 %，说明 SiO_2 气凝胶如图 7-17 扫描电子显微镜照片所揭示的在木材细胞壁表面形成均匀的薄层，较纤维素分解缓慢得多，说明 SiO_2 气凝胶与木质素有更加紧密的联结。

7.3.5 小结

本节通过力学性能、尺寸稳定性、声学性能及阻燃性能的研究，对木材/SiO_2 气凝胶复合材进行了性能评价和比较，结果表明：

（1）紫椴/SiO_2 气凝胶复合材除硬度以外，各项力学性能指标均有一定程度的下降，而西南桤木/SiO_2 气凝胶复合材各项力学性能指标则有比较显著的提高。两种复合材差异较大的增容率是造成该结果的主要原因。

（2）紫椴/SiO_2 气凝胶复合材在各种不同相对湿度条件下，尺寸稳定性都得到了不同程度的提高，原因主要有三个方面：一是由于 SiO_2 气凝胶填充在细胞壁孔隙中，起到稳定尺寸的作用；二是 SiO_2 气凝胶上的羟基与细胞壁物质（主要为纤维素和半纤维素）的氢键键合，阻止了木材与水结合；三是由于在 SiO_2 气凝胶表层引入了疏水性的—CH_3，阻止了表层 SiO_2 气凝胶吸收空气中的水分，提高了尺寸稳定性。

（3）FU1～FU3 硅气凝胶复合木材的声速只有素材的 1/8，紫椴/SiO_2 干凝胶复合材的声速为素材的 1/2。偶联剂的添加会影响到 SiO_2 气凝胶纳米结构的形成。木材/SiO_2 气凝胶复合材适合于作为吸声材料，用于特殊声学要求的场合。

（4）通过氧指数测定和 TG 分析，木材/SiO_2 气凝胶复合材具有一定的阻燃效果。

7.4　木材/SiO_2 气凝胶复合材的复合机理研究

本节采用 DMA/DSC 热分析、傅里叶变换红外光谱（FTIR）以及 X 射线光电子能谱（XPS）等现代波谱技术和数据处理手段，分析研究 SiO_2 气凝胶与木材组分之间的联系，试图分别从物理作用和化学作用两个方面，阐述木材/SiO_2 气凝胶纳米复合材的固化形成机理。

7.4.1 木材/SiO₂气凝胶复合材的热分析

热分析技术为材料的研究提供了一种动态的分析手段，它简明实用、目的性强，已经成为材料研究中不可缺少的一种分析手段。运用热分析技术可以对木材这种天然高分子聚合物进行动态力学性能和组成成分的分子运动状态的测定，阐述木材组分的动态性质与结构参数以及外部环境变量之间的关系。特别是在木材/无机质复合材的研究中，对合理设计复合材配方及工艺条件具有指导意义，对研究木材/SiO₂气凝胶纳米复合材的固化形成机理及影响因素等问题有明显价值。本研究采用差示扫描量热（DSC）和动态热机械分析（DMA）为主要的测定和研究方法。

1. 材料与方法

1）DMA 实验材料

将7.1.4节所述方法所得到的用10%三甲基氯硅烷溶液中浸渍处理20 min的西南桤木/SiO₂气凝胶复合材，锯解成5mm×8mm×60mm（T×W×L）用于DMA实验，同时与相同尺寸的西南桤木素材进行对比分析。

2）纤维素和木质素用西南桤木按国家标准GB2677.9—93和GB2677.10—93的方法制备纤维素和木质素，用于DSC分析。

3）木粉、纤维素和木质素/SiO₂气凝胶复合材

将上述木粉、纤维素和木质素采用7.1.4节所述方法分别制备3种不同SiO₂固含量的木粉、纤维素和木质素的SiO₂气凝胶复合材，并用10%的三甲基氯硅烷溶液（溶剂为环己烷）浸渍处理20 min，进行疏水化处理后，用于DSC分析。

4）DMA 分析条件

使用德国NETZSH公司生产的DMA242动态热机械分析仪，升温速率为10K/min；温度范围是20~300℃，频率为10Hz。采用三点加载弯曲方法进行实验，计算公式为

$$E^* = l^3 F/4bh^3 a$$

式中：E^*——复数弹性模量/MPa；

l——弯曲长度/mm；

F——动态载荷/N，设定为4N；

a——动态位移/mm；

b——试样宽度/mm；

h——试样高度/mm。

5）DSC 分析条件

使用德国 NETZSH 公司生产的 DSC200 差示扫描量热仪，操作条件为氮气流量 30ml/min，升温速度 10K/min，温度范围 20~500℃，样品量为 5mg。

2. 结果与讨论

1）西南桤木/SiO_2 气凝胶复合材的 DMA 分析

图 7-55 和图 7-56 分别为西南桤木/SiO_2 气凝胶复合材和对照素材 20~300℃范围内的储存模量（相对值）和损耗角正切。图 7-57 至图 7-60 是西南桤木/SiO_2 气凝胶复合材和对照素材 20~300℃范围内的损耗模量。图中 FU1、FU2、FU4 表示不同固含量的 SiO_2 气凝胶，S 代表素材，Q 代表西南桤木。

图 7-55 为三种不同固含量的 SiO_2 气凝胶/西南桤木复合材及其对照素材的储存模量随温度的变化曲线。图中可以看出，由于复合了 SiO_2 气凝胶，三种复合材的储存模量在整个温度范围内都得到加强，FU1 和 FU4 复合材储存模量提高幅度大于 FU3 复合材。对无机质复合材来说，弹性模量与 SiO_2 气凝胶含量、交联度、粒度和结构有密切关系。FU1 和 FU4 为固含量相同的气凝胶，FU3 固含量接近 FU1 和 FU4 的 2 倍，因此，弹性模量的增加显然不是由于量的关系，说明 FU1 和 FU4 气凝胶本身结构与性质优于 FU3 气凝胶。

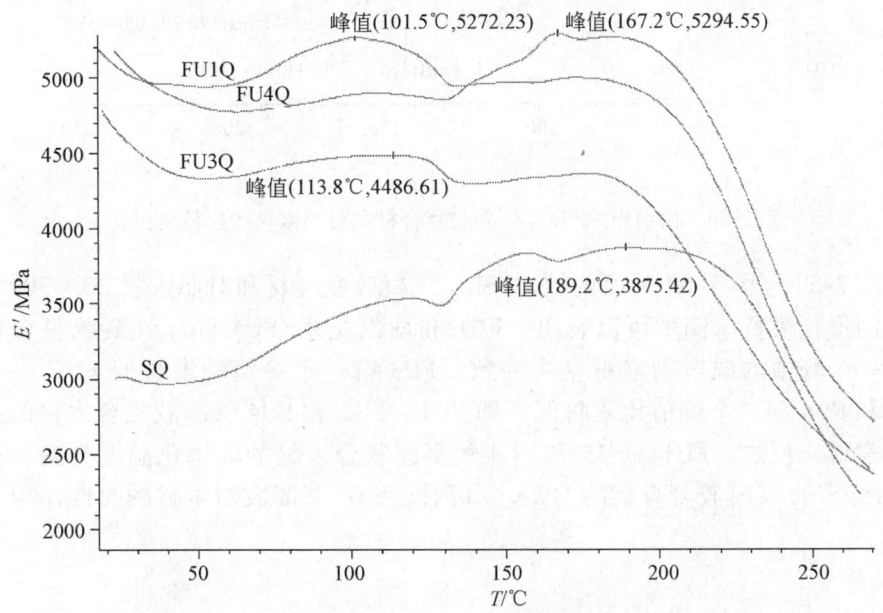

图 7-55　西南桤木/SiO_2 气凝胶复合材和对照素材的储存模量

图 7-56 为三种不同固含量的 SiO_2 气凝胶/西南桤木复合材及其对照素材的损耗角正切随温度的变化曲线。图中可以看出，FU1 和 FU3 气凝胶复合材在整个温度范围内的损耗低于素材，说明 SiO_2 气凝胶与木材均匀地结合，与木材细胞壁发生了一定程度的作用。但 FU3 气凝胶复合材在 135℃ 出现一个阻尼峰，并且宽度较大，说明 FU3 气凝胶与木材的结合存在不均匀的分布。FU4 有相类似的情况，FU4 出现阻尼峰的原因可能是由于受到硅烷偶联剂的影响，与木材细胞壁的结合不均匀。

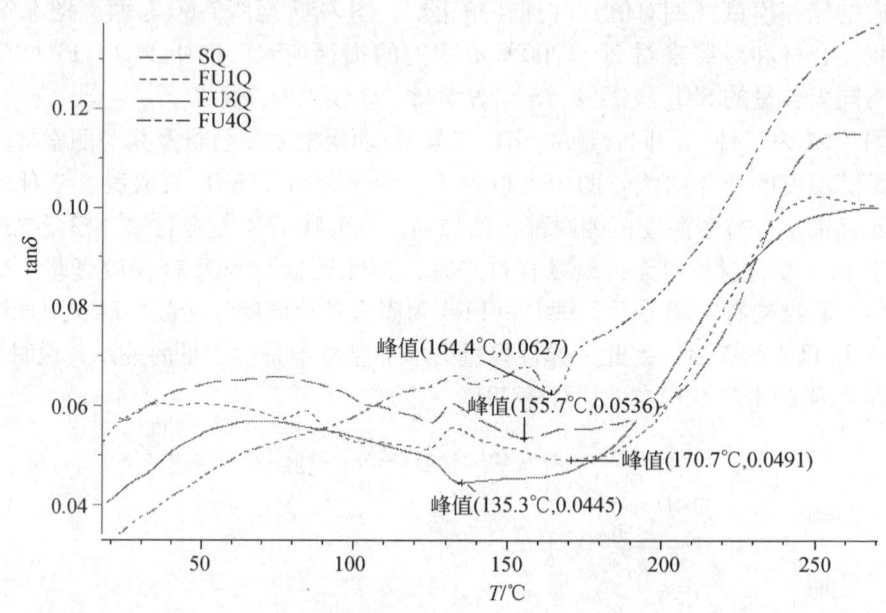

图 7-56　西南桤木/SiO_2 气凝胶复合材和对照素材的损耗角正切

图 7-57 至图 7-60 是西南桤木/SiO_2 气凝胶复合材和对照素材 20～300℃ 范围内的损耗模量。图中可以看出，FU1 和西南桤木/FU4 SiO_2 气凝胶复合材出现第一个峰值的温度与素材基本一致，FU3 第一个峰值较素材低 15℃，FU1、FU3 和 FU4 第二个峰值比素材低，即 FU1、FU3 和 FU4 气凝胶复合木材的损耗低于素材，反之，FU1、FU3 和 FU4 气凝胶复合木材的玻璃化温度升高。从西南桤木/SiO_2 气凝胶复合材的 DMA 分析看，SiO_2 气凝胶对木材的改性作用十分显著。

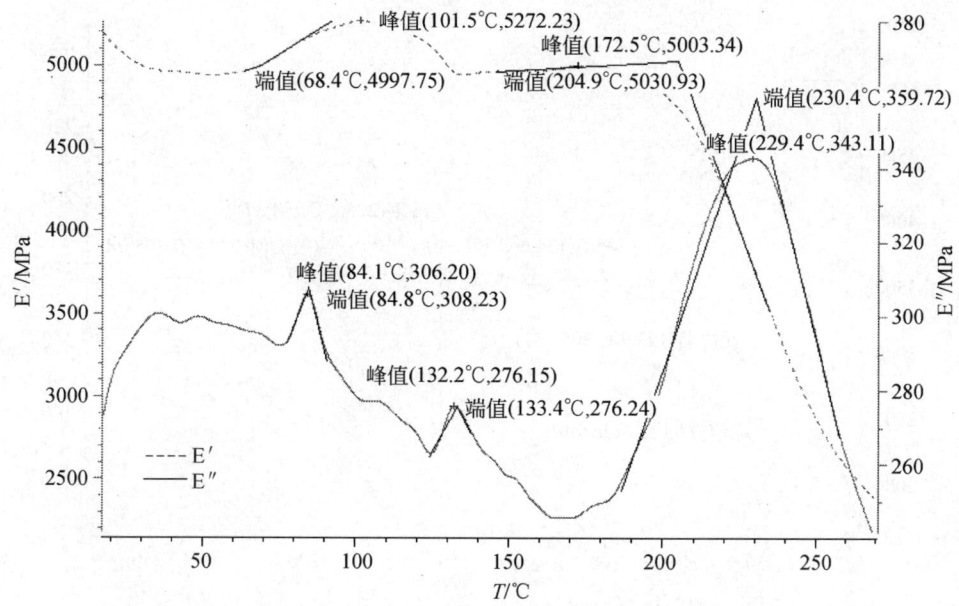

图 7-57　西南桤木/FU1 SiO$_2$ 气凝胶复合材的损耗模量

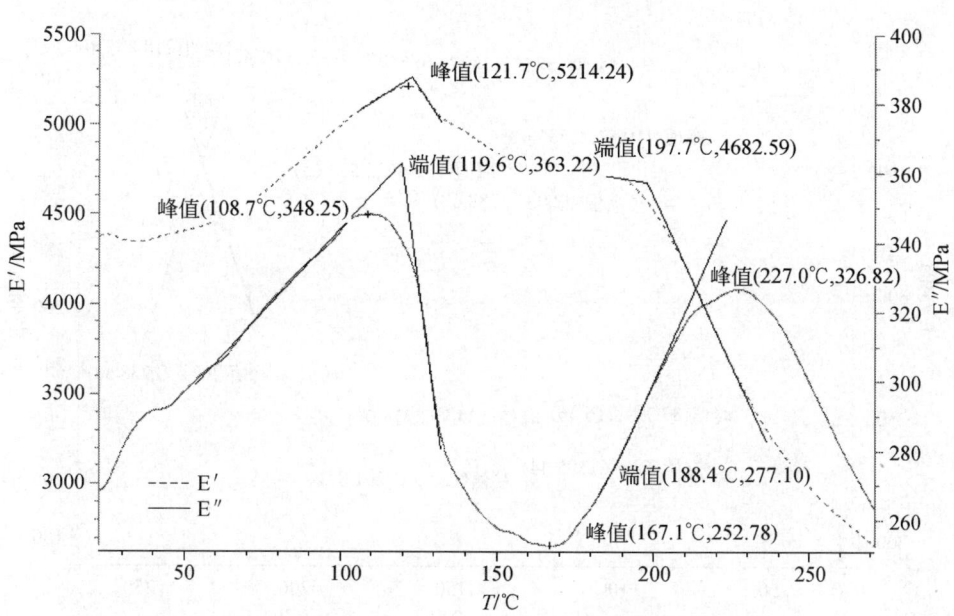

图 7-58　西南桤木/FU3 SiO$_2$ 气凝胶复合材的损耗模量

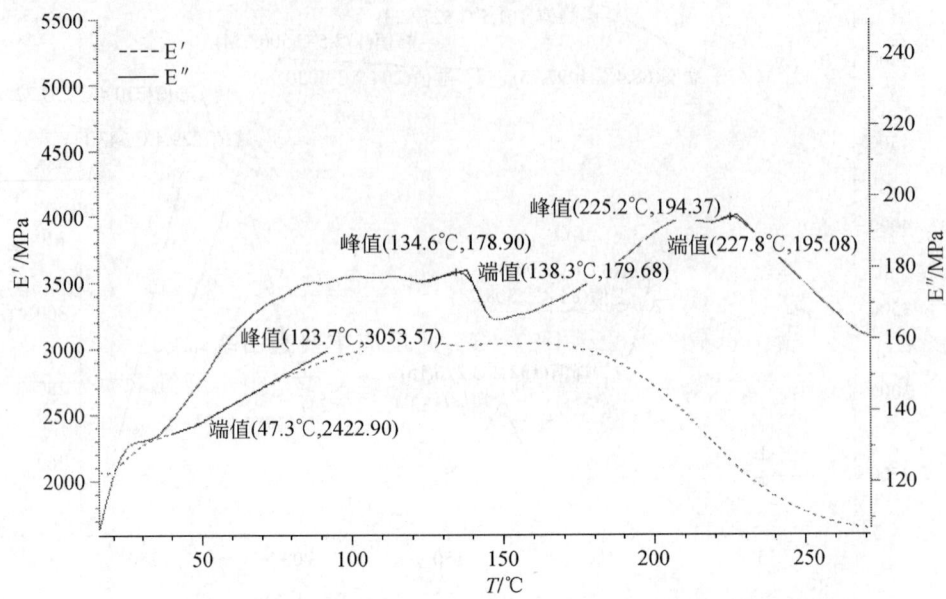

图 7-59 西南桤木/FU4 SiO$_2$ 气凝胶复合材的损耗模量

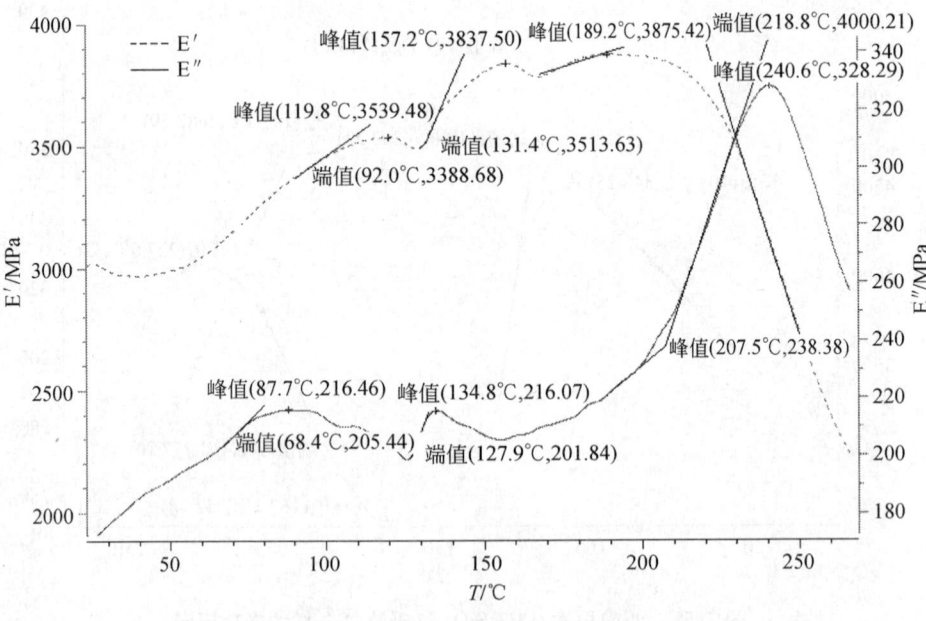

图 7-60 西南桤木素材的损耗模量

2) 紫椴/SiO₂ 气凝胶复合材的 DSC 分析

图 7-61 至图 7-63 分别是西南桤木木粉及纤维素、木质素与 FU1、FU3 和 FU4 SiO₂ 气凝胶复合所得复合材的 DSC 曲线。从图 7-61 中可以看出，西南桤木木粉/SiO₂ 气凝胶复合材在 100℃ 附近出现吸热峰，这应是木材中水分蒸发引起的，值得特别注意的是，FU1 和 FU4 的水分蒸发温度（86.7℃ 和 91.3℃）较素材（119.0℃）有较大幅度的降低，这是由于 SiO₂ 气凝胶与木材羟基产生键合，复合后木材的吸湿性也随之降低，引起水蒸发的吸热峰幅度降低，峰值向低温侧移动，因此，木材/SiO₂ 气凝胶复合材的疏水性增强，这与前述接触角和吸湿性研究的结果一致，对照图 7-62 和图 7-63，此反应主要是由纤维素上的羟基引起的。西南桤木素材在 316.6℃ 出现一明显的放热峰，应是由半纤维素大分子链降解造成的，而 FU1、FU3 和 FU4 SiO₂ 气凝胶复合材在此附近均没有明显的放热峰。说明 SiO₂ 气凝胶的复合起到了良好的保护作用。图中还可看出，FU1、FU3 和 FU4 纤维素和木质素开始裂解的温度较素材提高较大，也说明 FU1、FU3 和 FU4 SiO₂ 气凝胶复合材有较好的阻燃性能，这与前述 TG 和 OIs 实验结果是一致的。对照图 7-63，引起这种现象并主要起作用的应为木质素，因为图 7-62 纯纤维素的分解温度变化不大，而木质素裂解的温度提高较大（图 7-63）。素材木质素裂解前有一相对明显的吸热峰，这是由于木质素分子链断裂需要吸收能量，而 FU1、FU3 和 FU4 SiO₂ 气凝胶复合木材没有明显的吸热峰，这种完全不同的裂解方式可能与木材/SiO₂ 气凝胶复合材的纳米超细结构有关。

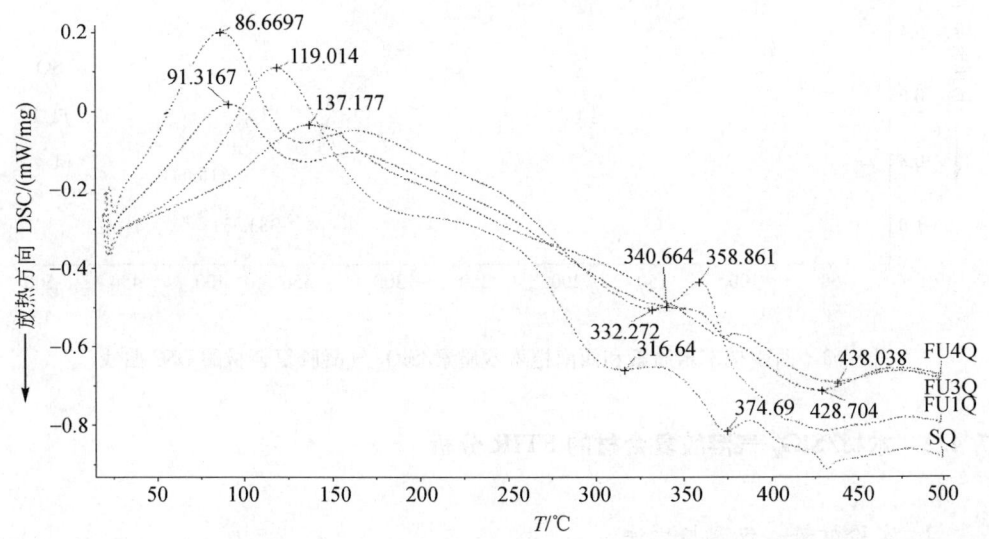

图 7-61　西南桤木素材和西南桤木木粉/SiO₂ 气凝胶复合材的 DSC 曲线

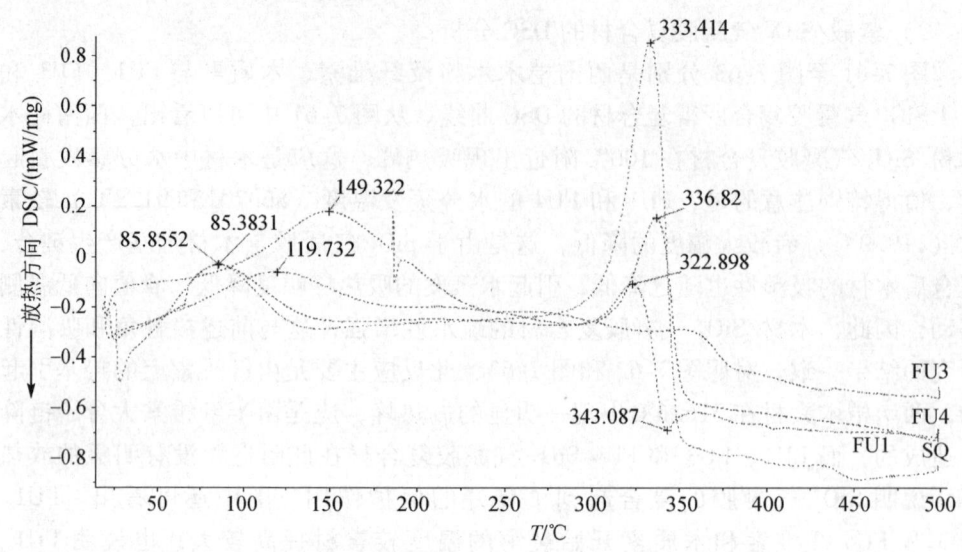

图 7-62　西南桤木纤维素和西南桤木纤维素/SiO_2 气凝胶复合材的 DSC 曲线

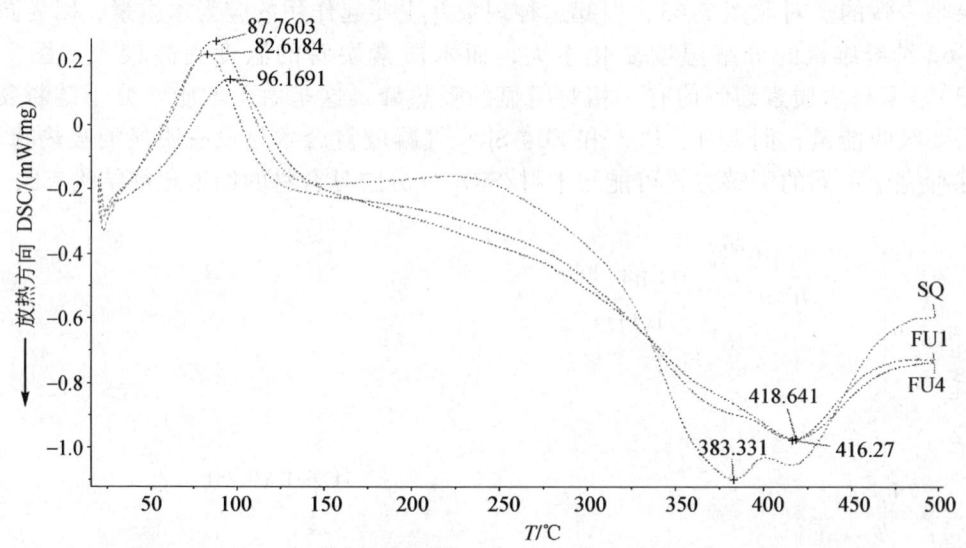

图 7-63　西南桤木木质素和西南桤木木质素/SiO_2 气凝胶复合材的 DSC 曲线

7.4.2　木材/SiO_2 气溶胶复合材的 FTIR 分析

1. 实验材料、仪器与方法

本节分别对 SiO_2 气溶胶和木材/SiO_2 气溶胶复合材进行 FTIR 分析。木材是由多种复杂高分子化合物组成的生物质材料，化学作用机制极为复杂，为了解析 SiO_2 气凝胶与木材组分之间的联系，本研究以木粉、纤维素和木质素为试样进行测试。傅里叶变换红外系统为美国尼高力公司生产的 MAGNA-IR560 型。各试样的选取与制备如下：选取 40~60 目西南桦木和紫檀/FU1~FU4 SiO_2 气凝胶复合材粉末，以及西南桦木纤维素和木素用于 FTIR 分析，同时与 40~60 目未处理西南桦木、紫檀、纤维素和木素粉末进行对比。制备方法参考 7.1 节。

2. 结果与讨论

1) 亲水性及疏水性的 SiO_2 气溶胶 FTIR 光谱

图 7-64 为超临界 CO_2 制备的亲水性及疏水性的 SiO_2 气凝胶的 FTIR 光谱。

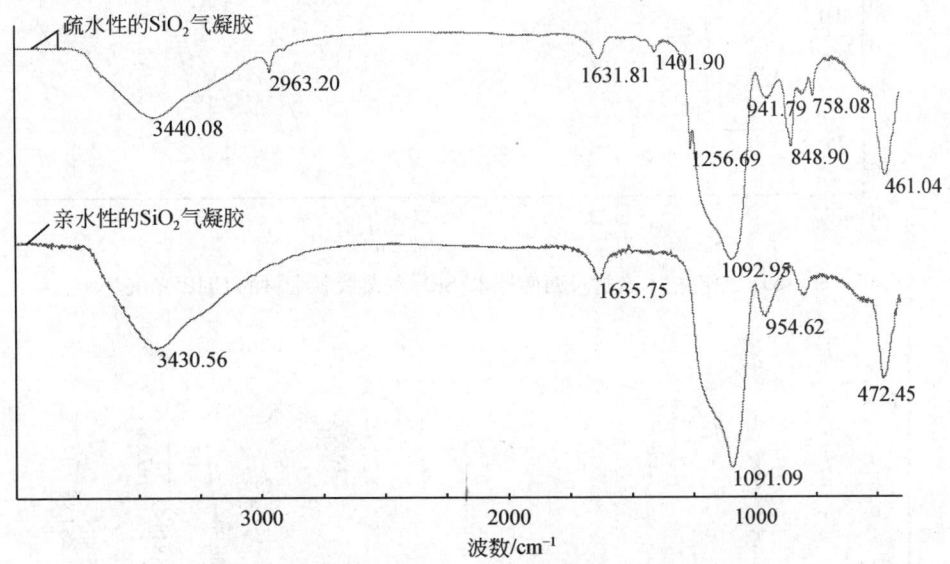

图 7-64　亲水性及疏水性的 SiO_2 气凝胶的 FTIR 光谱

其主要吸收峰归属与解析如下：在 3440~3430 cm^{-1} 出现的峰代表 O—H 的伸缩振动，在 1635~1631 cm^{-1} 附近出现的峰代表 H—O—H 的弯曲振动，这些羟基主要来源于所吸附的水分。在 1091~1002 cm^{-1} 处出现的峰代表 Si—O—Si 的反对称伸缩振动，799 cm^{-1} 附近的峰代表 Si—O—Si 的对称伸缩振动，472~461 cm^{-1} 处出现的峰分别代表 Si—O—Si 的弯曲振动。在疏水性的 SiO_2 气凝胶 FT-IR 图谱中，2963 cm^{-1}、1256 cm^{-1}、848 cm^{-1} 和 863 cm^{-1} 附近出现的峰代表 Si—CH_3，这说明 SiO_2 气凝胶的骨架表面确实接上了甲基。而在 954~941 cm^{-1} 附近出现的峰代表 Si—OH 的伸缩振动，说明 SiO_2 气凝胶表面仍含有少量硅羟基没有被替换。

2) 木材及其主要成分与 SiO_2 气凝胶复合所得复合材的 FTIR 光谱

图 7-65 和图 7-66 分别是西南桤木素材、紫椴素材和 4 种不同固含量 SiO_2 气凝胶/木粉复合材的 FTIR 光谱。图 7-67、图 7-68 分别为西南桤木纤维素、木质素与 SiO_2 气凝胶复合所得复合材的 FTIR 光谱。表 7-13 是木材、纤维素和木质素与 SiO_2 气凝胶复合所得复合材的 FTIR 光谱解析。

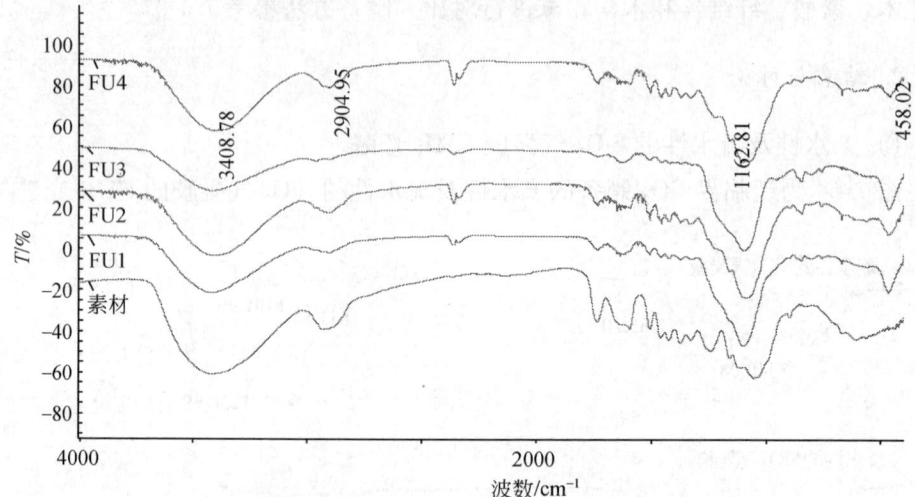

图 7-65　西南桤木素材及西南桤木/SiO_2 气凝胶复合材的 FTIR 光谱

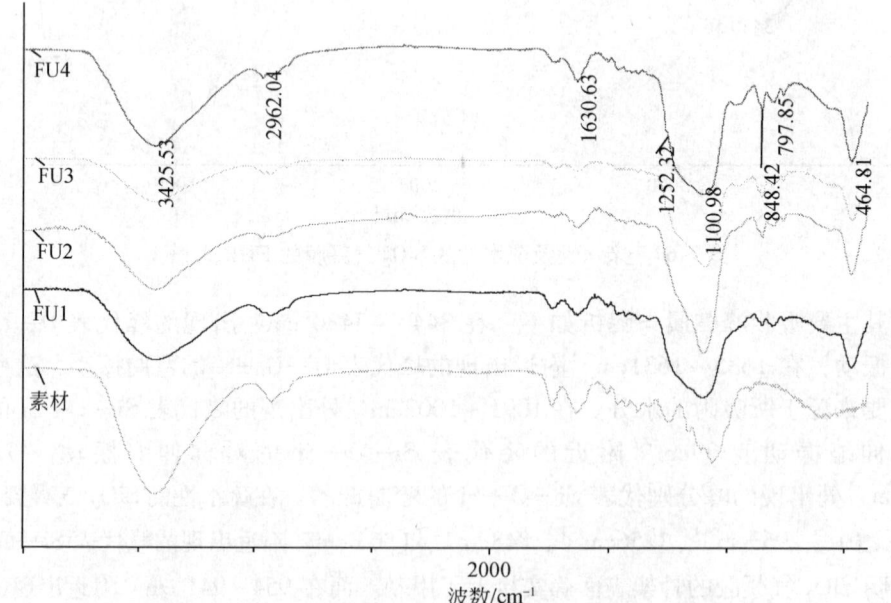

图 7-66　紫椴素材及紫椴/SiO_2 气凝胶复合材的 FTIR 光谱

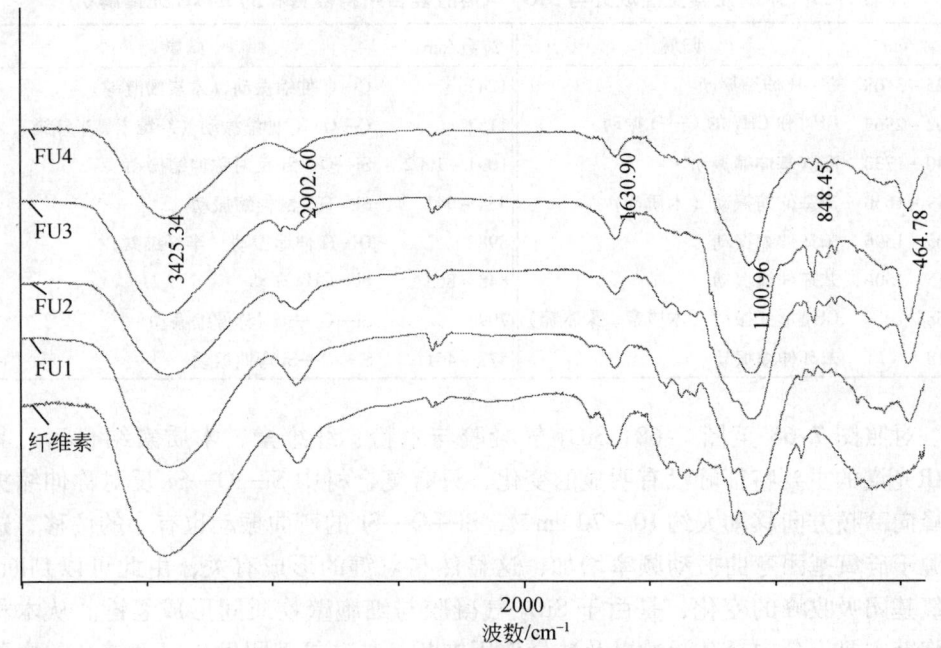

图 7-67　纤维素/SiO₂ 气凝胶复合材的 FTIR 光谱

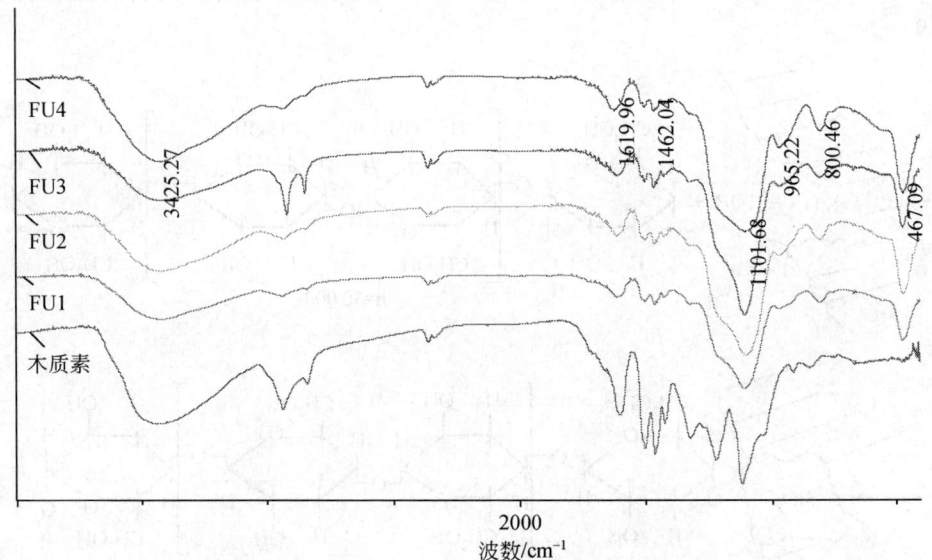

图 7-68　木质素/SiO₂ 气凝胶复合材的 FTIR 光谱

表 7-13　木材及其主要成分与 SiO_2 气溶胶复合所得复合材的 FTIR 光谱解析

波数/cm^{-1}	归属	波数/cm^{-1}	归属
3425~3408	O—H 伸缩振动	1242	C—O 伸缩振动（木素酚醚键）
2902~2963	CH_2 和 CH_3 的 C—H 振动	1152	C—O—C 伸缩振动（纤维素、半纤维素）
1740~1730	酯羰基伸缩振动	1091~1002	Si—O—Si 反对称伸缩振动
1619~1630	羰基伸缩振动（木质素）	954~941	Si—OH 的伸缩振动
1605~1596	苯环伸缩振动	898	O—H 伸缩振动（半纤维素）
1515~1506	苯环伸缩振动	848~863	Si—CH_3 振动
1458	CH_2 形变振动（木质素、聚木糖）	799	Si—O—Si 对称伸缩振动
1418	苯环伸缩振动	472~461	Si—O—Si 弯曲振动

对照图 7-65 至图 7-68，SiO_2 气凝胶与木粉、纤维素、木质素结合后，其 FTIR 光谱的主要特征峰没有明显的变化，只有复合材中 Si—O—Si 反对称伸缩振动峰向高频方向移动大约 10~70 cm^{-1}，Si—O—Si 的弯曲振动也有小的位移，这是源于硅氧基团弯曲振动频率增加，这显然与氢键的形成有关，由此可以判断，硅氧基团吸收峰的变化，是由于 SiO_2 气凝胶与细胞壁物质间形成氢键。从木材细胞壁主要成分中羟基活性以及数量作用推断，与硅氧基团发生氢键结合的主要应为纤维素上的羟基，木材纤维素的微细结构见本书第 2 章图 2-4。

纤维素中葡萄糖单元（glucose unit）与 SiO_2 气凝胶氢键的结合方程式见图 7-69。

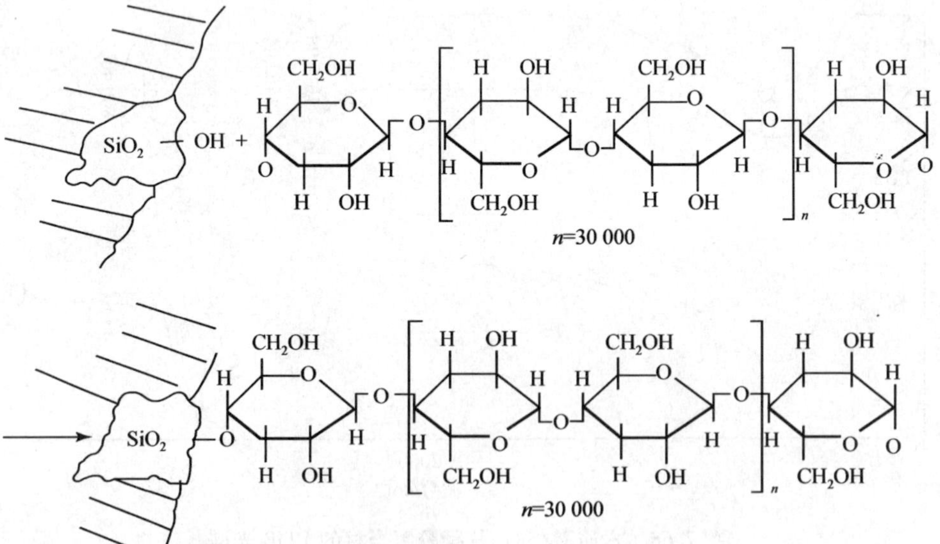

图 7-69　葡萄糖单元与 SiO_2 气凝胶的氢键结合

纤维素上 C2、C3 和 C6 都可能发生氢键结合，C6 上的羟基为伯醇羟基，有更高的反应活性。从注入木材 SiO_2 气凝胶的质量看，本研究所注入的 SiO_2 气凝胶相比同类研究是最小的，但却在物理力学性质、减少吸湿性等方面取得了同样的效果，其原因之一就是硅氧基团与细胞壁中纤维素形成氢键。木材中的纤维素、半纤维素和木素均含有羟基等活性基团，都可发生上述反应。

李坚等推测硅氧基团与细胞壁存在共价键结合或缔合/平衡相互作用，使两相体系表现出与存在共价键时相似的特性[27,28]，这还有待于采用其他手段加以证明。

7.4.3 X 射线光电子能谱分析

X 射线光电子能谱（XPS）在木材科学领域已经得到了广泛的应用，20 世纪 80 年代，李坚采用 XPS 分析了用 NaOH 溶液处理的椴木单板表面化学性质的变化[29]。近年来，越来越多的学者采用 XPS 等方面对木材表面进行分析，获得了重要的信息[30-32]。

1. 材料与方法

实验材料为西南桤木，切成尺寸 20mm×30mm，厚度约为 80μm 的试材，采用同一种固含量的 SiO_2 气凝胶 FU1 和 FU4（在 FU1 基础上添加 3% 的硅烷偶联剂），制备成西南桤木/SiO_2 气凝胶复合材（FU1Q 和 FU4Q），制备方法见 7.1.4 节。为了便于探讨西南桤木/SiO_2 气凝胶复合材的结合机理，将西南桤木素材在硅烷偶联剂 VTMES 中浸泡 20min，作为辅助研究样品（VSQ），并且以桤木素材（SQ）作为对照样品。实验设备为美国物理电子公司的 PHI 5500 XPS，XPS 操作条件：分析样品时使用 Mg 靶，真空度小于 2.0×10^{-9} Pa，C1s、O1s 拟合采用非对称 Gussian 和 Lorentzian 曲线。

2. 结果与讨论

1）复合前后木材表面元素的构成分析

XPS 的宽扫描图可以给出除 H 和 He 以外的所有元素的内层电子的结合能，并可利用每个元素的特征结合能及灵敏度因子，测定木材表面的化学成分及相对含量。本研究对实验样品进行多次溅射，以下各项为溅射 5 min 的实验结果。图 7-70 为西南桤木素材以及木材/SiO_2 气凝胶复合材表面的 XPS 谱图，图中在结合能为 284~290eV、531~534eV 和 99~103eV 附近有强吸收峰，分别是西南桤木木材表面化学组成中的 C、O 和 Si 元素。

木材主要由纤维素、半纤维素、木素和抽提物组成。木材主要元素组成为 C、H、O。XPS 分析深度不超过 10nm，可用 XPS 分析木材表面处理前后化学组

成和结构的变化。由图 7-70 及表 7-14 可知，西南桤木和 SiO_2 气凝胶复合材表面

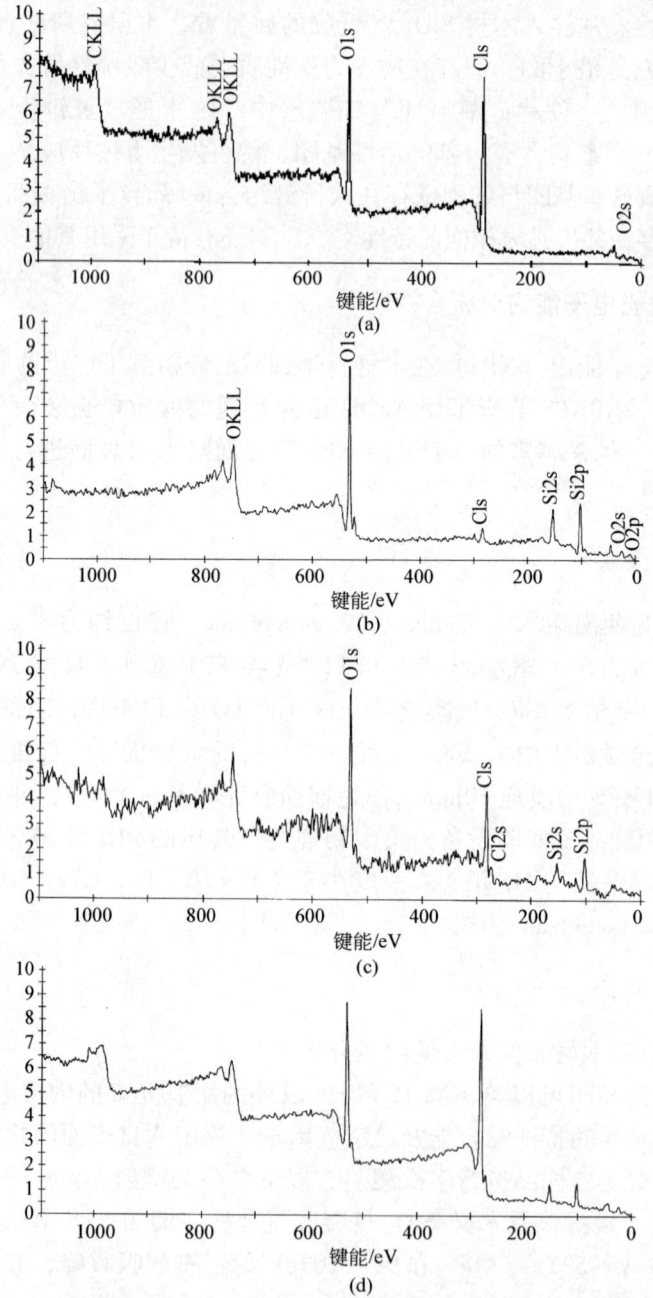

图 7-70　西南桤木素材及西南桤木/SiO_2 气凝胶复合材的 XPS 宽扫描谱图
(a) SQ；(b) FU1Q；(c) FU4Q；(d) VSQ

主要元素组成为 C、O（木材中的 H 原子 XPS 不能表征）以及 Si 元素。木材与 SiO_2 气凝胶合复合后，木材表面主要化学成分没有改变，只是 C 含量减少，O 含量增加，O 与 C 的原子数比值增加，西南桤木素材及西南桤木/SiO_2 气凝胶复合材的元素含量及相对含量见表 7-14。

表 7-14　复合前后木材表面元素的基本组成

试材	元素含量/%			n_O/n_C/%
	O	C	Si	
SQ	27.97	72.03	0	38.83
FU1Q	43.27	49.55	7.19	87.33
FU4Q	34.91	47.02	18.07	74.25
VSQ	32.95	50.82	16.23	64.83

从表 7-14 可以看出，样品 SQ、FU1Q、FU4Q 和 VSQ 的 n_O/n_C 分别为 38.83%、87.33%、74.25% 和 64.83%，说明木材与 SiO_2 气凝胶合复合后，氧含量都得到了增加。与素材 SQ 相比，样品 FU1 的 O 含量变化较大，增加了 15.30%，从而使其 n_O/n_C 增加了 48.50%，说明 FU1 系列 SiO_2 气凝胶与木材的结合较其他样品要好，FU4 气凝胶与 FU1 相同，但木材/FU4 SiO_2 气凝胶复合材 Si 元素增加的量扣除偶联剂的 Si 元素，实际硅含量只提高 1.84%。复合效果不如 FU1，这与前述 DMA 分析的结果一致。说明硅烷偶联剂 VTMES 对 SiO_2 气凝胶的形成过程和结构影响很大，木材/SiO_2 气凝胶复合材性能主要与 SiO_2 气凝胶的结构关系密切。

2）复合前后木材表面的 C1s 图谱分析

电子结合能与其所结合的原子或原子团有关，用木质材料表面 C 元素的 C1s 峰的结合能和化学位移来分析其周围的化学环境，可以得到木材表面化学结构的信息。O1s 峰在木材表面化学组成的研究中，重要性远低于 C1s 峰，甚至许多研究报道中根本不考虑 O1s 峰[31]。因此，本研究只对 C1s 进行测试。表 7-15 是几种具有代表性的样品 C1s 的测试数据。在进行 XPS 光谱测定时，一个多电子体系存在着复杂相互作用（荷电效应、轨道角动量、自旋角动量等的耦合作用），使所得的谱图中的谱峰重叠，形成合成谱峰。为了分析木材表面的化学变化，就需要依据各特征谱峰参数，将原子光电子能谱的原始谱线进行计算机曲线拟合分峰处理。图 7-71 是 4 种木材样品表面 C1s 的 XPS 高分辨谱图，图中样品的 C1s 谱峰是采用非对称 Gauss 和 Lorentz 曲线拟合而成的。

表 7-15 SiO_2 气凝胶处理木材前后的 C1s 峰的检测数据

C1s构成	SQ 结合能/eV	SQ 相对位置/eV	SQ 峰面积/%	FU1Q 结合能/eV	FU1Q 相对位置/eV	FU1Q 峰面积/%	FU4Q 结合能/eV	FU4Q 相对位置/eV	FU4Q 峰面积/%	VSQ 结合能/eV	VSQ 相对位置/eV	VSQ 峰面积/%
C_1	284.02	0.00	53.31	286.74	0.00	41.69	284.86	0.00	38.88	284.80	0.00	65.54
C_2	286.27	1.59	37.37	284.99	1.75	58.31	286.24	1.37	37.57	286.38	1.58	22.05
C_3	287.92	3.24	8.34	—	—	—	287.83	2.96	16.31	287.32	2.52	11.53
C_4	289.02	4.34	0.97	—	—	—	289.26	4.40	7.23	288.83	4.03	0.88

表 7-15 中样品 SQ 是未处理的素材，其 C1s 峰主要由 4 个不同的峰组成，4 个峰的结合能分别为 284.02eV、286.27eV、287.92eV 和 289.02。C_1 指碳原子仅与其他碳原子或氢原子相结合形成单键—C—C—或—C—H（≈284eV），结合能较低；C_2 指碳原子与 1 个非羰基氧结合，形成—C—O—（≈286eV），结合能较大；C_3 指碳原子与 2 个非羰基氧或与 1 个羰基氧结合，形成—O—C—O—或 C=O，具有较高的电子结合能（≈287 eV）；C_4 指碳原子同时与 1 个羰基氧和 1 个非羰基氧结合—O—C=O，这实际上源于羧酸根，这种结合碳的氧化态更高，电子结合能在 289eV 以上。因此，样品 SQ 的 4 个峰按其结合能的位置分别归属于 C_1、C_2 和 C_3、C_4、其中，C_1 为 55.31%，C_2 为 37.37%，C_3 为 8.34%，C_4 为 0.97%，说明样品 SQ 主要由 C_1 组成，其次是 C_2 和 C_3，还有少量的 C_4，即含羧酸抽提物。

FU1Q 样品是固含量为 5.69% 的 SiO_2 气凝胶复合的木材，图 7-71 中最引人注目的是 C_3 和 C_4 的消失。从图 7-71 和表 7-15 中可以看出，样品 FU1Q 的 C1s 峰主要由 2 个不同的峰组成，2 个峰的结合能从低到高分别为 284.99eV 和 286.74eV，两个峰较好地对应于 C_1 和 C_2，与样品 SQ 相比较，样品 FU1Q 的 C1s 谱峰有很大的变化，即 C_3 和 C_4 消失。由于样品 FU1Q 中 C_3 和 C_4 同时消失，可以排除由于介于强度较大的 C_2 和 C_4 峰之间而难以拟合出 C_3 峰的原因，同时，C_3 含量增加，也即 C=O 与 SiO_2 气凝胶发生反应，碳氧双键减少，而—C—O—键含量增加，说明木材细胞壁成分确实与 SiO_2 气凝胶发生了键合。本研究从荧光显微图像的变化推测，是由于 SiO_2 气凝胶与木质素产生联结，影响了自发荧光的发射。这两个基于不同原理的实验可以很好地相互印证。

样品 FU4Q 是加入硅烷偶联剂 VTMES 的木材/SiO_2 气凝胶复合材，SiO_2 固含量与 FU1Q 相同，为 5.69%。从图 7-71 和表 7-15 中可以看出，FU4Q 复合使西南桤木木材表面碳的结合形式变化不显著，即 C_1 含量降低，而 C_2 几乎不变，C_3 和 C_4 含量增加，这显然是加入硅烷偶联剂使木材表面碳的氧化态增高的缘故。

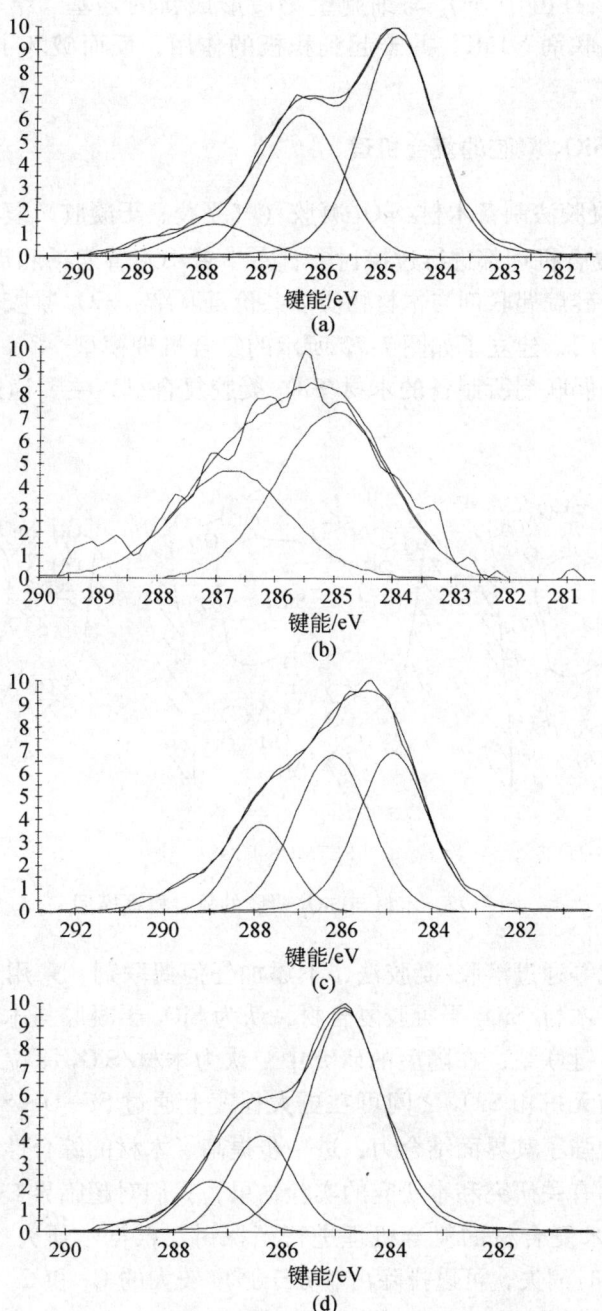

图 7-71 西南桤木木材/SiO_2 气凝胶 C1s 的 XPS 图谱
(a) SQ; (b) FU1Q; (c) FU4Q; (d) VSQ

C_1 含量降低应该是由于 SiO_2 与细胞壁物质形成新的羟基。结合样品 VSQ 看，VSQ 中的硅烷偶联剂 VTMES 并未起到积极的作用，反而破坏了 SiO_2 气凝胶的结构。

7.4.4 木材与 SiO_2 凝胶的复合机理

应用溶胶-凝胶法制备木材/SiO_2 凝胶（气凝胶、干凝胶）复合材，并对木材与 SiO_2 凝胶的复合机理都进行过探讨。日本学者小木曾宏治和坂志朗通过溶胶-凝胶法，借助于硅烷偶联剂与木材物质以共价键联结，SiO_2 凝胶在木材物质之间起到交联剂的作用，建立了如图 7-72 所示的复合机理模型[3,33]。日本学者认为，其他未采用硅烷偶联剂所制备的木材/SiO_2 凝胶复合材，主要通过氢键相互联结（干凝胶）。

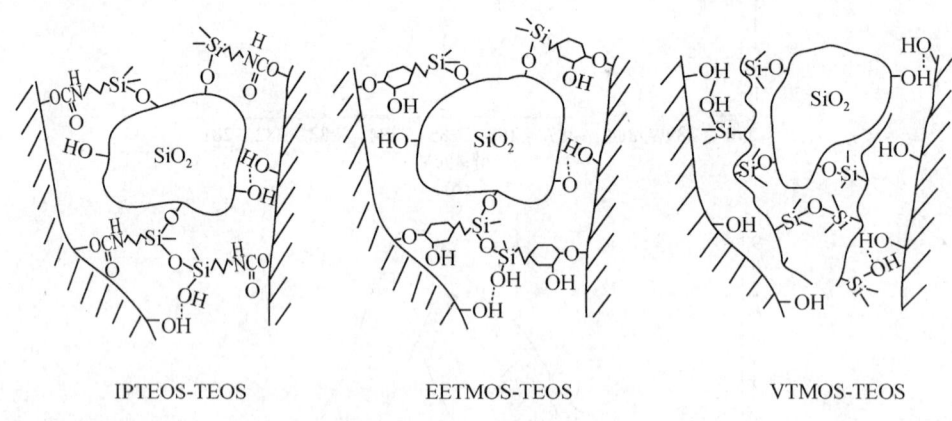

图 7-72　木材与 SiO_2 凝胶的复合机理模型

国内王西成等通过溶胶-凝胶法，不添加任何偶联剂，采用与日本学者类似的策略，制备了木材/SiO_2 干凝胶复合材，认为 SiO_2 干凝胶与木材中纤维素存在氢键联结和共价键联结，在随后的研究中，认为木材/SiO_2 原位复合材借助于偶联剂，使木材与无机相 SiO_2 之间可在更大程度上通过 Si—O—Si 及 C—O—C 醚键连接起来，增强了其界面结合力，进一步提高了木材的综合性能[34-36]。

根据前人的有关研究和本研究的实验结果，我们对超临界 CO_2 干燥制备木材/SiO_2 气凝胶纳米复合材的复合机理进行了探讨。根据本研究中 XPS 的实验结果，C_3 和 C_4 同时消失，可以排除由于介于强度较大的 C_2 和 C_4 峰之间而难以拟合出 C_3 峰的原因，同时，C_3 含量增加，也即 C=O 与 SiO_2 气凝胶发生反应，碳氧双键减少，而—C—O—键含量较未处理材增加 20.94%，因此，可以肯定的是，SiO_2 气凝胶与木材细胞壁成分中的羰基确实发生了键合。这在相类似的木材

/干凝胶复合材的研究报道中还没有如此明显的证据。

SiO_2 气凝胶与木材中木质素上的羰基发生反应的可能性比纤维素和半纤维素更大，当然，这个推测是基于本研究中的荧光反应，还有待于更进一步的研究，取得更加明确的证据，证明 SiO_2 气凝胶主要是与木质素上的发色基团反应。但 SiO_2 气凝胶和纤维素、半纤维素上的羰基反应的同时，也能和木质素上的羰基发生反应，从 XPS 图谱中 C_3 和 C_4 同时消失可以肯定这一点。木质素上的羰基主要以两种形式存在：一是位于结构单元的 γ-碳原子上，如木质素主要的发色基团松柏醛基，另一种是位于侧链的 β-碳原子上，如图 7-73 所示。

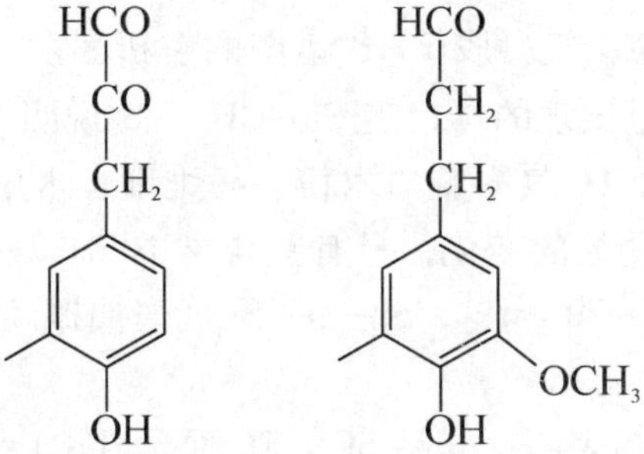

图 7-73 木质素结构单元上的羰基

因此，SiO_2 气凝胶有如下的反应方程式：

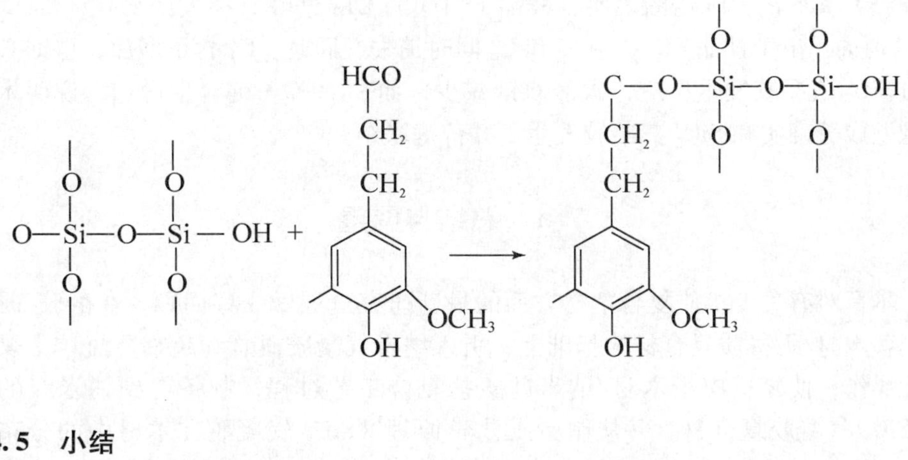

7.4.5 小结

本节应用 DMA、DSC、FTIR、XPS 对西南桤木木粉及其主要成分的 SiO_2 气凝胶复合材复合前后的木材表面结构及物理化学特性进行了分析，有如下一些结论：

(1) 从西南桤木/SiO_2 气凝胶复合材 DMA 分析看，SiO_2 气凝胶的作用十分显著。对木材无机质复合材来说，木材动态弹性模量与 SiO_2 气凝胶含量、交联度、粒度和结构有密切关系。FU1 和 FU4 气凝胶本身结构与性质优于 FU3 凝胶，但 FU1 和 FU3 气凝胶与木材有均匀的结合，与木材细胞壁发生了一定程度的作用，FU4 由于受到硅烷偶联剂的影响，与木材细胞壁的结合不均匀。

(2) 对 DSC 图谱的分析表明 SiO_2 气凝胶对木材的复合起到了良好的保护作用。与 FU1、FU3 和 FU4 复合的纤维素和木质素开始裂解的温度较素材提高较大，其中，木质素裂解的温度提高更大。木材/SiO_2 气凝胶不同的裂解方式与木材/SiO_2 气凝胶复合材的纳米超细结构有关。

(3) 通过对木材/SiO_2 气凝胶 FTIR 谱图的解析表明：$2963cm^{-1}$、$1256cm^{-1}$、$848cm^{-1}$ 和 $863cm^{-1}$ 附近出现的峰代表 Si—CH_3，这说明 SiO_2 气凝胶的骨架表面确实接上了甲基。通过 SiO_2 气凝胶与木粉、纤维素、木质素结合的 FTIR 光谱对比，其主要特征峰没有明显的变化，只有复合材中 Si—O—Si 反对称伸缩振动峰向高频方向大约移动 $10\sim70\ cm^{-1}$，Si—O—Si 的弯曲振动也有小的位移，主要与氢键的形成有关。

(4) XPS 的宽扫描图表明：样品 SQ、FU1Q、FU4Q 和 VSQ 的 n_O/n_C 比分别为 38.83%、87.33%、74.25% 和 64.72%，说明木材与 SiO_2 气凝胶合复合后，氧含量都得到了增加。样品 FU1 的 O 含量变化较大，与素材 SQ 相比，其 n_O/n_C 比增加了 48.50%，说明 FU1 系列 SiO_2 气凝胶与木材的结合较其他样品要好。

(5) XPS 的 C1s 谱图表明：样品 FU1Q 的 C1s 谱峰有很大的变化，即 C_3 和 C_4 的消失。由于样品 FU1Q 中 C_3 和 C_4 同时消失，同时，C_3 含量增加，也即 C═O 与 SiO_2 气凝胶发生反应，碳氧双键减少，而—C—O—键含量增加，说明木材细胞壁成分确实和 SiO_2 气凝胶发生了共价键联结。

7.5 总结与展望

本章对有关无机质复合木材方面的最新研究进展做一些回顾，在溶胶-凝胶法制备木材/无机质复合材的基础上，引入纳米气凝胶概念和超临界流体干燥的单元操作，使之适应于木材/纳米硅酸盐复合工艺过程，制备得到纳米级的木材/SiO_2 气凝胶复合材。并从制备工艺学原理、SiO_2 气凝胶在木材中的分布与界面状态、性能评价以及采用热分析 DMA/DSC、FTIR、XPS 等现代波谱技术对木材与 SiO_2 气凝胶结合的途径、方式和机理等方面进行了系统的研究。通过大量实验和研究工作，得出如下结论，并对某些尚需深入研究的问题进行了讨论。

7.5.1 总结

本项研究的创新点主要包括以下方面：第一，本研究在传统溶胶-凝胶法制备木材/无机质复合材的基础上，引入纳米气凝胶的概念，应用超临界流体干燥单元操作，制备得到木材/SiO_2气凝胶纳米复合材。第二，采取在木材外部进行溶胶-凝胶化过程，然后采取空细胞法将溶胶注入到木材中，具有制备工艺简单、原料利用率高的特点，可以与利用木材中的结合水进行溶胶-凝胶过程取得同样良好的效果。第三，采取低增重率的策略，增重率仅为4.37%～16.71%，较好地保持了木材高强重比和木材的孔隙结构等环境学特性的同时，使木材具有良好物理力学性质、尺寸稳定性、表面疏水性和一定的阻燃性质，这也突显出木材/纳米复合材的优良特性。第四，发现木材/SiO_2气凝胶纳米复合材具有特殊声学性质，可应用于有特殊声学环境要求的空间。第五，利用XPS的C1s图谱，首次以C_3和C_4同时消失的明确证据证明C═O与SiO_2气凝胶发生反应，碳氧双键减少，而—C—O—键含量增加，说明在超临界条件下，SiO_2气凝胶与木材发生了共价键联结。基于这些方面和木材/SiO_2气凝胶纳米复合材所具有的特点，多种不同的木材/气凝胶纳米复合材将作为结构材料、功能材料和环境材料，突显其应用上的优势，性能优异的木材/气凝胶纳米复合材在不远的将来一定能得到推广应用。研究结论归纳总结如下：

（1）木材/SiO_2气凝胶复合材的制备包括SiO_2气凝胶的溶胶-凝胶过程、SiO_2溶胶木材浸渍处理工艺条件和超临界干燥工艺条件。对溶胶-凝胶过程的改进和将超临界流体干燥的单元操作融入制备木材/无机质复合材的过程中，使之适应于设定的木材/纳米硅酸盐复合工艺过程是制备的关键。溶胶-凝胶过程的改进主要通过适当调节反应物$TEOS/H_2O$配比，获得密度不同、孔分布不同的SiO_2气凝胶，溶胶的固含量分别为5.69%、9.41%和10.57%。结合木材的特点对HF酸的用量进行控制，4种溶胶FU1、FU2、FU3和FU4的HF的用量最终选择为1.0ml、0.4ml、0.6ml和1.0ml，可在120min左右得到醇凝胶。凝胶的物理操作条件为将醇凝胶冷却到-21℃，并在-21℃条件下陈化1～3d，然后将其取出，自然升温至室温（约需12h），在24h内必须置于超临界干燥器中进行干燥单元操作。

（2）SiO_2溶胶对木材的渗透，应主要考虑压力和加压时间以及树种的影响，考虑木材的变异性所造成的实验数据的波动，确定SiO_2溶胶的浸渍工艺条件为压力0.8MPa，压力时间30min，减压真空度0.090MPa，保持10min。采用此注入工艺所制备的4种木材/SiO_2气凝胶复合材的最终增重率，紫椴分别为7.32%、14.34%、16.71%和7.31%，西南桤木增重率分别为4.37%、13.33%、13.47%

和4.37%。较好地保持了木材的高强重比这一优良特点。

(3) 木材/SiO_2气凝胶超临界干燥工艺条件最终确定为动态和静态干燥温度50℃，动态和静态压力25MPa，动态干燥时间180min。在上述SiO_2气凝胶的溶胶-凝胶过程、SiO_2溶胶木材浸渍处理工艺条件和超临界干燥工艺条件下制备的木材/SiO_2气凝胶复合材中的SiO_2气凝胶是由直径约13~300nm的SiO_2颗粒构成的连续网络结构，通过XRD谱图分析，SiO_2气凝胶处于一种杂乱的无定形非晶态相，存在着大量孔隙和大的比表面积，SiO_2气凝胶与木材有良好的结合，并保持木材的孔隙结构。

(4) 通过光学显微镜观测，呈块状聚集的SiO_2气凝胶分布情况是横切面>>弦切面>径切面，在径切面和弦切面均有SiO_2薄层与细胞壁组织紧密相连，保持了木材的多孔性结构。在管胞中呈现相对均匀分布状态，早材导管中留存较少，晚材导管中相对较多。不同树种因木材结构和成分的差异具有不同的不均匀分布。荧光图像显示和分析认为SiO_2气凝胶与木材存在三种联结状态：一是SiO_2气凝胶与木质素产生联结；二是SiO_2气凝胶与木材细胞壁中纤维素产生的氢键连接，因此，界面呈现逐渐变化的阶梯状颜色变化；三是SiO_2气凝胶以均聚物形式填充。

(5) 通过SEM-EDAX的观测，发现在木材细胞壁的位置还能看到排列均匀的SiO_2。证明在木材外部进行溶胶-凝胶化过程，然后采取空细胞法将溶胶注入到木材中的工艺，可以与利用木材中的结合水进行溶胶-凝胶过程取得同样良好的效果。在Si的表面引入了疏水性的甲基（—CH_3），通过对接触角的测量表明，木材/SiO_2气凝胶复合木材表现出良好的表面疏水性。

(6) 紫椴/SiO_2气凝胶复合材的顺纹抗压强度、抗弯强度和抗弯弹性模量较紫椴素材产生一定程度的下降，而西南桤木/SiO_2气凝胶复合材的顺纹抗压强度、抗弯强度和抗弯弹性模量较桤木素材均有比较大的提高。造成这种差异的主要原因是紫椴和西南桤木结构不同，紫椴复合材的增容率约是西南桤木复合材的2倍，两者的增容率有比较大的差异，增容使木材固有的抵抗外力的能力下降，由此造成紫椴复合材各项力学指标有所下降，而西南桤木复合材由于较小的增容率，各项力学指标均有较大的提高。

(7) 紫椴/SiO_2气凝胶复合材在各种不同相对湿度条件下，尺寸稳定性都得到了不同程度的提高，其原因有内部和外部两方面：一方面，内部由于SiO_2气凝胶上的羟基与细胞壁物质的氢键键合（主要应为纤维素和半纤维素），阻止木材了与水结合，另一方面，由于在SiO_2气凝胶表层引入了疏水性的—CH_3，阻止了表层SiO_2气凝胶吸收空气中的水分，为此提高了尺寸稳定性。

(8) FU1~FU3硅气凝胶复合木材的声速只有素材的1/8，紫椴/SiO_2干凝胶复合材的声速为素材的 1/2。偶联剂的添加会影响到 SiO_2 气凝胶纳米结构的形成。木材/SiO_2 气凝胶复合材适合于作为吸声材料，用于特殊声学要求的场合。

（9）氧指数 OIs 测定和 TG 分析表明，木材/SiO_2 气凝胶复合材具有一定的阻燃效果。结合对 DSC 谱图的分析表明：SiO_2 气凝胶对木材的复合起到了良好的保护作用。与 FU1、FU3 和 FU4 复合的纤维素和木质素开始裂解的温度较素材提高较大，其中，木质素裂解的温度提高更大。木材/SiO_2 气凝胶不同的裂解方式与木材/SiO_2 气凝胶复合材的纳米超细结构有关。

（10）西南桤木/SiO_2 气凝胶复合材 DMA 分析表明，SiO_2 气凝胶结构的作用十分显著。木材动态弹性模量与 SiO_2 气凝胶含量、交联度、粒度和结构有密切关系。FU1 和 FU4 气凝胶本身结构与性质优于 FU3 凝胶，但 FU1 和 FU3 气凝胶与木材有均匀的结合，与木材细胞壁发生了一定程度的作用，FU4 由于受到硅烷偶联剂的影响，与木材细胞壁的结合不均匀。

（11）通过对木材/SiO_2 气凝胶 FTIR 图谱解析表明：在 2963 cm^{-1}、1256 cm^{-1} 和 848 cm^{-1} 和 863 cm^{-1} 附近出现的特征吸收峰为 Si—CH_3 贡献，这说明 SiO_2 气凝胶的骨架表面已接上了甲基。通过 SiO_2 气凝胶与木粉、纤维素、木质素结合的 FTIR 光谱进行对比，其主要特征峰没有明显的变化，只有复合材中 Si—O—Si 反对称伸缩振动峰向高频方向大约移动 10~70 cm^{-1}，Si—O—Si 的弯曲振动也有小的位移，主要与氢键的形成有关。

（12）XPS 的宽扫描图表明：样品 SQ、FU1Q、FU4Q 和 VSQ 的 n_O/n_C 比分别为 38.83%、87.33%、74.25% 和 64.72%，说明木材与 SiO_2 气凝胶合复合后氧含量都得到了增加。样品 FU1 的 O 含量变化较大，与素材 SQ 相比，其 n_O/n_C 比增加了 48.50%，说明 FU1 系列 SiO_2 气凝胶与木材的结合较其他样品要好。XPS 的 C1s 谱图表明：样品 FU1Q 的 C1s 谱峰有很大的变化，即 C_3 和 C_4 的消失。由于样品 FU1Q 中 C_3 和 C_4 同时消失，同时，C_3 含量增加，也即 C=O 与 SiO_2 气凝胶发生反应，碳氧双键减少，而—C—O—键含量增加，说明木材细胞壁成分和 SiO_2 气凝胶发生了共价键联结。

7.5.2 展望

目前，无机质气凝胶复合木材是一种新型材料，木材/气凝胶纳米复合材研究刚刚开始起步，涉及木材科学、材料科学、纳米科学与技术、无机化学以及超临界技术等多个学科和领域。衍生出的研究内容很多，这影响了研究进展和深度，有许多的疑问和推断需进一步的研究证实，也给本研究留下了一些遗憾，同时也表明在这一领域有大量的基础性科学问题亟待解决。本研究认为，木材/气凝胶纳米复合材存在的主要问题有两个方面：一是在制备中由于超临界 CO_2 流体干燥单元操作存在着超临界干燥所需设备要求较高，操作压力高，控制条件苛刻，制备不易，使气凝胶的成本升高，因而使木材/气凝胶纳米复合材大规模推广应用受到限制。从超临界干燥单元操作的角度看，今后木材/气凝胶纳米复合材发展方向一是随着超低压亚临界流体技术发展，超临界设备造价、操作能耗等大幅度降低，木材/气凝胶纳米复合材成本也将大幅度降低。二是试图以非超临界干燥技术来替代超临界干燥过程的方法。我们认为今后木材/气凝胶纳米复合材的研究与应用侧重于以非超临界干燥技术代替超临界干燥是重要的发展方向。第二个方面的问题是溶胶-凝胶过程中一般多采用有机硅（TEOS）水解作为 SiO_2 的前驱体溶液，成本比较高，且其制备过程包含了水解和缩聚两部分，这就使制备条件的选择及凝胶的结构控制十分复杂。因此，选取廉价硅源原料，如硅水溶胶、硅酸钠等，是木材/气凝胶纳米复合材得以推广应用非常重要的方面。相信通过木材科学界同仁的不断努力，针对上述问题，开展更深层次的研究，性能优异的木材/气凝胶纳米复合材在不远的将来一定能得到广泛应用，木材/纳米复合材将作为现代高新技术产品满足人类和社会需求，人们的生活质量和生态环境将更美好。

参 考 文 献

[1] Smith S M , Sable Demessie E, Morrell J J, et al. Supercritical fluid (SFC) treatment: Its effect on permeability of Donglas fir heartwood. Wood Fiber Science, 1995, 27 (3): 296-300

[2] Saka S, Sasaki M, Tanahashi M. Wood-inorganic composites prepared by the sol-gel process Ⅰ. Wood-inorganic composites with porous structure. Mokuzai gakkaishi, 1992, 38 (11): 1043-1049

[3] Saka S, Yakake Y. Wood- inorganic composites prepared by the sol-gel process Ⅲ. Chemical-modified wood- inorganic composites. Mokuzai gakkaishi, 1993, 39 (3): 308-314

[4] Saka S, Mimori R. The distribution of inorganic constitution in white birch wood as determined by SEM-EDAX. Mokuzai gakkaishi, 1994, 40 (1): 88-94

[5] Saka S. Wood-inorganic composites as by the sol-gel process and its topochemistry on wood property enhancement. Mokuzaikogyo, 1995, 50 (9): 400-406

[6] Saka S, Tanno F. Wood-inorganic composites prepared by the sol-gel process Ⅵ. Effects of a property-enhancer on fire-resistance in SiO_2-P_2O_5 and SiO_2-B_2O_3 wood-inorganic composites. Mokuzai gakkaishi, 1996, 42 (1): 81-86

[7] 李坚. 木材科学. 北京: 高等教育出版社, 2002: 106-112

[8] Yekta F M, Ponter A B. Factors affecting the wettability of polymer surfaces. Journal of Adhesion Science and Technology, 1992, 6: 253

[9] 李源哲. 几种木材声学性质的测定. 林业科学, 1962.7 (1): 59-66

[10] 中尾哲也. 应用板理论对木棒扭转振动的研究. 日本: 木材学会志, 1996, 42 (1):

10-15

[11] 矢野浩之. 钢琴音板用西加云杉木材径向的音响特性. 日本：木材学会志, 1989, 35 (10): 882-885

[12] 外崎真理雄. 西加云杉的声振动特性. 日本：木材学会志, 1983, 547-552

[13] 则元京. 乐器用材的物性——钢琴音响板材的选择. 日本：木材学会志, 1982, 28 (7): 407-413

[14] 刘一星, 等. 云杉木材声振动性能与生长轮宽度、晚材率之间关系的研究. 林业科学, 2001, 37 (6): 86-91

[15] 沈隽, 等. 云杉属木材密度与声学特性参数之间关系的研究. 华中农业大学学报, 2001, 20 (2): 181-184

[16] 刘盛全. 刺揪等五种树种木材声学指标及相关性质的研究. 安徽农业大学学报, 1994, 21 (3): 375-378

[17] Miyafuji H, Saka S. Wood-inorganic composites prepared by the sol-gel process V. Fire-resisting properties of the SiO_2-P_2O_5-B_2O_3 wood-inorganic composites. Mokuzai gakkaishi, 1996, 42 (1): 74-80

[18] Miyafuji H, Saka S. Fire-resisting properties in several TiO_2 wood-inorganic composites and their topochemistry. Wood Science and Technology, 1997, (31): 449-455

[19] Miyafuji H, Saka S, et al. SiO_2-P_2O_5-B_2O_3 wood-inorganic composites prepared by metal alkoxide oligomers and their fire-resisting properties. Holzforchung, 1998, (52): 410-416

[20] Saka S, Ueno T. Several SiO_2 wood-inorganic composites and their fire-resisting properties. Wood Science and Technology, 1997, (31): 457-466

[21] Furuno T, Uehara T, Jodai S. Combination of wood and silicate I. Impregnation by water glass and application of aluminum sulfate and calcium chloride as reactants. Mokuzai gakkaishi, 1991, 37 (5): 462-472

[22] Furuno T, Shimada K, Uehara T, et al. Combination of wood and silicate II. Water-mineral composites using water glass and reactants barium chloride, boric acid and borax and their properties. Mokuzai gakkaishi, 1992, 38 (5): 448-457

[23] Furuno T, Uehara T, Jodai S. Combination of wood and silicate III. Some properties of wood-mineral composites using the water glass-boron compound system. Mokuzai gakkaishi, 1993, 39 (5): 561-570

[24] Jian-Zhang L, Furuno T, Katoh S. Preparation and properties of acetylated and propionylated wood silicate composites. Holzforchung, 2001, (55): 93-96

[25] Mougel E, Beraldo A L. Controlled dimensional variations of wood-cement composites. Holzforchung, 1995, (49): 471-477

[26] Ogiso K, Saka S. Wood-inorganic composites prepared by the sol-gel process II. Effects of ultrasonic treatments on preparation of wood-inorganic composites. Mokuzai gakkaishi, 1993, 39 (3): 301-307

[27] 李坚, 邱坚. 硅气凝胶在木材-纳米无机质复合材料中的应用. 东北林业大学学报,

2005, 33 (3): 1-2
- [28] 李坚, 等. 木材波谱学. 北京: 科学出版社, 2003
- [29] 李坚. 木质材料的界面特性与无胶胶合技术. 哈尔滨: 东北林业大学出版社, 1989: 49-58
- [30] 杜官本, 杨忠, 邱坚. 微波等离子体处理西南桤木表面的 ESR 和 XPS 分析. 林业科学, 2004, 40 (2) 148-151
- [31] 杜官本. 表面光电子能谱 (XPS) 及其在木材科学与技术领域的应用. 木材工业, 1999, 13 (3): 17-20
- [32] 杨喜昆, 杜官本, 等. 木材表面改性的 XPS 分析. 分析测试学报, 2003, 22 (4): 5-8
- [33] Ogiso K, Saka S. Wood-inorganic composites prepared by the sol-gel process IV. Effects of chemical bends between wood and inorganic substances on property enhancement. Mokuzai gakkaishi, 1994, 40 (10): 1100-1106
- [34] 王西成, 田杰. 陶瓷化木材的复合机理. 材料研究学报, 1996, 10 (4): 435-440
- [35] 王西成, 程之强, 莫小洪, 等. 用化学方法制备木材/二氧化硅原位复合材料界面的研究. 材料工程, 1998, (5): 16-18
- [36] 王西成, 史淑兰, 程之强, 等. (Si-, Al-) 陶瓷化木材的化学方法. 材料研究学报, 2000, 14 (1): 51-55

第8章 木材/有机气凝胶复合材

本章简要介绍了有机气凝胶的制备、性能表征、结构特性和研究发展概况，在合成了间苯二酚-甲醛（RF）气凝胶和三聚氰胺-甲醛（MF）气凝胶的基础上制备了木材/RF气凝胶复合材、木材/MF气凝胶复合材，并对其性能进行了检测和描述。在制备木材/有机气凝胶复合材时，木材的浸注性是重要的影响因子，因此本章还研究了超临界CO_2流体在处理木材时对其浸注性的影响。

8.1 有机气凝胶和木材/有机气凝胶复合材概述

气凝胶是由胶体粒子或高聚物分子相互聚结构成纳米多孔网络结构，并在孔隙中充满气态分散介质的一种高分散固态材料。早在20世纪30年代初，斯坦福大学Kistler[1]就已经通过水解水玻璃的方法制得了SiO_2气凝胶。30年代以后，随着溶胶-凝胶法研究的深入和超临界干燥技术的逐步完善，构成气凝胶的固体微粒更趋于细化，微孔分布更趋于均匀，从而使材料的密度更低，孔隙率更高。目前的气凝胶主要是指一种以纳米量级超细微粒所聚集成的固态材料，其孔隙率可达80.0%~99.8%，孔洞尺寸一般在1~100nm，而密度变化范围可达0.003~0.6g/cm^3。由于其独特的纳米网络结构，气凝胶还具有最低的热导率、折射指数、声速和最低的电阻率，在保温、隔音、环保、催化、吸附和高性能电容等方面具有广阔的应用前景。气凝胶结构的特异性和诱人的应用前景，引起化学、物理、材料等多学科的高度重视，成为20世纪90年代以来科学技术研究的热点之一。在实际应用方面，气凝胶的高度松脆性、有限透明度以及吸湿性等问题的存在抑制了其应用范围。将少量有机聚合物均匀地嵌入（键合）易碎的无机网络结构中，或者制备性能更为优越的多组分气凝胶，可实现气凝胶结构的优化，从而使气凝胶的可压缩力和紧韧性增大，光透射率提高，亲水性降低，以适合实际应用的需要。因此，气凝胶新品种的开发及其性质研究是当前研究的重要方向。

20世纪80年代末，美国Lawrance Livermore国家实验室的R. W. Pekala首次以间苯二酚和甲醛为原料，在碱性环境下经溶胶-凝胶过程和超临界干燥，制备出有机单体缩聚产物间苯二酚-甲醛有机气凝胶（resorcinol formaldehyde, RF）[2,3]，标志着有机气凝胶研究的开端。由于其密度超低（最低可达到0.013 g/m^3）[4]，热导率超低[最低可以达到0.012W/(m·K)][4]，结构可控，并且炭化后可以得到一种新型的纳米多孔材料——炭气凝胶（carbon aerogel）[5]。炭气凝胶除具有其他气凝胶的一些特性外，还具有良好的导电性、光导性及磁性能，使其在电极材料、高功率密度和高能量密度电化学电容器、新型高效可充电电池等领域得到应用。另外，有机气凝胶具有生物机体相容性，可用于制造人造生物组织、人造器官及器官组件、医用诊断剂及胃肠给药体系的药物载体等。因此，有机气凝胶及其炭化产物具有十分广阔的应用前景。

有机气凝胶及其炭化产物的成功制备是气凝胶科学发展的一大进展[6]。由于其独特的性能与诱人的应用前景，有机气凝胶及其炭化产物随即成为人们关注和研究的重点，其制备、表征、性能及应用方面的研究迅速增加。本节将综述有机气凝胶的制备、结构性能及应用，并分析木材/有机纳米气凝胶复合材料的研究现状和发展前景。

8.1.1 有机气凝胶的制备方法

有机气凝胶的制备与无机气凝胶的制备相似，通常由两个过程构成，即溶胶-凝胶过程和超临界干燥过程。迄今为止，已经研制出的有机气凝胶有间苯二酚-甲醛（RF）、三聚氰胺-甲醛（MF）[5,7]、苯酚-甲醛（PF）、聚异氰酸酯（PUR）等。

1. 溶胶-凝胶过程

气凝胶的多孔网络结构首先由溶胶-凝胶过程形成，即以金属有机化合物为母体，在一定条件下通过水解、缩聚反应形成具有空间网络结构的醇凝胶。现以间苯二酚-甲醛（RF）气凝胶为例，来简要地说明有机凝胶的生成机理。首先，间苯二酚和甲醛在碱催化剂（通常为Na_2CO_3）作用下形成单（多）元羟甲基间苯二酚，这一步是加成反应，速度快。第二步是缩聚反应，发生在中间体单（多）元羟甲基间苯二酚的羟甲基（—CH_2OH）和苯环上未被取代的位置之间，以及两个羟甲基之间，分别形成以亚甲基键（—CH_2—）和亚甲基醚键（—CH_2OCH_2—）连接的基元胶体颗粒。在这些基元胶体颗粒中，小颗粒易于溶解，而大颗粒继续生长成 RF 团簇，RF 团簇进一步缩聚最终形成网络状体型聚合物，即 RF 有机凝胶（图 8-1）。

通过控制反应物溶液中催化剂的量（即溶液的酸碱度），可以控制水解-缩聚过程中水解反应和缩聚反应的相对速率，从而得到不同交联度、不同网络结构的气凝胶；通过控制反应体系中间苯二酚和甲醛的物质的量的比，可获得不同密度和结构特性的气凝胶[8]。通过溶胶-凝胶过程获得具有一定空间网络结构的醇凝胶是制取单组分气凝胶的重要步骤。

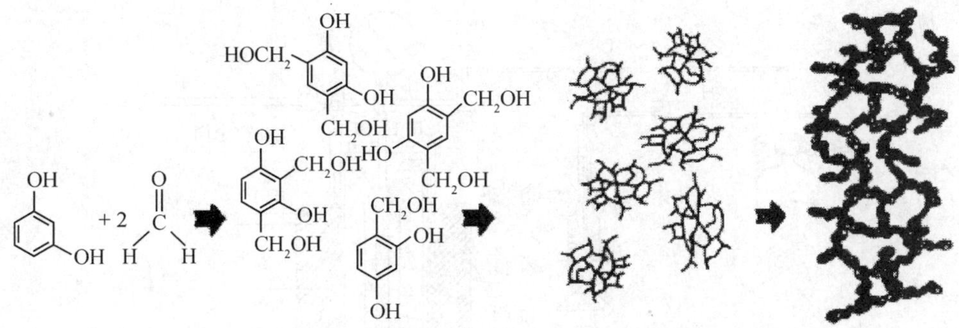

| 反应物 | 连接上羟甲基的间苯二酚 | RF团簇(3~20nm) | 网络状凝胶 |

图8-1 RF的溶胶-凝胶聚合过程

2. 超临界干燥过程

由溶胶-凝胶过程得到的醇凝胶固态骨架周围存在着大量溶剂（包括醇类、少量水和催化剂），要得到气凝胶，必须设法去掉溶剂。采用常规的干燥方法，由于气液两相界面的表面张力、毛细张力、渗透张力会使凝胶的体积逐步收缩、开裂，失去凝胶的网络结构，因此气凝胶的制备必须采用特殊的干燥方法。目前提出的可行的干燥方法有超临界流体干燥法、冷冻干燥法和凝胶改性（如增加凝胶孔径或增加凝胶机械强度、添加表面活性剂、减小气液两相界面张力、添加有机改性剂、使凝胶表面脱水等）。其中，超临界流体干燥法应用最为广泛。其原理是将醇凝胶置于高压容器中，并用干燥介质替换尽其中溶剂，然后控制容器的温度和压力，使其处于干燥介质的临界条件（即临界温度与压力）；此时气液界面消失，表面张力不复存在。在此条件下，通过排泄阀缓慢地释放出干燥介质，就可以避免或减少干燥过程中由于溶剂表面张力的存在而导致的体积大幅度收缩和开裂，从而获得保持凝胶原有形状和结构的气凝胶。典型的超临界干燥装置如图8-2所示[8]，常用的超临界干燥介质有两种：①临界温度为239.4℃，临界压力为8.09MPa的甲醇；②临界温度为31.0℃，临界压力为7.39MPa的二氧化碳。由于甲醇易燃且对人体有害，故目前的大规模制备均采用二氧化碳干燥。在超临界干燥中，必须选择合适的超临界温度和压力以及适当的干燥速率才能得到高品质的气凝胶。

8.1.2 有机气凝胶的性质与应用

1. 有机气凝胶的热性能

凝胶的热导率由气相热导率、固相热导率和辐射热导率组成。由于有机气凝

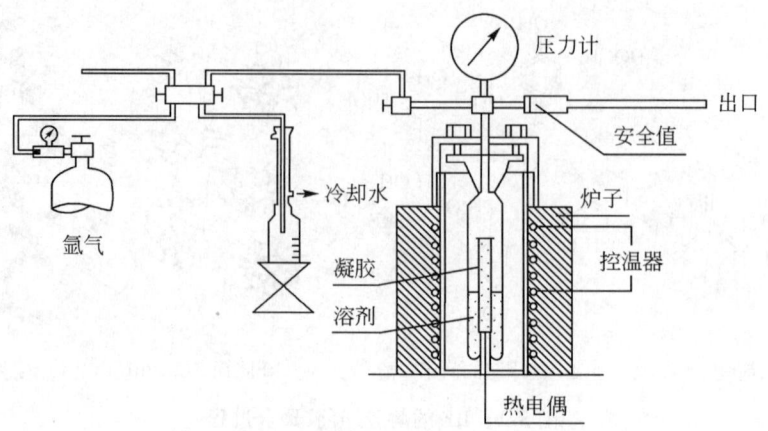

图 8-2　超临界流体干燥装置原理

胶具有纳米多孔结构,因而常压下气态热传导率很小,而低的密度又限制了稀疏骨架中链的局部激发传播,使固态热传导率也较普通材料小得多,对于辐射热传导率,有机气凝胶与 SiO_2 气凝胶相比,有强的红外吸收,这样就使有机气凝胶有着更低的辐射热导率。在适当的密度和压力下,其热导率可降至 0.012W/(m·K)($\rho=157kg/m^3$,$T=300K$),相应的真空热导率为 0.004W/(m·K),是目前隔热性能最好的凝聚态材料[7,9]。

2. 有机气凝胶的电学性能

有机气凝胶与无机气凝胶都不导电,但有机气凝胶经过炭化以后得到炭气凝胶是唯一具有导电性的气凝胶。炭气凝胶是一种具有强无序结构的纳米炭材料,与其他炭材料相比,常温下具有很高的电导率(10~25S/cm),其常温电导率的大小由炭气凝胶的密度决定[10]。

3. 有机气凝胶的光学性能

在 pH=2.0~3.0 间合成的 MF 气凝胶有良好的透光度,且透光度受前驱体含量和凝胶化时间的影响较为显著。紫外可见透射光谱(UV-Vis)[10]分析表明,在 600~800nm 间,典型的湮灭系数 $e \leqslant 100m^2/kg$,宏观折射率与质量密度 ρ 成线性关系,而凝胶颗粒的折射率遵从经典的关系式[11] $n_s = n_0 + B \cdot \lambda^{-2}$(式中,$n_s$ 为第 s 层材料的折射率;n_0 为第 0 层,即材料表面折射率;B 为材料总厚度;λ 为入射光波长),对 MF 气凝胶来说,$n_s \approx n_0 = 1.522$。MF 气凝胶与纯净的硅气凝胶的光学性能有不同的特性。

4. 有机气凝胶的特性及应用前景

部分已合成出的有机气凝胶的结构特性如表 8-1 所示。与传统的无机气凝胶（如硅气凝胶）相比，有机气凝胶具有许多优异的性能和更加广阔的应用前景。除了基于气凝胶热力学、声学、光学特性的一般应用，如声阻抗耦合材料[12]、催化剂及催化剂载体[13]、气体过滤材料[14]、高效隔热材料[15]等外，还作为炭气凝胶的前驱体、制备能量储备应用（电池）中的储能单元有机气凝胶微球等用途[16,17]。

表 8-1 部分有机气凝胶的结构特性

气凝胶类型	单体	密度/(g/cm^3)	比表面积/(m^2/g)	孔径尺寸/nm	参考文献
RF	间苯二酚，甲醛	0.03~0.60	400~1000	<50	[18, 19]
MF	三聚氰胺，甲醛	0.10~0.80	875~1025	<50	[20]
PF	酚醛树脂漆，甲醛	0.10~0.50	350~600	~10	[21, 22]
JF	混甲酚，甲醛	0.06~0.14	300~500	<100	[23, 24]
PUR	聚异氰酸酯	0.12~0.5	300~600	~20	[25, 26]
P-F	均苯三酚，甲醛	0.013~0.04	300~800	10 至几百	[27]

5. 木材/有机气凝胶复合材料的研究

木材是天然的多孔性生物材料，木材的空洞尺寸分布很广，将木材与气凝胶两类多孔性材料的优点相结合，利用气凝胶结构中纳米尺度的无机和有机微粒来制备木材/无机（有机）纳米复合材料是木材功能性改良的重要途径之一。将有机气凝胶均匀地嵌入木材的细胞孔隙中（细胞壁孔隙及细胞腔），探讨气凝胶与木材结合的途径、方式和机理，可以有效地解决气凝胶在实际应用方面存在的一些缺陷；同时也赋予木材新的功能，使木材功能性改良体现木材和纳米材料的双重优点，具有十分诱人的应用前景。

目前利用无机气凝胶，如用溶胶凝胶法将纳米 SiO$_2$ 气凝胶导入木材中制备木材/无机纳米复合材料的研究近几年较多[28-36]。但利用有机气凝胶制备木材/有机纳米复合材料的报道很少，邱坚等曾于 2005 年研究了 RF 气凝胶对木材的功能性改良，结果表明，利用溶胶-凝胶法制备木材/RF 有机纳米气凝胶是可以实现的，并对存于木材细胞壁的 RF 气凝胶与木材的结合情况进行了一定的表征[36]。

利用溶胶-凝胶法将有机气凝胶导入木材，尤其是轻质木材中，利用超临界流体干燥，使留驻在木材中的有机体保持纳米尺度的气凝胶网络结构，形成木材/有机纳米气凝胶复合材料,从而改善气凝胶的脆性,同时赋予木材纳米材料的特性,并在此基础上研究其相关的机理、特性及应用方法,是有意义和前景的。

有机气凝胶的制备及性能研究是近年来气凝胶研究领域取得的重大进展之一,有机气凝胶的纳米网络结构赋予它们独特的性能和广泛的潜在应用价值,并引起越来越多的化学、物理学和材料学研究人员的研究兴趣。但在实际应用方面,由于其高度松脆性、吸湿性及合成工艺较为复杂、成本较高等问题的存在,抑制了其在商业中的广泛使用。

木材-气凝胶复合材料的研究目前主要集中在木材和无机气凝胶的复合研究上,尤其是利用溶胶-凝胶法生成纳米尺度的无机物晶体,并将溶胶用空细胞法浸入木材内部,通过超临界干燥处理后合成木材/无机纳米复合材料,并研究其机理、材料特性等。有机气凝胶与木材复合材料的研究目前还处于起步阶段,许多规律和应用价值,尤其是网络结构的控制规律,以及木材/有机纳米复合材料的制备条件、结合机理、材料特性、用途都还有待于人们进一步探索和开拓。木材/有机气凝胶复合材的研究具有重要的理论和应用的意义,其研究进展将促进木材科学与材料、化学和物理等相关高新技术领域的融合。

8.2 间苯二酚-甲醛气凝胶/木材复合材的制备及其性能

纳米科学技术自诞生以来所取得的成就以及对各个领域的影响和渗透一直引人注目,纳米材料被誉为"21世纪最有前途的材料"。世界各国对纳米科学与技术投入了巨大的人力和物力进行研究,美国、欧盟、日本等都将纳米科学技术列入重点发展计划。我国的国家自然科学基金、"863"项目、"973"项目、"攀登计划"以及国家重点实验室也都将纳米材料列为优先资助项目。如何应用纳米材料对木材进行功能性改良,赋予木材纳米材料的特性,是木材科学工作者面临的一个新课题。纳米科技在木材科学中的应用可以促进木材科学与相关学科的交叉、外延与综合,使研究深度从细胞水平上升到分子水平[37]。近年来,有关木材与纳米材料的研究已经得到了木材科学界的高度关注,并且取得了可喜的进展[38,39]。

气凝胶是一种新型纳米级多孔性非晶材料,由多孔的小颗粒为固体基体,其中渗透了空气等不凝气体,具有连续的三维纳米网络结构以及比表面积大、热导率低及声阻抗高等特点,在光学、热学、电学和声学等领域具有广阔的应用前景。在实际应用方面,由于气凝胶存在高度松脆性、易碎性以及吸湿性等问题,抑制了其商业前途,目前世界各国都在积极探索和扩大气凝胶的应用,主要采用的方法是将少量有机聚合物均匀地嵌入易碎的无机网络结构中，或者制备性能更为优越气凝胶。源于气凝胶特殊的纳米结构，将气凝胶均匀地嵌入木材的细胞孔隙中（细胞壁孔隙及细胞腔），可以有效地解决气凝胶在在实际应用方面存在的一些缺陷，同时也赋予木材新的功能，使木材功能性改良体现木材和纳米材料的双重优点，形成性能优异的木材纳米复合材料，使其具有十分诱人的应用前景[35]。酚醛树脂早已普遍地应用于木材功能性改良并具有良好的效果[37,38]，应用超临界干燥单元操作，木材与酚醛树脂之间复合存在制备纳米级复合材料的可能性。因此，本工作在国家自然科学基金重点项目资助下，以间苯二酚-甲醛为原料，用溶胶-凝胶法和超临界干燥工艺制备木材/RF 有机气凝胶纳米复合材，对 RF 合成的凝胶时间、酸溶液质量分数对气凝胶密度的影响等工艺参数条件进行研究，以探讨适合于木材复合的 RF 凝胶工艺，并应用 SEM 等手段对木材/RF 有机气凝胶纳米复合材进行表征。

8.2.1 实验方法

1. 实验材料

（1）试材：八宝树，属海桑科（Sonneratiaceae）八宝树属的高大乔木，树高可达 40m，胸径可达 150cm。分布在印度、东南亚等地，我国产于云南南部海拔 500m 左右的平原或丘陵地区。速生，年高生长量可达 3 m，胸径达 4cm 以上，为季雨林中主要树种，气干密度为 0.144g/cm^3。试材采自采自云南省普洱市，按国家标准（GB1928~1929—91）加工成 20mm×20mm×30mm（R×T×L）的长方体木块。

（2）化学试剂：间苯二酚、甲醛、无水碳酸钠、丙酮均为分析纯，三氟乙酸为化学纯。

2. 木材/RF 气凝胶复合材的制备方法

1）木材/RF 气凝胶复合材的制备工艺流程

木材/RF 气凝胶复合材的制备工艺流程如图 8-3 所示，主要由溶胶-凝胶聚合得到湿凝胶，经溶剂置换、压力浸渍和超临界干燥合成复合材。

间苯二酚/甲醛/催化剂 → RF 溶液制备 → 浸渍木材 → 木材/水凝胶复合材
→ 丙酮置换 4 天 → 超临界干燥 → 木材/气凝胶复合材

图 8-3　木材/RF 气凝胶复合材的制备工艺流程示意图

2）浸渍木材用 RF 凝胶的制备

本研究使用的 RF 凝胶是由间苯二酚和甲醛在碱催化下缩聚而成的。间苯二酚和甲醛的物质的量的比为 1:2，在室温条件下，用 Na_2CO_3 作为催化剂，加入一定量的水，分别配制不同间苯二酚与 Na_2CO_3 物质的量的比（R/C）和不同固含量（S）的溶液，溶液混合均匀后倾入烧杯中，一段时间后形成凝胶，继续聚合反应，使凝胶内部网络结构强度增加，得到水凝胶柱，超临界干燥后用于结构表征。

3）溶胶的浸注

配制得到最佳的 RF 溶胶溶液，参照工业化生产用的加压浸注防腐工艺，向木材中注入 RF 溶胶，浸注工艺采用半限注法（劳莱法），工艺的时间-压力曲线见第 2 章图 2-20。具体操作是在大气压下加入 RF 溶胶至浸注罐中，并将木材试件完全浸没，选择压力 1.0MPa，加压时间 30 min，直至达到合适的药剂量后解除压力。当浸注罐中的 RF 溶胶排出之后，用真空泵抽真空，真空度为 0.090MPa，其目的是抽出细胞腔中部分药剂以及木材试件表面多余的药剂，保持 10 min 后解除真空。

4）溶剂置换

超临界干燥前为了使木材/凝胶强度进一步提高，将木材/水凝胶从烧杯中取出，放入不同浓度的三氟乙酸溶液中，以中和胶柱中过量的碱催化剂，同时凝胶中的羟甲基（—CH_2OH）进一步交联增加凝胶的强度。为使凝胶孔内的液体与 CO_2 相溶，以利于 CO_2 置换和超临界干燥，室温下将酸交联后的水凝胶置于丙酮中，每天用新鲜丙酮置换 4 次，每次用丙酮 1L，4 天后置换结束，得到木材/丙酮凝胶。

5）超临界干燥

采用 CO_2 超临界萃取装置 HL-(5+1)L/50MPa-ⅢA（杭州华黎泵业有限公司）进行超临界 CO_2 流体干燥。

将所制备的丙酮凝胶和木材/凝胶置于超临界萃取干燥的萃取釜中，使超临界 CO_2 在 50℃ 的温度下静态保持 60 min 进行溶剂替换，使之置换凝胶中的丙酮。加热高压釜，使 CO_2 达到 60℃，压力 25 MPa，在此条件下干燥 180 min 后，然后在保持临界温度不变的条件下，通过排泄阀缓慢地释放 CO_2 至常压，当压力降至常压后，打开高压釜即可获得 RF 气凝胶和木材/RF 气凝胶复合材。将所制备的 RF 气凝胶及木材/气凝胶复合材用于 SEM 观察。

3. 木材/RF 有机气凝胶复合材的 SEM 观测

将普通干燥材和超临界干燥材分别取样，制成切片，用 FEI 公司的 QUANPA200 型扫描电镜进行观察，加速度电压为 10kV。

8.2.2 结果与讨论

1. 用于浸渍木材的 RF 气凝胶制备工艺条件

RF 凝胶是合成木材/RF 气凝胶复合材料的第一步，虽然酚醛树脂的反应是研究比较透彻的反应体系，但由于产物要求的差别，导致反应体系的评价方式发生变化，本研究中主要以凝胶适合木材浸渍和功能性改良作为反应工艺条件的判据，合成具有较好性能和适应木材功能性改良使用的气凝胶，并具有理想的网状体型结构高聚物，其气凝胶的前驱体 RF 水凝胶就在结构上有一定的要求。通常，反应体系中酚和醛的物质的量之比为 1:1 时，其主体反应按下列方程式进行：

按此比例配制的 RF 溶液浸渍八宝树木材后，八宝树木材的颜色随着反应的进行逐渐变化，从白色逐渐变为红木色。RF 溶液黏度随着反应的进行逐渐增加，最终溶液失去流动性，转变成具有固体弹性性质的凝胶。

2. Na_2CO_3 催化剂量对凝胶化时间的影响

气凝胶的网络结构主要在溶胶-凝胶过程中形成。在气凝胶制备过程中，酚与催化剂的物质的量之比（R/C）是一个很重要的参数。R/C 越大，催化剂浓度越低，催化剂的量除了控制着气凝胶的密度、孔径、比表面积等性能外，同时对木材浸渍工艺有重要的影响。凝胶化时间定义为间苯二酚和甲醛由溶液放入反应器至溶液失去流动性所需要的时间。为适应对木材功能性改良的要求，凝胶化时间短有利于木材处理工艺。从图 8-4 中，可以看出，随着催化剂浓度的增加，凝胶化时间迅速缩短。实验结果表明，催化剂含量越低，凝胶化时间越长，同时催化剂含量低，凝胶内部交联程度差，有一些小分子聚合物在随后的溶剂置换和超临界干燥过程中脱离凝胶网络，随着催化剂含量的增加，凝胶时间缩短，气凝胶密度的减小，因此，催化剂含量大，凝胶时间缩短并有利于凝胶内部交联。但同时发现，随着催化剂浓度的增加，所形成的凝胶颜色变深，对木材颜色带来一定不利影响。综合考虑木材功能性改良用 RF 溶液的制备工艺条件采用 R/C = 2 为宜。

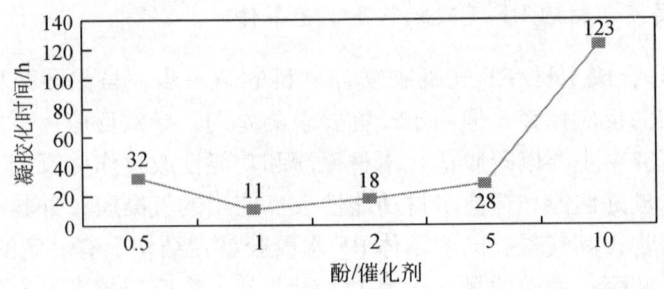

图 8-4　催化剂含量对凝胶化时间的影响

3. 固含量对凝胶化时间的影响

图 8-5 给出了反应物总浓度对凝胶化时间的影响。在 R/C = 2 的条件下，固含量 S 小于 3% 时只能形成黏稠状凝胶，无法进行后续的溶剂置换及超临界干燥。实验结果表明，随着反应物总浓度的增加，凝胶化时间呈线性缩短。木材具有强重比高的优点，选择低固含量有利于保持这一优点，但凝胶化时间较长，综合考虑木材功能性改良用 RF 溶液的制备工艺条件固含量 S 以 4% 为宜。

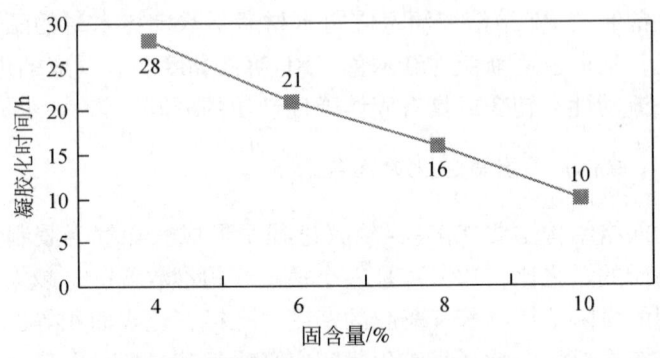

图 8-5　固含量对凝胶化时间的影响

4. 酸溶液质量分数对 RF 水凝胶密度及凝胶干燥收缩率的影响

在一定固含量条件下，气凝胶密度主要决定于溶胶-凝胶过程中凝胶网络的交联情况及凝胶收缩率。在酚与甲醛聚合形成体型结构的凝胶网络过程中，甲醛是过量的，酚含量对气凝胶密度有很大的影响。如图 8-6 所示，在 S = 4%，R/C = 2 的条件下，改变三氟乙酸溶液的质量分数分别为 0.05%，0.1%，0.15%，

0.2%，0.25%，考察酸溶液浓度与气凝胶密度的关系。

从图8-6中可以看出，在酸的交联作用下，水凝胶密度明显增大，气凝胶密度随三氟乙酸溶液质量分数的增大而增大。

图8-7是三氟乙酸溶液质量分数对酸老化收缩率的影响。由图中可以看出，随着酸溶液质量分数的增加，RF凝胶干燥收缩率增加，体积减小必然造成凝胶密度增大，这与在酸的交联作用下水凝胶密度明显增大是一致的，因此，综合考虑木材功能性改良用RF溶液的制备工艺条件，三氟乙酸溶液的质量分数为0.05%为宜。

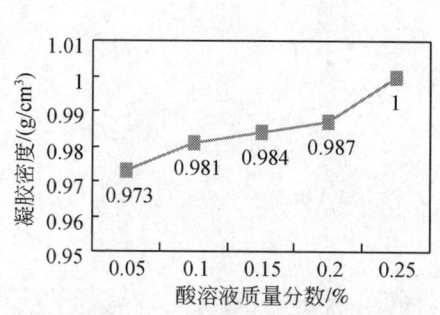

图8-6　三氟乙酸溶液质量分数与气凝胶密度的关系

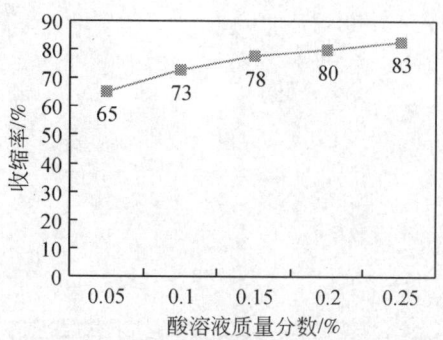

图8-7　三氟乙酸溶液质量分数与收缩率的关系

5. 木材/RF有机气凝胶复合材的显微结构

用前述工艺条件制备的木材/气凝胶复合材，在滑走式切片机上制取表面光洁的具有代表性的木材薄片，从宏观看，试件外观并无变化，但颜色变为红棕色，这与RF气凝胶的相对分子质量有关，可以考虑采用低相对分子质量RF树脂加以解决，这有待于进一步深入研究。图8-8是木材/RF气凝胶复合材的扫描电子显微镜照片，图8-8（a）是八宝树素材横切面，其心、边材区别不明显，生长轮略明显，轮间呈浅色细线，散孔材，管孔数多，略小，大小基本一致，径列或斜列。导管横切面为圆形或卵圆形，略具多角形轮廓，少数呈管孔团，螺纹加厚明显（A），图8-8（a）B为八宝树木纤维细胞。将木材/气凝胶复合材同素材进行比较分析可见，RF气凝胶在木纤维分子横切面中有填充，RF气凝胶在导管内有分布导管内没有分布，聚集量较少［图8-8（b）A］，这主要与溶胶注入工艺有关，经真空处理的木材细胞腔中多余RF溶胶被抽出，特别是较大导管组织中的溶胶被抽出。RF气凝胶在木纤维中分布基本均匀［图8-8（b）B］，早晚材无明显区别。图8-8（c）为八宝树木纤维细胞中所填充的RF气凝胶，有两种情况：一是细胞腔中有 RF 气凝胶（A），另一种是细胞腔中没有 RF 气凝胶填充，RF 气凝胶与木纤维细胞壁紧密相连（B），这无疑会加强细胞与细胞间的结合强度，增加细胞壁的刚性，提高木材的强度性能。图8-8（d）为八宝树木纤维细胞中所填充的网络状 RF 气凝胶。

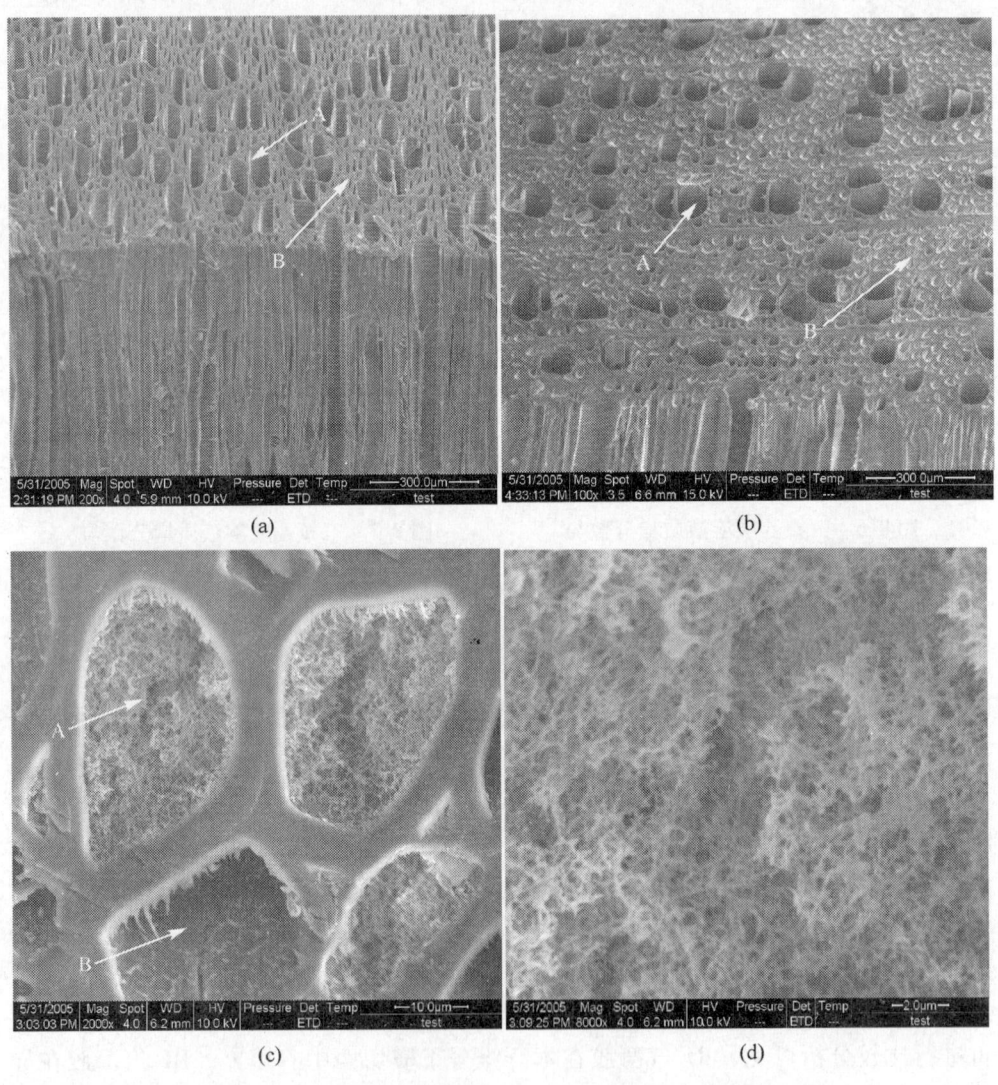

图 8-8　木材/RF 气凝胶复合材和 RF 气凝胶扫描电子显微镜照片

(a) 八宝树常规干燥复合材横切面，×200；(b) 八宝树超临界干燥复合材横切面，×100；
(c) 八宝树超临界干燥复合材横切面，×2000；(d) 八宝树木材中的气凝胶，×8000

根据木材细胞与 RF 气凝胶的结合情况分析,一部分 RF 气凝胶存在于细胞壁中。存在于细胞壁中的 RF 气凝胶可能存在两种状态:一是有化学联结和氢键作用,这两种状态共同构成了细胞壁中的 RF 气凝胶,这有待于进一步研究证实。另外一种是木材细胞壁中 RF 气凝胶与木材组分有界面间隙,属于物理填充,RF 气凝胶对木材的细胞壁有润胀、填充的作用,主要存在于细胞壁中纤维素组分中。从纤维素超分子结构看,纤维素以无定形相存在,除结晶区与无定形区以外,尚包含许多孔隙,形成孔隙系统,孔隙的大小一般为 1~10 nm,最大可达 100 nm[39]。因此,纳米级的溶胶分子在压力的作用下,有可能进入这些孔隙,RF 溶胶在纳米空间原位聚合后,经超临界干燥后形成纳米级的 RF 气凝胶,并与外部 RF 气凝胶联结成整体。细胞壁中的 RF 气凝胶进入木材细胞间隙,包括微纤丝之间的间隙,RF 气凝胶从微纤丝的间隙向外延伸,形成与木材细胞壁紧密相连的部分,对细胞壁起到强化作用。

还有另一部分 RF 气凝胶存在于木材细胞腔中。根据上述 SEM 观察,RF 气凝胶主要存在于木纤维细胞腔中,少量存在于导管细胞腔中,木纤维细胞腔中聚集量大于导管细胞腔中的聚集量。这与注入工艺条件和细胞毛细管张力有关,木纤维细胞腔细长,毛细管张力大,同样真空度条件下,细胞腔中留存 RF 气凝胶量大。细胞腔中 RF 气凝胶仅起到填充作用,可考虑进一步延长抽真空时间或提高真空度,所抽出 RF 溶胶可重新利用。先制备 RF 溶胶,向木材中注入 RF 溶胶,在木材内反应形成凝胶,只要工艺条件适合,完全可以取得良好的效果,大大简化了制备工艺条件,提高了原料利用率。

8.2.3 结论

(1) 以间苯二酚-甲醛为原料,用溶胶-凝胶法和超临界干燥工艺成功地制备了木材功能性改良用 RF 气凝胶和木材/RF 气凝胶复合材,制备木材/有机纳米气凝胶是可以实现的。

(2) R/C 越小,凝胶时间越短;S 越大,凝胶时间越长。所以,为了选择凝胶化时间为 24h 的 RF 气凝胶(能够更好地满足注入工艺),制备木材功能性改良用 RF 有机气凝胶的工艺条件为酚和醛物质的量之比为 1:2,$S=4\%$,$R/C=2$,以 0.05% 的三氟乙酸为交联剂。

(3) RF 有机气凝胶主要分布在木纤维细胞腔和细胞壁中。存在于细胞壁中的 RF 气凝胶可能存在两种状态:一是木材细胞壁中 RF 气凝胶与木材组分有界面间隙,属于物理填充,另外一种是有化学联结和氢键作用,这两种状态共同构成了细胞壁中的 RF 气凝胶,对细胞壁起到强化作用。存在于细胞腔中的 RF 气凝胶为网络状结构,主要起到填充作用。

本节主要对木材/RF 有机气凝胶的制备工艺进行了初步的探讨,所制备的木材/RF 有机气凝胶复合材具有许多气凝胶特性,具备了部分纳米气凝胶和木材的双重优点,改变了纯 RF 气凝胶体系的松脆性,从木材/RF 气凝胶复合材的性能分析和表征结果看,选择适合的气凝胶类型和木材材种,可以制备具有两者优点的复合材料,拓展木材和气凝胶的应用领域。可以预测,木材/RF 有机气凝胶复合材料的研究和应用具有广阔的前景。

8.3 轻木/三聚氰胺-甲醛气凝胶复合材的制备和性能测定与分析

轻木(*Ochroma lagopus Swartz*)属于木棉科(*bombacaceae*)轻木属(*Ochroma Swartz*),是世界上密度最低的木材,其树种具有成熟期较短、干缩变形小、材质轻和加工性能好等诸多优点,在航模、办公室公告软板和模型制作中应用广泛[40]。但是,轻木的密度小、径级小、材质软和力学性能较低等缺陷,制约了其利用途径。经过科学的改性处理,可使轻木强度增大,尺寸稳定性增加,从而扩大轻木的使用范围,提升轻木产品附加值。因此,通过前期预处理和浸渍处理,改善和提高轻木的有关性能,是拓展轻木用途的有效途径。

本节介绍了作者用三聚氰胺甲醛树脂(MF 树脂)对轻木进行功能性改良的相关方法和结果,首先观察超临界 CO_2 处理对轻木渗透性的影响,然后用 MF 树脂在不同浸渍工艺处理轻木,制备木材/MF 气凝胶复合材,并对改性后轻木的增重率、吸水体积膨胀率、顺纹抗压强度等物理力学性能进行了测定和分析,为拓宽轻木木材利用的改性处理提供科学依据。

8.3.1 材料与方法

1. 实验材料

(1) 试材:西双版纳产西印度轻木,三年生,自然条件气干,含水率为 7.6%,规格 20mm×20mm×20mm;MF 浸渍用树脂,固含量 50%,黏度 13s,游离醛含量 0.4%;无水乙醇(分析纯)。

(2) 化学试剂:三聚氰胺(分析纯)、甲醛、氢氧化钠(NaOH)、盐酸(HCl)、丙酮、乙醇等。

2. 实验设备

循环水式真空泵(型号 SHZ-DⅢ,巩义市予华仪器有限责任公司生产),压力真空浸渍罐,氮气减压器(YQD-3TA 型,上海容裕公司制造),电热恒温鼓风干燥箱,CO_2 超临界萃取装置(杭州华黎泵业有限公司生产),体式数码显微镜,

DJ-500J 电子天平，游标卡尺，万能力学试验机。

3. 木材/MF 气凝胶复合材的制备方法

1）木材/MF 气凝胶复合材的制备工艺流程

木材/MF 气凝胶的制备主要包括三聚氰胺-甲醛加成反应并经溶胶-凝胶过程形成湿凝胶、压力浸渍、溶剂交换、超临界干燥等过程，其一般制备流程如图 8-9 所示。

三聚氰胺/甲醛/催化剂 → MF 初聚物制备 → 浸渍木材 → 木材/MF 湿凝胶复合材
→ 溶剂置换 → 超临界 CO_2 干燥 → 木材/MF 气凝胶复合材

图 8-9　木材/MF 气凝胶复合材的制备工艺流程示意图

2）MF 湿凝胶的制备

MF 湿凝胶的制备一般选择三聚氰胺（M）和甲醛（F）的物质的量之比为 1∶4，一般操作是先将甲醛水溶液加入反应三口瓶中，用 NaOH 调节甲醛水溶液的 pH 从 1~2 至 8 左右，此时 NaOH 作为反应催化剂，加入三聚氰胺后，搅拌升温至 40~50℃，待三聚氰胺完全溶解后，用 10% 的稀盐酸调 pH 至 1.5~3.0 之间，继续升温至 70~80℃ 左右，反应 1~2h，然后再搅拌冷却，形成 MF 初聚物，然后将 MF 初聚物置于密闭容器中放置到 70~80℃ 水浴锅或烘箱中凝胶老化，1~7 天即可得到 MF 湿凝胶，湿凝胶经溶剂交换和超临界干燥即可得到 MF 气凝胶。

但如果要制备木材/MF 气凝胶复合材，就需要让 MF 树脂在木材内部完成凝胶、老化和溶剂交换过程，方法是将制备的 MF 初聚物利用压力浸渍装置浸渍到木材中，形成木材/MF 初聚物复合材，然后在木材内部对 MF 初聚物再进行后续的凝胶、老化、溶剂交换、超临界干燥过程，最后形成木材/MF 气凝胶复合材。

4. 实验方法

1）浸渍前试材处理

试材分为三组。第一组：气干材，不进行处理；第二组：超临界 CO_2 处理（不加夹带剂）；第三组：超临界 CO_2 处理（加入乙醇夹带剂）。

超临界 CO_2 处理条件：温度 40℃，压力 10MPa，时间 30min。

2）浸渍处理

（1）负压-负压工艺：将试件放入浸渍罐中，先抽真空，真空度达 0.05MPa，保持 15min，在负压条件下注入树脂，保持 30min，再继续抽真空，真空度达

0.07MPa，保压 40min，最后将浸渍好的试件从浸渍罐中取出。

（2）负压-正压工艺：将试件放入浸渍罐中，先抽真空，真空度达 0.05MPa，保持 15min，在负压条件下注入树脂，保持 30min，使用氮气加压到 0.2MPa，保压 40min。最后将浸渍好的试件从浸渍罐中取出。

3）凝胶老化与溶剂置换

浸注处理后的试件先放置入密闭容器中置于烘箱中在 60~70℃ 的温度下凝胶老化 3~7 天，让凝胶老化。将木材/MF 湿凝胶复合材从容器中取出，在不同浓度的三氟乙酸溶液中处理 1~3 天，使凝胶中的羟甲基（—CH_2OH）进一步交联增加凝胶的强度。因 CO_2 超临界流体对水的溶解置换非常小，因此超临界 CO_2 流体干燥前需要进行水分的置换，置换的溶剂一般选择丙酮或乙醇[41]。溶剂置换的具体方法有多种，可以每天多次更换交换的溶剂，也可 1~2 天更换溶剂，3~7 天可完成溶剂置换，得到充满丙酮或乙醇的木材/MF 凝胶复合材。

4）木材/MF 凝胶复合材的干燥

为了减少自然干燥中凝胶微孔内气液表面张力的存在而导致的凝胶收缩、开裂和塌陷，保持 MF 气凝胶的网络结构，一般采用超临界 CO_2 流体干燥、冷冻干燥、以及对凝胶改性后的次临界干燥法[42]，各干燥方法具有不同的优缺点，但目前最为常用的是超临界流体干燥。超临界 CO_2 流体干燥的一般工艺流程如下：将木材-凝胶复合材料试材放置入超临界 CO_2 流体处理装置的反应釜内，缓慢开启阀门，将液态 CO_2 注入反应釜内，待 CO_2 注满反应釜后，缓慢开启升压循环装置和加热装置，使 CO_2 流体达到超临界状态，如 50℃、15MPa（具体温度、压力的选择可参考超临界 CO_2 相图）进行置换，在分离釜中将丙酮分离并排出，持续此过程，使 CO_2 完全替代反应试材中的丙酮，反应完成后停止超临界循环装置，降温后缓慢放出反应釜中的 CO_2 至常压，取出反应釜中的试材，即可得到木材和连续网络结构的木材/MF 气凝胶复合材。

5. 木材/MF 气凝胶复合材的测定

木材密度和力学强度是木材重要的品质因子，直接关系到木材的利用和价值，体积湿胀性又与木材的尺寸稳定性密切相关，而这些性质均与浸胶量有关，因此试材改性后物理力学性能测试项目为试件增重率、体积湿胀率、顺纹抗压强度。以上物理力学性能的检测按照 GB1934.1—91，GB1934.2—91，GB1935—91 测量。

8.3.2 结果与分析

按上述方法对轻木试件进行改性后，试件的物理力学性能测定结果见表 8-2 和表 8-3。

表 8-2　负压-负压浸渍工艺的性能测定结果

处理条件		试件编号	增重率/%	体积湿胀率/%	顺纹抗压强度/MPa	顺纹抗压强度增加率/%
素材		—		10.9	13.5	—
未经过 CO_2 超临界处理		1	21.2	4.9	17.9	32.6
经过 CO_2 超临界处理	不加乙醇	2	32.8	7.6	19.8	46.7
	加入乙醇	3	36.7	8.1	17.4	28.9

表 8-3　负压-正压浸渍工艺的性能测定结果

处理条件		试件编号	增重率/%	体积湿胀率/%	顺纹抗压强度/MPa	顺纹抗压强度增加率/%
素材		—		10.9	13.5	—
未经过 CO_2 超临界处理		4	35.9	6.0	17.4	28.9
经过 CO_2 超临界处理	不加乙醇	5	41.2	7.5	17.1	26.7
	加入乙醇	6	46.8	9.8	15.7	16.3

1. 增重率

由表 8-2、表 8-3 可以看出，在相同处理条件下，负压-正压工艺的增重率明显比负压-负压工艺高 10% 左右，可以根据不同的浸渍量要求，选择不同的浸渍工艺。无论是负压-负压浸渍工艺，还是负压-正压浸渍工艺，素材的浸渍增重率都低于经超临界 CO_2 处理的试材，说明经超临界 CO_2 处理可以提高木材的渗透率。而加入乙醇携带剂的超临界 CO_2 处理试材的增重率高于不加携带剂处理的试件，说明加入携带剂之后，超临界 CO_2 流体的溶解能力有提高，对木材抽提物的溶解能力较大[42,43]。利用显微镜观察也可以发现，加入携带剂后，起临界 CO_2 对木材细胞壁的破坏也较大，这点也可以从经超临界 CO_2 加乙醇携带剂处理的试件在相同浸渍工艺条件下增重率高于素材，但顺纹抗压强度反而较低得到验证。

2. 体积湿胀率

由表 8-2、表 8-3 可知，木材/MF 气凝胶复合材的尺寸稳定性较轻木素材有较大提高，体积湿胀率从 10.9% 降低到 6%~8%。这是因为 MF 初聚物相对分子质量低，可以渗入到细胞内部，后续的凝胶过程中，在温度的作用下，低相对分子质量 MF 树脂本身发生的交联和固化，以及 MF 初聚物与木材间发生的接枝反应可以起到固化作用，并使其具有一定得疏水性[48]；同时，MF 气凝胶对木材孔隙的填充以及对木材细胞壁表面的包裹作用也减少了木材对水分的吸收,因此,在一定程度上限制了吸水后的膨胀,从而降低了吸水厚度膨胀率和体积湿胀率。

经过超临界 CO_2 处理的试材和素材在相同浸渍工艺下得到的木材/MF 气凝胶复合材比较,前者的增重率较后者高 10% 左右,但前者比后者体积湿胀率反而高 25%~60%,一般来说,随着 MF 树脂浸渍量的提高,木材的尺寸稳定性会有一定的提高,但这里出现相反的结果,可以从显微镜中观察到细胞壁的破坏,超临界 CO_2 处理对轻木试材细胞壁结构的破坏不利于复合材的尺寸稳定性。

3. 顺纹抗压强度

表 8-2 和表 8-3 显示,复合材的顺纹抗压强度均比素材高 10%~50%,说明 MF 初聚物的浸渍改性可以有效地提高轻木的力学强度,并且强度的提高比率高于浸渍后的增重率,可以在保持轻木强重比大的优点,在增加较少质量的情况下,较大地提高其强度。

从表 8-2 中可以看到,随着增重率的提高,试材的顺纹抗压强度提高。但超临界 CO_2 处理,尤其是加入携带剂的情况下,对木材的强度影响较大,强度不仅没有随着增重率的提高而提高,反而有较大幅度的降低。说明超临界 CO_2 处理对轻木试材的强度影响较大,处理材的细胞壁在显微镜的观察下有较大的破损。

4. MF 气凝胶在木材中的分布状态

在体式显微镜中,观察到树脂比较明显地均匀分布在导管、木射线和轴向薄壁细胞腔内,在木纤维的空腔内也见分布。因轻木的组织结构特点是所有的组织结构都有壁薄腔大的特点,因此在小尺寸试件的浸渍中,各类组织中都见分布。木材/MF 气凝胶复合材三切面 MF 气凝胶分布状态如图 8-10 所示。

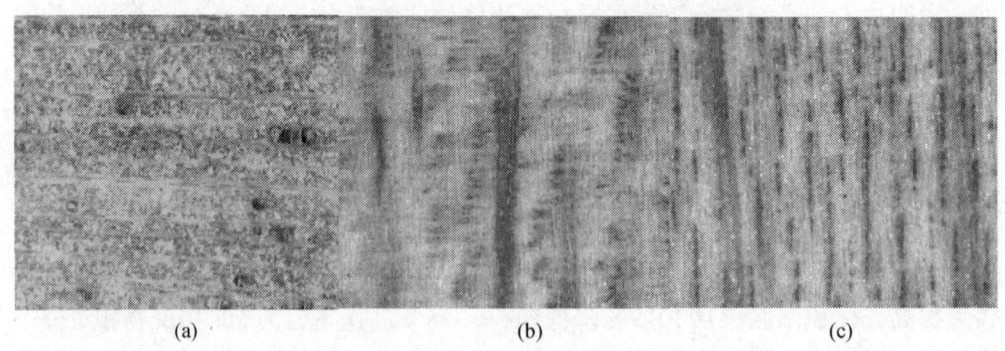

图 8-10 改性材横切面 (a)、径切面 (b)、弦切面 (c) 体式显微镜照片

8.3.3 结论

(1) 不同的浸渍工艺条件，增重率差异较大，在相同处理条件下，负压-正压工艺比负压-负压工艺的浸渍增重率高14%~17%。

(2) 超临界 CO_2 处理可以提高轻木的浸渍性，在相同浸渍工艺下，经 CO_2 超临界处理的轻木试件与素材直接浸渍相比，负压-负压工艺增重率提高10%~15%。负压-正压工艺增重率提高5%~10%，而加入携带剂处理的试材增重率比不加携带剂处理的试材增重率提高5%左右，说明加入携带剂的超临界 CO_2 处理，对轻木的浸渍性改善更为显著。

(3) 木材/MF 气凝胶复合材的顺纹抗压强度与轻木素材相比有16%~46%的提高，说明 MF 初聚物浸渍改性得到的轻木/MF 气凝胶复合材较轻木的力学性能有较大的提高。

(4) 在相同浸渍工艺条件下，经超临界 CO_2 处理试材的体积湿胀率比没有处理的试材高25%~60%，同时经超临界 CO_2 处理的复合材物理力学性能并没有随着浸渍增重率的提高而提高，而是有所下降，同时体积湿胀率有10%~50%的增加，说明超临界 CO_2 处理对轻木的强度和尺寸稳定性都有不利影响。

(5) 在显微镜中，观察到树脂比较明显的分布在导管、木射线和轴向薄壁细胞腔内，在木纤维的空腔内也见分布。

8.4 超临界 CO_2 处理对轻木和木棉浸注性的影响

轻木是一种原产于南美洲地区的阔叶树材，目前在我国云南、海南等地有人工林栽培。轻木密度只有 $0.1~0.2g/cm^3$，由于它导热系数低，物理性能好，既隔热，又隔音，因此是绝缘材料、隔音设备、救生胸带、水上浮标及制造飞机的良材[1]。轻木是世界上最速生的树种之一，一年就可长到五六米，直径5~13cm。木棉（*Bombax malabaricum*）为落叶大乔木，分布于我国的云南、贵州、广西、广东南部和海南。木材密度在 $0.2~0.3g/cm^3$，可做瓶塞、衬板、飞机、雪鞋等的缓冲材料，纤维长，色浅，适宜做纸浆，绝缘性能良好，可做冰柜、风箱等地电热绝缘材料[40]。

两种木材的密度低、孔隙率非常高，可利用有机气凝胶对其进行渗透改性，制备集合两种轻质木材的天然结构和有机气凝胶特性的木材/有机气凝胶复合材料。木材/有机气凝胶复合材料的制备是通过将气凝胶的初聚物浸注到木材内，然后在木材内部进行凝胶、老化、溶剂置换，最后用超临界 CO_2 流体干燥后制备。因此气凝胶初聚物在木材内部的浸注量、分布深度和均匀性是非常关键的因素[44,45]，因此，采取合理的试件预处理工艺提高木材的浸注性、渗透性，是制备木材/有机气凝胶复合材料的关键之一[46-48]。本节就超临界 CO_2 流体处理对轻木和木棉浸注性的影响进行探讨。

8.4.1 实验材料与方法

1. 实验材料

轻木和木棉试材都采自云南省西双版纳中国科学院勐仑热带植物园旁的轻木人工林和木棉人工林。在相同立地条件下，采集 3 年生人工林木材 2 株。

2. 实验设备

循环水式真空泵（型号 SHZ-DⅢ，巩义市予华仪器有限责任公司生产），压力真空浸渍罐（自制），氮气减压器（YQD-3TA 型，上海容裕公司制造），电热恒温鼓风干燥箱，CO_2 超临界萃取装置 HL-(5+1) L/50MPa-ⅢA（杭州华黎泵业有限公司生产），体式数码显微镜，DJ-500J 电子天平，游标卡尺。

3. 实验方法

1) 试材的制备

每株试材分别取树高 1.3m 以下原木段南向木材，选取外观无明显缺陷的轻木、木棉，锯成尺寸为 20mm×20mm×20mm 规格的小块试样。为了减小木材心边材差异所造成的实验误差，本实验的试样均采用随机抽选的方法从小块试样中选择。

2) 超临界 CO_2 流体处理实验

采用超临界 CO_2 流体处理装置在不同压力、时间、温度情况下处理被测试件，并在相同处理条件下加入乙醇携带剂进行处理。本实验采用单因素试验法，主要探索超临界处理时温度、时间、压力、携带剂对木材浸注性的影响。

实验条件见表 8-4。

表 8-4 轻木、木棉人工林木材超临界 CO_2 流体处理工艺表

实验号	不同压力				不同温度				不同时间			
	1	2	3	4	5	6	7	8	9	10	11	12
压力/MPa	10	15	20	30	20	20	20	20	20	20	20	20
温度/℃	40	40	40	40	35	45	50	60	40	40	40	40
时间/min	30	30	30	30	30	30	30	30	20	40	50	60

3）浸注实验

将试件放入浸渍罐中，先抽真空，真空度达 0.05MPa，保持 15min，在负压条件下注入蒸馏水，保持 30min，再继续抽真空，真空度达 0.07MPa，保持 40min，最后将浸渍好的试件从浸渍罐中取出。

4. 评价指标

1）浸注性的评价

浸注性的评价采用试件增重率（weight increase rate，WIR）来表征，WIR（%）= $(W - W_0)/W_0 \times 100\%$。式中：$W_0$ 为浸注处理前试样的质量；W 为浸注处理后试样质量。

2）超临界 CO_2 处理对试材质量影响的评价

因实验数据显示，经超临界 CO_2 流体处理后，试件都有一定程度的质量降低，即质量变化率为负值，为方便数据处理，采用质量变化的绝对值，即试件失重率 S 来评价，$S = (|G - G_0|)/G_0 \times 100\%$。式中：$G_0$ 为超临界 CO_2 流体处理前试样的质量；G 为 CO_2 超临界处理后试样质量。

3）树脂浸注实验后的木材增重率

树脂浸注并固化在实验木材中会增加实验木材的质量，用 W 来表示，W（%）= $(|G_2 - G_1|)/G_1 \times 100\%$。式中：$G_1$ 为树脂浸注前前试样的质量；G_2 为树脂浸注后后试样质量。

8.4.2 结果与分析

按上述方法对轻木、木棉试件进行实验后，实验数据如表 8-5 所示。

表 8-5 轻木、木棉超临界 CO_2 流体处理实验和浸注实验后失重率和增重率变化表

实验号	轻木				木棉			
	不加携带剂		加乙醇携带剂		不加携带剂		加乙醇携带剂	
	超临界 CO_2 流体处理试件失重率 S/%	浸注实验增重率 W/%	超临界 CO_2 流体处理试件失重率 S/%	浸注实验增重率 W/%	超临界 CO_2 流体处理试件失重率 S/%	浸注实验增重率 W/%	超临界 CO_2 流体处理试件失重率 S/%	浸注实验增重率 W/%
0	—	125.87	—	125.87	—	93.78	—	93.78
1	2.5	185.31	4.12	239.47	1.77	98.74	3.31	133.84
2	2.44	181.23	3.94	237.59	1.98	90.6	2.42	153.73
3	2.44	181.81	4.27	230.72	1.87	104.29	2.57	123.67

续表

实验号	轻木				木棉			
	不加携带剂		加乙醇携带剂		不加携带剂		加乙醇携带剂	
	超临界CO_2流体处理试件失重率 S/%	浸注实验增重率 W/%	超临界CO_2流体处理试件失重率 S/%	浸注实验增重率 W/%	超临界CO_2流体处理试件失重率 S/%	浸注实验增重率 W/%	超临界CO_2流体处理试件失重率 S/%	浸注实验增重率 W/%
4	2.54	182.42	4.19	257.06	1.98	101.99	3.07	154.47
5	0.5	162.4	1.05	244.18	0.98	118.15	2.75	151.18
6	0.65	165.65	1.44	223.76	1.05	87.33	2.7	142.21
7	0.8	194.22	1.89	249.47	1.35	113.39	2.72	156.45
8	0.98	201.06	2.31	204.61	1.38	71.21	2.77	144.09
9	0.85	172.87	2.49	198.16	1.84	92.6	1.99	97.99
10	1.07	146.24	2.02	173.65	1.81	108.53	2.08	93.26
11	1.27	146.69	2.82	163.58	2.79	134.03	2.5	136.46
12	1.38	160.63	3.13	183.87	3.09	144.74	3.36	149.76

注：0号实验是不经超临界CO_2流体处理试件在同一浸注实验条件下的增重率。

1. 不同压力、时间、温度及乙醇携带剂超临界CO_2流体处理对试材质量的影响

由表8-5可知，不同压力时，试件的失重率变化并不显著，木材失重率并不随压力增大而增大。这与资料中，压力越大时，超临界流体密度越大，溶解性越大，所以处理压力越大木材的失重率会增大[46]的结果不一致。可能原因是压力小于10MPa时，木材抽提物已完全溶解，所以当压力大于10MPa时，压力变化对试件质量无明显影响。温度对失重率的影响较大，随着处理温度的增加，试件的失重率也相应增加。随着处理时间的增加，试件的失重率也相应增加，可以认为处理时间的增加可以增加对木材抽提物的溶解，提高木材的浸注性。

在各种处理条件下，加入携带剂处理时，试件失重率都明显比不加携带剂时增大，原因是超临界CO_2流体对极性较强的溶质溶解能力不足，在加入适当的携带剂后，可以增加其溶解度。

2. 不同处理条件对木材浸注性的影响分析

由表8-5可知，不同处理压力下，轻木、木棉试件的增重率基本没有变化，其变化特性与经CO_2超临界处理后试件的失重率变化特性相似。不同处理温度下轻木的增重率变化也很小，而木棉的增重率随温度的提高有所提高。不同处理时

间下，轻木试件的增重率呈波浪形无规律的小幅波动，木棉试件则随处理时间的延长浸注增重率有所增加。两种木材浸注性随 CO_2 超临界处理条件变化其特性有所不同。

加入乙醇携带剂处理后试件的浸注增重率比相同处理条件下不加入携带剂处理的试件浸注增重率都有较大提高，说明加入乙醇携带剂处理对提高木材的浸注性有显著的影响。

8.4.3 结论

(1) 无论加入携带剂与否，经过超临界 CO_2 流体处理的轻木和木棉的增重率均大于未经过处理轻木的增重率（125.87%）和木棉的增重率（93.78%）。超临界处理可以改善木材的浸注性。

(2) 超临界 CO_2 流体处理中加入乙醇携带剂，试件的失重率和浸注实验的增重率都比不加携带剂时有较大提高，加入携带剂后可以明显提高处理试件的浸注性。

(3) 超临界 CO_2 流体处理压力在 10~30MPa 之间，压力变化对轻木和木棉的失重率、增重率无明显的影响。

(4) 超临界 CO_2 流体处理温度对轻木和木棉的失重率、增重率均有影响。试件失重率、增重率都随温度升高而增大。

(5) 超临界 CO_2 流体处理时间对轻木和木棉的失重率、增重率均有较大影响。当处理时间小于 30min 时，试件浸注性随处理时间的增加而增加，当处理时间大于 30min 后，增加幅度较小。所以在一定时间范围，延长超临界 CO_2 流体处理时间能提高木材浸注性。

参 考 文 献

[1] Kistler S S. Coherent expanded aerogels and jellies. Nature, 1931, 127: 741-744
[2] Pekala R W, Stone R E. Low density resorcinol-formaldehyde foams. Polymer Preparation, 1988, 29: 204-206
[3] Pekala R W. Organic aerogels from the polycondensation of resorcinol with formaldehyde. Journal of Materials Science, 1989, 24: 3221-3225
[4] Lu X, Arduini-Schuster M C, Kuhn J, et al. Thermal conductivity of monolithic organic aerogels. Science, 1992, 255 (5047): 971-972
[5] Pekala R W, Kong F M. Resorcinol-formaldehyde aerogels and their carbonized derivatives. Polymer Preprints, 1989, 30 (1): 221-224
[6] 王玉, 沈军. 有机气凝胶和碳气凝胶的研究与应用. 材料导报, 1994, (4): 54-57
[7] 吴丁财, 张淑婷, 符若文. 炭气凝胶及其有机气凝胶前驱体的研究进展. 离子交换与吸

附, 2003, 19 (5): 473-480

[8] 蒋伟阳, 张波, 周斌等. 间苯二酚-甲醛有机气凝胶的结构控制研究. 材料科学与工艺, 1996, 4 (2): 70-75

[9] Prassas M, Phalippou J, Zarzycki J, et al. Synthesis of monolithic silica-gels by hypercritical solvent evacuation. Journal of Materials Science, 1984, 19 (5): 1656-1665

[10] 李文翠, 陆安慧, 郭树才. 炭气凝胶的制备、性能及应用. 炭素技术, 2001, (2) (SUM113): 17-20

[11] Pekala R W, Alviso C J, Kong F M, et al. Aerogels derived form multifunction organic monmers. Journal of Non-Crystal Solids, 1992, 145: 90-98

[12] Nguyen M Ha, Dao L H. Effects of processing variable on melamine-formaldchyde aerogel formation. Journal of Non-Crystal Solids, 1998, 225: 51-57

[13] Prassas M, Phalipou J, Zarzycki J. Polyaphrons as templates for the sol-gel synthesis of macroporous silica. Journal of Materials Science, 1984, 19: 1656-1665

[14] Gronauer M, Fricke J. Acoustic properties of microporous SiO_2-aerogel. Acustica, 1986, 59 (3): 177-180

[15] Pajonk G M. Aerogel catalysts. Applied Catalysis, 1991, 72 (2): 217-220

[16] Cooper D W. A study of the cut diameter concept for interpreting particle sizing data. Atmospheric Environment, 1981, 15 (9): 1699-1707

[17] Even W R, Croker R W, Hunter M C, et al. Surface and near surface structure in carbon microcellular materials produced from orgnaic aerogels and xerogels. Journal of Non-Crystal Solids, 1995, 186: 191-199

[18] Song Jae-hwa, Lee Hae-joon, Kim Jung-hyun. Synthesis of resoreinol/formalde hyde organic aerogels by low temperature supercritical drying process. Han'guk Chaelyo Hakhoechi, 1996, 6 (11): 1082-1089

[19] Pekala R W. Organie aerogels from the polyeoneensarion of rosoreinol with formaldehyde. Journal of Materials Science, 1959, 24: 3221-3227

[20] Ruben G C, Pekala R W. Imaging organic aerogels at the molecular level. Journal of Non-Cryst al Solids, 1995, 186: 219-231

[21] Lee K N, Lee H J, Kim J H. Synthesis of phenolic/furfural gel microspheres in supercritical CO_2. The Journal of Supercritical Fluids, 2000, 17: 73-80

[22] Pekala R W. Organic aerogels from the sol-gel polymerization of phenolic-furfural mixtures. US, 5476 878. 1995-12-19

[23] Li Wen-cui, Guo Shu-cai. Preparation of low-density carbon aerogels from a cresol/formaldehyde mixture. Carbon, 2000, 38: 1499-1524

[24] 李文翠, 郭树才. 混甲酚甲醛炭气凝胶的制备及表征. 燃料化学学报, 2000, 28 (1): 33

[25] Biesmans G, Mertens A, Duffours L, et al. Polyurethane based organic aerogels and their transformation into carbon aerogels. Journal of Non-Crystal Solids, 1998, 225: 64-68

[26] Biesmans G, Randall D, Francais E, et al. Polyurethane-based organic aerogels' thermal performance, Journal of Non-Crystal Solids, 1998, 225: 36-40

[27] Barrl K. Low-density organic aerogels by double-catalysed synthesis. Journal of Non-Crystal Solids, 1998, 225: 46-50

[28] 邱坚, 李坚. 纳米科技及其在木材科学中的应用前景 (I)——纳米材料的概况、制备和应用前景. 东北林业大学学报, 2003, 31 (1): 1-5

[29] 李坚, 邱坚. 纳米科技及其在木材科学中的应用前景 (II)——纳米复合材料的结构、性能和应用. 东北林业大学学报, 2003, 31 (2): 1-3

[30] 邱坚, 李坚. 纳米科技走进木材科学. 国际木业, 2003 (1): 10-11

[31] 邱坚, 李坚. 木材-无机质复合材料的基本内涵. 中国木材, 2003 (1): 34

[32] 李坚, 邱坚. 日本在无机质复合材领域的研究. 世界林业研究, 2003, 16 (4): 54-56

[33] 符韵林, 赵广杰. 木材/二氧化硅复合材料的微细构造. 北京林业大学学报, 2006, 28 (5): 119-224

[34] 符韵林, 赵广杰, 全寿京. 二氧化硅/木材复合材料的微观结构与物理性能. 复合材料学报, 2006, 23 (4): 52-59

[35] 李坚, 邱坚. 硅气凝胶在木材-纳米无机质复合材料中的应用. 东北林业大学学报, 2005, 33 (3): 1-2

[36] 邱坚, 李坚. 超临界制备木材-SiO_2 气凝胶复合材料及其纳米结构东北林业大学学报, 2005, 33 (3): 3-4

[37] 方桂珍, 李淑君, 刘建威. 低分子量酚醛树脂改性大青杨木材的研究. 木材工业. 1999. 13 (5): 17-19

[38] 李淑君, 金钟玲, 方桂珍. 木材浸渍用低分子量低色度酚醛树脂. 木材工业. 1999. 13 (4): 12-14

[39] 李坚. 木材科学. 北京: 高等教育出版社, 2002: 109-120

[40] 成俊卿, 杨家驹, 刘鹏. 北京: 中国木材志. 中国林业出版社, 1992: 56-57

[41] 李冀辉, 胡劲松. 有机气凝胶研究进展 (I). 河北师范大学学报, 2001, 25 (4): 374-380

[42] Dede Hermawan, et al. New technology for manufacturing high-strength cement-bonded praticleborad using supercritical carbon dioxide. Journal of Wood Science, 2000, 46: 85-88

[43] 秦国彤, 魏徵, 郭树才. RF 有机气凝胶的合成. 功能材料, 2000, 31 (6): 619-621

[44] 唐辉, 徐兴伟. 几种云南木材液体浸渍行为的研究. 云南化工, 2003, 30 (1): 10-13

[45] 于志明, 赵立, 等. 木材染色过程中染液渗透机理的研究. 东北林业大学学报, 2002, 24 (1): 79-82

[46] 钱学仁, 等. 木材超临界流体辅助改性. 东北林业大学学报, 1997, 25 (4): 59-63

[47] Dede Hermawan, et al. Rapid production of high-strength cement-bonded praticleboard using gaseous or Supercritical carbon dioxide. Journal of Wood Science, 2001, 47: 294-300

[48] Sahle. Supercritical CO_2 treatment: Effect on permeability of Donglas fir heartwood. Wood Fiber Science, 1995, 27 (3): 296-300

第9章 基于木材化学结构制备纤维素气凝胶

纤维素主要由植物通过光合作用合成,每年能生产约 1.5×10^{12} t 的纤维素,是自然界取之不尽用之不竭的可再生资源。近年来,随着石油、煤炭储量的下降以及石油价格的飞速增长,随着各国对环境污染问题的日益关注和重视,纤维素这种可持续发展的再生资源的应用越来越受到重视。气凝胶具有高通透的纳米孔三维网络结构、极高的孔隙率、极低的密度和高的比表面积,结构和性能明显不同于孔洞结构,在微米和毫米量级多孔材料以及分离、吸附、催化、光电、传感器、生物医药等方面具有广泛的应用。近年已有从硫氰酸钙水溶液、N-甲基吗啉-N-氧化物(NMMO)、离子液体和 NaOH 水溶液中制备出纤维素气凝胶的报道,纤维素衍生物,如乙酸丁酸纤维素和乙酸纤维素通过交联后,也合成出了气凝胶。轻木作为最速生的木材之一,可以提供丰富的纤维素资源。

9.1 纤维素的超分子结构与性质

9.1.1 纤维素的超分子结构

纤维素是地球上存在的最丰富的可再生有机资源,在细菌、动物、海藻、木材高等植物中广泛存在,每年总量有几百亿吨,具有巨大的经济开发价值[1]。纤维素的化学结构是由 D-吡喃葡萄糖环彼此通过 β-1,4-糖苷键以 C_1 椅式构象联结而成的线型高分子化合物,如图9-1所示。利用 X 射线技术对天然纤维素超分子结构的研究表明,纤维素大分子的聚集体为两相结构。

纤维素由结晶区(crystalline regions)和无定形区(amorphous regions)交替排列而成。结晶区分子排列规则、紧密,呈现清晰的 X 射线衍射图谱;无定形区分子排列松散,规则性差,没有清晰的 X 射线衍射图谱。结晶区和无定形区之间没有明显的界限,而是逐步过渡。

结晶区的特点是纤维素链分子取向好,很紧密,故密度较大(1.588 g/cm³),分子间结合力最强,结晶区对强度的贡献大。

无定形区的特点是纤维素链分子取向差,分子排列无序,分子间距大,密度较低(1.500 g/cm³),无定形区对强度的贡献小。

结晶区的多少以结晶度来(crystallinity)表示。结晶度即结晶区占纤维素整

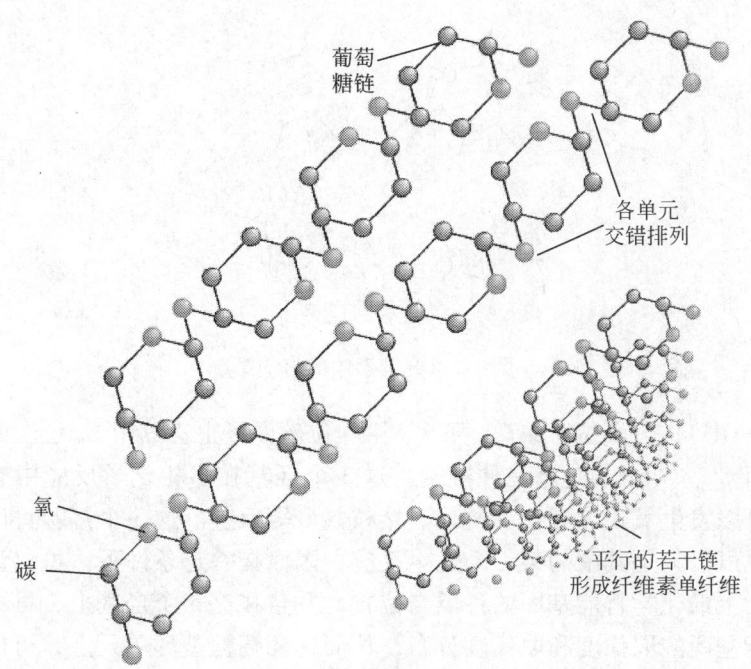

图9-1 纤维素单纤维结构

体的百分数。几种原料纤维素的结晶度如下：

棉花、苎麻等　　70%~80%

木浆　　　　　　60%~70%

人造丝　　　　　45%

结晶度高，则密度大，强度高，尺寸稳定性好；但韧性差，吸湿性、润胀性差，化学反应能力差。

天然纤维素存在5种结晶变体，即纤维素Ⅰ型、Ⅱ型、Ⅲ型、Ⅳ型和X型。

纤维素非结晶相在用X射线衍射技术测试时呈现无定形状态，因为其大部分葡萄糖环上的羟基处于游离状态；而结晶相纤维素中大量的羟基，形成了数目庞大的氢键，这些氢键构成巨大的氢键网格（图9-2），直接导致了致密晶体结构的形成。致密的晶体结构严重阻碍了化学试剂或者生物酶与纤维素表面的有效接触和作用。因此，天然纤维素利用的重要步骤就是结构优化，即解结晶。解结晶是一个科学难题，通过破坏结晶区的氢键作用，可最大限度地降低结晶区纤维素的结晶度。

华南理工大学张景强等在"纤维素结构与解结晶的研究进展"一文中详细论述了这方面的研究进展[2]。天然纤维素分子中的每个葡萄糖单元环上均有3个

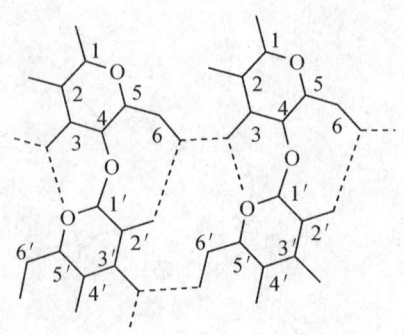

图 9-2 纤维素中的氢键系统

羟基（—OH），分别位于第 2、第 3、第 6 位碳原子上，其中 C_6 位上的羟基为伯羟基，而 C_2、C_3 上的羟基是仲羟基。这 3 个羟基在多相化学反应中有着不同的特性，可以发生氧化、酯化、醚化、接枝共聚等反应。这 3 个羟基可以全部参加反应，也可以只是其中的某一个发生反应，因而在一定条件下，可以设计葡萄糖基环单元上的化学官能基团的种类与位置，并且在这 3 个羟基上，可以分别控制化学官能基团的取代度和取代度分布，从而在葡萄糖基环单元上，可以从化学结构上设计纤维素的化学结构，制备多种特殊功能的精细化工产品。同时，羟基上极性很强的氢原子与另一羟基上电负性很强的氧原子上的孤对电子，其相互吸引可以形成氢键（—OH…H），因此，纤维素大分子之间、纤维素和水分子之间、纤维素大分子内，都可以形成氢键，如分子内氢键 O_2—H…O_6 和 O_3—H…O_5，分子间氢键 O_6—H…O_3 等。在 X 射线衍射技术与中子散射技术的帮助下，人们发现，结晶区纤维素除了存在 O—H…O 型氢键外，还存在着一种较弱的氢键作用，即 C—H…O 型氢键。氢键作用与 C—O 和 C—C 相比很小，但纤维素的聚合度（D_P）非常大，从大约 2 000 到 15 000 以上，当大量的游离羟基形成氢键时，纤维素的氢键力是非常巨大的，可以决定纤维素的多种特性，如结晶性、吸水性、可及性和化学活性等[3,4]。

结晶相纤维素中存在两种晶体结构，即 I_α 和 I_β，二者经常与非结晶相纤维素共存于细胞壁结构中。在自然界中，细菌和海藻纤维素的 I_α 型占优势，而高等植物及动物被膜纤维素中，以 I_β 型为主。纤维素 I_α 以纤维二糖为单元，形成三斜晶系的 $P1$ 结构（$a = 0.6717$nm，$b = 0.59962$nm，$c = 1.0400$nm，$\alpha = 118.08°$，$\beta = 114.80°$，$\gamma = 80.37°$）；而纤维素 I_β 则是以两个纤维二糖为单元形成单斜晶系的 $P21$ 结构（$a = 0.7784$nm，$b = 0.8201$nm，$c = 1.0380$nm，$\alpha = \beta = 90°$，$\gamma = 96.5°$）。在纤维素 I_β 中，晶格的 a 向是纤维单元堆垛的方向，b 向在纤维平面与纤维链的方向垂直，c 向是链的延长方向[5-10]。

研究推测，植物细胞壁中的纤维素的微纤丝由 36 条纤维素链堆垛成 6 层。在这 36 条链中，只有内部的纤维素链是自然形成的结晶相纤维素，而外部的纤维素链构成的是非晶相纤维素，这里的结晶相纤维素以 I_β 结构为主。此外，以小角度中子散射研究可知，沿着晶系长轴，交替存在长度约为 300 个葡萄糖单元的结晶区和长度约为 4~5 个葡萄糖单元的非晶体区。图 9-3 中，纤维素 I_β 的两条链被分别命名为原链和中心链，两条链的构象不同，中心链在链的方向上移动了 1/4 nm；早期研究也认为，一条链的构象比另一条更紧，这与纤维素 I_β 的电子结构与稳定性有很大关系，实验值也证明一条链的氢键比另一条的稍微强一些；而在纤维素 I_α 中，中心链虽然也移动了 1/4 nm，但是两条链的构象是相同的。在纤维素 I_β 中，纤维单元堆垛的顺序是 ABAB……，而纤维素 I_α 堆垛的顺序是 AB-CABC……此外，相比于单一的纤维素链或单一的纤维素片，纤维素 I_β 晶体中氢键间的作用力更强；而单一纤维素片的氢键间作用比单一纤维素链强，这说明在纤维素链堆垛成纤维素片，纤维素片再堆垛成层状三维晶体结构的过程中，氢键间的作用提高了，这也表明结晶纤维素结构中庞大的氢键网格具有很强的作用力。

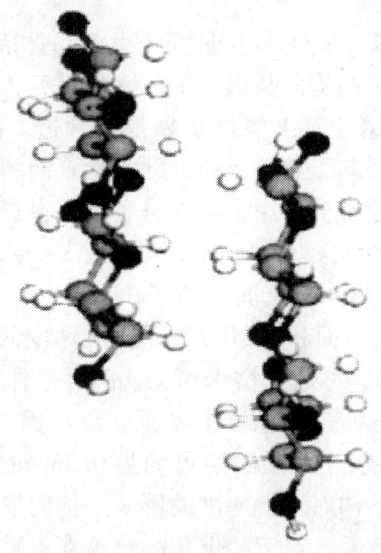

图 9-3 纤维素 I_β 的对称单斜晶系 $P21$ 结构[2]

纤维素一条链上的 O_6—H 提供电子，邻近另一条链上的 O_3 接受电子，所形成氢键（O_6—H$\cdots O_3$），将两条链结合在一起，构成了两条链之间的主要作用力。众所周知，超过 90% 以上的氢键是静电作用力，实验检测可知，两条链间距离为 0.85nm 时，两条链之间的结合能，每单位长度约为 0.6eV（58 kJ/mol）。而当纤维素链相互靠近结合成纤维素片时，在两条链间形成了 4 个氢键。结果两个单位长度共享了 4 个氢键。此时氢键的键能约为 29kJ/mol，与传统氢键键能约为 (20kJ/mol) 相比，算是比较高的，当然这其中也包括了两条链间的范德瓦耳斯力。这种相互作用力也是导致纤维素难以改性的原因之一。

X 射线和中子散射研究确定，在临近的纤维素片之间存在着大量的 C—H…O 型氢键。C—H…O 型氢键与 O—H…O 型氢键相比很弱，因为 C 和 O 相比，是比较弱的氢键提供者，而且它的键长约为 0.35nm，明显比 O—H…O 型氢键（大约 0.28 nm）长。所以纤维素片之间的结合能会有所下降。C—H…O 型氢键和范德瓦耳斯力两种较弱的结合力相互重叠，构成了纤维素片堆垛在一起的主要作用力，它们使纤维素片之间的距离保持在很小的范围，这也是生物质比较难以衍生化的原因之一[11]。

水分子与不同纤维素晶体面的相互作用包括单斜晶体的（110）面和（110）面，三斜晶体的（100）面和（010）面也有研究。在水分子作用下，晶体表面的扭角有 5°左右的变化，但是表面的平均折叠参数没有变化。在此基础上，James 等进一步研究了水分子与纤维素 I_β 的晶体面的相互作用，以计算机模拟了水分子与晶体面的作用。

从图 9-4、图 9-5 可知，水分子占据了纤维素晶体表面糖环上的特定位置，并呈现高度有序的水分子层结构。从图 9-3 可清楚看见，该水分子层结构已延伸入水溶液中，且水分子与糖苷键上氧原子靠得非常近。晶体表面吸附的水被束缚，呈椭圆状，与糖环上羟基以氢键相连。纤维素表面的这种氢键，在空间上有很强的定位作用。通过氢键键合作用，将水分子束缚在纤维素表面形成高度各向异性的结构，并至少向溶液中延伸 80nm（至少是 3 个水分子的厚度）。而糖环"顶部"有许多非氢键的、憎水的脂肪族质子，水分子不能靠近这些晶体面。纤维素晶体（110）面、（110）面和（010）面更容易被水解，可以称之为亲水面，而晶体（100）面难以水解，称之为憎水面。这两种晶体面（憎水、亲水）间隔排列，其中之一都可能作为晶体的最外表面。亲水面与水分子层的距离约为 0.22 nm，而憎水面中心与水分子层的距离约为 0.36 nm。在此基础上，作者研究了晶体表面的水分子层结构对水解速度的影响。他们发现，这种水分子层结构可能是纤维素水解的重要障碍，对于酸催化的纤维素水解，水分子层结构可以延缓纤维二糖产物分子从纤维表面的逃逸速度，抑制进一步水解；对于纤维素酶水解，水分子层结构可以延缓酶蛋白向纤维素表面的扩散速度。故而可以推测，如果在水解过程中不断破坏晶体表面的水分子层结构的形成，将非常有利于解结晶溶剂的作用基团进入晶格内部，从而有利于解结晶进程，并可提高后续的纤维素水解速度。

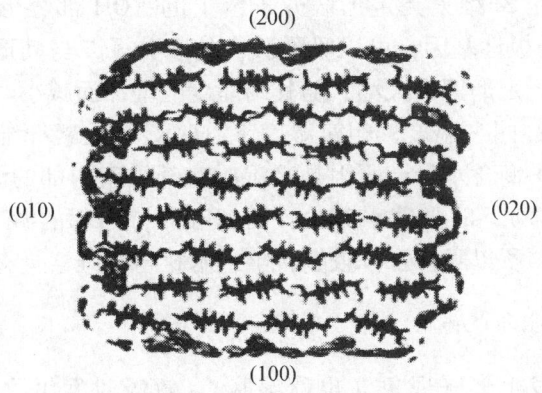

图 9-4　模拟的正方晶体的立体结构[2]

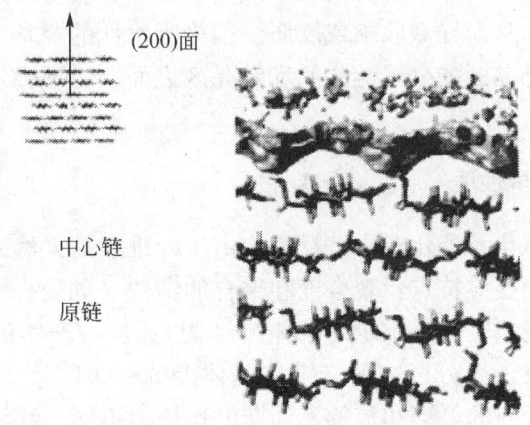

图 9-5　模拟的水在晶体（200）面上的结构[2]

9.1.2　纤维素的物理性质

1. 基本物理性质

纤维素的分子式为$(C_6H_{10}O_5)_n$，相对分子质量 50 000~2 500 000，相当于 300~15 000 个葡萄糖基。白色，不溶于水及一般有机溶剂，纤维轴向的导热系数（热导率）大于其他方向，对光具双折射性，具各向异性，同时是一种电绝缘体，但含有水分时，其电导率随含水量增加而下降。

2. 纤维素的吸湿性

吸收水蒸气时称为吸湿，蒸发水蒸气时称为解吸。

（1）吸湿机理：纤维素无定形区分子链上的—OH 部分形成氢键，部分游离。游离的—OH 为极性基因，可以吸附极性的水分子，与其形成氢键结合。吸湿性的大小取决于无定形区的大小，随其结晶度的增加而减小。

（2）滞后现象：同一温度、相对湿度下，吸湿纤维素纤维内的平衡含水量低于解吸时其内的平衡含水量。原因是吸湿时，纤维素内部的游离—OH 少（纤维素本身的结合点多），故吸着水分少，而解吸时，内部的游离—OH 多，纤维素本身的结合点少，所以吸着水分较多，整个木材与纤维素具有类似性质。

3. 纤维素的膨胀与收缩

纤维素吸湿后发生膨胀现象（也称湿胀），解吸时发生收缩现象（也称干缩）。根据前述可知，被吸附水分子只能存在于非结晶区的线型纤维素分子链之间与结晶区的表面上。纤维素水分的减少或增多必然会改变纤维素分子链之间的距离。靠拢或拉开，从而导致收缩或膨胀。因为吸水性的羟基存在于链之间，所以湿胀也仅限于非结晶区的分子链之间和结晶区表面，而不会发生纤维分子的轴向方向。纤维素不溶于水。

9.1.3 纤维素的化学性质

纤维素可进行氧化、酯化及水解反应。由于纤维素是天然高分子化合物，故具有高分子化合物的反应特点：聚合度和聚合的结构（如聚合物发生交链后，分子量急剧增大，从线型转为三维定向的体型结构）；反应产物的不均一性（如纤维素的反应能力取决于大分子中的苷键和基体上的—OH，伯羟基与仲羟基的反应能力不同，大分子间的氢键和范德瓦耳斯的作用力不同，纤维表面与内部的反应能力也不同）[12]。

1. 纤维素的水解

与酸作用，苷键不稳发生水解，具体过程如下：

$$(C_6H_{10}O_5)_n + nH_2O \longrightarrow nC_6H_{12}O_6$$

2. 与碱作用

在碱液作用下，发生润胀，变短粗，但苷键对碱的稳定性高于对酸的稳定性，稀碱、常温下不会破坏纤维素，但浓碱、高温则会生成碱纤维素。

3. 酯化

纤维素分子中基环上羟基中的氢被酯基取代生成酯纤维素，可与许多有机酸和无机酸及羧酸衍生物作用，生成各种酯。基环上的—OH 基可部分酯化，也可全部酯化。酯化产品很多，与木材加工较为密切（主要是提高木材的尺寸稳定性）的乙酰化也是一种酯化反应。纤维素分子中葡萄糖基上的三个羟基，若用乙酰化剂作用，羟基全部或部分被封闭，结果纤维素的吸水性和膨胀性减低，耐气候性、耐热、耐腐、耐摩擦性也有不同程度的提高。例如棉花的乙酰化，以过氯酸存在为条件，酸与纤维素发生作用。

4. 氧化

纤维素氧化的原因是因为 C_2、C_3、C_6 的醇羟基与氧化剂作用时，在不同的条件下，可生成醛基、酮基或羟基，形成氧化纤维素。

5. 交联

用具有能与羟基起化学作用的官能团的化合物作为交联剂，可使纤维素分子的羟基封闭或网状化，以减低纤维素的亲水性和胀缩性，最简单的交联剂为甲醛。

6. 热解

有热裂解温度以上和以下的两种不同热作用。纤维素的热稳定性一般尚好，但含水量大时，易水解，在空气中受热则易发生氧化，有实验证明，含水率不高时，140℃下加热 4h 变化不大，240~350℃下，热裂解。

7. 光降解

受光发生降解，光的波长越短，强度越大，对纤维素的降解作用也越大，紫外光的破坏作用则更大得多，同时在光的作用下易氧化。

8. 真菌（微生物）降解

微生物可分解纤维素，并可产生很多有用物质，如乙醇、乙酸等。

9.2 纤维素的解结晶化[13-21]

由于纤维素溶解浆（可溶性纤维素）可及性低、反应活性低，为了合成纤维素衍生物，纤维素需要被活化，以提高可及性、反应活性、反应的均一性、反应效率。人们已经发明一些物理和化学方法来活化纤维素。在纤维素物理活化预处理过程中，纤维素的形态结构变化是最重要的，如聚集纤维的解体、膨胀、组装纤维的分离，其中可及的表面和小孔的增加是最重要的。在化学预处理过程中，最重要的变化是结晶体解体、降解，纤维素晶态的改变，氢键强度的削弱，以及结晶纤维素转变为无定形纤维素。

为提高纤维素的利用效率和范围，各种解结晶的预处理方法相继开发出来，有的已在生产中得到应用。这些方法总体来说，包括物理方法（如机械粉碎、超声波处理）、化学方法（如酸或碱处理）、物理化学法（如蒸汽爆破法）、生物法（如白腐菌、褐腐菌、软腐菌等真菌处理）以及联合方法（如机械破碎-化学处理-蒸汽爆破）等。

9.2.1 机械球磨

此种方法比较耗能，但可以快速获得粒径远小于 $1\mu m$ 的微粒，比较适合实验室使用。一般实验室常用的球磨机有德国 Fritsch 公司的 P 系列行星式高能球磨机和美国的 Stoneware 球磨机等。行星式高能球磨机是利用行星公转、自转原理，研磨球在研磨碗内进行高速的运动，通过高能的摩擦力和冲击力对样品形成很大的高频冲击、摩擦力粉碎，以实现对物料的快速细磨。球磨处理过程微晶纤维素过程中的投料量、磨球尺寸、速度（频率）、时间、温度等对效果有明显影响，如作用时间和温度对微晶纤维素（MCC）粒度的影响似乎不大。

球磨在纤维素科学研究中已被广泛应用，既可用来处理纤维素材料，也可以处理木质素、半纤维素等材料；球磨可以很好地破坏纤维素的晶体结构，得到低结晶度的纤维素或者结晶区完全被破坏的无定形纤维素，显著地提高后期的纤维素化学反应效率。球磨处理可以降低纤维素结晶度，研磨 6 天后，其结晶指数从 0.773 下降到 0.523。相比于未经球磨处理的纤维素，球磨处理 6 天的纤维素的水解转化率几乎提高了 2 倍。因为球磨处理可以提高纤维素材料表面与酸、水溶液的可及性。

9.2.2 磷酸润胀与溶解

相比于硫酸、盐酸、硝酸等无机酸，磷酸具有非腐蚀性、无毒、使用安全等优点。曾有报道，小纤维丝在质量分数为 81% 的磷酸中开始润胀，当磷酸质量分数大于 90% 时，纤维素的结晶区开始解结晶。也有报道说，纤维素在质量分数 81%~85% 及 92%~97% 的磷酸中均可溶解，且随温度上升溶解性提高。因此，利用磷酸来获得结晶结构完全被破坏的无定形纤维素是非常有效的。

纤维素的润胀和溶解是两个完全不同的过程，润胀过程中除了明显的物理性质变化和体积膨胀外，还保持了纤维素的大致结构特点；而纤维素溶解过程是完全从两相转变为均相的透明溶液，原有的超分子结构已经被完全破坏。实际上，润胀与溶解两个过程并没有完全明显的界限,到底是润胀还是溶解,取决于纤维素的性质及其与磷酸的作用条件。利用质量分数85%的磷酸处理高结晶度的MCC,来制备部分解结晶的低聚合度低结晶度纤维素(LCC),其XRD图见图9-6。磷酸处理纤维素在室温下主要以解结晶或者润胀为主,较低温度下水解反应很少;当作用温度大于或等于50℃时,磷酸开始水解纤维素中的无定形纤维素部分,并且酸水解反应处于优先地位。磷酸解结晶时,其浓度与水解率有密切的关系。研究发现,81.7%的磷酸是一个分水岭,小于81.7%时,增大磷酸质量分数,水解率显著增加,但当磷酸大于81.7%时,水解效率不再随质量分数的增大而增加。

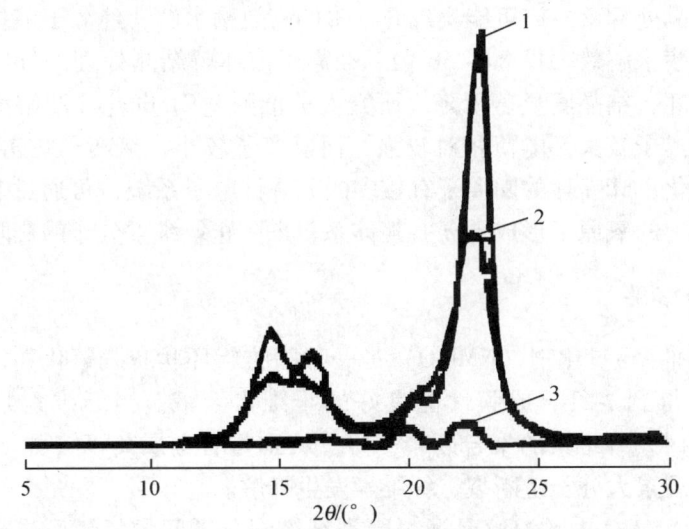

图9-6　不同结晶纤维的XRD图[2]

1-100%结晶度纤维素；2-微晶纤维素MCC；3-低结晶度纤维素

9.2.3　纤维素溶液法

1. 离子液体溶解

目前研究中应用于纤维素解结晶的离子液体主要为咪唑型室温离子液体,如1-烯丙基-3-甲基氯代咪唑［Amim］Cl、1-丁基-3-甲基氯代咪唑［Bmim］Cl、1-(2-羟乙基)-3-甲基氯代咪唑（［Hemim］Cl)-二氯二(3,3′-二甲基)咪唑基亚砜盐［(mim)$_2$SO］Cl$_2$等。据报道,季铵盐离子液体溶解纤维素的可能机理为季铵盐离子能与纤维素羟基上的氧作用,形成复合体,从而加速了纤维素的解结晶化。也有报道称,含Cl$^-$的离子液体能够溶解纤维素,而含阴离子BF$_4^-$或PF$_6^-$

的离子液体则不能溶解纤维素,究其原因,可能是 Cl^- 能与纤维素分子链上的羟基形成氢键,从而使纤维素分子间或分子内的氢键作用减弱。另外,离子液体的阳离子结构对纤维素的溶解性能也有影响,功能化离子液体由咪唑阳离子和氯阴离子组成,除 Cl^- 和阳离子与纤维素作用外,阳离子也可与纤维素分子上的羟基形成氢键,进一步降低了纤维素分子内或分子间氢键。阳离子、Cl^- 和侧链上羟基的共同作用,促使纤维素在离子液体中溶解。另外,在离子液体中,也存在较强的相互作用,包括氢键作用,并形成缔合的离子对。最近有报道,通过改变阳、阴离子的结构或简单的加热,可以促进离子液体中缔合离子对的解离,这些因素都对离子液体溶解纤维素能力有重要影响。利用离子液体 $[C_4mim]Cl$ 对木质纤维素解结晶处理后,有可能实现纤维素的高效酶水解,经离子液体解结晶处理的纤维素的酶水解效率提高了 50 倍。经离子液体解结晶处理的纤维素的结晶区受到严重破坏,结晶度显著下降。研究人员推测 $[C_4mim]Cl$ 溶解纤维素的机理是,咪唑阳离子较大,电荷相对较强,而氯离子较小;氯离子攻击自由羟基,使纤维素质子化;咪唑环的阳离子有较多的芳香性电子系统,可通过非键合力或与纤维素羟基上的氧原子形成 p-π 共轭体系,来防止纤维素分子的交联。

2. NMMO 溶解

N-甲基吗啉-N-氧化物(NMMO)是一种脂肪族环状叔胺氧化物,能很好地溶解纤维素,得到成纤、成膜性能良好的纤维素溶液。当纤维素浆粕溶解于 NMMO 溶液中时,纤维素的聚合度会下降。特别是有金属离子(如 Fe^{3+})存在时,会导致纤维素大分子链断裂,纤维素发生降解。

纤维素在 NMMO 中的溶解是通过断裂纤维素分子间的氢键而进行的,没有纤维素衍生物生成,而生成纤维素-NMMO 络合物。这种络合作用先是在纤维素的非结晶区内进行,破坏了纤维素大分子间原有的氢键,由于过量的 NMMO 溶剂存在,络合作用逐渐深入到结晶区内,继而破坏纤维素的聚集态结构,最终使纤维素溶解。

3. NaOH/尿素溶解

NaOH/尿素水溶液对纤维素的溶解只能在低温下进行。因为温度越低,碱液对纤维素的溶胀作用越大,不但在结晶区之间,而且在结晶区内部也发生溶胀。纤维素和氢氧化钠进行反应,生成物 $[C_6H_7O_2(OH)_3 \cdot NaOH]N$ 和 $[C_6H_7O_2(OH)_2ONa]N$ 之间可以互相转化。温度越低,纤维素钠 $[C_6H_7O_2(OH)_2ONa]N$ 越易电离,所以,纤维素在低温下容易溶解。此外,碱液还可以破坏纤维素分子间氢键,尿素在碱液中可以破坏分子内氢键,所以尿素的加入有利于促进纤维素的溶解。

4. 氯化锂/N,N-二甲基乙酰胺溶解

N,N-二甲基乙酰胺（DMAC）中存在着电负性高的 N 原子和 O 原子，它们易于与具有空轨道的原子形成配位键。当 DMAC 与 LiCl 相作用时，具有同时形成 Li—O 与 Li—N 的可能，使 Li 与 Cl 原子之间的电荷分布发生变化，使得氯离子带有更多的负电荷，从而增强了氯离子进攻纤维素羟基上氢的能力。在 LiCl/DMAC 溶剂体系中，Cl^- 与纤维素分子中羟基上的氢结合，形成氢键，并破坏纤维素晶格中原有的氢键网络，有利于 $(DMACLi)^+$ 离子对纤维素分子起溶剂化作用，使纤维素分子链分离而溶解。Heiz 认为，纤维素溶解在 LiCl/DMAC 体系中的机理是：先是 Li^+ 在 DMAC 的羰基和氮原子之间发生络合，游离出的 Cl^- 与纤维素羟基结合，以减少纤维素分子之间的氢键。

许玉芝等运用超声波一步法制备了纤维素氯化锂/二甲基乙酰胺的离子溶液。通过调节超声波功率和处理时间，对纤维素、氯化锂和二甲基乙酰胺混合物超声波处理 5～7min，并于室温下搅拌 3～5 h，即可获得纤维素均匀溶液；研究了超声波处理对纤维素分子及其形态结构的影响，并对纤维素溶液的流变性能进行了考察。结果表明，超声波一步法具有工艺简单、易操作以及溶解时间短的特点，所得到的纤维素溶液具有高分子溶液的一般特征。

9.2.4 电子束辐射活化法

电子束处理技术是使用高能电子处理材料，使材料发生变化，得到有效的改性。电子束辐射源包括 van de Graff 加速器、谐振变压器、直线加速器、Dynacote 加速器、Dynamition 加速器等产生的电子束。其方法是将一定厚度的纤维素浆粕由输送设备输送，使之通过下部装有与浆粕同宽加速器的电子扫描装置，电子加速器产生高能电子束（10～100 keV）穿透浆粕，使浆粕得到均匀的处理，主要性能将发生明显的变化。纤维素的大分子链具有半刚性的结构，当它受到高能电子束辐射时，入射电子束辐射能量损失，释放给所撞击的分子中的原子，原子被激发，在分子链骨架上形成一定量的活性自由基。由于这些基团的位阻大，纤维素主链便发生断裂降解，浆粕在高能电子束作用下，可保证处理能量均匀，从而使得纤维素的结晶区和非结晶区的分子链发生均匀的降解。纤维素分子的断裂程度和产品的聚合度可以根据原料的聚合度、电子束的能量以及辐射时间来控制。

此方法的优点是可在短时间内达到所需要的聚合度，聚合度分布窄，容易控制，具有实际使用价值。与电子辐射类似的方法有 C 辐射源，如钴 260、铯 2137 等。此方法无需电能活化，廉价易制，半衰期为 5.25 年，使用温度达 1300 K，

具有相当的工业意义。

9.2.5 蒸汽闪爆法

20世纪80年代末，人们就将蒸汽闪爆技术应用于木屑和甘蔗渣的预处理，用来将纤维素中的木质素成分去除；90年代初，日本神出等将蒸汽闪爆处理应用于纯纤维素，以提高分子间氢键断裂比率，从而大大提高了纤维素的反应能力，甚至可以制得能在碱溶液中以分子形式溶解的碱溶性纤维素。此工艺原理在于高温水蒸气对纤维素产生的复合物理作用，水蒸气在2.9MPa的压力下可提高浆粕纤维孔隙，渗入微纤维束内。在渗透过程中，水蒸气发生快速膨胀，然后剧烈地排放到大气中去，从而导致了纤维素超分子结构的破坏，使分子间氢键断裂比率增加。在这样处理中，纤维素分子受到内力和外力地双重作用。内力是由水分子急骤蒸发产生所谓的闪蒸效果所致；外力主要是分子间的撞击和摩擦作用。在蒸汽闪爆处理中，纤维素分子形态的变化程度取决于纤维素原料的孔隙度。在高压蒸汽作用下，纤维将产生一定的降解，它是一种有效的物理活化方法。

9.2.6 低温氧等离子体处理法

林红等采用低温氧等离子体对蚕丝纤维进行处理，研究了等离子体处理后蚕丝纤维聚集态结构的变化，结果表明：低温氧等离子体处理使蚕丝纤维内部构象由无规向β折叠转化，纤维的结晶度下降，同时，蚕丝纤维因弱结构剥离产生质量损失，短时间处理对蚕丝纤维强度影响不大。我们参考该实验方法，对轻木进行了低温氧等离子体处理，结果表明，轻木纤维经该方法处理后，结晶度可下降30%。

9.3 纤维素化学研究的新焦点

纤维素化学是一个很古老的化学领域，到目前为止，人们已经比较详细地研究了纤维素的结构与性能，探讨了降解、酯化、醚化、接枝聚合中设计的物理化学过程等。纤维素不能溶解于水和通常的有机溶剂中，因此，纤维素的反应通常是在固液两相中进行。纤维素分子是由许多D-吡喃葡萄糖环连接而成的线型高分子，每个葡萄糖环上有3个羟基。因此，一般的纤维素化学改性不仅涉及羟基的酯化或者醚化，而且还伴随着氧化、降解等副反应。近年来取得比较大的成就主要表现在定点选择性取代和新纤维素溶剂方面。

9.3.1 定点选择性取代

纤维素的定点选择性取代技术目前主要是德国科学家Dieter Klemm在研究。

定点选择性取代技术是指目前可对纤维素的葡萄糖基环第 2、第 3、第 6 个碳原子上的羟基实施个别取代，从而合成结构、性能非常特殊的纤维素化合物。定点选择性取代技术首先利用纤维素葡萄糖基环的第 2、第 3、第 6 个碳原子上羟基反应活性的不同，用特殊的化学试剂作为保护官能团，先与葡萄糖基环上的羟基反应，然后用酯基、醚基以及其他化学基团，与葡萄糖基环上剩下的羟基反应，最后通过水解等化学方法去掉保护官能团，从而得到只在第 2、第 3、第 6 个碳原子上某个或者某两个羟基被取代的有特殊性能的纤维素衍生物。定点选择性取代技术可能会导致纤维素相对分子质量的降低，即纤维素的降解。如果首先用异氰酸苯酯或者甲硅烷基来与葡萄糖基环上的羟基反应，则会减少纤维素分子的降解[22]。

9.3.2 新纤维素溶剂

新纤维素溶剂一直是国际上纤维素化学家研究的重点课题[23]。邢宗、陈均志综述了天然纤维素溶剂体系的研究进展[24]。纤维素溶剂包括衍生物法和直接溶解法两大类纤维素溶剂。衍生物溶剂主要包括 NaOH/CS_2、多聚甲醛/二甲基亚砜（PF/DMSO）等。该类溶剂都是先与纤维素反应生成纤维素衍生物，然后将衍生物溶解。直接溶解法包括了传统的碱/硫脲/水体系、碱/尿素/水体系，以及新型纤维素溶剂 NMMO、离子液体等，这类溶剂溶解纤维素的过程都为物理过程。

1. 衍生物溶解法

1）NaOH/CS_2 体系

该方法已有 100 多年的历史。19 世纪末期，Cross 等发现纤维素磺酸钠溶液在酸性条件下可以水解生成纤维素，几年后，人们开始利用该方法生产纤维素纤维。该法主要是应用了纤维素中—OH 的酸性，用一定浓度的氢氧化钠溶液处理后，形成碱纤维素，然后通入二硫化碳，形成纤维素黄原酸酯，该酯可以溶于氢氧化钠溶液。利用该溶液制备纤维素纤维，不仅会生成硫化氢等气体，凝固浴中也加入了大量的硫酸锌，造成环境严重污染，并且工艺过程也比较繁琐。从 20 世纪末开始，欧美等就逐渐缩小黏胶纤维的生产规模，并将该类化工厂迁至发展中国家。

2）质子酸体系

纤维素中的—OH 在一定条件下能与酸反应生成酯，如硝酸、乙酸等，反应生成的酯一般不溶于水，只能溶于部分溶剂中。该体系目前主要用于生产纤维素衍生物，如乙酸纤维、硝化纤维等。纤维素也可以直接溶解在一定浓度的酸中，如硫酸、磷酸、盐酸等，但是溶解过程中纤维素降解严重，周刚[25]等利用磷酸溶解纤维素时发现，30℃时，溶解35min后的纤维素聚合度从1 600降低到了1 350，所以一般不用质子酸来制备纤维素溶液。

3）多聚甲醛/二甲基亚砜体系

该体系在20世纪60年代就应用于纤维素溶解的研究，具有很强的溶解能力，对聚合度近8 000的纤维素仍具有溶解能力，但由于自身的一些缺陷，不久后就被放弃。纤维素在该体系中的溶解机理如下：PF受热分解生成甲醛，其与纤维素分子上的—OH反应，生成羟甲基纤维素，然后溶解在DMSO中。在此体系中，DMSO不仅起着溶剂的作用，同时也使羟甲基纤维素的溶解过程更为平稳，防止分子链发生聚集。利用该溶剂溶解纤维素，具有原料易得、溶解快、无降解、溶液黏度稳定、过滤容易的特点，但溶剂的回收比较困难，而且毒性较大，生成的纤维在结构上也存在缺陷[26,27]。

4）氨基甲酸酯体系

该方法类似于黏胶法，是由德国科学家H. P. Fink发明的。将碱纤维素与饱和尿素溶液混合（过量），然后加入少量的惰性溶剂，在加热条件下反应一段时间后，生成浅灰色的固体，即氨基甲酸酯。然后将其溶解在氢氧化钠溶液中，制得纺丝液，进入硫酸凝固浴中进行湿法纺丝，其后将制得的酯纤维放入碱液分解浴分解，即可制得纤维素纤维。该法虽然比黏胶纤维生产方法更为环保，但反应过程中会有其他杂质生成，生产过程也较为繁琐[28]。

2. 直接溶解法

纤维素每个单元中都存在自由羟基，分子及分子间很容易形成氢键，使纤维素的溶解更加困难。该溶解方法主要是通过新氢键取代纤维素内部氢键的方式来溶解纤维素，溶解过程为物理过程。热力学研究证明，只有新生成的氢键键能大于21kJ/mol时，纤维素才能溶解[29]。直接溶解法主要分为两大类：一类为水溶剂体系，一类为有机溶剂体系。

1）水溶剂体系

水溶剂体系包括碱金属水溶剂体系和过渡金属络合物水溶剂体系等。20世纪30年代，Dividson就报道了低温下氢氧化钠溶液能溶解纤维素，后来，Suvorova发现硫脲或尿素的加入能提高氢氧化钠溶液对纤维素的膨润和溶解。过渡金属络合物水溶剂体系的主要代表是铜氨溶液，该体系目前主要用于测定纤维素的聚合度。

（1）碱/水体系。该体系中所应用的碱主要是碱金属的氢氧化物，其中，氢氧化钠/水体系是溶解纤维素最简单、最便宜的溶剂[30-34]。1984年，日本Kamide

等在特定条件下制得具有非结晶态结构的铜氨纤维，4℃时，该再生纤维素能完全溶解在质量分数8%~10%的氢氧化钠溶液中。Yamashiki等认为，9.1%的氢氧化钠溶液破坏纤维素晶格的能力最强。Chevalier等利用蒸汽爆破法对纤维素进行预处理，处理后的纤维素在低温时能很好地溶解在氢氧化钠溶液中。日本齐藤政利等发现：氢氧化锂、氢氧化钠和氧化锌的混合水溶液能在常温下溶解纤维素，形成的溶液也比较稳定，不易凝胶。碱/水体系虽然价格便宜，但溶解能力较低，只能溶解低聚合度或经过预处理的纤维素和再生纤维素。

（2）氢氧化钠/尿素或硫脲/水体系。氢氧化钠/尿素/水体系在低温时，对纤维素有较好的溶解能力，可以溶解草浆、甘蔗渣浆等一系列聚合度不太高的纤维素，特别是经过预处理的纤维素和再生纤维素，溶解效果更佳[23,35-38]。张俐娜等用7%氢氧化钠/12%尿素（质量分数）溶液，在-12℃的条件下，能迅速溶解纤维素（重均相对分子质量不超过1.2×10^5），制得透明溶液，在低温下能保持较长一段时间的稳定溶液状态，并通过中试设备进行纺丝，成功制得了纤维素丝。Cai等利用该体系制备的再生纤维素，分子聚合度和结晶度基本不发生变化，但是晶型从纤维素Ⅰ变成了纤维素Ⅱ。氢氧化钠/硫脲/水体系比氢氧化钠/尿素/水体系具有更强的溶解能力，对各种天然纤维素有较大的溶解度。同时对溶解温度的要求也不是太低，在-5℃时就能溶解纤维素。当氢氧化钠和硫脲的质量分数分别为4.2%和12%时，体系具有最强的溶解能力。利用6%氢氧化钠/5%硫脲（质量分数）溶液溶解棉短绒，经过硫酸凝固浴再生，可制得均一的纤维素膜，若加入增塑剂丙三醇，膜的强度可以近一步提高。Ruan采用9.5%氢氧化钠/4.5%硫脲（质量分数）所制得的纤维素溶液进行湿法纺丝，再生后的纤维素丝类似于蚕丝，并且机械性能也强于用黏胶法制得的人造丝。该体系药品价格比较便宜，并可以回收利用，但是溶解能力有限。

（3）氢氧化锂/尿素/水体系。该体系与氢氧化钠/尿素/水体系类似，能溶解更高相对分子质量的纤维素，这是由于Li^+半径要比Na^+小许多，更易于进入纤维素内部，破坏纤维素的结晶化。FTIR和WAXD测试结果证明，低温时，氢氧化锂、尿素和水分子团簇之间的氢键，以及纤维素及其之间的氢键，都处于高度稳定的状态，同时氢氧化锂的水合物[$Li^+(OH)\cdot H—OH$]更容易与纤维素上的—OH形成氢键，从而破坏原有的纤维素内部氢键，促进纤维素的溶解。据报道，尿素分子很容易形成包合物，可以包合烷烃、醇类以及部分聚合物。在溶解纤维素时，尿素分子、氢氧化锂和纤维素之间也是通过尿素的包合作用形成管道形的包合物，通过TEM可直接观察到包合物的形态。低温时，包合物能够稳定存在，当温度达到溶液冰点时，稳定性最好。同时，尿素自身的包合作用，也有效地抑制纤维素的自聚，使溶液更加稳定。利用此溶剂制得的纤维素溶液，可以进行纺丝和成膜，具有能耗低、生产周期短、工艺流程简单等特点，但氢氧化锂价格较高，亦不能回收利用[23,39-43]。

(4) 铜氨溶液体系。铜氨溶液是最早用来溶解纤维素的溶剂，除铜氨溶液外，部分过渡金属的乙二胺溶液也可以用于溶解纤维素，两者的溶解原理一致。溶液中的铜氨络合离子能与纤维素形成醇化物或者分子化合物，从而使纤维素溶解，溶液的溶解能力与铜氨络合离子的浓度、纤维素的聚合物和温度有关。纤维素的铜氨溶液主要用于生产铜氨纤维，但其对空气中的氧比较敏感，很容易发生氧化降解。同时，铜氨溶液很难被完全回收利用，环境污染也比较严重。该法目前主要用来测定纤维素的聚合度，只有很少的厂家还用于生产铜氨纤维。

(5) Lewis 酸/水体系。Lewis 酸类纤维素溶剂主要包括有氯化锌、硫氰酸盐、氯化锂、碘化物等。这类溶剂的溶解能力比较弱，只能溶解聚合度比较低的纤维素。该类溶剂中盐的浓度一般都较高，用氯化锌溶解纤维素时，浓度需要达到 60% 以上，浓度过低时，纤维素只能发生溶胀。Hattori[44] 等研究指出：在 100℃时，质量分数为 55% 的 $Ca(SCN)_2$ 水溶液能溶解大多数纤维素。利用 Lewis 酸溶解纤维素，虽然原料易得，价格低廉，但在溶解能力、药品回收以及纤维素的再生过程等方面还存在一些问题。

2) 有机溶剂体系

(1) 氯化锂/N,N-二甲基乙酰胺体系。氯化锂溶解在极性溶剂 DMF、DMSO、DMAC 中后，体系都具有了溶解纤维素的能力，其中以 LiCl/DMAC 的溶解效果最好，这主要是由络合物分子的空间结构引起的。同时，后者的稳定性也高于前两种。研究指出[45]，只有当体系中氯化锂的质量分数在 10% 时，体系才具有溶解能力。纤维素在 LiCl/DMAC 中的溶解方法如下：将定量的氯化锂溶解在 DMAC 中，质量分数约为 5%~9%，加入活化后的浆粕，在高温下加热搅拌一段时间，呈凝胶状后停止，在室温下放置一段时间后，即可溶解成透明溶液。随着纤维素加入量的增加，所需要的加热时间就会越长，并且冷置的时间也越长。McCormick 提出了纤维素在该溶剂中的溶解机理：在氯化锂加入 DMAC 后，Li^+ 与 DMAC 形成络合物，这一点可以通过 ^{13}C NMR 证明，随着氯化锂加入量的不断增加，DMAC 分子中的羰基峰逐渐向低场位移，同时体系黏度不断增大，也证明两者之间确实发生了反应。待加入纤维素后，溶液中 Cl^- 与纤维素上的—OH 形成氢键，而 Cl^- 又与溶液中 $Li^+(DMAC)$ 相连，通过离子间的相互作用，逐渐渗入纤维素内部，破坏纤维素的结晶化，使纤维素溶解。图 9-7 为纤维素在该溶剂中可能存在的两种结构。

该溶剂在室温下比较稳定，形成的纤维素溶液也可以成膜，并且该体系能溶

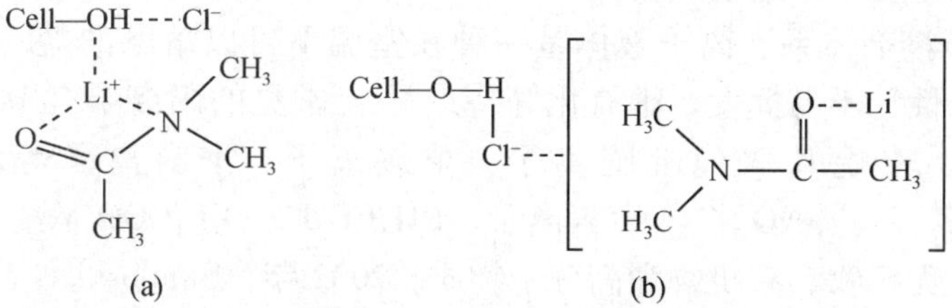

第9章 基于木材化学结构制备纤维素气凝胶

图9-7 纤维素在 LiCl/DMAC 溶剂中可能存在的两种结构

解聚丙烯腈，可以与纤维素进行共混纺丝，制得毛感强的 PAN/Cell—OH 共混纤维，但溶剂价格昂贵，对纤维素也有一定的要求，目前仅局限于实验室研究。

(2) NMMO/水体系。利用叔胺氧化物来溶解纤维素，最初见于 Granacher 在 1939 年申请的专利。后来，Johnson 发现 NMMO 更适合作为纤维素溶剂[46-50]。目前，该体系已用于工业生产，可以制备纤维素纤维和纤维素薄膜等纤维素制品。其制备的纤维素纤维不但强度高，吸湿性强，而且干湿强度相差也不太大。同时，其制备的纤维素薄膜要比黏胶法制备的薄膜具有更好的透水性和更高的湿态撕裂强度。NMMO 在常温为固态，熔点为 130℃，吸湿性很强，可以与水形成 NMMO·H_2O 和 NMMO·2.5H_2O 两种稳定的水合物，毒性也较弱（低于乙醇）。纯 NMMO 对纤维素的溶解能力最强，溶解时的温度较高，会导致 NMMO 的分解和纤维素的氧化降解。所以在利用 NMMO 溶解纤维素时，都会加入少量的抗氧化剂和稳定剂，一般选用没食子酸或羟胺等，同时也需加入适量的水或别的有机溶剂作为助溶剂，既降低了溶解温度，也提高了溶解速度。但助溶剂的用量也有一定的限度，以水为例，当溶剂中水的质量分数超过 17% 时，溶剂就失去了对纤维素的溶解能力，而在含水量为 13% 时，溶液中主要为 NMMO·H_2O 分子，熔点也只有 76℃，最适合溶解纤维素。这主要是因为水用量过多，NMMO 的水合物会逐渐由 NMMO·H_2O 向 NMMO·2.5H_2O 转变，形成过多的氢键，从而阻碍了纤维素与 NMMO 之间氢键的形成。NMMO/水体系的溶解机理可以解释为纤维素内部的氢键由溶剂分子与纤维素分子间的氢取代而发生溶解。NMMO 具有很强的强极性官能团 N→O（键能高达 222kJ/mol），氧原子能与纤维素内部的羟基形成 1~2 个氢键。进行溶解时，它可以与水形成氢键，也可以与纤维素形成氢键。NMMO 首先与非结晶区的纤维发生作用，当其过量时，会逐渐渗入纤维素结晶区，破坏纤维素的超分子结构，最终使纤维素溶解。利用该溶剂溶解纤维素的方法有两种：一种是先将低浓度的 NMMO 水溶液与纤维素混合，通过减压蒸馏的方法脱去部分水后，即可制得纤维素溶液；另外一种方法是将 NMMO 水溶液直接进行减压蒸馏至含水量 13% 左右，然后再加入纤维素，即可制得纤维素溶液。虽然 NMMO 工艺溶剂的回收率已经接近 100%，但溶剂价格昂贵，前期投入较大,所以工业化推广速度较慢。

(3) 离子溶剂体系。离子液体是一种在室温下可以熔融的盐,具有良好的溶剂性、强极性、不易挥发、难氧化等特点[51]。常见的阳离子有 1,3-二烷基取代咪唑离子、N-烷基取代吡啶离子、季铵离子、季膦离子等,阴离子有 $[BF_4]^-$、$[PF_6]^-$、$[NO_3]^-$、卤素离子、CH_3COO^-、CF_3COO^- 等。离子液体能够溶解大多数无机物、有机物和高分子物质。2002 年,Swatloski 等首次报道了用离子液体溶解天然纤维素,随后很多研究人员开展了离子液体用于溶解纤维素的研究。Heinze 等对不同聚合度的纤维素在几种离子溶剂中的溶解度进行了实验,结果表明,部分离子溶剂可以使纤维素发生严重降解,如 1-丁基-3-甲基吡啶氯代盐,而纤维素在几种 1-烷基-3-甲基咪唑的氯代盐中几乎不发生降解,并且溶解度较高,能制得高浓度纤维素溶液。将该溶液同二甲基亚砜/氟化四丁基胺三水化合物的纤维素溶液进行 ^{13}C NMR 图谱比较。发现两者图谱基本一致,纤维素在溶解的过程中并没有生成纤维素衍生物,证明离子溶剂是纤维素的一种非衍生溶剂。图 9-8 是两者的 ^{13}C NMR 谱图。

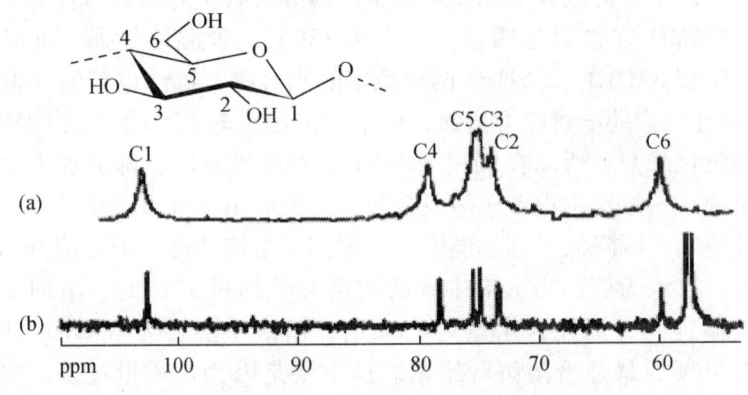

图 9-8 1-丁基-3-甲基吡啶氯代盐(a)和二甲基亚砜/
氟化四丁基胺三水化合物(b)的纤维素溶液的 ^{13}C NMR 谱图

在纤维素的溶解过程中,阴阳离子都起着重要的作用。Swatloski 等的研究表明,1-丁基-3-甲基咪唑氯代盐在 1-烷基-3-甲基咪唑盐中,具有最佳的溶解效果;当阴离子 Cl^- 被 PF_6^-、BF_4^- 阴离子基团代替后,该离子液体已不能溶解纤维素。他们利用 1-丁基-3-甲基咪唑氯代盐制得了质量分数大于 10% 的纤维素溶液,该溶液在偏光显微镜下呈现光学各向异性,这一点对制作高强度纤维素材料具有重大意义。Wu Jin 等通过 X 射线衍射图,发现再生后的纤维素均属于纤维素Ⅱ。王美玲等用离子液体的混合溶液溶解纤维素,将 N-甲基-N-烯丙基吗啉氯盐[(AMMor)Cl] 和 3-甲基-1-烯丙基咪唑氯盐[(AMM)Cl] 按 1:3 的比例混合,在同一温度下，制备相同浓度的纤维素溶液，混合溶液的溶解速率要比（AMM）Cl快，并且纤维素的降解程度也比（AMM）Cl低了许多。离子溶剂作为一种绿色纤维素溶剂，具有巨大的潜力，不但无污染，而且部分离子溶剂还能循环利用。虽然在存储、制备等方面还存在一些问题，但它给纤维素溶解技术提供了一个崭新的领域。

3）氨/硫氰酸铵体系

Cuculo等发现，氨/硫氰酸铵体系能很好地溶解纤维素[52]。纤维素在该体系进行溶解时，经过Ⅰ、Ⅱ、Ⅲ三种晶型的转化，最终完全溶解形成无定形纤维素，并且温度越高，溶解速度越快。在该体系中稍微加入少量的水，可以提高溶解纤维素的能力，当氨、硫氰酸铵、水的质量比为72.1∶26.5∶1.4时，具有最佳的溶解能力。另外还有一类溶剂与氨基化合物/盐体系类似。该体系中的氨基化合物可以看成氨的衍生物，如肼、水合肼、乙二胺等。而盐也大多数为硫氰酸盐，如硫氰酸钾、硫氰酸锂等。在该体系中，盐的浓度都较高，一般在40%~80%。利用该体系制备纤维素溶液，温度一般不会高于50℃，并且溶液的稳定性也较好，但是硫氰酸盐具有一定的毒性，并且受热会发生分解，产生HCN等有毒气体。

9.3.3 纤维素衍生物以及功能材料

纤维素不溶于水以及通常的有机溶剂，在纤维素分子的葡萄糖基环的3个羟基上引入亲水性的官能团，不仅能削弱氢键的作用力，使纤维素衍生物溶解于常规溶剂中，而且可以通过可控分子结构设计和可控晶体结构设计，得到具有特殊性能的纤维素衍生物和新型的纤维素功能材料，从而扩大纤维素的应用范围。在纤维素酯产品中，以纤维素硝酸酯、纤维素乙酸酯和纤维素黄原酸酯生产量最大；在纤维素醚产品中，以羧甲基纤维素、甲基纤维素应用最为广泛。它们的生产及应用从19世纪中叶就已经开始，目前已广泛应用于涂料、化工、医药、建筑、食品、制药、纺织、塑料、烟草、黏合剂、膜科学等工业部门和研究领域中。

目前，纤维素衍生物工业生产中比较受重视的主要发展方向有：

（1）提高原材料的可及性、反应活性以及反应的均一性，从而减少反应时间，提高产物的利用率和转化率。

（2）从多相反应逐渐向拟均相反应过渡，提高改性基团分布的均一性，从而提高产物的综合性能。

（3）向优化生产工艺方向发展，达到节约能源、降低成本和零污染的目的。

（4）从间歇生产到连续化生产的转化，提高生产效率。

(5) 在均相反应体系中采用溶胶-凝胶法制备纤维素碳气凝胶,以及纤维素有机掺杂气凝胶材料,赋予纤维素新的智能效应,为气凝胶材料注入新生力量。

针对纤维素及其衍生物的功能改性研究,已成为当今纤维素学科中相当重要、活跃、有成就的研究领域之一,并越来越显示出其重要性。纤维素比蕴藏量有限的石油和天然气资源优越,不仅是可再生资源,而且具有能接枝其他人工合成聚合物的功能特性,从而制取与合成高分子材料相抗争的高功能纤维素新材料。纤维素晶体表面上分布着自由的羟基,可经系列物理、化学、生物的方法改性制得各种特殊用途的功能材料。主要包括超强吸水材料,离子交换纤维(重金属吸取剂),纤维复合材料,纤维素微晶、晶须以及纳米纤维素晶体材料,纤维素渗透膜,水溶性疏水化/两性化功能性纤维素衍生物等。

9.3.4 再生纤维素

再生纤维是利用棉短绒、木材、竹子、甘蔗渣、芦苇等天然物质通过一定的物理和化学处理方法得到的。在1891年,克罗斯、贝文和比德尔等首先用天然纤维素制成纤维素黄原酸酯溶液,由于这种溶液的黏度很大,因而命名为"黏胶"。黏胶遇酸后,纤维素又重新析出。这个原理逐渐发展成为一种制备化学纤维的方法,这种纤维又叫做"黏胶纤维"。

9.4 纤维素气凝胶的基础理论与制备方法

纤维素气凝胶合成反应理论涉及超分子自组装理论、溶胶-凝胶理论、超临界 CO_2 干燥理论、纤维素溶液的溶剂化等理论。

9.4.1 纤维素超分子自组装理论基础

1. 超分子化学基本理论

众所周知,化学是关于物质及其相互转化的科学,生命现象是其最高表现形式。从1828年人工制备尿素至今的180多年中,分子化学已经发展了很多非常复杂和有效的方法,通过以控制和精确的模式打开和组成原子间共价键,可构造出越来越复杂的分子。化学工业已成为当今社会造福于人类,同时也给人类带来许多挑战性课题的最重要的工业部门之一。

现代化学与十八、十九世纪的经典化学相比,其研究内容、研究方法、研究特点已不可同日而语。现代化学的显著特点之一是从宏观进入微观,从静态研究进入动态研究,从个别、细致研究发展到相互渗透、相互联系的研究,从分子内的原子排列向分子间的相互作用发展,新近不久出现的超分子化学就是现代化学生机勃勃发展的最新分支和充满希望的代表。

1987年，美国科学家C. J. Pederson，D. J. Cram和法国教授J. M. Lehn因在超分子化学研究中的突出贡献而获得诺贝尔化学奖。J. M. Lehn教授在获奖演说中为超分子化学作了简要注释：超分子化学是研究两种以上的化学物种通过分子间相互作用缔结而成为具有特定结构和功能的超分子体系的科学。简而言之，超分子化学是研究多个分子通过非共价键（次价键）作用而形成的功能体系的科学。按Lehn的定义，超分子化学就是"分子组装和分子间键的化学（chemistry beyond the molecule）"。它是研究超分子或分子超结构的形成、性质及应用的化学，包括分子识别原理、受体化学、分子自组装、超分子光化学、超分子电化学、超分子催化化学、超分子工程学、超分子生命科学等。涉及的学科有无机及配位化学、分析化学、有机化学、物理化学、生物化学以及材料科学等。

由于物理化学在化学学科中处于重要地位，在超分子化学领域，要想达到通过分子识别和自组装设计高性能的分子器件和特殊材料，通过对生命机体中某些特定过程的识别和组装的模拟来了解生命过程的机理及模拟生物催化，通过对主体的选择性识别的研究寻找更为有效的分离技术等，必然要对超分子体系的物理化学性质进行仔细而深入的研究。

进入20世纪90年代以来，越来越多的研究报道涉及超分子物理化学。随着研究的深入，超分子物理化学将会成为超分子化学中很重要的独立分支之一。

超分子体系主客体间的作用力指由主体和客体在满足能量匹配、几何匹配等条件下，通过分子间非共价键力的作用，缔合形成的具有某种特定功能和性质的超级分子。或者说，主客体间的关系必须满足Fischer提出的"锁和钥匙"原理[53]。非共价键力一般为静电力、范德瓦耳斯力和氢键力，又称弱相互作用，它是产生分子识别的关键，对它的研究有着重要而深远的意义。因为生物主客体的许多特性，生命机体的复杂结构及大多数生命过程等，都离不开弱相互作用（特别是疏水作用和氢键作用）。了解非共价键力的性质，我们不仅能设计出具有自然界某些神奇性质的合成体系，还能创造出在学术上和工业上都有很高价值的新的化学产品。高分子材料中的分子间相互作用是一个庞大而发展迅速的研究课题，也是研究高分子色彩缤纷的凝聚态结构和性能的核心问题。

如果说分子化学是建立在共价键基础上的，那么超分子化学就是建立在分子间非共价键基础上的学科。该学科的目标是要对分子间相互作用加以控制。

超分子化学是一门新兴的处于近代化学、材料科学和生命科学交汇点的前沿科学[54]。它的发展不仅与大环化学（冠醚、穴醚、环糊精、杯芳烃、C_{60}等）的发展密切相连，而且与分子自组装（双分子膜、胶束、DNA双螺旋等）、分子器件和新颖有机材料的研究息息相关。从某种意义上讲，超分子化学超越了分子化学，淡化了有机化学、无机化学、生物化学和材料科学相互之间的界限，着重强调了具有特定结构和功能的超分子体系，将四大基础化学有机地合为一个整体，融会贯通，从而为分子器件、材料科学和生命科学的发展开辟了一条崭新的道路，并且提供了 21 世纪化学发展的一个重要方向。

超分子体系是一种分子社会[55]。非共价键式的分子间相互作用决定了这个社会中成员之间的键合、作用和反应，即分子个体和群体的行为。分子间相互作用组成了生命现象中许多重要过程，如高度选择的识别、反应、输运和调控。在设计具有高度有效性及选择性的仿生学体系时，需要对给定分子构造中的分子间相互作用的能量及立体化学的特性有一个正确的理解。在这样的工作中，化学家和材料科学家们受到很多生命现象中巧妙新颖的设计的鼓舞，认识到这种高度的有效性及选择性确实是可以通过化学方法达到的，而化学家及材料学家们并不仅仅局限于类似生命科学中的体系，他们基于对分子间相互作用的认识及操控，在更广阔的空间去创造新的物质，发现新的过程。

形成高聚物多姿多彩的凝聚状态的内在原因，是大分子间存有形式多样的次价键作用力-分子间作用力，它们具有不同的强度、方向性及对距离和角度的依赖性。

一般认为，分子间作用力比化学键力（离子键、共价键、金属键）弱得多，其作用能在几到几十千焦每摩尔范围内，比化学键能（通常在 200～600kJ/mol 范围内）小一至二个数量级。作用范围远大于化学键，称为长程力。不需要电子云重叠，一般无饱和性和方向性。

分子间作用能在本质上是静电作用，包括两部分：一是吸引作用能，如永久偶极矩之间的作用能、偶极矩与诱导偶极矩的作用能、非极性分子之间的作用能；另一是排斥作用能，它在分子间距离很小时表现出来。

实际的分子间作用力，应该是吸引作用和排斥作用之和。而通常所说的分子间相互作用及其特点，主要指分子间引力作用，常称作范德瓦耳斯力，范德瓦耳斯力的主要形式有：

取向力：存在于极性分子偶极子-偶极子间的相互作用力；

诱导力：包括偶极子-感应偶极子间的相互作用力；

色散力：非极性分子因为电子与原子核的运动，互相感应产生随时间涨落的瞬时偶极矩间的相互作用力，这种引力普遍存在于所有分子中。

除上述物理作用力外，在分子间作用力和化学键作用之间还存在一些较弱的化学键作用，这种作用有饱和性和方向性，但作用能比化学键能小得多，键长较长，现在归为分子间的弱键相互作用。这类作用主要有氢键、分子间配键作用（如 π-π 相互作用、给体-受体相互作用）等。

超分子的识别与自组装行为可以认为是分子间作用力的结果，尤其是以氢键、π-π相互作用及憎水相互作用为主。

1）氢键相互作用

氢键是高分子科学中一种最常见也是最重要的分子间相互作用。氢键的本质是氢分子参与形成的一种相当弱的化学键。氢原子在与电负性很大的原子X以共价键结合的同时，还可同另一个电负性大的原子Y形成一个弱的键，即氢键，形式为X—H⋯Y。氢键的强度虽变化幅度较大，但一般在10~50 kJ/mol，比化学键能小，比范德瓦耳斯力大。键长比范德瓦耳斯半径之和小，但比共价半径之和大得多。

表9-1给出常见的一些氢键的键能和键长。氢键与范德瓦耳斯力的重要差别在于有饱和性和方向性，每个氢在一般情况下，只能邻近两个电负性大的原子X和Y。但氢键的形成条件不像共价键那样严格，结构参数如键长、键角等可在一定范围内变化，具有一定的适应性和灵活性。

表9-1 一些氢键的键能和键长

氢键	化合物	键能/(kJ/mol)	键长 $(x-y)$/pm
F—H⋯F	气体 $(HF)_2$	28.0	255
	固体 $(HF)_n$, $n>5$	28.0	270
O—H⋯O	水	18.8	285
	冰	18.8	276
	CH_3OH, CH_3CH_2OH	25.9	270
	$(HCOOH)_2$	29.3	267
N—H⋯F	NH_4F	20.9	268
N—H⋯N	NH_3	5.4	338

氢键对稳定生物大分子的构象十分重要。早在1928年，Pauling就对氢键进行过理论处理。近来，对氢键的研究仍然方兴未艾。在理论研究方面，有计算机模拟、半定量经验处理及数据库的建立。在实用方面，越来越多的分子复合物、超分子材料及自组装体系基于氢键的原理被开发。比较有趣的一个例子是最近人们发现，简单的二醇和二胺可以通过氢键形成三维网络络合物，从而达到分子识别。这种三维网络形成的动力在于两者在计量化学上（饱和性）及几何上（方向性）的互补。1mol的二醇或二胺自身可以形成2mol氢键，而1mol二醇和1mol二胺可以形成6mol氢键。这多出的2mol氢键使得形成的络合物在能量上更稳定。这一现象已成功地被用来分离手性的二醇和二胺。

氢键研究领域的另一个活跃方向是弱氢键相互作用的研究。其中，最重要的是—H…O式，因为它在有机晶体中经常出现。表9-2列出其基本的结构参数。

表9-2 强、弱氢键的基本参数

类别		强键		弱键
		N—H…O	O—H…O	C—H…O
键能/(kJ/mol)		20~40		2~20
键长/nm		0.18~0.2	0.16~0.18	0.3~0.4
键角/(°)	φ	150~160		100~180
	θ	120~130		

表9-2中，对氢键D—H…O—X，θ是指D—H…O之间的夹角，而φ是指H…O—X之间的夹角。有趣的是，在C—H…O弱氢键中，键角θ，φ对键长的依赖性并不像强氢键那样敏感。C—H…O氢键虽然很弱，但在有些情况下，甚至可以使得强氢键作用的几何或拓扑结构发生改变。这种相互作用在决定结晶中原子结构排列方面至关重要。一般地讲，氢键的强度和有效性取决于C—H的酸性及O的碱性，两者的协同效应又会使之再增强。例如，最近Sharma通过X射线衍射对一些含酸及吡啶络合物晶体进行了研究。原子坐标数据表明，酸和吡啶之间可以形成一对强氢键和一对弱氢键。

另一类更弱一些的氢键相互作用是OH…π。这里的π是具有足够电负性的碳原子（炔、烯、芳环、环丙烷等的碳原子），它们具有与OH形成类似氢键的趋势，从而稳定一些晶体结构。到1993年为止，剑桥数据库已有超过50个OH…π及NH…π氢键的例子。

2) π-π相互作用

π-π相互作用是分子间配键作用的一种。配合物由分子与分子结合而成。通常由两个或多个容易给出电子的分子（电子给予体或路易斯碱）与容易接受电子的分子（电子接受体或路易斯酸）结合而成，称为分子间配合物。这种分子间配合物键能较低，介于化学键能和范德瓦耳斯力之间。它不同于共价配位键，共价配位键是由一个原子提供一对电子，另一个原子提供空轨道而形成的原子间作用。

分子间配键有以下几种类型：

(1) 具有非键孤对电子的给予体分子，同具有空轨道的接受体分子间的作用，如$R_3N \cdot BCl_3$；

(2) 具有成键π轨道的给予体分子，与具有反键σ轨道的接受体分子间的作用，如$C_6H_4I_2$；

(3) 具有成键π轨道的给予体分子，与具有反键π轨道的接受体分子间的作用，如 C_6H_6 和 $(CN)_2C=C(CN)_2$。此即 π-π 相互作用。

超分子理论中的分子识别原理阐述了主客体间非共价键力的性质，氢键可看作是一种强的范德瓦耳斯力，有分子内和分子间氢键之分，对它的研究已相当广泛，短程力主要是由电子云重叠产生的交换作用。有多种理论模型，常用的方法是基于"自洽场"理论的"超分子"技术估算作用能。已有多篇用量子化学的从头算（*ab initio*）方法及半经验（INDOCI）方法对弱相互作用进行估算的论文发表，这方面的研究已取得一定的进展。

超分子体系的化学热力学在超分子合成中，通常是主体（H）和客体（G）通过分子识别及组装复合成超分子（HG），可用通式表示：HG = H + G。此过程相当于一个化学反应，相应有反应自由能 ΔG，反应焓 ΔH，反应熵差 ΔS 和反应平衡常数 K_a。除超分子合成外，还有超分子或分子超结构参与的反应或催化等过程，对这些过程状态函数变量的研究就是超分子热力学。由于相似主客体间的复合焓一般变化不大，而熵效应却受诸多因素影响，且往往与焓效应相反（即在可能增加 ΔH_{cpl} 的同时熵损失也会增加），所以在超分子热力学中，熵效应令人更感兴趣。有关熵的各种研究远远超过焓。

合成及天然给受体复合物的重要特征之一是，在许多非共价键力存在的同时，还存在成对作用，从而使熵损失降至最低。Williams 等估计熵损失为 9～45kJ/mol，其中过程放热越多，$T\Delta S_{cpl}$ 越大，然而，据 T. Fersh 等报道，对某些肽和蛋白质，酰胺-酰胺间氢键的 $T\Delta S_{cpl}$ 为 2～24kJ/mol。所以，估计熵损失在 2～45kJ/mol 是比较合适的。正是因为熵补偿效应的存在，才会出现像蛋白质的三级、四级的复杂结构，使许多复杂生物过程及超分子的合成得以实现。除了主客体复合过程外，许多有超分子参与的反应或催化作用也和熵效应有密切关系。复合过程中熵的消耗可以导致下一个反应熵的获得，从而增加反应活性，即可以将熵的损失有效地转化。这已成为受体化学中的重要设计原则之一。

温度对热力学参数的影响。由于研究超分子物理化学的主要目的之一是了解生命过程机理和模拟生物催化，所以在多数情况下，温度为室温或体温。升高温度对超分子的合成是不利的，然而，有机分子在水溶液中形成聚集体，以及蛋白质或多肽在水溶液中折叠的情况下，升高温度，水合焓及水合熵会降低，水合作用削弱了，则以憎水作用为主，对聚集或折叠有利；反之，则很难发生聚集或折叠过程。这种熵致吸引效应，在水溶液的柔性分子识别中，也许起着重要的作用。

超分子体系的胶体及界面化学超分子体系的界面化学主要研究以下几个方面：主客体间的亲和性、主体内洞穴及外表面的大小和客体的形状、对称性、大小的估计及对复合可能性的影响、亲水和憎水效应、超分子在固体表面组装时固体表面的设计、超分子聚集体、超分子流体和液晶等。

固体和表面设计在超分子组装中，一个突出的问题是，如何将超分子非常有序地排列在一固体表面，以达到实用目的，如制造分子器件、非均相催化等。这一工作显然属于前述的"超分子工程学"的范畴。LB膜是一种非常有效的手段，但固体表面应具什么样的性质呢？显然，它应和待组装的主体或者说是吸附质间有着很强的亲和作用。目前常用的固体有金、硅、铂的氧化物，相应的有效结合基分别为巯基或硫醚、有机硅、对十二烷氧基苯酰氨基、硅烷醇。由此组装成的LB膜均各具较好的性质，如具有选择性的离子渗透和识别（如只结合Cu^{2+}而排斥Fe^{3+}）能力，相当于离子通道作用。不过，LB技术亦有其不足之处，即膜不够稳定，可以被一尘埃粒子所破坏，为得到更稳定、性能更好的膜，一些研究小组便采用了顺序吸附反应的方法。结果发现，除膜稳定性得到提高外，此法还可用于非平面（如高的表面积）底物的吸附。

超分子表面积和体积的计算在蛋白质折叠、药物设计及分子间相互作用中，分子的表面积和体积显得非常重要。在考虑较大分子体系的相互作用时，如主客体复合，要涉及主客体"匹配"的概念（即假定在一定区域内分子的表面是互补的），这就需要对分子表面的性质做更深入的了解。这里所谓的表面不再是单纯的表面，而是"结构表面"，即把表面的点和一系列的性质，如电荷、憎水性、氢键容量等联系起来。然后再根据结构表面的互补（包括性质的补偿）进行分子识别过程。超分子结构复杂，其表面和体积紧密相关，代表着某些固态三维体系的内外界面，所以它可用做体积或固态三维体系的边界。现在，分子的体积已用于许多药物设计的一些计算，和表面积一样，将被广泛地用于超分子体系。

2. 超分子自组装理论概述

分子自组装是各种复杂生物结构形成的基础[56]。对生物分子自组装体系的分析表明：自组装是由较弱的、可逆的非共价相互作用驱动的，如氢键等。同时，自组装体系的结构稳定性和完整性也是靠这些非共价相互作用来保持的。设计人工自组装体系的最初动机是希望得到能模仿生物过程的化学体系，但到目前为止，具有功能活性的合成超分子自组装体系很少，原因在于，作为多组分结构的次级单元的生物分子，都具有与其最临近的基因或分子发生精确的非共价作用的能力。因而，人工自组装体系形成的关键是要理解和控制分子间的非共价连接，以及克服自组装过程中热力学上的不利因素。研究分子自组装过程及组装体，并且通过分子自组装形成超分子功能体系，是超分子化学的重要目标。并不是所有的化合物分子都可用来组装成为有特殊功能的分子聚集体，有特殊功能的分子聚集体是有秩序、有规则、有层次的组合体，而且特殊功能与原来的结构单元完全不一样。生命体的奥妙不在于其特殊的结合力和特殊的分子与分子体系，而在于其特殊的组装体系。为满足人们的各种需求，科学家努力仿效天然体系所具有的自组装性、应答性、协同性和再生性，千方百计去设计、创造具有新功能，而且能与天然体系媲美，甚至超越天然体系的人工体系。

自然界中有两种类型的自组装：一种叫热力学自组装，如雨滴，它呈现出能量稳定性最大的形式；另一种由生命体所体现，叫编码自组装，即有机分子自组装成有一定功能的组织器官的过程[57]。在后一过程中，控制组装次序的指令信息就包含于组分之中。分子自组装形成具有特殊功能的超分子体系，它是在分子识别的基础上进行的。只有具备分子识别功能的组装方式才能保证组装体系的有序性。目前分子组装有两种方法：一是自组装；另一种是在一定界面或模板上的组装（模板效应）。从组装体的形态上可将分子自组装划分为自组装无限网络结构、自组装纳米管道、自组装胶囊、LB 膜、索烃和轮烃等。

超分子聚集体因为是无数个分子的有序集合，宏观上具有高聚物的性质（只不过这种高聚物不是因共价键结合而成），因此它也可以作为"高分子"材料来使用。但目前组装超分子聚集体多是二维体系（膜），面积小，只能做功能材料使用。如果能组装成三维体系，应当会有更广的用途，这是目前高分子化学研究的热点领域之一。

纤维素可以借助破坏分子间氢键降低原有结晶度的方式溶于适当的溶剂中，然后再经过改变溶剂体系的环境，促使纤维素分子经过识别自组装为新的三维网络结构而凝胶化。

3. 新型超分子化合物和超分子聚合物

高性能刚性链高分子，如纤维素等具有模量高、质量轻、热稳定性好等优异性能，近来引起广泛兴趣，但其理论研究及技术发展较之柔性链晚很多。这种延迟主要在于刚性链高分子在溶液及熔融状态下的构象数较柔性链少很多，所以这类材料一般不熔不溶，既不易加工，又不便于理论研究。

从理论上讲，刚性链的熔点及溶解性可以通过三种方法得到改善：①加入柔性共聚单元，但这将大大降低链的刚性。②插入不同尺寸的不共平面的基因，将导致结晶度下降，从而导致熔点降低。③在刚性链上接上柔性侧基。柔性支链的作用相当于在刚性链上接上溶剂，从而减小了主链之间的相互作用，进而导致在溶解或熔融过程中大的熵变，并且随着直链侧基长度的增加，这类聚合物将呈现一种独特的形态结构——层状机构。

将柔性支链接到刚性高分子主链上的概念由 Lenz 等于 1983 年提出。他们发现，这类材料的熔点随支链长度的增加而下降。它们在方便加工及研究的温度范围内具有液晶性能。这使得缩聚反应不仅可以在熔融条件下，而且可以在溶液中进行，得到的材料可以通过沉淀法提纯。而且在许多情况下溶解性很好，以致可以用表征柔性高分子的方法表征这类材料。

1986年以来，Ballauff，Watanabe，Kricheldorf 对较长柔性支链的结构进行了广泛深入的研究，目前已引起了广泛的兴趣。已报道的主链结构有芳香族酯、聚酰胺、聚酰亚胺、聚西佛碱和纤维素等。侧链的连接方式有烷氧键、酯键、硫醚键、异氰酸酯键及酰胺键等。其应用除与其熔点下降相关的力学性能及加工性能外，功能性的开发应用越来越占重要地位。例如，这类材料可用来制造分子复合材料、液晶取向显示膜及非线性光学材料等。

从结构角度讲，这类材料也很有特色。一般都有三个第一类相变温度。较低的转变温度对应于支链的有序到无序的转变。进一步升高温度导致液晶态的出现，再升高温度则失去液晶态，进入各相同性态。在室温下，这类材料一般具有层状结构，柔性支链填在平行的刚性主链之间。由X射线小角散射得到的长周期和支链的长度有线性关系。

目前，新的一级结构的高分子材料开发的速度渐趋缓慢。高分子科学家们越来越重视研究高分子的二级、三级结构，从而开发新的高分子材料。而在高分子学科的许多相关领域：生命科学、无机化学、有机化学等领域，以分子间相互作用为基础的超分子的研究和应用如火如荼，络合、包含、组装、自组装、分子识别、套环、结晶工程、分子工程、纳米器件等新概念、新体系、新理论、新材料层出不穷。这些都预示着近代高分子科学的新分支即将诞生。

9.4.2 溶胶-凝胶理论[58-62]

气凝胶的制备前驱工艺是溶胶-凝胶（sol-gel，S-G）过程，溶胶-凝胶过程的工艺条件是保证气凝胶质量的关键。

1846年，J. J. Ebelmen 首先开展这方面的研究工作，20世纪30年代，W. Geffcken 利用金属醇盐水解和胶凝化制备出了氧化物薄膜，从而证实了这种方法的可行性，但直到1971年，德国学者 H. Dislich 利用 sol-gel 法成功制备出多组分玻璃之后，sol-gel 法才引起科学界的广泛关注，并得到迅速发展。从20世纪80年代初期，sol-gel 法开始被广泛应用于铁电材料、超导材料、冶金粉末、陶瓷材料、薄膜的制备及其他材料的制备等。

溶胶-凝胶法就是以无机物或金属醇盐作前驱体，在液相将这些原料均匀混合，并进行水解、缩合化学反应，在溶液中形成稳定的透明溶胶体系，溶胶经陈化，胶粒间缓慢聚合，形成三维空间网络结构的凝胶，凝胶网络间充满了失去流动性的溶剂，形成凝胶。凝胶经过干燥、烧结固化，制备出分子乃至纳米亚结构的材料。溶胶-凝胶法就是将含高化学活性组分的化合物经过溶液、溶胶、凝胶而固化，再经热处理而成的氧化物或其他化合物固体的方法。近年来，溶胶-凝胶技术在玻璃、氧化物涂层和功能陶瓷粉料，尤其是传统方法难以制备的复合氧化物材料、高临界温度（T_c）氧化物超导材料的合成中均得到成功的应用。

1) 溶胶

溶胶（sol）又称胶体溶液，指在液体介质（主要是液体）中分散了 1~100nm 粒子（基本单元），且在分散体系中保持固体物质不沉淀的胶体体系。溶胶也是指微小的固体颗粒悬浮分散在液相中，并且不停地进行布朗运动的体系。

溶胶不是物质而是一种"状态"。溶胶中的固体粒子大小常在 1~5nm，也就是在胶体粒中的最小尺寸，因此比表面积十分大。最简单的溶胶与溶液在某些方面有相似之处：

$$溶质 + 溶剂 \longrightarrow 溶液$$
$$分散相 + 分散介质 \longrightarrow 溶胶（分散系）$$

溶胶态的分散系由分散相和分散介质组成。分散介质为气体即为气溶胶；分散介质为水即水溶胶；分散介质还可以是乙醇等有机液体，也可以是固体。分散相可以是气体、液体或固体（表9-3）。

表9-3 溶胶态分散系示例

分散相	分散介质分散介质	示例
液体	气体	雾
固体	气体	烟
气体	液体	泡沫
液体	液体	牛乳
固体	液体	胶态石墨
液体	固体	矿石中的液态夹杂物
气体	固体	矿石中的气态夹杂物

根据分散相对分散介质的亲、疏倾向，将溶胶分成两类：

（1）分散相具有亲近分散介质倾向的；称做亲液（lyophilic）溶胶或乳胶，所谓水乳交融；

（2）分散相具有疏远分散介质倾向的：则称做憎液（lyophobic）溶胶或悬胶。

亲液溶胶中分散相和分散介质之间有很好的亲和能力，很强的溶剂化作用。因此，将这类大块分散相，放在分散介质中往往会自动散开，成为亲液溶胶。它们的固-液之间没有明显的相界面，例如蛋白质、淀粉水溶液及其他高分子溶液等。亲液溶胶虽然具有某些溶胶特性，但本质上与普通溶胶一样属于热力学稳定体系。而憎液溶胶，分散相与分散介质之间亲和力较弱，有明显的相界面，属于热力学不稳定体系。

2）凝胶

凝胶（gel）亦称冻胶，是溶胶失去流动性后，一种富含液体的半固态物质，其中液体含量有时可高达99.5%，固体粒子则呈连续的网络体。它是指胶体颗粒或高聚物分子相互交联，空间网络状结构不断发展，最终使得溶胶液逐步失去流动性，在网状结构的孔隙中充满液体的非流动半固态的分散体系，它是含有亚微米孔和聚合链的相互连接的坚实网络。

凝胶是一种柔软的半固体，由大量胶束组成三维网络，胶束之间为分散介质的极薄的薄层。所谓"半固体"是指表面上是固体、而内部仍含液体。后者的一部分可通过凝胶的毛细管作用从其细孔逐渐排出。凝胶结构可分为四种：

（1）有序的层状结构；

（2）完全无序的共价聚合网络；

（3）由无序控制，通过聚合形成的聚合物网络；

（4）粒子的无序结构。

溶胶-凝胶技术是溶胶的凝胶化过程，即液体介质中的基本单元粒子发展为三维网络结构——凝胶的过程。凝胶与溶胶是两种互有联系的状态。

（1）乳胶冷却后即可得到凝胶；加电解质于悬胶后也可得到凝胶。

（2）凝胶可能具有触变性：在振摇、超声波或其他能产生内应力的特定作用下，凝胶能转化为溶胶。

（3）溶胶向凝胶转变过程主要是溶胶粒子聚集成键的聚合过程。

（4）上述作用一经停止，则凝胶又恢复原状，凝胶和溶胶也可共存，组成一更为复杂的胶态体系。

（5）溶胶是否向凝胶发展，取决于胶粒间的作用力是否能够克服凝聚时的势垒作用。因此，增加胶粒的电荷量，利用位阻效应和利用溶剂化效应等，都可以使溶胶更稳定，凝胶更困难；反之，则更容易形成凝胶。

（6）通常由溶胶制备凝胶的方法有溶剂挥发、冷冻法、加入非溶剂法、加入电解质法和利用化学反应产生不溶物法等。

凝胶可分为易胀型（如明胶）和非易胀型（如硅胶）两类；凝胶又分为弹性凝胶和脆性凝胶。

凝胶在干燥后形成干凝胶或气凝胶，这时，它是一种充满孔隙的多孔结构。严格地讲，常压干燥得到的是干凝胶，超临界干燥得到的是气凝胶。

溶胶-凝胶法是制备材料的湿化学方法（包括化学共沉淀法、水热法、微乳液法等）中一种崭新的方法。溶胶-凝胶法研究的主要是胶体分散体系的一些物化性能。

3）溶胶-凝胶生产工艺

溶胶-凝胶技术是一种由金属有机化合物、金属无机化合物或上述两者混合物经过水解缩聚过程，逐渐凝胶化及相应的后处理，而获得氧化物或其他化合物的新工艺。

流程为利用液体化学试剂（或将粉末溶于溶剂）为原料（高化学活性的含材料成分的化合物前驱体）→在液相下将这些原料均匀混合 →进行一系列的水解、缩合（缩聚）的化学反应→ 在溶液中形成稳定的透明溶胶液体系→溶胶经过陈化→胶粒间缓慢聚合，形成以前驱体为骨架的三维聚合物或者是颗粒空间网络，网络中其间充满失去流动性的溶剂，形成凝胶→凝胶再经过干燥，脱去其间溶剂而成为一种多孔空间结构的干凝胶或气凝胶 →最后经过烧结固化制备所需材料。

表 9-4 列出了溶胶-凝胶法制备的产品的形状。

表 9-4　溶胶-凝胶法制备的产品的形状

形状	制备方法
块状体	①成形凝胶体加热；②粉末成形体烧结
纤维	①凝胶纤维加热；②预制棒材拉制
薄膜或涂层	浸渍提拉、旋涂或甩涂等方法
粉末	①凝胶粉末加热；②凝胶微粒子沉淀

（1）首先制取含金属醇盐和水的均相溶液，以保证醇盐的水解反应在分子的水平上进行。由于金属醇盐在水中的溶解度不大，一般选用醇作为溶剂，醇和水的加入应适量，习惯上以水/醇盐的摩尔比计量。催化剂对水解速率、缩聚速率、溶胶凝胶在陈化过程中的结构演变都有重要影响，常用的酸性和碱性催化剂分别为 HCl 和 NH_4OH，催化剂加入量也常以催化剂/醇盐的摩尔比计量。为保证前驱溶液的均相性，在配制过程中需施以强烈搅拌。

（2）第二步是制备溶胶。制备溶胶有两种方法：聚合法和颗粒法，两者间的差别是加水量多少。所谓聚合溶胶，是在控制水解的条件下使水解产物及部分未水解的醇盐分子之间继续聚合而形成的，因此加水量很少；而粒子溶胶则是在加入大量水，使醇盐充分水解的条件下形成的。金属醇盐的水解反应和缩聚反应是均相溶液转变为溶胶的根本原因，控制醇盐的水解、缩聚的条件，如加水量、催化剂和溶液的 pH 以及水解温度等，是制备高质量溶胶的前提。溶胶的制备可以采用浓缩法和分散法两种方式。

(3) 第三步是将溶胶通过陈化得到湿凝胶。溶胶在敞口或密闭的容器中放置时，由于溶剂蒸发或缩聚反应继续进行而导致向凝胶的逐渐转变，此过程往往伴随粒子的 Ostward 熟化，即因大小粒子溶解度不同而造成的平均粒径增加。在陈化过程中，胶体粒子逐渐聚集形成网络结构，整个体系失去流动特性，溶胶从牛顿型流体向宾汉型流体转变，并带有明显的触变性，制品的成型，如成纤、涂膜、浇注等，可在此期间完成。凝胶包含了很多种物质构造，Flory 把它们分成四种：

①短程有序结构，非常有序的层状结构；长程均一结构；
②完全无序的共价聚合物网络；
③主要是无序的以物理聚集形成的高分子网络；
④特殊的无序结构。

(4) 第四步是凝胶的干燥。湿凝胶内包裹着大量溶剂和水，干燥过程往往伴随着很大的体积收缩，因而很容易引起开裂，防止凝胶在干燥过程中至关重要而又较为困难的一环，特别对尺寸较大的块状材料，要严格控制干燥条件。维持凝胶织构的干燥可以采用减小破坏织构的驱动力和增强凝胶网络的机械抵抗性的方法。

凝胶干燥通常可采用减小液相的表面张力、增大凝胶的孔径、增强凝胶的机械强度、使凝胶表面疏水、采用气液界面消失的超临界干燥、冷冻干燥法蒸发溶剂六种措施。

凝胶干燥的传统干燥工艺是将试样放入干燥容器中加盖，盖上有 1mm 厚度的用聚甲基戊烯制备的微孔的盖子。于 80℃ 保温 120h，然后 96h 连续升温到 150℃，保温 24h。在干燥初期凝胶结构中还含有大量的结合水（图9-9）。干燥过程中一定要注意干燥升温速度。一般来说，速度太快容易导致制品的开裂。采

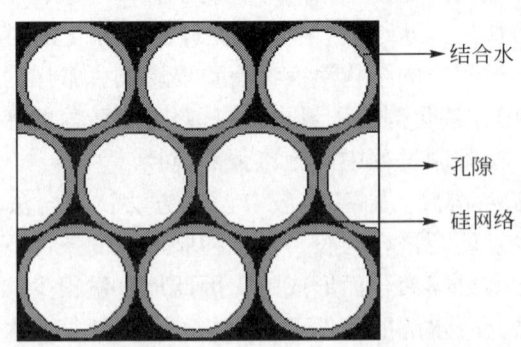

图9-9　干燥第一阶段凝胶表面的结构示意图

用分阶段干燥制度也是为了防止凝胶在干燥过程开裂，使水和 DMF 依次排除。

在干燥过程中，液体被从相互连通的网络孔隙中除去。当孔径小于 20nm 时，干燥会产生很大的毛细压力，可以导致凝胶的龟裂。降低表面张力（加入一些表面活性剂物质来实现）与接触角均可以有效降低毛细管压力。

（5）最后对干凝结胶进行热处理，其目的是消除干凝胶中的气孔。图 9-10 为凝胶体中的气孔模型示意图，干燥时根据不同的气孔模型采取相应的热处理方式，使制品的相组成和显微结构能满足产品性能要求。在热处理时，发生导致凝胶致密化的烧结过程，由于凝胶的高比表面积、高活性，其烧结温度比通常的粉料坯体低数百度，采用热压烧结等工艺可以缩短烧结时间，提高制品质量。

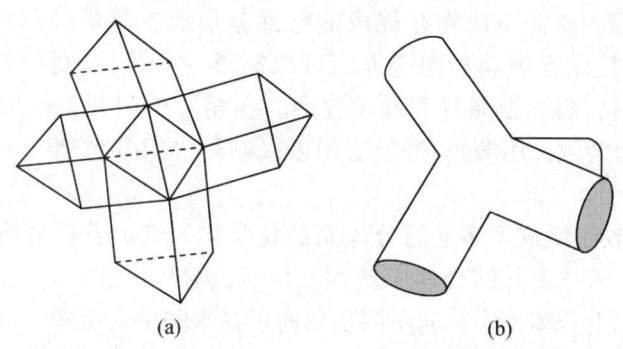

图 9-10　凝胶体中的气孔模型示意图
(a) 气孔模型 1：四面体模型；(b) 气孔模型 2：连通管状模型

凝胶的结构是一个非常复杂的问题，如就一个理想的单一分散系（球状胶态微粒的组合体）做一理论上的考察，可出现 3 种情况：

①在微粒之间存在长程强斥力，从而组成有序的类晶体结构；
②在网络的相邻微粒之间存在短程强范德瓦耳斯引力；
③在网络的相邻微粒之间存在长程范德瓦耳斯引力，从而由聚集程度甚弱的微粒组成动态弹性网络。

凝胶经干燥、烧结转变成固体材料的过程是溶胶-凝胶法的重要步骤，由多孔疏松凝胶转变成致密玻璃至少有四个历程：毛细收缩、缩合-聚合、结构弛豫和黏滞烧结。

1990 年，D. Sangeeta 等以 $ZrO(NO_3)_2$ 为源物质，采用这种溶胶-凝胶方法成功地制备了 4~6nm 的 ZrO_2 粉体。他们在制备 ZrO_2 凝胶过程中加入了一种表面活性剂，并在溶胶-凝胶转变过程中施加超声波作用，成功地阻止了颗粒的团聚。

4）溶胶-凝胶法的特点

溶胶-凝胶法是一种可以制备从零维到三维材料的全维材料湿化学制备反应

方法。该法的主要特点是利用液体化学试剂（或将粉状试剂溶于溶剂中）或溶胶为原料，而不是用传统的粉状物体，反应物在液相下均匀混合并进行反应，反应生成物是稳定的溶胶体系，经放置一定时间转变为凝胶，其中含有大量液相，需借助蒸发除去液体介质，而不是机械脱水，在溶胶或凝胶状态下即可成型为所需制品，在低于传统烧成温度下烧结。

（1）溶胶-凝胶法的优点：

①该方法的最大优点是制备过程温度低。通过简单的工艺和低廉的设备，即可得到比表面积很大的凝胶或粉末，与通常的熔融法或化学气相沉积法相比，煅烧成型温度较低，并且材料的强度韧性较高。烧成温度比传统方法约低400~500℃，因为所需生成物在烧成前已部分形成，且凝胶的比表面积很大。利用sol-gel制备技术在玻璃和陶瓷方面可以制得一些传统方法难以得到或根本无法制备的材料，材料制备过程易于控制。在相图中用制备一般玻璃的熔融法将产生相分离的区域，用溶胶-凝胶法却可以制得多组分玻璃，不会产生液相分离现象。

②溶胶-凝胶法增进了多元组分体系的化学均匀性。若在醇溶胶体系中，液态金属醇盐的水解速度与缩合速度基本上相当，则其化学均匀性可达分子水平。在水溶胶的多元组分体系中，若不同金属离子在水解中共沉积，其化学均匀性可达到原子水平。由于sol-gel工艺是由溶液反应开始的，从而得到的材料可达到原子级、分子级均匀。这对于控制材料的物理性能及化学性能至关重要。通过计算反应物的成分，可以严格控制最终合成材料的成分，这对于精细电子陶瓷材料来说是非常关键的。

③溶胶-凝胶反应过程易于控制，可以实现过程的完全而精确的控制，可以调控凝胶的微观结构。影响溶胶-凝胶材料结构的因素很多，包括前驱体、溶剂、水量、反应条件、后处理条件等，通过对这些因素的调节，可以得到一定微观结构和不同性质的凝胶。

④该法制备材料掺杂的范围宽（包括掺杂的量和种类），化学计量准确且易于改性。

⑤sol-gel制备技术制备的材料组分均匀、产物的纯度很高。因为所用的原料的纯度高，而且溶剂在处理过程中易被除去。人们已采用sol-gel方法制备出各种形状的材料，包括块状、圆棒状、空心管状、纤维、薄膜等。

⑥在薄膜制备方面，sol-gel工艺更显出了独特的优越性。与其他薄膜制备工艺（溅射、激光闪蒸等）不同，sol-gel工艺不需要任何真空条件和太高的温度，且可在大面积或任意形状的基片上成膜。用溶胶采取浸涂、喷涂和流延的方法制备薄膜也非常方便，厚度在几十埃到微米量级可调，所得产物的纯度高。

⑦在一定条件下，溶胶液的成纤性能很好，因此可以用以生产氧化物，特别是难熔氧化物纤维。

⑧可以得到一些用传统方法无法获得的材料。有机/无机复合材料兼具有机材料和无机材料的特点，如能在纳米大小或分子水平进行复合，增添一些纳米材料的特性，特别是无机与有机界面的特性特使其有更广泛的应用。但无机材料的制备大多要经过高温处理，而有机物一般在高温下都会分解，通过溶胶-凝胶法，较低的反应温度将阻止相转变和分解的发生，采用这种方法可以得到有机/无机纳米复合材料。

⑨溶胶-凝胶法从溶胶出发，从同一种原料出发，通过简单反应过程，改变工艺即可获得不同的制品。

最终产物的形式多样制，可得到纤维、粉末、涂层、块状物等。可见，溶胶-凝胶法是一种宽范围、亚结构、大跨度的全维材料制备的湿化学方法。

（2）溶胶-凝胶法的缺点。

①所用原料可能有害。由于溶胶-凝胶技术所用原料多为有机化合物，成本较高，而且有些对人们的健康有害（若加以防护可消除）。

②反应影响因素较多。反应涉及大量的过程变量，如 pH、反应物浓度比、温度、有机物杂质等会影响凝胶或晶粒的孔径（粒径）和比表面积，使其物化特性受到影响，从而影响合成材料的功能性。

③工艺过程时间较长。有的处理过程时间长达 1~2 月。

④所得到半成品制品容易产生开裂。这是由于凝胶中液体量大干燥时产生收缩引起。

⑤所得制品若烧成不够完善，制品中会残留细孔及—OH 或 C，后者易使制品带黑色。

⑥采用溶胶-凝胶法制备薄膜或涂层时，薄膜或涂层的厚度难以准确控制，另外薄膜的厚度均匀性也很难控制。

⑦在凝胶点处，黏度迅速增加。如何维持成型所要求的黏度是十分重要的，而事实上，在凝胶点处，黏度迅速增加是溶胶固有的一个特性。

⑧通常要获得没有絮凝的均匀溶胶，对于含有许多金属离子的体系来讲，也是一件困难的事情。

⑨对制备玻璃陶瓷材料而言，溶胶-凝胶方法不能扩大玻璃的形成范围，反而多少有些限制。

这过程似乎完全可能与其产生不均匀催化核化有关，由于精确的动力学研究表明，残留—OH 导致大量干凝胶的界面的产生，从而使成核加速，对析晶加速起到重要的作用。

5) 溶胶-凝胶技术存在的问题与发展方向

（1）关于溶胶-凝胶技术的基本理论、工艺方法和应用，尚待探索的问题有：

①对硅体系以外其他体系的详细动力学知识；

②与H_2O、C_2H_5OH等普通溶剂相反的惰性溶剂的应用；

③凝胶在陈化过程中发生的物理化学变化的深入认识；

④多组分体系有关络合物的形成和反应特性；

⑤非氧化物的溶胶-凝胶制备化学；

⑥溶胶-凝胶过程的计算机模拟；

⑦纤维素凝胶系列材料的研制。

（2）在溶胶-凝胶工艺方面，对最佳工艺（干燥、烧结工艺）的探索。在尽可能短的时间内制备无裂纹整块玻璃仍是有较大吸引力的课题。在工艺方面值得进一步探索的问题有：

①较长的制备周期；

②应力松弛、毛细管力的产生和消除、孔隙尺寸及其分布对凝胶干燥方法的影响；

③在凝胶干燥过程中加入化学添加剂的考察，非传统干燥方法探索；

④凝胶烧结理论与动力学等。

此外，对粒子在溶液中的稳定性、颗粒度和结构控制的基础研究，可为最终实现有特殊功能的人造分子以及纳米层次的组装和纳米器件铺平道路。

9.4.3 纤维素气凝胶制备方法

1. 氢氧化钠/尿素（硫脲）/水体系

尿素含有等物质的量的氢键给体和受体，它自己可以自组装成规整的蜂窝状结构，其孔洞是直径为0.5nm的无限长的隧道，组装的动力来自于氢键的作用。这样的主体很早就成功地被利用来分离石油裂解产物中支链和直链烷烃的混合物。从1940年Bengen偶然发现尿素的包含化合物，至今已有1500多篇论文涉及这类研究，其中100多篇涉及高分子和尿素的包含化合物以及单体在尿素隧道中的聚合。这些高分子材料有聚乙烯、聚丙烯、聚氧乙烯、聚异戊二烯、聚四氢呋喃、聚己（酸）内酯（研究上述高分子在尿素隧道中的构象和结晶行为）和聚丙烯腈（研究其高立构规整性聚合）。1974年，人们发现硫脲可以形成较尿素大的及形状不同的孔洞。

张俐娜等研究出一系列纤维素新溶剂——三组分的氢氧化钠/硫脲/水、氢氧化钠/尿素/水和四组分的氢氧化钠/硫脲/尿素/水溶剂体系体系[63,64]。纤维素在该溶剂体系中于-5℃下冷冻后再在室温下搅拌可制得透明纤维素溶液。该纤素溶液加热形成凝胶,质量分数4%、5%和6%的纤维素溶液的凝胶转化点分别为20.1℃,32.8℃和38.6℃。固定温度为30℃,该溶液随时间延长而转变为凝胶,形成较完整凝胶的时间约为6 h。同时,通过^{13}C NMR、环境扫描电镜(ESEM)和原子力显微镜(AFM),证明纤维素凝胶和溶液状态的大分子所处化学环境及其结构基本相同,也不存在任何结晶,表明形成物理交联。高温下,由于包覆在纤维素分子上的硫脲和NaOH亲水层被破坏,同时,纤维素分子运动加快,而且分子链上的—OH的自缔合作用增强,致使大分子链内和链间形成物理交联结构,使水分子包含在纤维素分子的网络中,成为凝胶网络。

我们利用该方法制备了轻木纤维溶液,分别合成了SiO_2,NITTENAm网络互穿共聚水凝胶。并通过超临界干燥法获得了轻木纤维素气凝胶。

2. LiCl/DMAC溶剂体系[45,65]

高分子聚合物溶解能力因聚集态结构有很大的不同。非晶态高聚物中分子链的敛集较松散,分子间的作用较弱,溶剂分子比较容易扩散到高聚物内部而使之溶胀,并逐渐溶解,如淀粉;而晶态高聚物中分子排列整齐而紧密,分子间相互作用力强,溶剂分子向内扩散要困难得多,例如,为了使纤维素能更好地进行功能化改性反应,对其进行处理,削弱分子间的作用力,使木材纤维素溶解在LiCl/DMAC体系中,是一种较好的处理方法,因为均相体系更有利于反应的进行。关于纤维素溶解在LiCl/DMAC体系中的机理,Heiz Herlinger教授认为:在LiCl/DMAC溶剂体系中,Cl^-与纤维素分子中羟基上的氢结合,形成氢键并破坏纤维素晶格中原有氢键网络,有利于$(DMACLi)^+$离子对纤维素分子起溶剂化作用,使纤维素分子链分离而溶解。溶解状态下生成的中间络合物结构为:

王岩等对比了酸解处理的纤维素及该溶剂体系中纤维素的红外光谱图,见图9-11。由图9-11可知,纤维素原料在2900cm^{-1}、3400cm^{-1}处有纤维素的特征吸收峰,在3400cm^{-1}处有—OH伸缩振动吸收峰,宽峰说明纤维素上的羟基具有一定的缔合现象。酸水解处理的纤维素对于纤维素的羟基缔合(即其结晶区)没有明显影响。溶剂体系产物在纤维素的特征吸收宽峰—OH的位置略有变化,且吸收强度大大减小,说明纤维素羟基缔合减小,分子间氢键受到破坏,即在溶剂体系中,其结晶区被明显破坏。从而说明此溶解体系适合于木材纤维素的溶解。

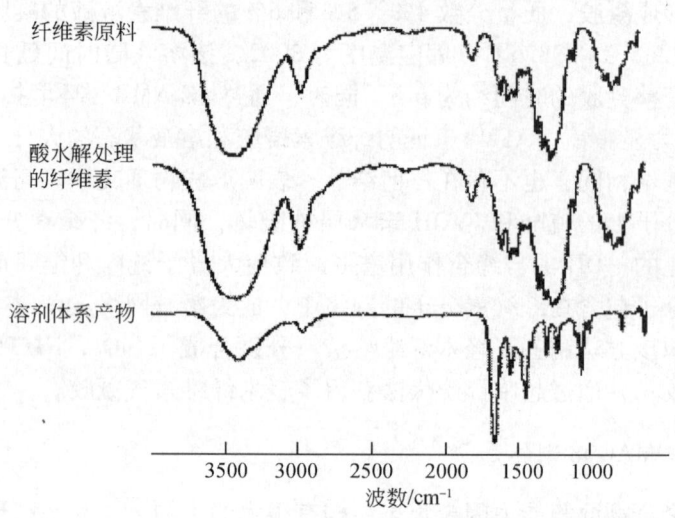

图 9-11 不同方法处理的纤维素红外谱图

当足够 DMAC 分子作用于非晶区及晶区的纤维素分子时,整个纤维素分子链受到 DMAC 溶剂化作用而溶解,所以要先将除去结晶水的 LiCl 溶解在 DMAC 中,再将木材纤维素加入。LiCl 是否带有结晶水,对不同聚合度下纤维素的溶解度有很大的影响,当 LiCl 不含结晶水时,LiCl/DMAc 溶剂体系才是真正的"非水"纤维素溶剂。溶解时首先要对纤维素进行活化,我们采用机械研磨、高频超声波处理、加热依次活化的方法。

在较高的温度下,纤维素只溶胀不溶解,只有加热后放置冷却,才能成为透明的纤维素溶液。实验结果进一步证实了溶解机理中提出的"溶解过程生成了中间络合物"。溶解温度升高,溶剂体系中各组分的能量增加,运动能力增大,不利于形成中间络合物,因而在较高温度下不能有效溶解纤维素。

文献报道,纤维素的 LiCl/DMAC 溶液在室温下放置一段时间后,易生成中间络合物,成为透明的纤维素溶液。但我们将轻木纤维素的 LiCl/MMAC 溶液在室温放置一段时间后,发现该溶剂体系转变为半固态的凝胶状,我们分析在室温放置过程中,由于体系中 LiCl 极易潮解,空气中的水分令其水解为 LiOH,中间产物络合物体系解体,纤维素游离出来,纤维素结构中的羟基通过识别自组装,经过溶胶-凝胶过程形成新的三维网络结构——纤维素水凝胶。在后续的研究工作中,我们将轻木纤维素溶解后加入聚合物单体 NITTENAm、交联剂 Bis,合成了新型网络互穿共聚水凝胶,经溶剂替换、超临界干燥后获得高性能气凝胶。

由此可见,轻木纤维素资源的利用具有较大的价值,纤维素与其他高分子的网络互穿共聚气凝胶具有广泛的开发空间,必将赋予气凝胶高分子化合物更多的功能性应用。

参 考 文 献

[1] 高洁, 汤列贵. 我国纤维技术发展状况. 纤维素科学与技术, 1993, 28: 1-5
[2] 张景强. 纤维素结构与解结晶的研究进展. 林产化学与工业, 2008, 28 (6): 109-114
[3] Nishiyama Y, Paul L, Henry C. Crystal structure and hydrogen bonding system in cellulose Iβ from synchrotron X-ray and neutron fiber diffraction. Journal of the American Chemical Society, 2002, 124: 9074-9082
[4] Qian Xianghong, Ding Shiyou, Mark R, et al. Atomic and electronic structures of molecular crystalline cellulose Iβ: A first principles investigation. Macromolecules, 2005, 38: 10580-10589
[5] Imai T, Sugiyama J. Nanodomains of Iα and Iβ cellulose in algal microfibrils. Macromolecules, 1998, 31 (18): 6275-6279
[6] Adriana S, Isabelle H, David C, et al. Structural details of crystalline cellulose from higher plants. Biomacromolecules, 2004, 5: 1333-1339
[7] Yoshiharu N, Akira I, Takeshi O, et al. Intracrystalline deuteration of native cellulose. Macromolecules, 1999, 32: 2078-2081
[8] Sugiyama J, Vuong R, Chanzy H. Electron diffraction study on the two crystalline phases occurring in native cellulose from an algal cell wall. Macromolecules, 1991, 24: 4168-4175
[9] Kono H, Yunoki S, Shikano T, et al. CP/MAS ^{13}C NMR study of cellulose and cellulose derivatives (I). Complete assignment of the CP/MAS ^{13}C NMR spectrum of the native cellulose. Journal of the American Chemical Society, 2002, 124: 7506-7511
[10] Kono H, Erata T, Takai M. Complete assignment of the CP/MAS ^{13}C NMR spectrum of cellulose. Macromolecules, 2003, 36: 3589-3592
[11] Ye Daiyong, Montane D, Farriol X. Preparation and characterization of methylcellulose from Miscanthus sinensis 1. Carbohydrate Polymers, 2005, 62 (3): 258-266
[12] 李坚. 木材科学. 北京: 高等教育出版社, 2002. 106-121
[13] Kwan, C C, Ghadiri M, Papadopoulos D G. The effects of operating conditions on the milling of microcrystalline cellulose. Chemical Engineering & Technology, 2003, 26: 185-190
[14] Wei S, Kumar V, Banker G S. Phosphoric acid mediated depolymerization and decrystallization of cellulose: Preparation of low crystallinity cellulose-a new pharmaceutical excipient. International Journal of Pharmaceutics, 1996, 142: 175-181
[15] Zhang Y H P, CUI J, Lynd L R, et al. A transition from cellulose swelling to cellulose dissolution by phosphoric acid: Evidence from enzymatic hydrolysis and supramolecular structure. Biomacromolecules, 2006, 7: 644-648
[16] Klemm D, Heublein B, Fink H P, et al. Cellulose: Fascinating biopolymer and sustainable raw material. Angewandte Chemie International Edition, 2005, 44: 3358-3393
[17] Turner M B, Spear S K, Holbrey J D, et al. Ionic liquid-reconstituted cellulose composites as

solid support matrices for biocatalyst immobilization. Biomacromolecules, 2005, 6 (5): 2497-2502

[18] Swatloski R P, Spear S K, Holbrey J D, et al. Dissolution of cellulose with ionic liquids. Journal of the American Chemical Society, 2002, 124: 4974-4975

[19] Zhang H, Wu J, Zhang J, et al. 1-Allyl-3-methylimidazolium chloride room temperature ionic liquid: A new and powerful nonderivatizing solvent for cellulose. Macromolecules, 2005, 38: 8272-8277

[20] Wu J, Zhang J, Zhang H, et al. Homogeneous acetylation of cellulose in a new ionic liquid. Biomacromolecules, 2004, 5: 266-268

[21] Ye Daiyong, Farriol X. Improving accessibility and reactivity of celluloses of annual pulps for the synthesis of methylcellulose. Cellulose, 2005, 12 (5): 507-512

[22] 叶代勇. 纤维素化学研究进展. 化工学报, 2006, 57 (8): 1782-1791

[23] 吕昂. 纤维素溶剂研究进展. 高分子学报, 2007, 10: 937-944

[24] 邢宗. 纤维素化学研究进展. 纸和造纸, 2006, 28 (12): 26-31

[25] 周刚, 汪少朋, 黄关葆. 纤维素/磷酸纺丝溶液再生性能研究. 现代化工, 2008, 28 (2): 235-237

[26] Zhili Y, Guoning W, Qianfang M. Study on the manufacture of rayon fiber from a PF/DMSO solvent system. Cellulose Chemistry and Technology, 1987 (21): 443-505

[27] 张军平. 稻壳纤维素衍生物的合成及其应用研究 [D]. 西安: 西北大学, 2002: 4

[28] 陈光美, 李兵兵, 黄毅萍. 纤维素氨基甲酸酯的合成研究. 精细化工, 2000, 17 (6): 356-357

[29] Bochek A M. Effect of hydrogen bonding on cellulose solubility. Russian Journal of Applied Chemistry, 2003, 76 (11): 1713-1718

[30] Kamide K, Okajima K, Matsui T, et al. Study on the solubility of cellulose in aqueous alkali solution. Polymer Journal, 1984, 16 (12): 857-866

[31] Kamide K. Cellulose and Cellulose Derivatives. Elsevier Science, 2005: 120-131

[32] Isogai A, Atalla R H. Dissolution of cellulose in aqueous NaOH solutions. Cellulose, 1998, 5: 309-319

[33] Kuo Y N, Hong J. Investigation of solubility of microcrystalline cellulose in aqueous NaOH. Polymers for Advanced Technologies, 2005, 16: 425-428

[34] Roy C, Budtova T, Navard P, et al. Structure of cellulose-soda solutions at low temperatures. Biomacromolecules, 2001, 2: 687-693

[35] Qi H S, Chang C Y, Zhang L N. Effects of temperature and molecular weight on dissolution of cellulose in NaOH/urea aqueous solution. Cellulose, 2008, 15 (6): 779-787

[36] Ansari A, Kuznetsov S V, Shen Y. Configurational diffusion down a folding funnel describes the dynamics of DNA hairpins. Proceedings of the National Academy of Sciences, 2001, 98: 7771-7776

[37] Cai J, Zhang L N. Rapid dissolution of cellulose in LiOH/urea and NaOH/urea aqueous solu-

tions. Macromol Bioscience, 2005, 5: 539-548

[38] Cai J, Zhang L N. Unique gelation behavior of cellulose in NaOH/Urea aqueous solution. Biomacromolecules, 2006, 7: 183-189

[39] Cai J, Liu Y, Zhang L N. Dilute solution properties of cellulose in LiOH/urea aqueous system. Journal of Polymer Science, Part B: Polymer Physics, 2006, 44: 3093-3101

[40] Cai J, Zhang L N, Chang C, et al. Hydrogen-bond-induced inclusion complex in aqueous cellulose/LiOH/Urea solution at low temperature. Chemphyschem, 2007, 8: 1572-1579

[41] Rusa C, Luca C, Tonelli A E. polymer-cyclodextrin inclusion compounds: Toward new aspects of their inclusion mechanism. Macromolecules, 2001, 34 (5): 1318-1322

[42] Mascal M, Infantes L, Chisholm J. Water oligomers in crystal hydrates. Angewandte Chemie International Edition, 2006, 45: 32-36

[43] Lee S O, Kariuki B M, Harris K D M. Design of a bilayer structure in an organic inclusion compound. Angewandte Chemie International Edition, 2002, 41: 2181-2184

[44] Hattori Makiko, Shimaya Yoshihiko. Structural changes in wood pulp treated by 55wt% aqueouscalcium thiocyanate solution. Polymer Journal, 1998, 30 (1): 37-42

[45] 王岩, 何静. 木材纤维素在 LiCl/DMAc 溶剂体系中的溶解特性. 北京林业大学学报, 2006, 28 (1): 114-116

[46] 王之德. 溶剂法制人造纤维技术进展. 现代化工, 1992 (2): 25-28

[47] 吕昂, 张俐娜. 纤维素溶剂研究进展. 高分子学报, 2007 (10): 937-944

[48] Soga I A, Atalla R H. Dissolution of cellulose in aqueous NaOH solutions. Cellulose, 1998 (5): 309-319

[49] Ruan Dong, Zhang Lina, Lue Ang, et al. A rapid process for producing cellulose multi-filament fibers from a NaOH/thiourea solvent system. Macromol ecular Rapid Communications, 2006, 27: 1495-1500

[50] Suvorova S I, Scharkov V I. Effect of preswelling of cellulose on the degree of substitution by ethylxanthate sodium salt. Nauch Tr Leningrad Lesotekh Akad, 1971, 137: 65-71

[51] 刘传富, 孙润仓. 离子液体在纤维素材料中的应用进展. 精细化工, 2006, 23 (4): 318-321

[52] 李琳, 赵帅, 胡红旗. 纤维素溶解体系的研究进展. 纤维素科学与技术, 2006, 17 (2): 69-75

[53] 刘育. 超分子化学: 合成受体的分子识别与组装. 天津: 南开大学出版社, 2001. 1-624

[54] Lehn J M. Supramolecular Chemistry: Concepts and Perspectives. Weinheim; New York: Wiley-VCH Verlag GmbH, 1996: 1-281

[55] 〔德〕Vogle F. 超分子化学. 张希, 林志宏, 高倩, 译. 吉林: 吉林大学出版社, 1995: 92

[56] 薄志山, 张希, 杨梅林. 基于静电吸引的自组装树状超分子复合物. 高等学校化学学报, 1997, 18 (2): 326-328

[57] 陈丽娟, 等. 主-客体化学研究进展. 合成化学, 2002, 03: 205-206

[58] Brinker C J. Scherer G W. Sol-Gel Science: The Physics and Chemistry of Sol-Gel Processing. San Diego: Academic Press, 1990: 35-87

[59] 杨南如, 余桂郁. 溶胶-凝胶法简介. 硅酸盐通报, 1993, 11 (2): 56-63

[60] Choi J, Ban J Y, Chouungs J, et al. Sol-gel synthesis, characterization and photocatalytic activity of mesoporous $TiO_2/\gamma Al_2O_3$ granules. Journal of Sol-Gel Science and Technology, 2007, 44: 21-28

[61] Sakka S. Sol-gel processing of insulating, electroconducting a superconducting fibers. Journal of Non-Crystalline Solids, 1990, 121: 417-423

[62] Brinker C J. Evaporation-induced self-assembly: Functional nanostructures made easy. MRS Bulletin, 2004, 29 (9): 631-640

[63] Zhou J, Zhang L N. Solubility of cellulose in NaOH/urea aqueous solution. Polymer Journal, 2000, 32 (10): 866-870

[64] Yan G, Xion G X, Zhang L N. Microporous formation of blend membranes from cellulose/konjac glucomannan in NaOH/thiourea aqueous solution. Journal of Membrane Science, 2002, 201 (1): 161-173

[65] 程博闻. 纤维素在 LiCl/极性溶剂体系中溶解性能的研究. 天津纺织工学院学报, 2000, 19 (2): 1-3

第10章 气凝胶型木材环境学特性分析

气凝胶型木材兼具气凝胶和木材的优点和相关属性，保持了木材的天然结构和优良环境学特性，又克服了气凝胶的脆性和易碎等缺点，因此，在许多领域具有很好的应用前景。其中，发挥其特殊的、优越的环境学特性，使其在人居微环境和室内装饰中得到其他材料无法比拟和替代的用途，将是气凝胶型木材应用的重要方向之一。

本章第10.1节讲述气凝胶型木材环境学特性的研究内容及指导思想；第10.2~10.5节分别对研究所得气凝胶型木材表面的视觉环境学特性、触觉环境学特性、步行感特性、空间声学特性进行了测试分析与研讨，并与其他建筑材料的相应环境学特性进行了比较；第10.6节，为探索获得良好环境适应性、自清洁特性和耐久性的气凝胶型木材，采用水热法处理气凝胶型木材，在其表面形成具有超疏水性的TiO_2涂层，制备了超疏水气凝胶型木材，并对其性能进行了分析。

10.1 气凝胶型木材环境学特性的研究内容及指导思想

气凝胶型木材是利用天然木材在长期进化演变过程中形成的优化生物结构形式，结合现代材料科学的理论和手段进行的新型木材的设计、制备与处理。制备而成的气凝胶型木材具备与气凝胶相近的基本结构和属性，同时具备了气凝胶与木材的一些优良环境学特性。

气凝胶是一种新型纳米级多孔性非晶材料，由多孔的小颗粒为固体基体，其中渗透了空气等不凝气体所构成。气凝胶具有连续的三维纳米网络结构，赋予它不同寻常的光学、热学、电学和声学性质。它们明显不同于孔洞结构在微米和毫米量级的多孔材料，其纤细的纳米结构使得材料的热导率极低，具有极大的比表面积，对光、声的散射均比传统的多孔性材料小得多，所有这些，不仅使得该材料在基础研究中引起人们的兴趣，而且在许多领域蕴藏着广泛的应用前景。

气凝胶型木材的制备也是针对天然轻质木材的一种功能性改良（当然它的意义不仅于此），但它完全不同于以往那些以提高密度和强度为目标，通过横纹压缩变形固定、注入大量有机单体等方式所进行的改良，而是以获得优良环境学特性和特殊用途为目标的功能性改良尝试。在人居室内环境中使用的装饰材料，往往并不需要过高的密度和强度，真正需要的是在视觉、触觉、步行感、空间声学等方面的优良环境学特性，包括心理感觉和生理感知的良性调节特性。同时，也应该包括它的环境适应性和耐久性，这也是环境学特性的一个重要方面。

10.1.1 气凝胶型木材环境学特性的研究内容

气凝胶型木材环境学特性的研究内容是气凝胶型木材的视觉特性、触觉特性、吸声特性以及人类与室内环境的关系，并以此探讨气凝胶型木材怎样从多方面满足人类生活的需要，以求进一步发掘认识气凝胶型木材的奥秘，为开拓气凝胶型木材在建筑装饰行业中的全面应用提供充分的理论依据。

10.1.2 气凝胶型木材的环境学感觉特性

气凝胶型木材的环境学感觉特性具体包括视觉、触觉、听觉、嗅觉和综合感觉特性。基本思路和方法为：为研究材料学基本特性，需要从木材科学出发，研究其化学组成、解剖构造、物理性质、力学性能等，并以之为基础，开展关于其影响人体心理感觉变化的特性的研究，如影响视觉感受的气凝胶型木材视觉环境学特性、影响触觉感受的气凝胶型木材触觉环境学特性等[1]。气凝胶型木材的视觉环境学特性，主要为材色、光泽度、纹理特征等与人类视觉相关并可定量表征的物理量，以及与它们密切相关的视觉心理量。木质材料的声环境学特性主要是环境声学，环境声学主要分析气凝胶型木材作为建筑用材的吸声、隔声作用。木质材料的触觉特性，主要是冷暖感、粗滑感、软硬感、干湿感、轻重感和快感与不快感等。木质材料的嗅觉特性研究，主要是为分析气凝胶型木材的抽提物质和有机挥发成分的独特气味的空气调节作用与生理保健作用。综合感觉性质是上述各特性的综合反映，即气凝胶型木材有优越的环境学感觉特性。

10.1.3 气凝胶型木材对环境物理条件的影响及可居住性

物理环境是人们生存环境的重要组成部分。人们在所处的各种空间环境中，总伴随有热、光、声等因素的刺激，就是热觉刺激、视觉刺激、听觉刺激以及振动、冲击的刺激等。这些刺激量在达到一定的限值时，就会对人们造成影响。而人们对于物理环境刺激的精神和物质的调节机能有一定的限度，所以我们要设法调整、控制物理环境的刺激量（如环境温度、相对湿度、气流速度、日照、采光以及隔声等），使环境的刺激量处于最佳范围，这样才能使人感到舒适，使环境具备最佳的居住性[2]。

气凝胶型木材是一种环境材料，它能利用自身的材料特性来影响环境的表现，或对环境状态进行调节，具体包括影响环境的光、色、声、空气质量等。

10.1.4 气凝胶型木材环境学特性的调控和保护

气凝胶型木材能影响环境,但同时它本身也不可避免地要受到环境的影响,如光作用下的变色与降解、虫害作用下的腐朽溃烂等,这些影响都会使木材的木质环境学特性效果降低甚至丧失。因此,气凝胶型木材环境学特性的调控和保护是重要研究内容之一,将气凝胶型木材与无机纳米材料复合形成 TiO_2 表面涂层,可以防止水分进入材料内部,实现了气凝胶型木材由亲水性向疏水性特性的转变,可以避免在湿度作用下的形体尺寸变化。

气凝胶型木材环境学特性的调控和保护是保护木材对环境和人体有利的性质,减小它们受环境影响的程度,同时调控对环境和人体不利的性质,使之不发挥作用。具体为:分析木材在环境中的表面特性,木材组分受环境因素影响时的变化、木材与环境相互作用的内在机理,木材调控理论;木材保护与调控系列技术——木材表面耐候性、木材表面功能性改良。

10.1.5 气凝胶型木材环境学特性研究的指导思想

气凝胶型木材对环境学的影响是多方面的,决定了其研究手段的多样化,所以气凝胶型木材环境学的指导思想有其特殊之处。

1. 紧密结合木材科学的基础知识

气凝胶型木材首先是一种基于天然木材结构基础上的环境材料,所以对它的使用和研究都要从材料学的基本角度出发。但气凝胶型木材又是一种具有特殊结构和特殊性质的材料,有其需要特殊注意和特殊对待的地方。F. L. Wright 曾说过,"科学地使用木材,就必须了解木材。"中国人也常说,"知其然,知其所以然。"这些都说明一个问题,对气凝胶型木材的开发利用不能离开对其品性的研究,对气凝胶型木材环境学的了解也离不开对其材料性质的学习。因此,气凝胶型木材环境学研究的指导思想也就是:抓住气凝胶型木材独特的科学属性,强调从新视角加以利用的新思路,以生物质材料的观点和角度,探索、解析气凝胶型木材形成的内在奥秘,研究、认识其材料学性质的内涵,解释其材料学性质对环境、加工因素影响的规律及原因,合理运用这种影响和调节作用,使其造福人类。

2. 与视觉、触觉、听觉等物理学科相结合

气凝胶型木材因为其独特的环境学特性,可以广泛地应用于建筑室内环境,是人类最常接触和使用的材料之一,所以除了对它的材料学性质需要加以了解之

外，还需要知道由它的材料性质进而产生的对外界视、听、触、嗅等方面的影响，为了使所得到的结果更具有科学性和广泛应用性，就要求对它的实验设计和方法利用要与视觉、触觉、听觉等学科的专业知识紧密结合起来，这样才能够使结果更真实可信。

3. 与建筑物理学与室内微环境学联系起来

人在建筑室内环境中居住，而气凝胶型木质材料是构成建筑环境的主要材料之一，正是这种关系，要求在木质环境学的研究过程中，需要将气凝胶型木质材料和建筑物理学与室内微环境学联系起来。这样才可以从材料性质的层次上升到作用影响的层面，挖掘其对建筑空间物理环境（包括室内空气品质、声环境、光环境等）影响和调节作用，进而探讨这种作用是否对人类居住舒适性和生理健康有益。

4. 应用心理学、生理学知识和手段开展相关研究

人同时有生理活动和心理活动，心、身是互相联系的，心理行为活动通过心身中介机制影响生理功能的完整，同时生理活动也影响个体的心理功能，因此应同时注意心身两方面因素的影响[3]。自20世纪50年代，心理学和生理学就已发展到相当的水平，对人的了解也更深入更全面了。已经有了同时记录人体生理变化的多道生理记录仪，借助于仪器，人们对心理因素如何影响生理活动有了数量化的说明，一门新的学科——心理生理学诞生了。

心理生理学是研究情绪状态和身体反应之间关系的科学。心理生理学研究心理行为变量与生理变量之间的关系，一般侧重于以心理和行为因素作为自变量，以生理指标为应变量，观察对应各种不同情绪和行为状态下的各种生理变化，如脑电、心电、皮肤电、血压、血液中激素及代谢物等。心理生理学的最突出的优点是，由于采用了严格的实验设计、客观的测量手段和可靠的数理统计，因而能准确地揭示心身之间的相互关系，将有助于更深入地了解心理刺激是如何通过中枢神经系统、内分泌系统和免疫系统而影响机体的；机体的变化又怎样反馈给大脑而影响人的心理。

10.2 气凝胶型木材表面的视觉环境学特性

气凝胶型木材是基于天然木材的结构特点和材料属性，将一些轻质、多孔性、满足气凝胶材料基本条件的天然木材，通过前处理和超临界单元干燥的方法，制备成具有天然木材属性的气凝胶材料。所以我们可以用气凝胶型木材装点

室内环境、制作室内用具，这是与气凝胶型木材的视觉特性有着密切关系的。因此我们有必要首先了解气凝胶型木材视觉品质所引起的环境学感觉特性。

气凝胶型木材的视觉环境学特性主要由视觉物理量所引起，可以由木材表面视觉物理量与视觉心理量的关系来描述。选择材色、光泽度、纹理作为气凝胶型木材表面视觉物理量的主要特征参数。

视觉心理量是根据具体研究或评价目标加以选取，选择时应遵循以下几个原则：①能够反映因视觉引起某种感觉特点，各代表一定的心理感觉意义；②选择的变量应与木材居住性或木制品质量和价值的评价有关；③选取的一组视觉心理量应能综合反映木材的视觉特点[4]。

10.2.1 气凝胶型木材的颜色测量方法简介

气凝胶型木材色度学的测量方法通常分为视觉测色法（主观测色法）和物理测色法（客观测色法）两种。

1. 视觉测色法

由视觉功能完全正常的人，在严格规定的条件下（如照明、光源、背景、距离、视角等），采用制作标准色卡的方式来描述颜色，色卡可以有不同分类及排队方式，并按各特征量的差值相同的原则来制作色卡，并给每个色卡一定的标号，以此种色卡作为目视测量颜色的标准。测量时，将色卡和被测物体同时置于标准光源下，将待测色物体与已知色（色卡或颜色图册）进行比较，从而定出物体（木材）的颜色。所用的测色工具，如芒塞尔色系（Munsell color system）中已收有千种以上的颜色，我国《漆膜颜色标准样本》（GB3181—82）中给出51种色漆的标准色卡，中国流行色协会也印制了几种版本的标准色卡。用这种系统来测量颜色，在一定条件下反映了人的色知觉量，但它对色调没有达到数字化表达，还有用大量色卡与物体颜色卡对照比较，易因疲劳而产生误差。由于木材材色的分布范围较窄，有些树种间的材色差异是很微妙的，这就要求色卡系统的细分程度非常高，所以有时用视觉测色法测量木材难以达到预期的效果。现在，视觉测色法已属于较为传统的测色方法了，只有在测试条件不齐备、对测量精度要求不高的场合才采用。物理测色法（客观测色法）已成为主流的测色方法。

2. 物理测色法

物理测色法泛指应用仪器来测定物体颜色的方法，如光谱光度计法和光电积分式色度计（色差计）法。该方法利用仪器直接测量物体表面的光反射，根据入射光与反射光的比照，分析被吸收光的光谱反射特性积分值，由光谱特性数据求得（光度计法）或直接根据光传感器的响应得到（光电积分式）三刺激值，并由内部的微型计算机直接求得色度学参数 x、y、L^*、a^*、b^* 以及色差参数 ΔL^*、Δa^*、Δb^*、ΔE^*。物理测色法克服了视觉法分辨率低和易因肉眼疲劳产生误差的缺点，而且操作简便、迅速，在木材科学研究中得到了广泛应用（参见王松永编著的《木质环境科学》一书）。

1) 光谱光度计（分光光度计）测色法

光谱光度计测色法以分光光度计为最基本的颜色测量仪器。它并不是直接测量颜色，而是测量样品的光反射特性或透射特性谱，通过计算求得样品颜色的三刺激值。

$$X = \kappa \int S(\lambda)\beta(\lambda)x(\lambda)\mathrm{d}\lambda \tag{10-1}$$

$$Y = \kappa \int S(\lambda)\beta(\lambda)y(\lambda)\mathrm{d}\lambda \tag{10-2}$$

$$Z = \kappa \int S(\lambda)\beta(\lambda)z(\lambda)\mathrm{d}\lambda \tag{10-3}$$

式中：$S(\lambda)$ ——光源的光谱分布；

$\beta(\lambda)$ ——物体的光谱反射率因数；

$x(\lambda)$、$y(\lambda)$、$z(\lambda)$ ——标准观察者的光谱三刺激值。

因此，$S(\lambda)$ 和光谱三刺激值可认为是事先已知，只需测量出被测物体在各种频率下的光反射率 $\beta(\lambda)$，然后用积分法或加权求和法即可算出被测物体的三刺激值，进而求得其色度坐标值等。光谱光度计测色（分光测色）法的优点是测量结果准确，精度高，并可同时测得光谱分布曲线；缺点是操作和计算复杂，测量所需时间较长。

测色用分光光度计是一种精密光学仪器，这种仪器在国际市场上有很多品牌和型号，其质量、内部结构、测量精度、长期稳定性、可靠性和故障率均有差异。一般来说，分光光度计可划分为四个档次：高精度型（高档）、标准精度型（实用）、普及型（经济）和手提便携型（便携）。

(1) 高精度型：真正双光束测量；白磁板连续测量色差重复性 $\Delta E^* \leq 0.01$；反射值波长点 ≥ 31 点（测量点波长间隔 ≤ 10 nm）；仪器内照明光源为长寿命高能脉冲闪光灯；多尺寸的测量孔。典型机型有 DCI SpectraFlash SF600，SF500 和 Macbeth CE7000。

(2) 标准精度型：真正双光束测量或准双光束测量；白磁板连续测量色差重复性 $\Delta E^* \leq 0.02$；反射值波长点 ≥ 31 点（测量点波长间隔 ≤ 10nm）；仪器内照明光源为长寿命高能脉冲闪光灯；多尺寸的测量孔。典型机型有 DCI Spec-

traFlash SP 300 和 Macbeth CE 3100。

(3) 普及型：真正双光束测量，准双光束测量或单光束测量；白磁板连续测量色差重复性 $\Delta E^* \leqslant 0.05$；反射值波长点 $\geqslant 31$ 点（测量点波长间隔 $\leqslant 10\text{nm}$）；仪器内照明光源为脉冲闪光灯或卤钨丝灯；测量孔尺寸大小固定或多尺寸大小测量孔。典型机型有 DCI Dtaa Flash 100，Macbeth CE 2180，Diano Color Mate Altair X-1 和 WSF。普及型各型号差异较大，性能及先进性按上述顺序递减。

(4) 手提便携型：双光束测量；白磁板连续测量色差重复性 $\Delta E^* \leqslant 0.05$；反射值波长点 $\geqslant 31$ 点（测量点波长间隔 $\leqslant 10\text{nm}$）；仪器内照明光源为脉冲闪光灯或卤钨丝灯；测量孔尺寸大小固定。典型机型为 DCI MF200d，Hunter MiniScan XE，X-Rite SP68（78），Minolta CM-2002，Macbeth CE580 和 NF 333，如图 10-1 所示。

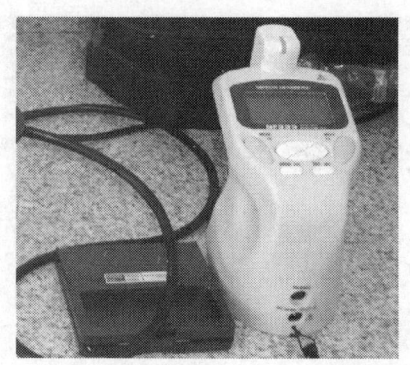

图 10-1　NF333 型手持式分光测色仪

2）光电积分式测色法

光电积分式测色法又称刺激值直读测色法或色度计法，它依据的是相对色度学原理，用光电积分测色仪器的响应值直接得到颜色的三刺激值，而不必像分光测色仪器那样进行数学积分求得。在测量前需要选择适当的校正标准，用以校准仪器。

目前在国内外普遍用于颜色测量的测色色差计就是一种光电式色度计。该仪器利用本身的标准光源照明和具有特定光谱灵敏度的光电积分元件，直接测量物体色（透射色或反射色）的三刺激值和色度坐标值。一般情况下，色度计有三个或四个探测器，探测器的响应曲线分别用滤光片修正，以模拟 $X(\lambda)$、$Y(\lambda)$、$Z(\lambda)$，当测量某一样品的反射色或透射色时，仪器探测器的输出将分别正比于 X、Y、Z，从而可以由仪器直接获得样品的三刺激值等色度学参数，还可以通过模拟计算电路或联机的电子计算机给出两个物体色的色差值，其照明观测条件与分光光度计测量相同。光电积分式色度计法的优点是价格便宜，操作简便，测量时间短，实用性强；缺点之一其测量精度低于分光测色法，使其应用受到很大限制；二者由于色度计的响应不可能精确地符合光谱三刺激值曲线，因此一般情况下，色度计不能准确地测出色刺激源本身的三刺激值和色品坐标，但它能准确地测出两个光谱性质类似的色刺激源之间的差别，如果需要准确测量色刺激源的色品坐标，则需要用与待测样品有近似光谱性质的标准来校准仪器。一般用于校准的标准有标准光板、标准光源等，现代的光电积分式色度计多应用计算机技术，标准光板也比较齐备，因此这类修正工作很容易进行。

常见的光电积分式测色计主要有 TC-PⅡG 型全自动测色色差计、DCM-3 型数字测色色差计、DC-P3 型全自动测色色差计（图 10-2）、北京理工大学研制的 FS100-FS600 型便携式色差计、日本日电公司的 P6R-110 型色差计、日本美能达的 CR-100 和 CR-200 型色度计、美国亨特实验室 DP D25-PC2 型色差计等。

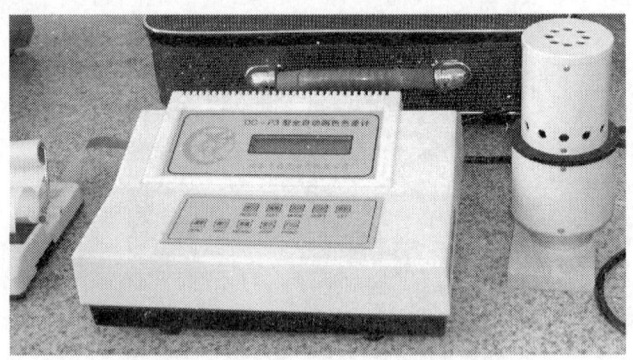

图 10-2　DC-P3 型全自动测色色差计

10.2.2　气凝胶型木材的材色视觉物理量

1. 木材材色物理量测量的发展

颜色是木材表面视觉性质中最为重要的物理特征，而且直接与木制品以及室内环境的质量评定密切相关，其利用的重要基础是对它的定量测量和表征。因此，国外学者较早就开始了木材材色定量测量的研究，J. D. Sullivan 于 1967 年采用分光光度测定法对木材颜色进行定量测量，讨论了测量方法的有关问题，并对单个树种的颜色参数进行分析，讨论了木材的颜色特征；A. A. Mosiemi 于 1969 年对火炬松单板颜色进行了定量测量；N. D. Nelson 等于 1970 年测量了几种澳大利亚树种的木材心材颜色的定量参数；Beckwith 等于 1979 年对 22 种商用阔叶树材的小径木试样进行分光光度测定，根据每个树种的分光光度曲线，用微机的程序来确定其三刺激值、明度色度坐标、主波长和色饱和度；J. E. Phelps 等于 1983

年对四个不同地域生产的黑核桃树单板进行材色测量，分析了该树种材色的地域间差异等问题，指出细胞中内含物有色成分（酚类）对材色起着很重要的作用；H. Kuroda 等于1983 年也采用显微分光光度法分析了日本柳杉心材的有色物质分布，他认为，轴向薄壁组织和射线薄壁组织细胞内的成分对日本柳杉心材颜色的变化起着不同的作用。

基太村洋子于 1987 年采用光电式测色计测量了 51 种日本国内外商品用材标本和 32 个树种的装饰用单板的表面材色，并给出了针叶树材和阔叶树材材色测量值在 $L^*a^*b^*$ 色空间的分布范围。法国学者 G. Janin 等曾对法国木材，特别是装饰类木材，如核桃木、栎类、欧洲水青冈的材色及其变异进行了研究。德国学者 R. E. Vetter 等于 1988 年对亚马孙流域（中南美洲）的 58 种木材材色进行定量检测，1990 年又对 98 种亚马孙木材材色进行测定，采用 CIE 1931 系统表色，测定了明度 Y，色品坐标 x、y，并将其转换为德国标准颜色系统（DIN）、芒塞尔色系。甲裴勇二等于 1979 年则从木材化学成分的观点出发，再加上光学的观点，对木材化学结构中的发色基团与助色基团、木材光致变色的机理等有关材色的问题进行了详细的评述，并以日本柳杉的材色为中心，进行了有关研究。佐道健于 1985 年利用世界各地 150 个树种材色的 $L^*a^*b^*$ 色空间测量值和芒塞尔色空间参数值，采取直角坐标向极坐标转换和多元回归分析的方式，探讨了 $L^*a^*b^*$ 色空间的色度指数测量值向芒塞尔色空间转换的简便方法，取得了芒塞尔色空间的色度学参数明度 V、色调标号值 H 和饱和度 C 的表达式。

我国学者张翔等于 1990 年对木材材色的定量表征方法作了简要的评述，就 22 种国产针、阔叶树材按 CIE（1931）标准色度系统和 CIE（1976）$L^*a^*b^*$ 均匀色度空间系统作了详细的测定和分析，并分析了木材表面的反射率曲线，比较了树种间和树种内的材色差异，基于 22 种木材材色数据的主成分分析，获得了综合材色实验式。刘一星[5-7]等于 1991 年对我国 110 种木材（其中针叶树材 22 种，阔叶树材 88 种）材色特征进行了定量测定和系统分析，还对木材加工过程中的材色变化规律，以及材色与光泽度构成的木材表面视觉物理量与人视觉心理量特征进行了比较系统的分析，并于 1994 年出版了专著《木材视觉环境学》，为我国木材材色及视觉环境学研究奠定了基础。段新芳[8]等于 1998 年对人工林杉木和毛白杨木材材色进行了测定分析。其后，虽然大批量测定木材材色的研究论文减少了，但在研究中，应用到材色物理量的论文越来越多。

综上所述，关于木材视觉物理量的测量发展已较为成熟。以下将气凝胶型木材的测量结果加以分析，探讨气凝胶型木材视觉物理量的分布特征、视觉物理量参数之间的内在联系、视觉物理量的空间简化方法，旨在为气凝胶型木材制品和装饰用材表面质量的综合评价、气凝胶型木材视觉环境学和气凝胶型木材居住性的研究提供基本数据和理论依据。

2. 气凝胶型木材材色视觉物理量的色度学空间分布

采用 NF333 型手持式分光测色仪对气凝胶型木材的视觉物理量进行测量，光源采用 D65 标准光源，相关色温为 6504K，照明和观测几何条件为垂直入射/漫反射（o/d），10°大视野，测量面积为 φ20mm。对每块试样，在指定的被测面进行多点多次（取 4 点，每点 2 次）测量，取平均值作为试样的测量值。然后再将同树种各块试样的测量值取平均值，作为树种的材色测定值。

经实验测量计算得到的气凝胶型木材材色参数有以下 CIE（1976）$L^*a^*b^*$ 表色系参数：米制明度指数 L^*、米制红绿轴色品指数 a^*、米制黄蓝轴色品指数 b^*、色调角 Ag^* 和色饱和度 C^*。

测试十个气凝胶型木材的试样，结果见表 10-1。L^* 测试值分布在 80.22～84.16，C^* 测试值分布在 15.90～20.19 之间，颜色表现为浅黄白色，采用这种材色的气凝胶型木材装饰室内空间，可以呈现"自然"、"舒适"、"素雅"和"明快"的视觉印象。

表 10-1 气凝胶型木材材色度参数测量值

气凝胶型木材	$L^*a^*b^*$ 色空间				
	L^*	a^*	b^*	Ag^*	C^*
1	82.90	4.27	16.95	75.86	17.48
2	81.56	4.67	19.64	76.62	20.19
3	80.22	5.18	18.36	74.24	19.08
4	80.53	5.07	18.40	74.59	19.09
5	84.16	3.51	15.51	77.25	15.90
6	82.28	4.39	18.49	76.64	19.00
7	81.82	4.16	16.39	75.76	16.91
8	81.36	4.76	19.37	76.19	19.95
9	81.43	5.16	17.41	73.49	18.16
10	81.00	4.34	17.48	76.06	18.01

10.2.3 气凝胶型木材表面视觉特征对视觉心理感觉的影响

为研究气凝胶型木材表面视觉物理量与人的视觉心理感觉的关系，首先要选取能够反映气凝胶型木材表面性状所引起视觉心理变化，并能够应用实验心理学方法测验的心理特征参数，即视觉心理量。

1. 视觉心理量的选取

视觉心理量的选取应遵循以下几个原则：
（1） 能够反映因视觉引起某种感觉特点，各代表一定的心理感觉意义；
（2） 选择的变量应与木材居住性或木制品质量和价值的评价有关；
（3） 选取的一组视觉心理量应能综合反映木材的视觉特点。

根据以上原则，选取了14个视觉心理量，它们是："优美"、"温暖"、"喜爱"、"明快"、"上乘"、"现代"、"洋气"、"刺激"、"舒适"、"豪华"、"柔软"、"沉静"、"素雅"、"大方"。

2. 实验心理学调查分析方法

视觉心理量的测试一般是基于主观评价的方式开展实验心理学调查分析。所谓主观评价，从定义上说，应是主体对由某一给定刺激上得到的知觉量做直接评价，并对这些评价量给出合适的数量值。美国心理学家 S. Stevens 在 1961 年提到：主观评价是一种现代的心理物理技术，它可用来对还没有基本度量的刺激做分度。他在 1975 年《心理物理》一书中对观察者的一段指导语可以作为运用这个方法的一般原则："你将感知一系列随机出现的刺激。你需要做的是区分这些刺激的大小、强弱，如有多少明亮、饱和等，并给这些感知到的量以确定的数量值。对第一个出现的刺激给定一个你认为合适的值；对接下去出现的刺激给出的值能够反映你的主观印象；对所有给出的值没有规定限制条件，即可以是整数、分数或小数；尽量使你给出的值与你感知到的量相匹配。"

主观评价法中最常用的是意味微分法：意味微分法是 C. E. Osgood 于 1957 年作为一种心理测定的方法而提出的，是嗜好型的代表评价手法，以对感情、印象的调查为目的，通过详细规定各种征兆的分类或对于每一种反应程度的评价标准，使容易产生误解的语言表达转化为精确的数字，被验者根据自己的感觉勾选出最能描述这种感觉程度的数字，有了这些数字的描述，就可以对各种反应进行数学上的分析。

语义差别法（semantic differential method，SD 法）中，评价语言的选定很重要，必须根据被评价对象的主要风格特点以及评价的目的进行整理选择，同时评价语言的含义必须明确，不能模棱两可。评价语言一般为正、反义成对地进行（图 10-3），根据因子分析法等明晰的评价，在这一过程中要注意避免那些过于牵强的正反义形容词对的选择，避免以 0 为中点的非对称尺度的出现，还应避免不常用语汇的使用。应选取能够反映由它们表现性状所引起的感知心理变化，并能够应用实验心理学测验的心理特征参数，即感知心理量。刘一星曾提出选取木材感知心理量的几个原则：①能反映因感知引起的某种感觉特点，各代表一定的心理感觉意义；②选取的一组感知心理量应能够比较全面地综合反映材料的感知属性特点；③选择的变量应与居住性或装饰的质量和价值评价有关。评价前应使受验者充分理解各评价用语所代表的被评价对象的风格特征。

评定尺度的设定可根据"二极性"原理进行，在级段的制定时，一般人能够不混淆处理的感觉量级不会超过7个，但当评价尺度的级段较少时（少于5级时），则评价的尺度又比较粗糙。一般经验认为，评价尺度以 5~7 级为宜，形容词对以 10~40 对为宜，这样基本上可以对目标空间进行较为全面和客观的描述和评价。形容语言对和评定尺度经选取、设定后，调查评定量表即可制成，参见图 10-3。

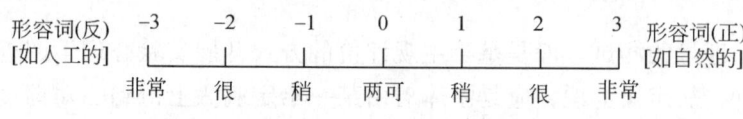

图 10-3　评价语言对与评价尺度的示例

按照以上原则，本实验选用 7 级评分尺度，即最高分和最低分分别为 +3 和 -3，评分级差为 1。选心理测验的受验者 10 人，测验时采用放幻灯片的形式。为避免可能由材种的名称引起的主观印象的干扰，在心理量测验表中对应栏目印有材种编号，但不注名称，其顺序与幻灯片放映的顺序一致。所选感觉特征为："优美"、"温暖"、"豪华"、"自然"、"刺激"、"舒适"、"素雅"和"明快"。对每张图片进行评价结束后，再进行整体评价，评分尺度相同。

3. 材色对视觉心理感觉的影响

以气凝胶型木材原材色的"色调"、"饱和度"和"明度"为基准，采用 Photoshop 软件对上述材色参数进行有规律的升降变化，得到材色变化对心理影响的试材序列。

选取出与木材视觉特性和环境学品质关系密切的 8 个视觉心理量："优美"、"温暖"、"豪华"、"自然"、"刺激"、"舒适"、"素雅"和"明快"。基于主观调查的方式开展实验心理学试验，将所测得的材色和纹理参数与反映人们主观意识的视觉心理量联合分析，解析木材表面视觉特征变化对人体心理的影响规律。

气凝胶型木材因为属于明度高的木材，使人感到明快、华丽、整洁、高雅和舒畅；而其他一些明度低的木材，如红豆杉、紫檀，使人有深沉、稳重、肃雅之感，说明了材色明度值的改变对心理感觉产生重要影响。温暖感心理量与木材的色调值之间具有较强的正相关，材色中属暖色调的红、黄、橙黄系能给人以温暖之感，如图 10-4 所示。

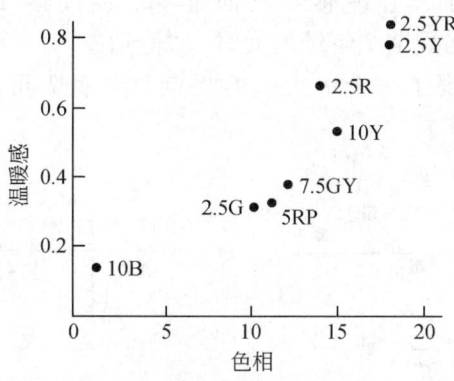

图 10-4 温暖感与色相

色饱和度值则与一些表示材料品质特性的词联系在一起,木材色饱和度值高,给人以华丽、刺激之感;木材色饱和度值低,则给人以素雅、质朴和沉静的感觉。气凝胶型木材色饱和度值比较低,因此会给人以素雅、质朴和沉静的感觉,深受人们的喜爱。表 10-2 为木材颜色与视觉心理量的相关程度。

表 10-2 木材颜色与视觉心理量的相关程度

视觉心理量	明度	色调	色饱和度
明快	+ + + + +	+ + (7.5R)	-
温暖	- - -	+ + + + + (7.5YR)	+ +
上乘	-	+ (5YR)	
现代	+ +	+ + (7.5R)	+
豪华	- - -	+ + (10R)	+ + +
刺激	-	- (10YR)	+ +
优美	+ + +		+
大方	+ +	- (7.5YR)	
自然	+ + +	+ (5YR)	-
喜爱		+ (5YR)	+
舒畅	+ + +	+ + (5YR)	+

注:"+"为正相关,"-"为负相关,"+"或"-"越多,表示相关性越高。

4. 木材纹理周期变化对视觉心理量影响规律

木材纹理周期发生变化时,视觉心理量"舒适感"、"喜爱感"和"自然感"心理感觉的变化基本上是一致的。如图 10-5 和图 10-6 所示,从周期 $T4$ 到周期

$T16$,随着周期的增加,心理感觉反而下降。在周期 $T16$ 时,出现最低值(-1.50 和 -1.20),当周期 T 继续增大时,"舒适感"、"喜爱感"也随着上升,在周期 $T64$ 时,又出现了一个极大值的拐点,周期 T 再次增加时,心理感觉下降。

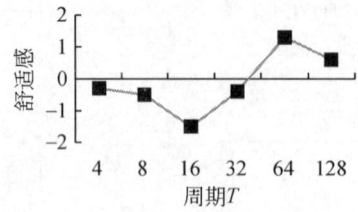

图 10-5　木材纹理周期对舒适感的影响　　图 10-6　木材纹理周期对喜爱感的影响

气凝胶型木材表面纹理直且粗,因其各向异性,当切削时在不同切面呈现不同图案。通常,木材的横切面上呈现同心圆状花纹,径切面上呈现平行的带状条形花纹,弦切面上呈现抛物线状花纹,材色和纹理都很美观。

5. 气凝胶型木材表面光泽度对视觉心理感觉的影响

在日常生活中,人们可以靠光泽的高低判别物体的光滑、软硬、冷暖。光泽高且光滑的材料,硬、冷的感觉较强,冷暖感的相关性略差一些;当光泽度曲线平坦时,温暖感就强一些,由此可知,温暖感不但与颜色有关,而且也与质地有关,其相关性如表 10-3 所示。

表 10-3　木材光泽度与心理感觉的相关性

心理感觉	$G_{//60°}$	$G_{\perp 60°}$	$\lg G_{//60°}$	$\lg G_{\perp 60°}$
粗糙—光滑	0.53	0.52	0.83	0.81
硬—软	0.49	0.49	0.68	0.67
冷—暖	0.42	0.44	0.26	0.28

注:G 为光泽度;60° 为反射角;"//"表示平行于纤维方向;"⊥"表示垂直于纤维方向。

图 10-7 是室内装修材料的光滑感与木材光泽度的测试结果。光滑感与光泽度对数值 $\lg G_{//60°}$ 的相关系数为 0.90,与 $\lg G_{\perp 60°}$ 的相关系数为 0.83。另外,光滑感与表面粗糙度对数值 $\lg R_z$ 的相关系数为 -0.88,$\log R_z$ 与 $\lg G$ 的相关系数为 -0.88,$\log R_z$ 与 $\lg G_{\perp 60°}$ 的相关系数为 -0.90。由此可知,人并不是用两只眼的立体视觉来判断表面粗糙度的,在很大程度上是靠光泽度来判断的。

气凝胶型木材是在天然木材结构基础之上,根据木材功能性改良原理制备的新型功能木材,因此,其表面粗糙度增大,从视觉效果来看,光泽度相比其他室内装饰材料较低,因此光滑感弱,粗糙感较强,给人以柔软与温暖的舒适感。

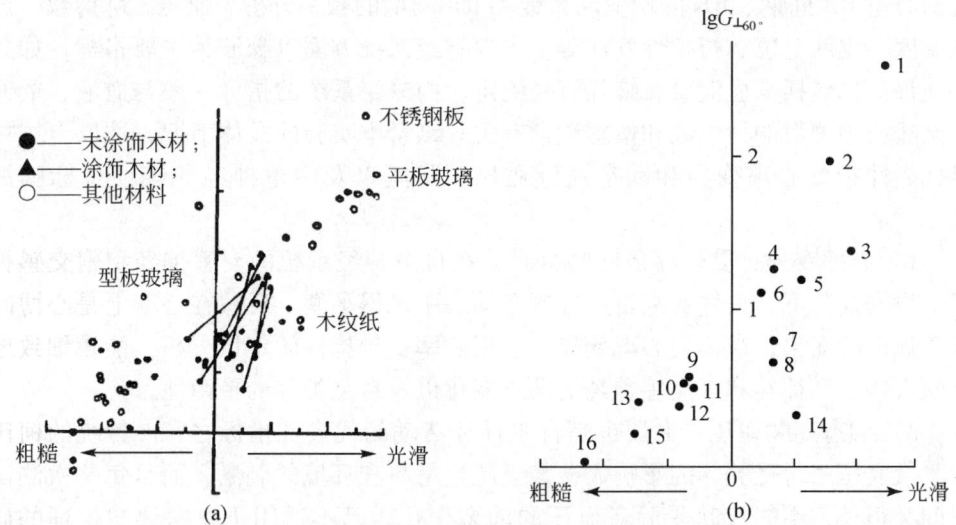

图 10-7　光滑感与木材光泽度

1-铝板;2-抽象图案印刷纸贴面;3-光叶榉图案纸;4-胡桃木图案纸;5-松木图案纸;6-柚木图案纸;7-柳杉图案纸;8-花旗松;9-樱木;10-穿孔胶合板;11-水曲柳;12-布面胶合板;13-柳桉;14-石膏板;15-软质纤维板;16-气凝胶板材

10.2.4　气凝胶型木材表面视觉特性与人的视觉生理

材料功能性改良的最终目的是实现产品的实际应用价值,开展气凝胶型木材表面视觉特性与人的视觉生理研究是一个崭新的内容,研究难度大,所需知识多,分析手段要求先进。因此,揭示气凝胶型木材的环境调节特性与人的感知特性及健康水平之间的内在联系,是本课题领域具前沿性的研究内容。本部分将结合气凝胶型木材,探讨将生理指标参数实时检测与实验心理学指标相结合的分析方法。

1. 研究方法与测试指标选取

根据沙赫特(Schachter)三因素理论,环境(材料)、人的心理、生理应该是一个有机的整体,相互影响、协调统一,正是在这样的整体中,环境经常会成为诱因,引起人体生理和心理的变化,同时,人们为了向自由、舒适的方面发展,通过自身变化向环境发出调整信号,这样就构成了一个积极的反馈链节。可以通过生理反馈实验来研究木材对人的生理影响,探讨木材的物理量因子与人体生理指标、心理感觉之间的内在联系。

选用与人体最息息相关的生理指标,包括:① 自主神经系统指标;② 中枢神经系统指标；③ 内分泌激素含量；④ 疲劳指数。自主神经系统的生理指标又包括心电 RR 间期、RR 间期变动系数和 RR 间期的频率分析、血压、脉搏数、皮肤温度、皮肤电位、精神性发汗等。中枢神经系统方面以脑波为主要指标，如条件允许，也包括脑血流量、瞳孔直径测定。内分泌系统的指标一般与血液、粪便乃至唾液中测得的荷尔蒙和情感激素有关。结合本实验的具体情况，选取自主神经代表性指标心率变异和动态连续血压、脉搏以及中枢神经代表性指标脑波频率。

1）心率变异：受外界条件刺激时，在自主神经系统的交感神经和副交感神经的协同控制下，人体的兴奋和抑制在动态中求得平衡，反映在心率上是心博间隔有规律的变化，被称为心率变异。根据心率变异指标的定量分析，能较细致地反映人体交感神经和副交感神经的动态变化以及自主神经的平衡性。

2）动态连续血压：血压也是自主神经活动的代表性指标之一。传统的柯氏声测量血压法对受验体的影响大，甚至超过材料和环境的刺激，而且每一次测试时间都很长，不能反映受验者血压的动态变化，已不适用于材料感知生理的研究。而根据血压的空气动力学原理，可以变换测出动态连续血压，间接动态反映了自主神经系统的活动变化，弥补了柯氏声法的不足。

3）脑波频率：脑波频率可以反映中枢神经系统的状态及活动情况。α 波：频率为每秒 8~13 次，平均 10 次左右，α 节律在闭眼静息时最为明显，睁眼、照明、感受物象及思考时，α 节律消失，既而被高频、低压的 β 波所代替。β 波：频率为每秒 14~30 次，一般波幅不超过 $20\mu V$，β 节律与精神紧张和情绪激动有关，通常被认为是属于"活动"类型或去同步类型的。θ 波：频率为每秒 4~7 次，与精神状态有关，在意愿受到挫折和抑郁时，容易出现 θ 波，并可持续 20~60s 之久，精神愉快时，θ 波就消失。

2. 视觉生理反馈结果分析

在人工控制室内，控制光照条件，以气凝胶型木质墙面、白色涂料墙面、石材墙面和金属墙面以白布遮蔽，使受验者随机抽取顺序进行实验，分别进行 60s 间的测试。

采用 RM6280C 型多道生理仪记录受验者的心电、脉搏、脑电信号，心电取标 II 导联，脑电取左右额、颞、顶、枕八导联。采用 Portapres 连续血压监测仪记录血压的变化。实验后，利用 "RM 6280C 生理信号采集处理系统 3.3"、"HRV 分析软件" 和 "BeatScope" 分析所得数据。

1）脑电波分析

脑电波可反映人的中枢神经系统的活动变化情况，所以应是与人的视觉联系最密切的指标。观察各种壁面时，由于睁眼阻断了 α 波，所以主要重点考察 β 波的变化，结果为：受各种壁面的视觉刺激，β 波均呈一定程度的增加，反映中枢神经活动性有所增强，初期增强幅度以金属壁面和石材壁面最为明显，气凝胶型木材墙面最弱，显示金属和石材对人视觉的冲击要高于气凝胶型木材；在观察中期和后期，在金属和石材的 β 波有所缓和降低，而对气凝胶型木材的墙面 β 波则缓慢上扬，白色涂料壁面 β 波也开始增强，幅度大于气凝胶型木材，说明经过一段时间后，人眼对金属和石材的视觉冲击已开始疲乏，人脑已不再思考处理与其有关的信息，而由于开始喜欢木材的纹理和光泽的内涵，大脑开始思考其相关含义或做出联想，因而兴奋性增强了；而与白色涂料墙面的视觉接触使人逐渐产生厌恶情绪，θ 波有时出现。

2）动态连续血压分析

观察各种壁面，血压在阶段性的上升后，逐渐回收到测量前初始值附近，但全过程中可能受情绪变化的影响，血压呈一定程度的起伏变化，观察白色涂料壁面和金属壁面后期的血压略为升高。心理调查结果显示，在"不快感"、"不舒适"印象的视觉刺激中，得分最高的是金属壁面；对于白色壁面，部分受验者认为其会引起视觉枯燥感，使血压上升，而部分受验者认为其会使心情平静，有降低血压的功效。在"自然感"、"喜爱感"、"舒适感"印象的评定中，气凝胶型木质壁面的得分最高，受验者认为气凝胶型木质材料给人的视觉刺激适中，不会引起强烈的生理反应，且心理感受较好。

3）心率分析

与正常休息时相对照，观察各种材质墙面的心电 RR 间期都略缩短，RR 标准差略增大，心率稍呈加快趋势；心率变异指标 RMSSD、PNN50、HRVI 开始时呈小幅度下降趋势，显示观察各材料时，交感神经活动和副交感神经的活动性变化幅度不大，自主神经状态改变很小；后期下降幅度稍明显，显示长时间视觉观察，容易产生"不适"的心理特征。同时，各种材料对比表明，彼此之间无显著差异，但气凝胶型木材的心率变异较小，"自然"、"舒适"的评价高于其他材料壁面，而白色壁面和金属壁面的表现稍差，后阶段的心理调查为"不舒适"、"厌恶"。综合结果表明，短时程内不同材料视环境对人体自主神经系统的影响要小于触觉的影响，但长时间的视觉接触对心理和生理会造成一定影响。

4）刺激因素分析

从生理指标变化分析中可初步推断，视觉物理量"明度"和"纯度"对生理刺激的影响较高，"明度"和"纯度"的过高或过低将使生理反应程度加剧，此外，"反差"也是一个重要的指标，"反差"过低时的心理评价较差，而过高时又会对生理造成影响，所以应适度。

3. 实际视空间分析

气凝胶型木材作为室内装饰材料时,在正常标准居住房间和经过设计的居住房间(木材率达到30%~40%,材色的明度、纯度和对比度均适宜)的对比中,发现"舒适感"的评价区别并无显著性差异,但生理结果显示,标准房间的舒张压和脉搏数有降低趋势,而在经设计使用气凝胶型木材的房间中脉搏有所上升、舒张压改变很小,二者的脉搏数之间存在显著差异;在经设计的房间中脑波 β 波增强程度高于标准房间中。综合认为,标准的房间易产生生理的平静感,而经设计的房间容易唤起意识觉醒,从而产生其他感情,这种作用对人的心理和生理将长期存在潜影响,而人们却不易察觉到。

10.2.5 小结

运用心理生理学的研究方法,采用无创电生理学检查手段,通过人体自主神经指标和中枢神经指标对气凝胶型木材及其他内装材料作用下人体生理反应的生物信号进行了实时检测,综合分析了气凝胶型木质环境对人体神经系统、生理特性的影响作用和调节机理。从分析来看,不同墙体材料的视觉特性对人体的视觉生理影响作用不容忽视,一味追求单纯的视觉美感是不科学的,必须要根据沙赫特三因素理论,分析材料对人体心理生理的影响机制。只有具备心理的舒适感和生理的健康性才是适宜的人居环境。研究初步表明:在对人体生理健康和居住舒适性影响方面,气凝胶型木质环境具有优良的环境学特性,要好于其他材料(塑料、混凝土、石材、金属)构成的环境。

10.3 气凝胶型木材的触觉环境学特性

气凝胶型木材是纤维网络结构,质地较疏松,导热性能低,当我们的皮肤接触到这一材料时,材料所具有的物理特性便会刺激皮肤表层内的感受器,因而会产生温暖的触感。气凝胶型木材良好的触觉特性便是其深受人们喜爱的重要原因之一。

以气凝胶型木材作为建筑内装饰材料以及由其制造的家具、器具和日常用具等,长期置于人类居住和生活环境之中,人们常用手接触它们的某些部位,并体会到某些感觉,包括冷暖感、粗滑感、干湿感、轻重感、快感与不快感等。

本节将结合气凝胶型木材的物理性质,具体阐述气凝胶型木材的触觉环境学特性。

10.3.1 气凝胶型木材的接触冷暖感

1. 气凝胶型木材的热学性质

木材的热学性质是由比热容、导热系数、导温系数、蓄热系数等热物理参数来综合表征的,它属于木材的热物理性质,这些热物理参数,在木材加工的热处理(如木材干燥、人造板板坯的加热预处理等)中,是重要的工艺参数;在建筑环境内部进行隔热、保温设计与使用选择时,也是不可缺少的数据指标。

因为气凝胶型木材是具有很多空气孔隙的多孔性材料,其比热容远大于金属材料,但明显小于水。热流要通过其实体物质(细胞壁物质)和孔隙(细胞腔、细胞间隙等)两部分传递,实体物质中仅含有极少量易于传递能量的自由电子,而孔隙中空气的导热系数又远小于木材实体物质,所以气凝胶型木材的导热系数很小,属于热的不良导体。这正是气凝胶型木材常在建筑中用做保温、隔热材料的主要原因之一。各种材料的导热系数如表10-4所示。气凝胶型木材的导热系数为0.054W/(m·K),而其他木质材料导热系数在0.13~0.41W/(m·K)之间,其导热系数值相比气凝胶型木材差别很大,因此气凝胶型木材具有比其他木质材料更优异的保温隔热性能。气凝胶型木材的导热系数值与矿棉、岩棉和聚乙烯材料数值接近,可以与他们共同作为保温隔热材料使用,但气凝胶型木材具有矿棉、岩棉和聚乙烯等材料不可比拟的优越性,如环保性、可持续利用性等。

表10-4 各种材料的导热系数

材料	导热系数/[W/(m·K)]	材料	导热系数/[W/(m·K)]	材料	导热系数/[W/(m·K)]	材料	导热系数/[W/(m·K)]
铝	203	轻骨料混凝土	0.44~0.95	松木、云杉(横纹)	0.15	橡木、枫木(顺纹)	0.35
铜	348~394	水泥砂浆	0.87~0.93				
铁	46~58	聚乙烯泡沫塑料	0.047	松木、云杉(顺纹)	0.31	胶合板	0.17
玻璃	0.52~0.76					纤维板	0.23~0.34
						刨花板	0.34
大理石	2.91	聚苯乙烯泡沫	0.042	椴木(横纹)	0.21	稻草板	0.13
花岗岩	3.1~4.1	聚氯乙烯塑料	0.048	椴木(顺纹)	0.41	石膏板	0.33
钢筋混凝土	1.74	聚氨酯硬塑料	0.033	橡木、枫木(横纹)	0.17	气凝胶型木材	0.054
						矿棉、岩棉	0.045~0.05

2. 气凝胶型木材的导温系数

导温系数又称热扩散率,它的物理意义是表征材料在局部冷却或加热的非稳定状态过程中,各点温度迅速趋于一致(即各点达到同一温度的速度)的能力。导温系数越大,则各点达到同一温度的速度就越快。导温系数通常用符号 α 来表示,其单位为 m^2/s。

导温系数与材料的导热系数成正比,与材料的体积热容(比热)成反比,即

$$\alpha = \frac{\lambda}{C \cdot \rho} \tag{10-4}$$

式中:α——导温系数(m^2/s);

λ——导热系数[$W/(m \cdot K)$];

C——比热[$kJ/(kg \cdot K)$];

ρ——密度(kg/m^3);

$C \cdot \rho$——体积热容[$kJ/(m^3 \cdot K)$]。

导温系数是在非稳定传热过程中决定热交换强度和传递热量快慢程度的重要指标。木材在加工过程中所涉及的加热和冷却多属于非稳定传热过程。采用国产 SZCT-n 数字导热系数测试系统,对制备的气凝胶型木材试样进行测试。参数设置:加热电阻 65.0Ω,加热面积 $0.009m^2$。结果为:气凝胶型木材的导温系数 $0.000444 \times 10^{-4} m^2/s$,低于中国林业科学研究院和东北林业大学采用热脉冲法测定分析得到的我国 55 种木材在室温下的导温系数,这 55 种木材的导温系数变化范围为 $0.00118 \sim 0.00175 \times 10^{-4} m^2/s$,通常随密度的增加而略有减小,平均值为 $0.00140 \times 10^{-4} m^2/s$。气凝胶型木材的导温系数低于已经测定的 55 种木材,可以作为保温隔热材料应用于室内。

3. 气凝胶型木材的接触冷暖感

如果用手掌触摸放置于室温中(20℃)的气凝胶型木材,由于木材的温度低于体温,热量就会通过皮肤和木材界面向木材方向流动,此时,垂直于界面的热流量(Q)随时间(t)的变化关系式为式(10-5):

$$Q = qt^k \tag{10-5}$$

式中:q 和 k 是由材料种类所决定的材料本身所固有的特性常数,热流量将随着时间延长而减小。

热量在所接触材料中的热流量密度、热流量速度能够影响皮肤/材料界面间的温度变化,归根到底影响材料的接触冷暖感。测定手指与气凝胶型木材、木质人造板等多种材料接触时的热流量密度,结果见表 10-5。由表可见,气凝胶型木材、塑料及羊毛等柔软物质给人的温暖感是最强的,适宜人体与其长期接触,而不会给人体过强的生理刺激。

表10-5 手指与材料接触时的热流量密度

材料名称	热流量密度 /(W/m²)	导热系数 /[W/(m·k)]	材料名称	热流量密度 /(W/m²)	导热系数 /[W/(m·k)]
钢板	238.23	38.4	扁柏	124.77	0.084
铅板	317.78	216	白桦	141.93	0.168
玻璃	204.32	0.816	氨基醇酸漆饰柞木	130.63	0.164
陶瓷器	181.71	1.08	聚酯涂饰的胶合板	158.68	0.110
混凝土	204.32	1.92	三聚氰胺贴面板	193.01	0.30
砖	164.54	0.564	硬质纤维板	141.93	0.126
硬质氯乙烯	147.80	0.31	刨花板	136.07	0.12
脲醛树脂	136.10	0.30	纸	147.80	0.18
酚醛树脂	170.40	0.30	羊毛	113.46	0.045
聚苯乙烯	113.46	0.042	气凝胶型木材	118.15	0.054

因为人体的内部温度平均约37℃，体表皮肤温度约32℃，若在室温下（18~20℃）与材料接触，必然会产生热移动。人与材料的接触冷暖感，主要来自接触部位温度差异及其所产生温度变化的刺激量。若外在温度高于皮肤温度0.4℃时，即产生温感，外在温度低于皮肤温度0.15℃时，即产生冷感。既不觉冷也不觉热的温度，称为生理零度；生理零度即相当于皮肤表面的温度，一般在32℃左右，而人体内部的温度一般在37℃左右。当人体接触材料时，温度变化的刺激会被人体皮肤内的温、冷刺激感受器接收并传递给中枢神经系统，人体便会认知"温暖"和"冰冷"。这种接触冷暖感与被接触材料的热学性质密切相关。当人体接触气凝胶型木材时，不会产生明显的冰冷感，而是在接触30s后会产生一种温暖感，并且具有强烈的舒适感，这是因为接触过程中人体的温度传递给气凝胶型材料，因为材料的孔隙率大，热量不会很快消失，所以会有温暖感。可以应用于室内与人体密切接触的部位[9、10]。

在进行感觉测试时，用热电偶测量皮肤/气凝胶型木材界面间的温度变化，用热流传感器测定热流速度。图10-8表明，当手刚一接触气凝胶型木材表面后，手指温度迅速下降，起初热流速度及温度下降速率非常快，60s以后逐渐平缓下来，并产生缓慢的上升趋势，是扁柏、酚醛树脂和黄铜材料不具备的优势特性。图10-9为紧密接触条件下皮肤-木材界面间的温度随时间的变化，可以看出接触后，皮肤-木材界面温度在手温以下迅速增加，接近手温后温度以不同方式变化着，并因所用的材料不同而异。对于聚苯乙烯泡沫（PF）、气凝胶型木材和轻木，界面温度极为缓慢地增加；而对于混凝土（CM）和密度高的木材，如栎木，界面温度在缓慢地降低；对于中等密度的木材，如落叶松，界面温度则大致保持相对稳定。

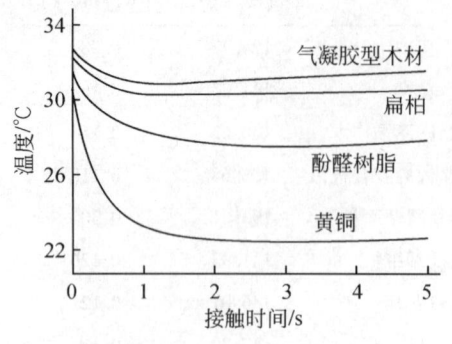

图10-8　手指和材料接触时指尖温度的变化过程

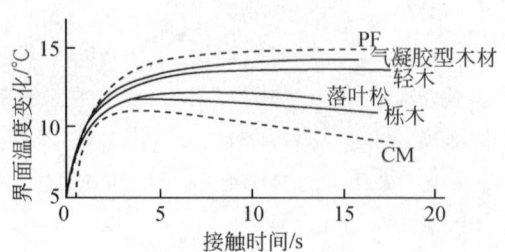

图10-9　皮肤-木材界面的温度随时间的变化

10.3.2　气凝胶型木材的接触粗滑感

材料表面的粗滑感是由其表面上微小的凹凸程度所决定的，材料的粗滑程度对刨削、研磨、涂饰等表面加工效果的好坏有很大程度的影响。

基于树木天然结构的气凝胶型木材的摩擦系数适中，静摩擦系数与动摩擦系数之差几乎为零可以广泛地应用在人们的生活、学习和工作环境中。

粗糙度原理：两个相互接触的物体表面在做相对运动时会产生一定的运动阻力，即摩擦力。摩擦力的大小与两个物体的材质、表面粗糙状况和接触面面积有关。产生摩擦阻力的原因有以下几种：运动表面分子间的作用力，包括范德瓦耳斯力等；粗糙表面凹凸处的啮合作用、锉削作用、黏滞作用；软硬接触面产生的耕犁效应；接触点在负荷作用下产生的高温熔接作用，等等。防滑性能的好坏最终反映的是地面表面粗糙度的大小[11]。

尽管材料在加工或使用过程中会经过刨切或砂磨，但是由于细胞裸露在切面上，使材料表面不是完全光滑的。因此材料细胞组织的构造与排列赋予材料表面以粗糙度，除了材料细胞组织的构造与排列因素外，材料的加工方法和材料的材质及纹理方向对材料表面的粗糙度也有一定的影响。材料表面的组织构造类型也刺激人的视觉，对触觉和视觉这两种刺激的综合作用，使人感到材料表面具有一定的粗糙度。

木制件表面粗糙度是指木材表面经切削加工或压力加工后因木材本身具有导管槽而形成的较小间距和峰谷所组成的微观几何形状特征，它是由加工方法和木材的材质及纹理方向所决定的[12]。粗糙度是评定木材制品表面质量的重要指标，它直接影响木制件的胶黏质量、装饰质量以及胶料与涂料的消耗量，而且对木制件表面粗糙度的要求如何，也关系到加工工艺的安排和加工余量的确定。粗糙感是指粗糙度刺激人们的触觉，这是木材表面具有各种形态细节以及在表面上滑移时所产生的摩擦阻力变化的缘故。国内外学者曾对木材工件表面粗糙度测定方法及其影响因素进行过很多研究。20世纪30年代，美国首先研制出能记录表面轮廓的轮廓仪，可用于测定加工件的表面粗糙度，但是没有区分木材和其他材料表面粗糙度的测量及评定。Richter等用探针法测定了木材表面粗糙度对木材表面涂饰的影响；Lemaster等用光学轮廓曲线仪测定了中密度纤维板的表面粗糙度；Kamdem等用探针法测定了风化木材表面的裂纹和裂缝；Faust等用探针法测定了松木单板松紧两面的粗糙度特性；Hizirouglu用探针法测定了硬质纤维板和中密度纤维板的表面粗糙度；安田步采用触针法测定了11种具有不同导管直径和不同导管排列类型的阔叶材径切面、半径切面、弦切面的均方根粗糙度及每0.5mm测量长度上的区段粗糙度，研究了粗糙度和导管直径的关系；铃木正治曾以9种木材以及钢、玻璃、合成树脂、陶瓷和纸张等材料为研究对象，研究了触觉光滑性与摩擦系数之间的关系。江泽慧等[13]用探针法测量分析了竹材表面粗糙度；李坚等采用触针式表面粗糙度测定仪和色差计测量了5个树种（6组试件）的木材在一系列加工过程中的多项表面粗糙度参数和与其对应的各项材色参数，并对二者之间的关系进行了初步研究。日本学者还采用触针法测定了不同导管直径和导管排列类型（环孔材、散孔材）和交错纹理的阔叶材径切面、半径切面的均方根粗糙度及每0.5mm测量长度上的区段粗糙度R_p，分析了粗糙度与导管类型的内在联系。综上所述，以往学者对于粗糙度自身特性和度量以及粗糙感与粗糙度之间关系的研究较多，而从物理、心理、生理方面协同开展研究的较少。

心理生理学是研究情绪状态和身体反应关系的科学。由于认知唤起引发情绪，而生理反应的唤醒是情绪发生的一部分，所以研究时一般侧重于以心理因素作为自变量，以生理指标为应变量，观察对应各种不同情绪和行为状态下的各种生理变化，如心率、血压等。心理生理学最突出的优点是能准确地揭示心身之间的相互关系，深入了解环境刺激如何通过神经系统来影响机体，机体又怎样反馈给大脑而影响人的心理。

在我国，20世纪90年代初期制定了较为合理的表面粗糙度评定标准和规范，即GB 12472—90《木制件表面粗糙度、参数及其数值》和GB/T 14495—93《木制件表面粗糙度比较样块》，但在测量方法和理论研究方面只有为数不多的研究者。1985年，东北林业大学的赵学增等研制了触针式木材表面粗糙度测量仪，并对计算机视觉检测技术进行了初步研究分析；1993年，刘一星等采用触针式木材表面粗糙度测量仪，以8种不同木材为试样，追踪测量分析了加工过程中木材表面粗糙度和材色视觉物理量的变化,并分析了两者间的关系。哈尔滨理工大学陈捷等利用比较样块法进行木质材料表面粗糙度的检测,并于1996年出版了我国在这个领域的第一本学术著作的——《木制件表面粗糙度》。

　　心理生理学是研究情绪状态和身体反应关系的科学。由于认知唤起引发情绪,而生理反应的唤醒是情绪发生的一部分,所以研究时一般侧重于以心理因素作为自变量,以生理指标为应变量,观察对应各种不同情绪和行为状态下的各种生理变化,如心率、血压等。心理生理学最突出的优点是能准确地揭示心身之间的相互关系,深入了解环境刺激如何通过神经系统来影响机体,机体又怎样反馈给大脑而影响人的心理。

　　本实验研究采用木材工件表面粗糙度的物理测试与心理生理测试相结合,测定了人的触觉心理量,从感官方面评价木材工件表面粗糙度,建立以客观评价与主观评价相结合的对表面粗糙度的分析方法,并探讨两者之间的相关性。

　　实验仪器采用表面粗糙度轮廓测量仪,标准探杆112/1502,探针直径4μm;测量范围400μm,取样长度2.5mm。评定表面粗糙度的参数:轮廓算术平均偏差(R_a)、微观不平度十点平均高度(R_z)、轮廓均方根偏差(R_q)、轮廓最大峰高(R_p)和轮廓微观不平度的平均间距(R_{sm})。

　　木材表面的粗糙度因木材树种不同而异。从表10-6材料表面粗糙度值看,拥有大导管直径和交错纹理的水曲柳木材其表面粗糙度较高。从植物进化的角度分析,针叶树材较阔叶树材在进化上原始,针叶木材(如云杉)组织较简单,结构较均匀,而落叶材(如水曲柳、白桦)则组织结构复杂多变,由此阔叶木材表面给人的视觉和触觉的印记要比针叶木材深刻一些。即使同为阔叶木材,也会因导管直径和导管排列类型不同而呈现不同的表面粗糙度。其主要原因是阔叶材中的环孔材(如水曲柳),早、晚材导管直径的变化明显,早材管孔在肉眼下可见,晚材管孔甚小[13],生长轮对粗糙度的影响较大,而杉木结构均匀。

　　将木材或其他木质材料加工成各种形态后,施加胶黏剂和其他添加剂制成的板材为人造板。其基本产品是木塑板、刨花板、纤维板和胶合板。从表10-6可以看出,刨花板表面的粗糙度是最高的,而纤维板因为特定加工工艺的影响,纤维之间结合紧密,材料表面没有明显的细胞裸露,表面粗糙度较低。

　　材料加工方法、处理工艺不相同,树种不同,表面粗糙度值有很大差异。从实验结果可以看出,水曲柳表面粗糙度最高,气凝胶型木材、刨花板其次,铁线子涂饰板最小(表10-6)。即使是同条件下加工的实木板材料,水曲柳、白桦木和云杉的表面粗糙度也不同。

表 10-6　材料的表面粗糙度　　（单位：μm）

项目	R_a	R_z	R_q	R_p	R_{sm}
木塑板	6.014	41.770	7.918	15.79	211
刨花板	8.063	54.608	10.664	20.169	196
纤维板	3.739	30.652	4.971	13.419	121
胶合板	6.456	49.089	8.669	16.375	113
水曲柳	13.492	95.26	19.044	28.873	320
白桦	5.367	40.981	7.043	14.424	100
云杉	7.743	52.021	9.727	27.627	183
气凝胶型木材	12.057	56.271	14.008	26.098	162
铁线子涂饰板	0.594	3.316	0.726	1.762	312
人造聚氨酯饰面板	1.438	8.927	1.786	3.911	154

铁线子涂饰板和人造聚氨酯饰面板是表面粗糙度最低的两种，铁线子涂饰板和人造聚氨酯饰面板的表面粗糙度 R_a 分别为 $0.594\mu m$ 和 $1.438\mu m$，R_q 分别为 $0.726\mu m$ 和 $1.786\mu m$（表 10-6）。铁线子实木板材属于散孔材，经过涂饰工艺以后，粗糙度变化明显，触觉光滑感较强。材料表面涂饰与人造饰面板贴面对材料表面的粗糙度影响是最大的。

10.3.3　气凝胶型木材触觉特性对人体心理的影响

根据沙赫特的"三因素"理论，可以正确地评价环境（材料）对人体生理和心理的影响作用，因此，应用沙赫特的"三因素"理论对气凝胶型木材感觉特性进行评价，可以科学地分析气凝胶型木材感觉特性对人体心理的影响机制，具有十分重要的意义。

1. 三因素理论

"三因素"理论基本观点是：情绪的产生由环境因素、生理状况和认知加工共同影响，生理唤醒与认知评价之间的密切联系和相互作用决定着情绪，情绪状态以交感神经系统的普遍唤醒为特征。每种情绪状态在形式上可能略有不同，人们通过环境的暗示和认知的典型模式对这些状态加以解释和分类，生理唤醒的出现使人依靠对它的认知来确定其情绪的发生。

如果将"三因素"理论应用于建筑材料对人体影响关系的评价研究中，则可以从环境（材料）的诱因出发，通过生理反馈实验来研究接触木材时人的生理变化，来讨论由材料刺激所引起的人体生理变化和心理精神层面对其的认知评价，将心理感觉评价和生理指标变化对应起来，寻找材料的材性物理量因子与人体接受其刺激时的生理变化和心理评价之间的内在联系，从而为设计舒适、健康的居住环境提供基本的理论依据。

2. 心理生理学

人同时有生理活动和心理活动，心、身是互相联系的，心理行为活动通过心身中介机制影响生理功能的完整，同时生理活动也影响个体的心理功能，因此应同时注意心身两方面因素的影响。心理生理学在一定意义上是研究情绪状态和身体反应之间关系的科学，一般侧重于以心理和行为因素作为自变量，以生理指标为应变量，观察对应各种不同情绪和行为状态下的各种生理变化，如心电、脑电、皮肤电、血压、血液中激素等。心理生理学最突出的优点是能准确地揭示心身之间的相互关系，有助于更深入地了解心理刺激是如何通过中枢神经系统和内分泌系统而影响机体的；机体变化又怎样反馈给大脑而影响人的心理。

3. 材料对人体生理影响的评价模式

基于"三因素"理论，并应用心理生理学方法，可以评价各种建筑材料的环境学品质，以人体在接触各种建筑材料时的舒适性为例。舒适性既是一种客观生理需求的满足，也是一种主观体验，是人对客观事物所持的态度在内心中所产生的体验和伴随的心身变化。它具有两方面特征：①与生理需要是否获得满足有关；②具有明显的情境性。这是基于以下原理：认知唤起引发情绪，而自主神经系统的唤醒是情绪发生的一部分。如果经历某种情绪是客观刺激的可能结果，那么，我们可以从自主神经系统的唤醒及引发的某种情绪来评价建筑材料的舒适性。

4. "三因素"的确立

1）材料刺激（自变量）

在虚拟的或实际的环境学实验室中，将室温控制在20℃，保持室内安静、舒适，无气闷感，无光、声、电磁污染。环境的刺激主要来自被测的材料或其形成的环境因素。

2）生理指标（因变量）

以正常的健康人体开展生理实验，同时，生理实验的受验者也是心理实验时主观评价的受调查人员。基于实验的信度和效度考虑，并为保证常模样本的代表性，取样本时需考虑影响测验结果的一些因素，如样本的年龄范围、性别、地区、民族、教育程度、职业等，采用随机抽样方法获得样本。

生理指标变化主要采用多道生理记录仪来监测，记录六种主要的生理变化和五种次要的身体反应。六种主要的身体反应是心率、血压、血容量、皮肤电位、肌电和脑电波；五种次要的生理变化包括呼吸、体温、唾液、瞳孔和胃动。所谓"次要的"是指它们不常作为医学的重要指标被测量，但实际上，它们与情绪有着很密切的关系，因此在心理生理学实验中，也应作为重要的指标一并考察。建立在对人体客观影响的研究基础上的评价方法较之于建立在主观感受基础上的评价方法肯定更科学，对人类健康的保护作用也更大。

上述指标中属于自主神经系统的有心率、脉搏、血压、末梢皮肤温、皮肤电位、肌电、呼吸、瞳孔直径和瞳孔光反射；属于中枢神经系统的有脑波和动态脑血流量；内分泌系统的情感激素和性激素也是重点。

3）心理评价

心理的定量是相当复杂的，目前有许多心理学测验方法，如观察法、谈话法、心理测验法、心理和行为测定法等。但常用还是心理测验法和评定量表法，其中尤以语义差别法（SD 法）最具代表性。感官刺激的影响能根据自我感觉症状和不适的程度而定，人们对于视觉形态有一种自然归纳为语义的习惯，所以产生语义差别法。SD 法是以对感情、印象的调查为目的，通过详细规定各种征兆的分类或对于每一种反应程度的评价标准，使容易产生误解的语言表达转化为精确的数字，受试者根据自己的感觉选出最能描述这种感觉程度的数字，有了这些数字的描述，就可以对各种反应进行数学上的分析。形容词语言对的选定很重要。级差为能够引起人的感受的最小刺激强度的差值，一般人能够不混淆处理的感觉量级不会超过 7 个。

4）心理量的主观调查分析

在接触过程的前 30s 内，对接触气凝胶型木材有稍微凉的感觉，水曲柳、云杉、桦木材、木塑材料有"有点凉"或"较凉"的感觉，但没有生理不适感；而对涂饰板材与聚氨酯贴面材料的心理感是"很凉"、"想离开"，生理上存在轻度不适感。在 30~60s 内，对气凝胶型等木材、木塑材料的感觉是"冰凉感"逐渐消失；对涂饰板材与聚氨酯贴面材料的感觉是"冰凉感"降低，但依然存在。在 60~300s 内，对涂饰板材与聚氨酯贴面材料的感觉是"冰凉感"减弱，但仍能觉察，对心理产生影响；而气凝胶型木材的感觉是"温暖感较适中，处在一种相对较安全、平和的感觉当中"。

对舒适感进行了心理调查，得出在"舒适感"方面，接触气凝胶型木材被评价为具有"舒适感"，涂饰板材与聚氨酯贴面材料被评价为"不舒适"，不同材料之间存在显著差别；在"温暖感"方面，气凝胶型木材被评价为"温暖"，刨花板、密度板、纤维板被评价为适中、有"温暖"倾向，涂饰板材与聚氨酯贴面材料被评价为"冰冷的"；在"自然感"方面，气凝胶型木材以及水曲柳、云杉、桦木被评价为为"自然",而木塑板的"自然感"评价较差。

水曲柳和白桦都是阔叶树材,但两种木材切面的粗糙度有较大的不同。水曲柳是环孔材,早材导管直径较大,导管壁薄,晚材导管壁厚,径切面上早材的大导管对粗糙感影响较大,其细胞解剖图片也印证了这一点。白桦是散孔材,导管呈星散状排列,导管直径大小没有显著差别,径切面上木材材质结构比较均匀,白桦径切面的视觉心理量比较光滑。杉木是针叶树材,密度比较小,材质结构较均匀,影响切面心理量值的主要因素是年轮。与水曲柳切面相同、加工方法相同时,感觉表面较光滑。气凝胶型木材基于树木的天然结构加工而成,其孔隙率大,质量轻,因此表面感觉的粗糙度值较大,会使人产生粗糙感。

涂饰材料表面给人的光滑感是最强的,材料表面的细胞腔被填塞,没有原来的凹凸感,表现出强烈的光滑感,人造饰面板的光滑感觉在涂饰板材之后,两者的触觉心理量分别为 2.67 和 2.22。因为有时对使用的材料需要较高的表面光滑效果时,可以对表面进行表面涂饰处理或者人造饰面处理。

综合得出结论:气凝胶型木材跟其他木质材料一样能给人以适度的刺激感,这种适度的刺激感优于其他材料,不会干扰人的注意力,危及人的健康,又能在一定程度上给人以轻快的心理感受,并且因为色饱和度低,产生令人心情愉悦的快感。

10.4 气凝胶型木材地板的步行感特性

木地板的步行性能对实现居住环境的舒适性与安全性是极为重要的,我们必须选择能使居住者满意的地板。而且关于地板步行感特性的研究已经引起有关学者的重视。

10.4.1 木地板分类

近年来,随着室内装饰行业的兴起,以及人们对于木质材料的深入了解与喜爱,地面装饰铺设最具传统色彩、返璞归真的木地板,成为一种时尚的选择。木地板的木材质地决定了它的环保产品性能、保温、保湿性能,即收湿、蒸发调节室内温湿度的特性,尤以具有适当光泽度的质感、柔和的触感、自然的色彩、冬暖夏凉、脚感舒适、高贵典雅等特点而深受人们的喜欢。随着地板加工技术的发展,木地板相继开发出新品种,如实木地板、实木复合地板、竹材地板、软木地板和强化木地板五大类,以其优良的性能和各具特色的装饰效果美化着人们的生活。

1) 实木地板

实木地板一般指表面采用透明油漆或者没有油漆的、由实木制成的地板,由于其天然的木材质地，无污染，有着美观自然的年轮纹理和多树种深浅不同的木质色泽，不但能美化居室，而且能为人们的居住空间散发出有益健康的芳香类的自然气息，因此在地板产品市场中一直占据主要地位。

2）强化木地板

强化木地板以高、中密度纤维板或刨花板等为基材，两面贴以浸渍纸，经一定的温度和压力复合，表面再覆盖一层涂膜而成，因具备多种优点，目前已广泛应用在装饰装修中。

3）实木复合地板

实木复合地板即各层的板材均为实木，而不像复合地板以人造板为基材。实木复合地板有三层、五层和多层之分，但不管有多少层，其基本的特征是各层板材的纤维纵横交错，这样既抵消了木材的内应力，也改变了木材单向同性的特性，使地板变成各向同性，因而稳定性相当好、不易变形开裂，弥补了实木地板在这方面的不足。另外，实木复合地板表层由于是优质珍贵木材，不但保留了实木地板木纹优美、自然的特性，而且大大节约了优质珍贵木材的资源。

4）竹材地板

竹材地板属于高档室内装饰材料，质地硬、耐磨、富有弹性，天然纹理清晰美观，经过防腐、炭化、干燥等处理，不易变形，其物理机械性能优异。竹材地板有纯竹材制成和竹木复合两种。纯竹材地板是由一层或两层竹材黏结而成；竹木复合地板的表层是竹材，芯层是杉木，经过复合制成。

5）软木地板

软木地板是以阔叶树栓皮栎的树皮为原料。其特殊的细胞结构，使软木具有低密度，可压缩性，耐油、酸等多种液体，具有隔声、阻燃等特性，可取代毛毯。软木地板的优异性能是一般地板无法比拟的，在我国有着广阔的发展前景。

6）气凝胶型木地板

气凝胶型木材的摩擦系数适中，静摩擦系数与动摩擦系数之差几乎没有，所以，气凝胶型木地板比其他地板的步行感优良，特别是当地板表面水分状态变化时，气凝胶型木地板难以结露，具有更高的安全性，而且仍能保持良好的步行感。

气凝胶型地板作为一种绿色、环保的地板产品，对于地板步行性能的良好与否，应该首先对实际在地板上行走的人们的感觉进行评价。与地板步行性能有关的心理感觉量有地板的坚硬度、回弹性、振动的衰减、粗滑感等。

住宅地板步行性能的评价方法有两种：①人在地板上实际行走，以主观调查法评价步行性能；②利用机械、物理的方法先测定地板性质，再对应计算，分析其步行性能。

10.4.2 不同种类地板的静摩擦系数

选定十种地板材料,采用静摩擦系数测定仪测定其静摩擦系数,实验时将试材水平地固定于静摩擦系数测定仪操作台上,然后将平面摩擦压板缓慢地置于试材上。实验结果显示:瓷砖的静摩擦系数较小,由此可解释为何人们行走在瓷砖及大理石等地板材料上时较容易滑动;塑料地板、硬槭木等地板材料的静摩擦系数较大;单板层积材、浸渍纸覆面单板层积板、胶合板及涂饰柚木等四种地板材料的静摩擦系数在十种地板材料处于中间位置,而气凝胶型木地板的静摩擦系数最适中[14,15]。

分别选择棉织料、皮革、橡胶、丝袜作为压覆材料,测定不同摩擦介质间的相互作用,分析其对静摩擦力大小的影响因素。

(1) 当摩擦压头材料选择为棉质时,在十种地板材料中,气凝胶型木材的静摩擦系数最大,柚木及塑料地板等材料的静摩擦系数较大,瓷砖、单板层积材、浸渍纸覆面单板层积板及硬槭木等五种材料居中,而胶合板、地毯的静摩擦系数值明显小于其他八种地板材料。

(2) 当摩擦压头材料选择为皮革时,在十种地板材料中,塑料地板的静摩擦系数值最大,并显著的大于其他九种地板材料,气凝胶型木材、硬槭木、胶合板等材料的静摩擦系数也较大,而单板层积材、柚木、浸渍纸覆面单板层积板三种材料的静摩擦系数居中,瓷砖的静摩擦系数最小,显著小于其他材料。

(3) 当摩擦压头材料选择为橡胶时,以浸渍纸覆面单板层积板、硬槭木等木质材料的静摩擦系数最大,显著大于其他材料;柚木、单板层积材及塑料地板三种材料的静摩擦系数次之,瓷砖、胶合板材料之静摩擦系数略小,而以地毯、气凝胶型木材为最小。

(4) 当摩擦压头材料表面选择为丝袜时,以柚木、胶合板、气凝胶型木材等木质材料的静摩擦系数最大,并显著大于其他七种材料,单板层积材、硬槭木、浸渍纸覆面单板层积板、瓷砖及塑料地板五种材料的静摩擦系数居中,而地毯的静摩擦系数最小,并显著小于其他材料。

由上述可看出,气凝胶型木质地板对于棉织料、皮革、丝袜时的摩擦系数较大,可以在日常家居生活时,穿丝袜及棉袜在木质地板步行。相对地,气凝胶型木地板对于橡胶静摩擦系数较小,因此在日常家居生活时,不宜穿皮底鞋、橡胶底鞋、拖鞋在气凝胶型木质地板上步行。

10.4.3 气凝胶型木质地板材料的滑动性能

在家居安全性因素中,地板材料的滑动性会影响到人的步行感及运动感,而且当滑动性不适当时，不但疲劳会增加，也会经常发生伤害性的事故。地板材料的各种滑动性要求有其最适值，太过于滑动，或太过于不滑动均不适当。步行时最适当的滑动阻力系数大概在 0.4 左右，运动时最适滑动阻力系数为 0.7 左右，激烈运动时有必要采用较步行时更大的滑动阻力系数。木质地板滑动性阻力一般在表面不施以涂饰时，穿鞋为 0.5~0.9，穿袜子为 0.3~0.6；表面施以涂饰时，穿鞋为 0.4~1.0，穿袜子为 0.2~0.4。采用气凝胶型木材制作的地板材料，步行时其值为 0.47，大于步行时最适当的滑动阻力系数 0.4，因此在气凝胶型木地板上面行走时，易产生疲劳感。但是因为其温暖感以及适当的粗糙感，适宜儿童在气凝胶型木地板上玩耍，而不会对儿童身体产生不良反应。而且因为其特定结构形成的摩擦系数，成为一种较难以滑动的材料[16]。

如果以胶合板作为气凝胶型木地板的基材会感觉更舒适，则步行感效果更佳，而上面铺设地毯等软质材料时也会被评为优良，但是因为地毯材料不宜清洗，容易滋生微生物及细菌物质，因此应用少于气凝胶型地板。

采用水分系数作为评价地板材料的滑动性能。水分系数是将湿润表面的摩擦系数对干燥表面的摩擦系数之比，与材料的吸湿性、吸水性有关。水分系数越接近于 1，可考虑为湿润时跌倒的概率越小。实验利用橡胶介质的接触压头求出各种地板材料滑倒的水分系数，结果如表 10-7 所示。塑料地砖及合成橡胶的水分系数均较小，而气凝胶型地板、软木地板、木质人造板的水分系数相对较大。

为了防止地板表面水分系数的增加，就应该禁止地板表面存在水、油、腊、灰尘等媒介物。这样可以避免对身体障碍者或儿童造成不便或伤害。

表 10-7　各种地板材料的水分系数

材料	表面状态，滑倒方向	水分系数
塑料地砖	使用面，涂饰表面	0.15
合成橡胶	体育馆地板用，未使用面，人造板膜状压痕加工	0.28
胶合板，涂饰	PU 漆涂饰，纤维方向	0.33
阔叶树材，38 种	弦切面，无涂饰，纤维方向	0.56
针叶树材，17 种	弦切面，无涂饰，纤维方向	0.62
刨花板	无涂饰，砂光面	0.68
栓皮（软木地板）	无涂饰	0.73
气凝胶地板	无涂饰	0.78

10.4.4　气凝胶型木地板步行感的主观调查

气凝胶型木地板的步行感是根据步行者的主观感觉得出的。为对步行感进行科学的探讨，有必要将感觉所得比较结果进行数量化，因而所使用的实验方法为主观调查评价法。

根据增田等学者的研究，使用五种地板基材与四种鞋子组合，进行地板材料步行感的测试，分析"硬度感"、"温暖感"、"冲击感"、"步行感"与物理量的关系。结果指出，"步行感"的感觉是由综合硬度、滑动性、温暖感等性质的结果产生的。"步行感"印象与"硬度"及"冰冷"印象之间有高度的负相关，相关系数分别为 -0.97 和 -0.80，尤其是在冬季，脚与地板的温度差较大时更为显著。"步行感"与滑动性也成负相关。

1. 步行时的生理负担

宇野使用计步器实测了各种职业工作人员一天内为执行职务所步行的步数。他指出，车站站务员会步行 20～40 千步，餐饮店服务生、百货公司售货员等会步行 10～20 千步，家庭主妇会步行 4～7 千步。步数与能量消耗的关系约为每 30 步消耗 1kcal* 的热量。这说明步行消耗能量比想像中的还要大，因此可以想像，不良的地板条件会对生理造成相当大的影响[17]。

目前在建筑物的地板设计中，一般均偏重于坚固耐久或美观、经济，并不考虑其对人体生理的影响。但在居住性和生理学的角度看，地板材料的最基本目的应是满足步行的舒适性需要，使人较少疲劳感的地板才是最应该被重视的。

气凝胶型木地板首先从人体的生理健康出发，满足步行者舒适性的需要。分析气凝胶型木地板的步行感特性，首先要进行相关要素的选择。与步行相关的要素可分为步行的人与步行面，前者是指人的性别、年龄、健康状态，后者是指地板材料、地面及其表面状态等。

1）地板与步幅、步速

根据调查，人的平均步行速度是男性 81m/min（1.35m/s），女性 76m/min（1.27m/s）。不管任何年龄层，男性的步行速度均较女性为快。在不易滑动的橡胶地砖、水磨石地板等上的步行速度会较快。

依地板表面的"滑动容易性"不同，步行的步幅会表现出明显差异。在难滑动的地板材料上步行，步幅会较大，在易滑动性地板材料上步行时，步幅会比较小，步幅大小的差异会达到 15cm 以上，因此应考虑步幅对人体生理反应的影响。步幅较小时，会更多地消耗人体的能量，容易产生疲劳感。气凝胶型木地板因为表面的粗糙度较大，形成较大的摩擦阻力，因此在上面行走时，可以步幅较大，步行感舒适。

---

* 非法定单位，1cal = 4.1868J。

2）步行时的皮肤温度

探讨地板材料的种类时，分析不同地板材料对人体下肢部位的皮肤温度及房间温度的影响是十分重要的。户田等在铺设不同地板的房间内测量人体的下肢部脚背、膝盖、腿肚等各处的皮肤温度，得知在使用落叶松单板层积材地板的房间，其皮肤温度在经过60min后，脚背只降低了约2~3℃，膝盖部温度降低了1℃，而腿肚部温度几乎没有发生变化；若是地板为混凝土的房间，则脚背温度会降低约4~7℃，膝盖部温度会降低2~3℃，腿肚部温度也会降低1~3℃；而在铺设PVC地板的房间内，人体下肢部的温度降低值则介于前两者之间，一般脚背部温度会降低2~5℃，膝盖部会降低1~3℃，腿肚部几乎没有变化。测试显示在铺设气凝胶型木地板的房间内，脚背降低温度最低，约为1.5~4℃，膝盖降低温度为1~2℃，此结果表示气凝胶型木地板对在其上行走的人体下肢部位皮肤温度影响最大，适宜做与人体有机会密切接触的家具或装饰材料。

2. 室内环境中的木质地板使用调查

有关学者对东京10家较大的商业店铺中使用的铺地表面材料进行了调查，并对各家店铺的不同商场、不同楼层使用的地板材料，进行了整个面积的调查。将地板材料分成木质类、塑料地砖类、树脂薄板类、地毯类以及石材、瓷砖、混凝土等无机材料类等若干类型，同时对商业店铺的布局、特色与地板材料的关系、不同的商场以及不同楼层所使用的地板材料的方式等进行了研究探讨。所调查的地板的总面积大约为17万 m^2。

各家店铺中使用的地板的表面材料以百分数表示，从整体上来看，木质材料占20%，塑料地砖占36%，树脂薄板占7%、地毯占33%、无机类材料占4%。

店铺不同，地板材料的使用方式也各种各样，例如，在木质材料的使用方面，使用多的地方，既有能够达到50%的，也有只达到几个百分点的情况。在年代比较老的商业店铺和新近开业的商业店铺中使用了多种木质材料，也以多种方式使用了包括石材及地砖等在内的新型材料。如此看来，在新开业的商业店铺中，有意使用木质类的材料、石材、瓷砖等所谓的天然材料，已经成为了一种倾向趋势。

对东京的一家商业店铺中的店员进行了征询意见式的调查，总人数为263人（其中，男性124人，女性139人，在有木质类地板的商场中工作的有135人，在非木质类地板的商场中工作的有128人）。

对软硬程度、冷暖感觉、明暗程度、步行时的声音、走在上面的舒适度，心理感觉等方面的问题进行提问。在冷暖感觉方面，与其他材料相比，木质材料被认为更富有暖意。走在上面的舒适度方面，多数人对木质地板给予了很高的评价。而且，即使在综合性评价色彩比较浓的心理感觉方面，木质地板也受到了高度评价。

有关疲劳感的问卷式调查结果，列举木材类的占了45%，而列举地毯类的占了65%，列举塑料地砖类的占了75%，列举石材类的达到了100%。疲劳的部位大多是指脚内侧、脚后跟、腿肚子以及眼睛。在使用木质材料类的地板中，诉说脚后跟疲劳的人比较少；在使用地毯类的地板材料中，诉说眼睛疲劳的人很少。

另外，使用了塑料地砖、石材等作为地板材料的商场店员，多数人认为自己商场中的地板不是最好的；而大部分使用木质类材料以及地毯作为地板的店员，分别认为自己的商场中所使用的地板材料，是现在的地板材料中最好的。但是，在使用地毯类作为铺地材料的多数人抱怨，地毯具有容易刮住鞋跟、容易生虫子、容易弄脏、脚走在上面容易感到疲劳等缺点；而在使用木质地板类作为铺地材料的店员中，几乎没有人对木质地板提出抱怨。

在生活环境的实际使用中，塑料地板以及石材因为优良的耐磨性能，在一些大型的公共建筑室内空间中得到广泛的使用。气凝胶型木地板作为一种新型的地板材料，能够吸收冲击，缓解膝盖疲劳，提供舒适脚感。可以更多地应用于家居室内空间中，具有更安全以及优异的舒适性，已经使用气凝胶型木地板的家庭对气凝胶型木质地板的评价都很高。

3. 气凝胶型木质地板对室内空气品质的影响调查

美国环保局的测试结果表明，在人类生存空间内，环境受到污染最严重的地方不是在工厂里，也不是在道路上，却是在居室里。而人类生活的一半以上的时间是在居室内度过的，居室环境的品质对人的心理、生理健康有着长期、直接、深远的影响。根据世界卫生组织估计，当今至少有10亿人居住在不健康的室内环境中。在不良的室内环境中居住，不仅影响着人类的生存质量，而且危害人类健康，甚至使人产生疾病以致中毒死亡。

室内空气质量，是指室内空气与人体健康有关的物理、化学及微生物指标。欧洲、北美和日本等地自20世纪80年代以来已经广泛开展了室内环境质量的研究工作。20世纪90年代，欧美发达国家开始对室内环境质量制定相应标准。

甲醛是室内典型的挥发性有机化合物，对室内空气品质和人体健康有重要的影响。它是一种具有特殊刺激性的无色气体，易溶于水，其水溶液"福尔马林"可经消化道吸收。现代科学研究表明，甲醛对人体健康有负面影响，当在室内空气中含量为$0.1mg/m^3$时就有异味和不适感，$0.5mg/m^3$可刺激眼睛引起流泪，$0.6mg/m^3$时引起咽喉不适或疼痛，低浓度的甲醛可导致结膜炎、鼻炎、咽炎等，高浓度的甲醛可发生喉部痉挛、肺水肿、肺炎及死亡。

甲醛的危害具体表现在以下方面：①长期接触低剂量甲醛可以引起慢性呼吸道疾病、女性月经紊乱、妊娠综合症，引起新生儿体质降低、染色体异常，甚至引起鼻咽癌；②高浓度甲醛对神经系统、免疫系统、肝脏等都有毒害；③甲醛还有致畸、致癌作用，长期接触甲醛的人，可能引起鼻腔、口腔、鼻咽、咽喉、皮肤和消化道的癌症。因此为了人类的健康，必须控制室内环境的甲醛含量。

气凝胶型地板是对人和室内空气品质无害的绿色环保性地板，尤其其表面经过低温水热处理工艺，形成 TiO_2 无机纳米表面涂层以后，具有双重抗菌结构，而其他地板生产时因使用胶水等，不可避免的含有一定量的甲醛，经检测，气凝胶型地板甲醛含量为 0。并且，经过测试，气凝胶型地板可以长期抑制霉菌生长，霉菌的防治能效可达到 0 的水准。

10.5　气凝胶型木材的空间声学特性

气凝胶型木材的空间声学性质，是指其作为建筑内装材料或特殊用途材料时，对室内空间声学效果的影响和调整作用，它与气凝胶型木材对声音的吸收、反射、透射特性以及声阻抗等有关。利用气凝胶型木材可以避免在人们所处的各种空间环境内的噪声干扰。

10.5.1　声波的反射、折射、吸收和透射

当空气中的声波作用于建筑构件（如墙、楼板）表面时，由于介质密度发生变化，声波的一部分被反射回来，一部分被物体自身的振动吸收，或在材料内部传播，导致介质的内摩擦变为热能而消耗掉（这部分通常称之为材料的吸收），还有一部分被透射到另一侧的空间中，见图 10-10。

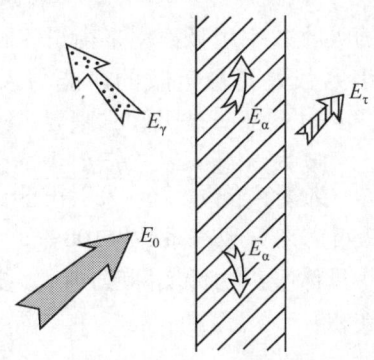

图 10-10　声能的反射、折射、吸收与透射

根据能量守恒定律，若单位时间内入射到构件上的总声能为 E_0，反射的声能为 E_γ，构件吸收的声能为 E_α，透过构件的声能为 E_τ，则它们之间有如下关系：

$$E_0 = E_\gamma + E_\alpha + E_\tau \tag{10-6}$$

1. 声阻抗与声反射

声阻抗是描述介质传播声波特性的一个物理量。介质的声阻抗定义为介质密度和声速的乘积：

$$Z = \rho v \tag{10-7}$$

式中：Z——介质声阻抗；
ρ——密度；
v——声速。

当声波从一种介质进入另一种介质时，在界面处发生反射和折射。声反射率为

$$R_\perp = \frac{P_r}{P_i} = \frac{Z_2 - Z_1}{Z_2 + Z_1} \tag{10-8}$$

式中：$R_\perp$——声反射率；
P_i——入射波声压；
P_r——反射波声压；
Z_1、Z_2——两介质的声阻抗。

木材的声阻抗居于空气和其他固体材料之间，较空气高而比金属等建筑材料低。因此，在对室内声学特性有一定要求的建筑物，如影院、礼堂、广播的技术用房等，木材及其制品作为反射（扩散）和隔声材料得到了广泛的应用。

2. 声吸收

材料对某一频率声波的吸收效率用吸声率来衡量。材料对某一频率的吸声能力以吸声系数来表示。吸声系数是指被吸收的声能与入射声能的比值，以 α 表示。如果声音被全部吸收，$\alpha = 1$；部分被吸收，则 $\alpha < 1$。

$$\alpha = \frac{吸收声能}{入射声能} = 1 - \frac{反射声能}{入射声能} \tag{10-9}$$

$$吸声率 = 吸声系数 \times 100\% \tag{10-10}$$

材料的吸声量表征某一具体吸声构件实际吸声的多少，它等于按平方米计算的表面面积与吸声系数的乘积：

$$A = \sum_{1}^{n} S_i \alpha_i \tag{10-11}$$

式中：A——吸声量；
S_i、α_i——第 i 面吸声构件的表面积和吸声系数。

3. 声透射

声波入射到建筑材料或建筑构件时，除了被反射、吸收的能量外，还有一部分声能透过建筑构件传播到另一侧空间去。在建筑中任何一种既定的隔墙，其两侧的声音强度之比是常数，也就是说，隔墙两侧的声压级差即为隔墙的隔声量。

材料的透声能力以透射系数 τ 表示。在工程中，习惯于以建筑部件的隔声量 R 表示材料或构件对声音的隔绝能力。

透射系数 τ 为透射声能与入射声能之比，即

$$\tau = E_\tau / E_0 \tag{10-12}$$

隔声量 R 与透射系数 τ 之间的关系为

$$R = 10\lg \frac{1}{\tau} \tag{10-13}$$

式中：R——隔声量（dB）；
τ——透射系数。

如果一个建筑构件的透射声能是入射声能的百分之一，则 $\tau = 0.01$，$R = 20\text{dB}$。τ 越大，则 R 越小，构件的隔声性能越差；反之隔声性能越好。

10.5.2 驻波和共振

在自由声场中传播的声波，当在传播方向遇到垂直的刚性反射面时，用声压表示的入射声波在反射时没有振幅和相位的改变，入射波和反射波相互干涉，就形成了驻波（或称简正波）。图 10-11 中的几种波形表示了声波在传播途径中遇到刚性反射界面后对传播的影响。如波形 3 所示，入射声波与反射声波的叠加达

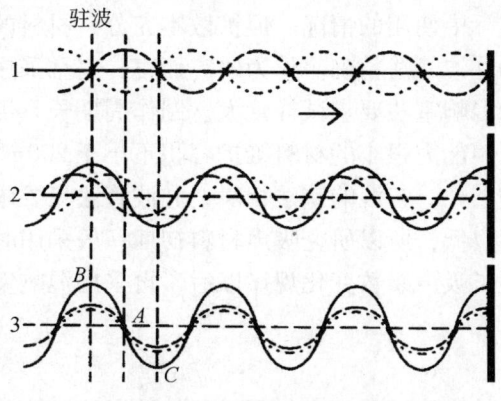

图 10-11　驻波的图解

到最大,同样以实线表示。如果声波是在一对相互平行的、间距正好是半波长整数倍的界面之间来回反射,驻波将在两反射面之间重复出现,且该两反射面上的声压都达到最大。

房间是复杂的共振系统,在声波的作用下也会产生驻波。对于围蔽空间,某些振动方式会有相同的简正频率(或称围蔽空间的共振频率),这就会使那些与简正频率相同的声音成分被明显加强,导致原有声音的频率畸变,使人们感到听闻的声音失真。

10.5.3 气凝胶型木材的吸声性能

吸声是声波撞击到材料表面后能量损失的现象。吸声可以降低室内的声压级,是创造良好声环境的基本工程措施要求之一。任何材料都具有一定的吸声能力,只是吸声的能力大小不同而已。

现阶段,人们已不再满足石棉吸声板、穿孔石膏板、金属穿孔板的饰面效果,开始研究外形美观、结构轻便、性能优越的新型降噪材料或降噪结构。气凝胶型木质材料有着受人喜爱的视觉效果,常被用在高档装饰场所及家居空间中,因为其具有良好装饰效果而开始被人们所关注。

1. 吸声系数的测量方法

材料的吸声性能在一定程度上由它的吸声系数所决定。吸声系数一般采用驻波管法或混响室法测量。驻波管法可以测得声波垂直于材料表面入射后又垂直反射的法向吸声系数。如果吸声材料所要吸收的声波类似于无规则入射,则要求以混响室法测试吸声系数。混响室法与驻波管法相比,有以下几个特点:首先,测量是在扩散声场中进行的,所以比驻波管中遇到的一维行波更接近于实际情况;其次,对于吸声器的类型和结构没有限制,在混响室中的测试装置可以做得非常接近于待测材料在实际中使用的情况。但扩散不充分、材料的边缘效应等影响因素,使混响室法不如驻波管法精确。作为研究而言,完全采用混响室法测量吸声系数比较困难。因为混响室法要求试样量大、制作周期长且测试费用较高;而且混响室法也要求用吸声能力很小的材料维护容积不小于$200m^3$的空室,一般非专业机构很难具有这种条件。与混响室法相对,驻波管法只要求很小的试样,测试简单,时间快,费用也低,所以研究吸声材料初期一般采用驻波管法测试材料对声的正吸收,待掌握了吸声系数变化规律以后,再采用混响室法测试材料在空间中的吸声性质[18]。

1) 驻波管法

驻波管法是以在一小块试件上入射和反射的纯音比较为依据,来自吸声材料的反射声存在 1/4 波长的相位变化,也就是说,反射波的最大振幅与入射波振幅最小的位置重合。

两列声波在驻波管中叠加形成驻波,波腹处的振幅为 $P_{max} = P_0(1 + |R|)$;波节处的振幅为 $P_{min} = P_0(1 - |R|)$。令驻波比 $S = P_{min}/P_{max}$,则

$$S = \frac{1 - |R|}{1 + |R|} = \frac{1 - \sqrt{1 - \alpha}}{1 + \sqrt{1 - \alpha}} \tag{10-14}$$

故正入射吸声系数可以表示为

$$\alpha = \frac{4S}{(1 + S)^2} \tag{10-15}$$

式中:α——材料的吸声系数;

S——驻波比;

P_{min}——驻波声压极小值;

P_{max}——驻波声压极大值。P_{min} 和 P_{max} 均可由仪器测试得到。

驻波管法的装置如图 10-12 所示。测试参照 GBJ 88—85《驻波管法吸声系数与声阻抗率测量规范》。

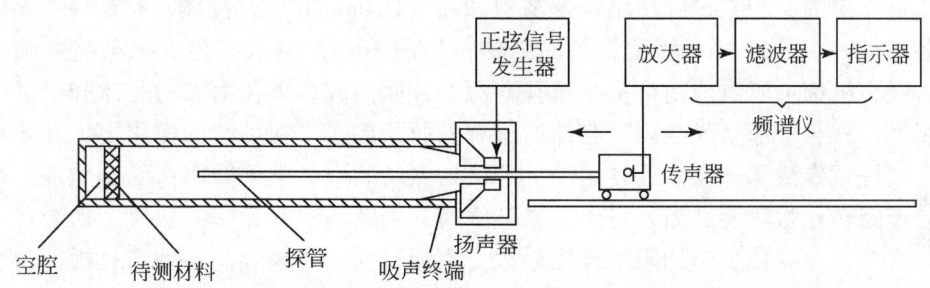

图 10-12 驻波管法测量材料吸声系数的装置示意图

2)混响室法

原理:混响室测量的吸声系数,与驻波管不一样,测量的是无规则入射的吸声系数。实验要求在混响室中进行,混响室的容积一般不小于 200m³,不到 200 m³ 时,需按相应公式进行换算。混响室的长、宽、高尺寸不应相等或成整数倍,要求各壁面材料吸声能力很小,空混响室本身的混响时间很长。被测材料的面积一般为 10~12 m²。

本实验采用驻波管法测试气凝胶型木材的声学特性。

气凝胶型木材经过加工处理之后,孔隙率增加,并且内部孔隙之间可以流通,实现了多孔型吸声机制与空腔共振体吸声机制原理的结合。

(i)多孔型吸声机制

多孔材料的吸声机理是材料内部有大量微小的连通的孔隙,孔隙间彼此贯通

形成空气通道，且通过表面与外界相通。当声波入射到材料表面时，一部分在材料表面被反射掉，另一部分则透入到材料内部向前传播，小孔中心的空气质点可以自由地响应声波的压缩和稀疏，但是紧靠孔壁或材料纤维表面的空气质点振动速度较慢。由于摩擦和空气的黏滞阻力，使空气质点的能量不断转化为热能，从而使声波衰减。声波在刚性壁面反射后，一部分声波透射到空气中，一部分又反射回材料内部，声波通过这种反复传播，使能量不断转换耗散，由此使材料"吸收"了部分声能。高频声波可使孔隙间空气质点的振动速度加快，与孔壁的热交换也加快，这就使多孔材料具有良好的高频吸声性能。市场上出售的多孔吸声材料常见为三类：预制吸声板、松散状吸声材料和吸声毡。

多孔材料吸声的必要条件是：材料内部有大量孔隙，孔隙深入材料内部，且孔隙之间互相连通。错误认识之一是认为表面粗糙的材料具有吸声性能，其实不然，例如表面凸凹的石材基本不具有吸声能力。错误认识之二是认为材料内部具有大量孔洞的材料，如聚苯乙烯、闭孔聚氨酯等，事实上，这些材料由于内部孔洞没有连通性，当声波入射到材料表面时，难以进入到材料内部振动摩擦。

（ii）空腔共振体吸声机制

最简单的空腔共振吸声结构是亥姆霍兹（Helmholtz）共振体，它是一个封闭空腔通过一个开口与外部相联系的结构，如图10-13所示。在亥姆霍兹共振体中，吸声结构可以看成由许多个单孔共振腔并联而成，单孔由大的腔体和窄的颈口组成，材料外部空间与内部腔体通过窄的瓶颈连接。在声波的作用下，孔颈中的空气柱就像活塞一样做往复运动，开口处振动的空气由于摩擦而受到阻滞，使部分声能转化为热能。当入射声波的频率与共振器的固有频率一致时，即会产生共振现象，此时孔颈中的阻尼作用最大，声能得到最大吸收。各种穿孔板、狭缝板背后设置空气层所形成的吸声结构（如穿孔的石膏板、硬质纤维板、胶合板、金属板，甚至是狭缝吸声砖等）的吸声机理均属于空腔共振吸声结构，在这种情况下，即使材料本身的吸声性能很差，结构也能具有很好的吸声性能。

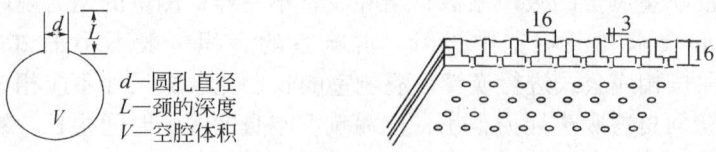

d—圆孔直径
L—颈的深度
V—空腔体积

图10-13 亥姆霍兹共振体的结构示意图

亥姆霍兹共振体吸收的特点是对频率的选择性很强，只对应具有较大吸声系数的共振频率，偏离共振频率时则吸声效果变差，吸收声的频带也比较窄，一般只有几十赫兹到200Hz的范围。为了使其吸声频带加宽，可在穿孔板后蒙上一层织物或填放多孔吸声材料。

通过对 $\Phi 96mm \times 10mm$ 尺寸的气凝胶型木材吸声系数的测定，从图 10-14 中可以看出，用中性溶液处理过的气凝胶型木材在 1000Hz 处的吸收系数明显增大，达到了 38%；用强氧化性弱酸和弱碱处理过的气凝胶型木材在 2000Hz 处的吸收系数明显增大，达到 65%。两种处理方法都提高了气凝胶型木材的吸声系数，这对于气凝胶型木材作为吸声材料是很有利的。而气凝胶型木材的吸声系数不仅与声阻抗、表面平整程度等因子有关，还与固定方式、后部空气层的深度有关。强氧化性弱酸和弱碱处理的试件在 2000Hz 处的吸声系数达到 65%，很有可能在 2000Hz 处形成了共振吸声体系，从而形成特殊频率特性的吸声系数。此外，经过处理后的气凝胶型木材，内部结构由原来封闭的细胞空间，变为相互连通的空间，这样，每个亥姆霍兹共振体内的声波都能流通，相互碰撞，将声能转换为热能，降低了噪声，实现了降噪效果（图 10-15 和图 10-16）。

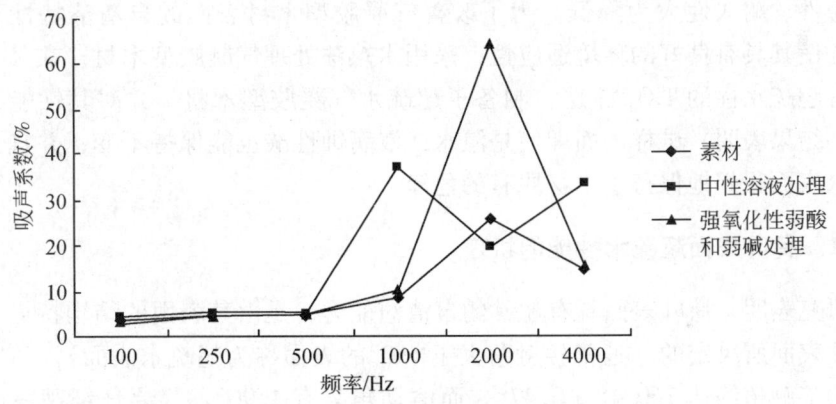

图 10-14　试样声学性能测试结果

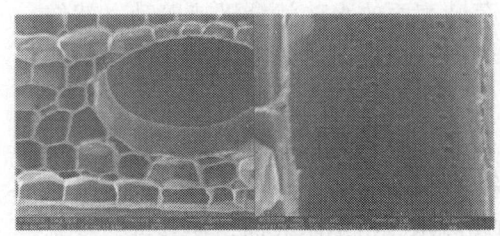

图 10-15　扫描电子显微镜下的素材

图 10-16　扫描电子显微镜下的气凝胶型木材

在气凝胶型木质吸声板的施工过程中，还可以综合利用板振动型吸声机制和微穿孔板共振器原理，更多地将声能转换为热能，起到吸声降噪的效果。传统的纤维吸声材料，特别是矿物纤维吸声材料，近年来受到环境和卫生专家的批评，认为有害健康，只是由于其成本低廉，生产简单始终没有退出声学材料舞台。具有对人体无害、可二次使用等特点的绿色、高效的气凝胶型吸声材料有着广泛的应用前景。气凝胶型吸声材料不仅具有"环保"性和"安全"性，而且还是多功能声学材料：在一些情况下集多种功能于一体，除吸声、隔声、阻尼等声学性能外，还具有其他功能，如隔热、合适的温暖感、粗滑感等功能以及美观的要求。

10.6 气凝胶型木材表面超疏水性 TiO_2 涂层的制备与分析

木材和木质基材料是典型的亲水性天然材料，其中富含亲水性的羟基，对环境中水分的变化十分敏感。因而木材及木质基材料具有干缩湿胀特性，很容易受环境中水分含量的变化，产生变形、开裂；同时，这种水分的敏感性也使得其环境适应性、耐久性大为降低。为了改善气凝胶型木材表面的自清洁特性和耐久性，并使其具有良好的环境适应性，采用水热法处理气凝胶型木材，在其表面形成具有超疏水性的 TiO_2 涂层，制备了超疏水气凝胶型木材，并对其性能进行了分析。结果表明，试样表面即使是浸水或浸腐蚀性酸也能保持不变，并且试样的超疏水表面很好地保持了木材原有的色泽。

10.6.1 荷叶表面超疏水性能的机理

研究表明，荷叶表面具有超常的自清洁能力，是由其表面的结构特点及其超疏水性表面所决定的（通常接触角大于150°的表面称为超疏水表面）。荷叶表面与水的接触角约达 160.4°±0.47°，而滚动角只有 1.90°。只要仔细观察就会发现，当水滴到荷叶表面时，会形成亮晶晶的球形水珠，这些水珠不能稳定地停留在荷叶表面，只要稍微摆动或振动叶面，荷叶表面的水珠就会迅速滚动，就像一粒粒珍珠在玻璃板上来回滚动一样，只需倾斜一个很小的角度，水珠便会从叶面滚落，水珠滚动的同时也把荷叶表面的灰尘等污染物带走，从而保持荷叶表面的干净，荷叶表面的这种自清洁现象被称为荷（莲）叶效应。

气凝胶型木材表面的超疏水性 TiO_2 涂层的制备就是模仿荷叶表面的超疏水结构原理，赋予亲水性的气凝胶 A 型木材超疏水无机纳米表面，使其进一步获得良好的环境适应性、自清洁特性和耐久性，从而获得广阔的应用前景[19]。

10.6.2 超疏水表面 TiO_2 涂层的制备

药品分别为钛酸丁酯（TBOT）、十二烷基硫酸钠（SDS）、无水乙醇（EtOH）。药品为上海药品有限公司提供，木材试样选择气凝胶 A 型木材，试样尺寸为 30mm×20mm×20mm（L×T×R）。

在气凝胶型木材表面合成 TiO_2 颗粒的条件如表 10-8 所示。

表 10-8 水热处理条件

试样	温度/℃	时间/h	pH	$m(TBOT)/g$	TiO_2/%
S1	70	1	6.5	5	11.2
S2	70	1	1	5	9.6
S3	70	4	6.5	5	17.4
S4	70	4	6.5	40	31.8
S5	70	4	1	5	14.6
S6	70	8	6.5	5	23.7
S7	70	8	1	5	18.7
S8	100	4	6.5	5	32.6

本实验选用 8 块木材试样，试样首先放入钛酸丁酯与无水乙醇溶液中，反应釜密封，温度控制条件如表 10-8 所示。在用反应釜进行加热处理之后，首先要把反应釜降至室温条件，然后打开反应釜，加入不同 pH 的十二烷基硫酸钠溶液，浓度为 9.1×10^{-4} mol/L。然后重新密封反应釜，并加热至 70℃，保持 4h，将收集的预处理过的气凝胶型木材试样在 45℃ 条件下加热 24h。为进行必要的对照，未进行预处理的木材试样也需要准备。为了满足 TiO_2 颗粒在表面的生长条件，根据工艺要求，一些试样会在反应前后采用炉干方式干燥，并对试样进行称量。

10.6.3 超疏水表面 TiO_2 涂层的表面性能分析

气凝胶型木材的 TiO_2 图层表面形貌采用 SEM 进行分析，首先用导电胶将样品固定于样品台上，在样品表面进行喷金处理 40s 后放入扫描电镜中，抽真空后用扫描电镜进行观察并摄影，测试时所用加速电压为 12.5kV。表面的化学成分分析采用 EDXA，这样既能包括 SEM 电镜分析，还包括傅里叶转换红外光谱（FTIR，Magna-IR 560，Nicolet）。试样表面的晶相分析采用 X 射线衍射仪（XRD），扫描条件为 4 (°)/min，加速电压为 40 kV，应用电流为 30 mA，扫描角度为 5°~70°。

气凝胶型木材表面水热处理前后的元素组成情况，采用 EDXA 仪器测试，测试结果如图 10-17（a）和（b）所示。在接近 4.6keV 位置存在峰 [10-17（a）所示]，可以确定存在钛成分。这说明经过水热处理之后，气凝胶型木材存在无机化合物成分。

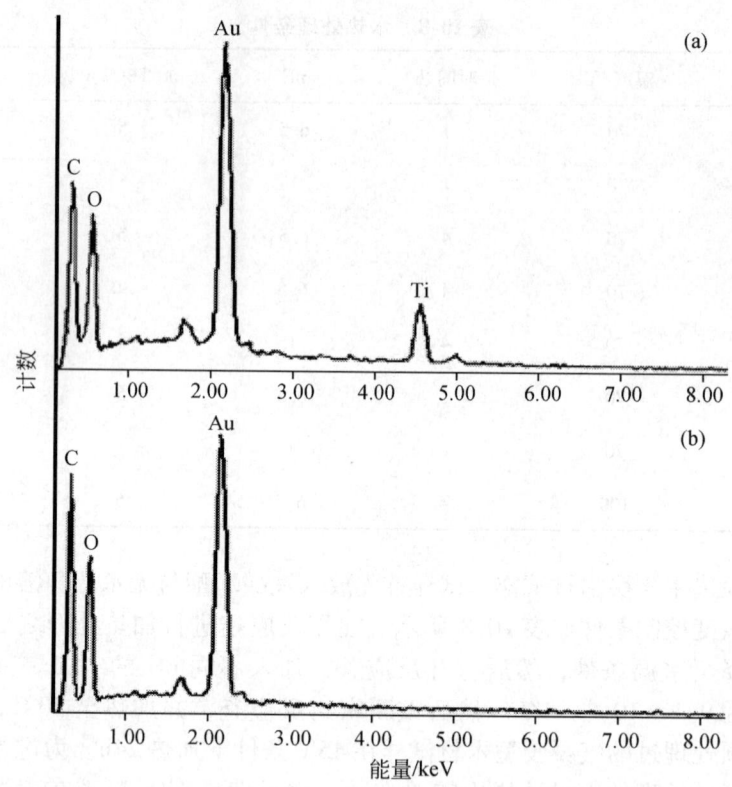

图10-17 水热处理后（a）与处理前（b）试样表面的EDXA谱

采用傅里叶变换红外光谱来研究水热处理前后木材表面官能团的变化，如图10-18所示。由处理后木材的 FTIR 谱图可见，3396 cm^{-1}处的吸收峰主要归因于氢键中羟基或者吸附水中的 O—H 伸缩振动，在2928cm^{-1}和2858cm^{-1}处的吸收峰分别为—CH$_3$的非对称及—CH$_2$的对称伸缩振动吸收峰，而1621 cm^{-1}处的吸收峰主要为结合水或自由水中的 O—H 弯曲振动。—CH$_3$（2928 cm^{-1}）处的吸收峰主要为木材的 C—H 伸缩振动吸收峰，而—CH$_2$（2858 cm^{-1}）的吸收峰主要为一些有机官能团的特征吸收峰，可能是由于在45℃干燥时，体系中的部分丁醇或者乙醇没有被完全蒸发（丁醇和乙醇的沸点分别为118℃和78℃）。这些吸收峰的另一个可能的来源为二氧化钛溶胶凝胶中的 SDS。在1459 cm^{-1}、1270 cm^{-1}和1128 cm^{-1}处的吸收峰主要为 C—H 的变形振动以及 Ti—O—C 的伸缩振动，在578 cm^{-1}处的吸收峰主要为 Ti—O—Ti 的伸缩振动吸收峰。在500～800 cm^{-1}波段的较宽的吸收峰主要为 TiO$_2$的特征吸收峰。

采用 EDXA 和 FTIR 对未处理和经过水热处理的试样进行测试，测试结果表

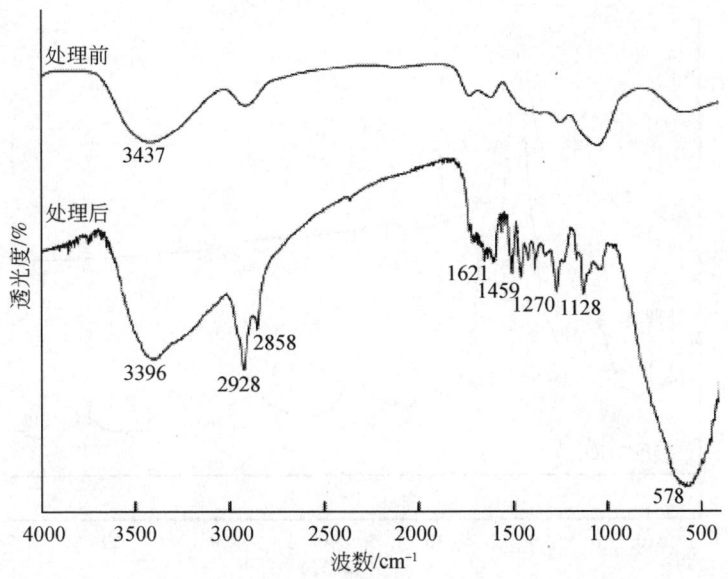

图 10-18 水热处理前后木粉的 FTIR 谱图

明,木材表面覆盖 TiO_2 颗粒,这些颗粒都是通过水热法制备而得到的,并且在试样表面存在碳氢基团。

Wu 的研究表明,试样表面的 TiO_2 颗粒形貌决定于 Ti(Ⅳ) 的水热合成条件,Ti(Ⅳ) 溶解体的种类更多地依赖于溶液的 pH。

引发剂对形成的 TiO_2 凝胶形貌有很大的影响,反应方程式如下:

$$Ti(OC_4H_9)_4 + 4C_2H_5OH \longrightarrow Ti(OC_2H_5)_4 + 4C_4H_9OH$$
$$Ti(OC_2H_5)_4 + 4H_2O \longrightarrow Ti(OH)_4 + 4C_2H_5OH$$
$$mTi(OH)_4 \longrightarrow mTiO_2 + 2mH_2O$$

根据实验的合成条件,采用晶体锐钛矿和金红石都能够制备成功,在实际应用中,晶体锐钛矿较为广泛。采用 XRD 测试分布在气凝胶型木材试样表面的 TiO_2 结晶相(图 10-19)。说明处理木材表面的晶体相是由锐钛矿 TiO_2 和木材两者的特征峰共同决定的。XRD 测试结果也说明 TiO_2 颗粒涂层能够在气凝胶木材试样表面生长。

水热法制备木材试样的合成条件及木材表面 TiO_2 涂层的生长见表 10-8。结论是:试样表面 TiO_2 涂层量是由合成条件决定的。实验参数对试样表面的 TiO_2 涂层量有重要影响,其中包括温度、反应时间、反应质量和反应 pH。

温度对于试样表面的 TiO_2 涂层颗粒尺寸和微观形貌有很大影响。保持其他变量不变,当温度从室温变为 50℃时,在试样表面没有 TiO_2 颗粒产生;当温度从 70℃上升为 100℃,不同颗粒尺寸和微观形貌的 TiO_2 涂层就会在试样表面出现

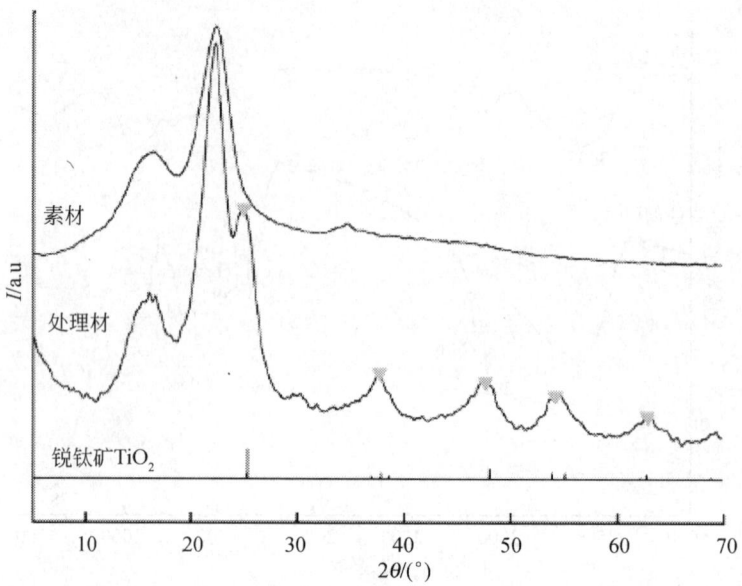

图 10-19　素材、处理材及锐钛矿 TiO_2 的 XRD 测试结果

▼表示锐钛矿 TiO_2 的特征峰

（图 10-20）。颗粒尺寸会从典型的纳米尺度（<100nm）向微米尺寸转变。颗粒形状从分布良好的纳米结构向光滑的半球共存微结构和纳米结构改变，使 Ti(Ⅳ) 引发剂的水解率随着温度而提高，在高温作用下会产生更多的二氧化钛。这时，时间、pH 和 TBOT 含量等反应条件不变。试样的反应温度从 70℃ 升高到 100℃ 时，木材表面的 TiO_2 颗粒数量将从 17.4% 上升为 32.6%。

图 10-20　不同反应温度的 S3 和 S8 的 SEM 图像

(a) S3, 70°; (b) S8, 100°

正如我们所期望的，随着反应时间的延长，木材表面生长的 TiO_2 颗粒数量增加，反应条件如表 10-8 所示。保持其他条件不变，反应时间分别为 1h、4h 和 8h，比较 S1、S3 和 S6 试样的 TiO_2 颗粒，分别增加了 11.2%、17.4%、23.7%，比较 S2、S5、S7 试样的 TiO_2 颗粒，分别增加了 9.6%、14.6%、18.7%。通过观察 SEM 图像（图 10-21）也可以证实：随着反应时间的延长，在气凝胶型木材表面的 TiO_2 纳米颗粒能够生长密集，并且能够均匀的凝聚分布。

如表 10-8 所示，TBOT 引发剂的用量从 5g/200ml 增加至 40g/200ml，对木材表面纳米 TiO_2 颗粒的生长有重大的影响。比较 S3 和 S4，TBOT 引发剂用量低的时候，纳米 TiO_2 颗粒数量会产生很大的变化，从 17.4% 变为 31.8%，这一点我们也可以从 SEM 图像观察得到（图 10-22）。

反应过程中的 pH 对于气凝胶型木材表面 TiO_2 颗粒的生长具有一定的影响，在此也进行了探讨。结果表明，如果采用低 pH，木材表面的 TiO_2 颗粒就会相对较小（表 10-8 和图 10-21），我们应该记住，强酸条件会引起木材成分的降解，这会导致试样质量的减少。

通过 TBOT 的水解作用，采用水热处理方法制备的 TiO_2 涂层能够生长良好。无机涂层能够紧密地结合在气凝胶型木材表面，并且能保持完整。采用 EXED、FTIR、XRD 测试分析方法，能够检测到处理木材试样表面的完整 TiO_2 晶体相。通过 SEM 图像看出，可以对反应过程进行控制，获得适宜的 TiO_2 涂层微观形貌和 TiO_2 分布。

10.6.4 气凝胶型木材的表面接触角分析

液体不完全润湿固体表面时，通常形成一球冠状液滴，如图 10-23 所示。当固、液、气三相接触达到平衡时，从三相接触的公共点沿液-气界面作切线，将此切线与固-液界面的夹角定义为接触角。气凝胶型木材的 TiO_2 图层表面的接触角通过接触角测试仪测量获得，测试在室温下进行，所用水滴量为 $8.0\mu l$，静态接触角采用躺滴法测量，测试结果取样品表面五个不同点的平均值。

采用接触角测试仪，对未处理试材进行水接触角测试，测试结果为 52°（图 10-24），显示出材料的亲水性。分别在 70℃ 和 130℃ 条件下，在气凝胶型木材表面进行 220nm、420nm TiO_2 颗粒涂饰，气凝胶型木材的接触角测试结果分别为 124° 和 136°［图 10-25（a）、(b)］。测试结果显示，随着试样表面 TiO_2 颗粒尺寸的增加，材料表面的接触角增大，表现出强烈的疏水性。

采用水热法对气凝胶型木材表面进行 TiO_2 涂饰处理，可以有效地改变材料表面性能，具有超疏水性，从而获得良好的具有自清洁特性、环境适应性和耐久性的新型功能材料。

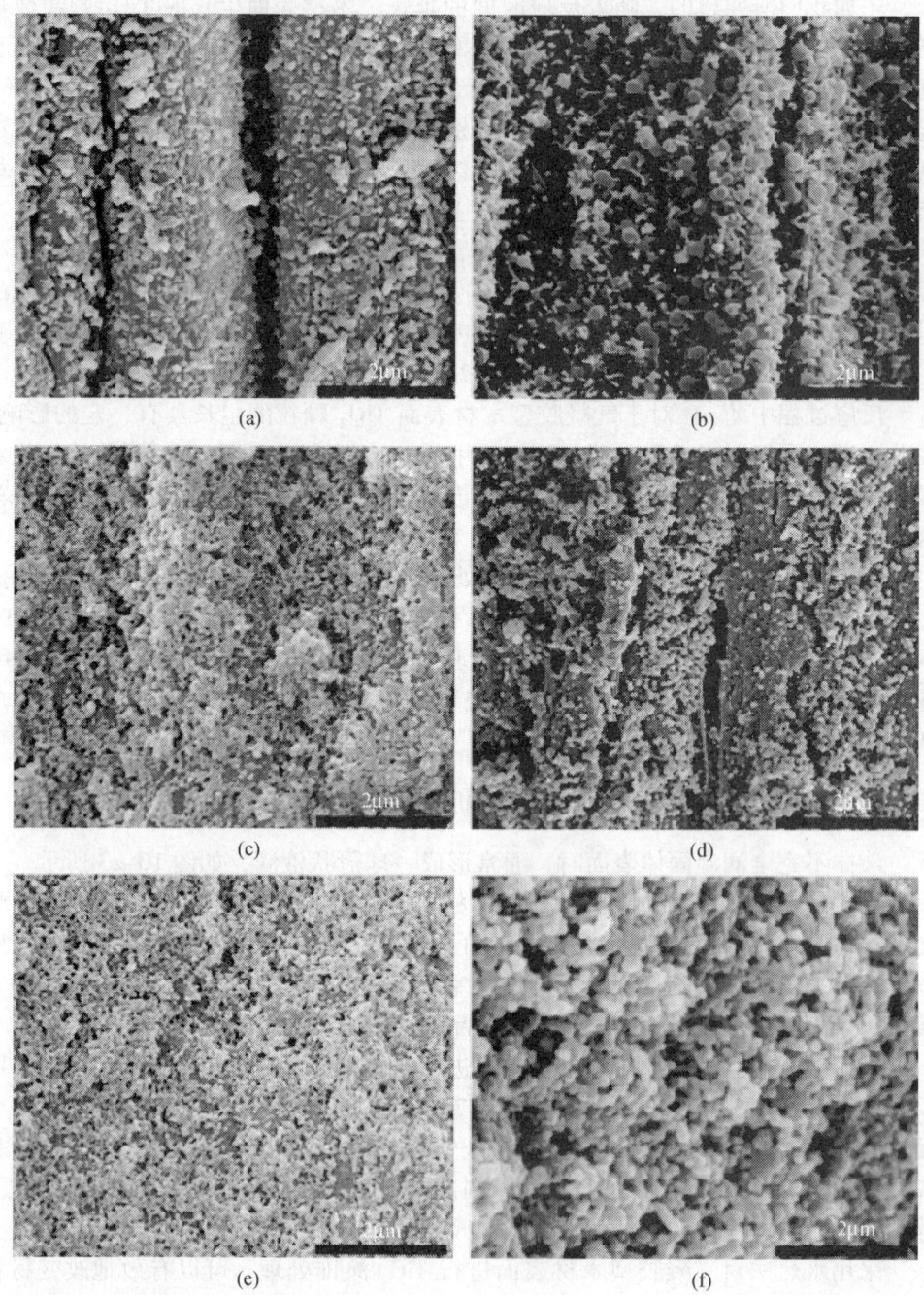

图 10-21 不同反应时间的 S1, S3, S6 和 S2, S5, S7 的 SEM 图像
(a) S1, 1h; (b) S2, 1h; (c) S3, 4h; (d) S5, 4h; (e) S6, 8h; (f) S7, 8h

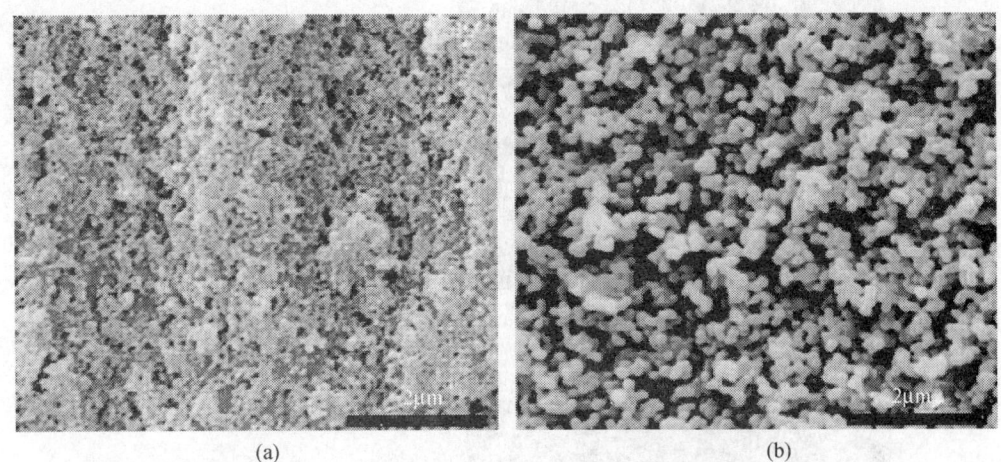

图 10-22 不同 TBOT 含量的 S3 和 S4 的 SEM 图像

(a) S3, 5g/200ml; (b) S4, 40g/200ml

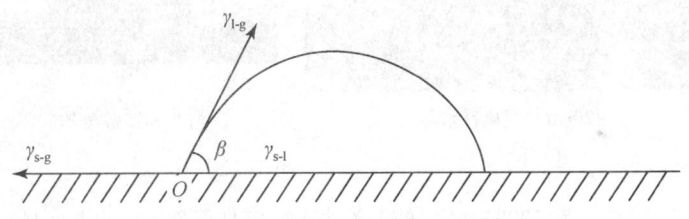

图 10-23 杨氏接触角示意图

素材试样

与水的接触角52°

图 10-24 素材试样的电镜图像与接触角测试结果（显示亲水性）

220nm二氧化钛颗粒　　　　与水的接触角124°

(a)

420nm二氧化钛颗粒　　　　与水的接触角136°

(b)

图10-25　70℃（a）和130℃（b）处理条件下的SEM图像及观测图（显示疏水性）

　　气凝胶型木材是一种具有实际应用价值的新型功能材料，可以为提高人们的室内环境质量提供服务。这种新型气凝胶木材可以应用于室内天花板、壁板、类似地毯的地板以及室内装饰器件等。由于气凝胶型木材是基于树木天然生长结构，经过功能性改良工艺制备而成，因此除具有气凝胶的优良特性以外，还具有树木本身的优良环境学特性。

参 考 文 献

[1] 山田正．木质环境の科学．日本大津：海青社，1987
[2] 李坚，等．木材科学研究．北京：科学出版社，2009
[3] 山本良一．环境材料．王天民，译．北京：化学工业出版社，1997
[4] 刘一星，于海鹏，赵荣军．木质环境学．北京：科学出版社，2007
[5] 刘一星，李坚，王矛棣．木材表面视觉环境学特性分析（Ⅰ）——木材表面视觉物理量与视觉心理量的关系．木材工业，1995，9（2）：14-17

[6] 李坚，刘一星，方桂珍．木材表面视觉环境学特性分析（Ⅱ）——视觉心理量的解析．木材工业，1995，9（3）：20-23
[7] 刘一星．木材视觉环境学．哈尔滨：东北林业大学出版社，1994
[8] 李坚，刘一星，段新芳．木材涂饰与视觉物理量．哈尔滨：东北林业大学出版社，1997
[9] 冈岛達雄，等．建筑材料的感觉评价研究（Ⅰ）．触觉温冷感的定量化．日本建筑学会论文报告集，1976，245（7）：1-7
[10] 大熊幹章，泉青敬．住宅内装材・家具表面の接触温冷感について．木材工业，1979，34（8）：8-13
[11] 竹村冨男，倉井敏之，前田英夫．触感による木材の粗さと表面粗さおよび生長輪构造．材料，1988，37（416）：544
[12] 李坚．木材科学．北京：高等教育出版社，2002：294-297
[13] 江泽慧，等．用探针法分析竹材表面粗糙度的分析．中国木材工业，2001，15（5）：14-16
[14] 村瀨安英，太田基．木材の摩擦特性に関する研究（第1报）．木材学会志，1973，20（6）：243-249
[15] 王松永，郭博文．木质地板材料之静摩擦特性探讨（Ⅰ）．林产工业（中国台湾），1996，15（3）：369-390
[16] 小野英哲．床の步行运动感．木质环境の科学//山田正．木质环境の科学．日本大津：海青社，1987：207-218
[17] 高桥徹，中尾哲也．木造住宅の振动步行性能：山田正．木质环境の科学．日本大津：海青社，1987：219-229
[18] 末吉修三，森川岳，外崎真理雄，等．吸音性木质内装材料開発の試みⅣ-スリット构造体の吸音特性．第50回日本木材学会大会研究发表要旨集，2000
[19] 李坚，于海鹏，孙庆丰，等．通过低温水热法合成可生长的TiO_2涂层．应用表面科学，2010，16（256）：5046-5050